THOMAS BRITTINGER

Betriebswirtschaftliche Aspekte des Industriebaues

**Abhandlungen aus dem
Industrieseminar der Universität Mannheim**

früher unter dem Titel
Abhandlungen aus dem Industrieseminar der Universität zu Köln
begründet von Prof. Dr. Dr. h. c. Theodor Beste

Herausgegeben von
Prof. Dr. Gert v. Kortzfleisch, Prof. Dr. Heinz Bergner
und Prof. Dr. Peter Milling

Heft 35

Betriebswirtschaftliche Aspekte des Industriebaues

Eine Analyse der baulichen Gestaltung
industrieller Fertigungsstätten

Von

Thomas Brittinger

Duncker & Humblot · Berlin

Die Deutsche Bibliothek – CIP-Einheitsaufnahme

Brittinger, Thomas:
Betriebswirtschaftliche Aspekte des Industriebaues : eine
Analyse der baulichen Gestaltung industrieller
Fertigungsstätten / von Thomas Brittinger. — Berlin : Duncker
und Humblot, 1992
  (Abhandlungen aus dem Industrieseminar der Universität Mannheim ;
  H. 35)
  Zugl.: Mannheim, Univ., Diss., 1991/92
  ISBN 3-428-07462-9
NE: Universität ⟨Mannheim⟩ / Seminar für Allgemeine
  Betriebswirtschaftslehre und Betriebswirtschaftslehre der Industrie:
  Abhandlungen aus dem ...

Alle Rechte vorbehalten
© 1992 Duncker & Humblot GmbH, Berlin 41
Fotoprint: Werner Hildebrand, Berlin 65
Printed in Germany
ISSN 0935-381X
ISBN 3-428-07462-9

*Meinen Eltern
und meiner Frau Ulrike*

Vorwort

Die vorliegende Schrift entstand als Dissertation am Lehrstuhl für Allgemeine Betriebswirtschaftslehre und Industriebetriebslehre II der Universität Mannheim. Es ist mir ein besonderes Anliegen, an dieser Stelle dem Inhaber dieses Lehrstuhls, meinem hochverehrten Lehrer, Herrn Professor Dr. Heinz Bergner, zu danken. Er gab die Anregung zu dem behandelten Thema und äußerte in vielen Gesprächen und Briefen wichtige Gedanken, die dem Fortschritt und dem Gelingen der Arbeit wesentliche Impulse gaben. Als sein Assistent konnte ich nicht nur meine fachlichen Kenntnisse erweitern, sondern durfte durch ihn auch erfahren, was wahre menschliche Größe ist.

Des weiteren schulde ich Herrn Professor Dr. Gert von Kortzfleisch Dank, der das Korreferat zu dieser Arbeit angefertigt und die Schrift in vielfältiger Weise gefördert hat.

Auch meine Kollegen haben das Ihre zum Gelingen hinzugetan. Für die vielen, oft stundenlangen Diskussionen über die Inhalte meiner Arbeit, für die reibungslose Arbeitsteilung am Lehrstuhl, für die vielen großen und kleinen Hilfen und für die freundschaftliche Atmosphäre, in der ich mit ihnen zusammenarbeiten durfte, danke ich daher den Herren Diplom-Kaufleuten Thomas Hänichen, Gerhard Moroff, Ulrich Brecht, Michael Schehl, Gerhard Kloos, Ralf Krieger, Ulrich Schwarzmaier und Frau Irmgard Stefani.

Danken möchte ich auch Frau Diplom-Kauffrau Karin Deimel für die Hilfe bei der Anfertigung der Skizzen, Frau Diplom-Kaufmann Charlotte Wülfing und Frau Brigitte Pyrlik für die kritische Durchsicht des Manuskripts sowie Herrn Diplom-Ingenieur Georg Venhorst für die wertvollen Hinweise aus bautechnischer Sicht. Stellvertretend für die große Famulantenschar möge Herr Andreas Wittemann meinen Dank für die unermeßlichen Dienstbarkeiten entgegennehmen.

Ein besonderer Dank gebührt Frau Brigitta Lutz, die die Reinschrift der Arbeit übernommen und viel Mühe und Zeit für die Gestaltung dieses Buches aufgewendet hat.

Zum Schluß, aber nicht zuletzt danke ich meinen lieben Eltern und meiner lieben Frau Ulrike, die stets für mein Anliegen Verständnis aufgebracht, mich immer und in jeder Hinsicht unterstützt und - oftmals auch im stillen wirkend - ganz erheblich zum Gelingen des Werkes beigetragen haben.

Mannheim, im Dezember 1991 Thomas Brittinger

Inhalt

A. **Grundlagen der Arbeit** 15

   I. Problemstellung und Zielsetzung 15

  II. Das Bauwerk im industriellen Leistungserstellungsprozeß 19
     1. Merkmale des industriellen Leistungserstellungsprozesses 19
     2. Terminologische Grundlagen 23
        a) Zur Unterscheidung von Industrie- und Fabrikbauten 23
        b) Definition des Begriffs Industriebau 26
        c) Definition des Begriffs Industriegebäude 28
     3. Der Leistungsbeitrag des Industriebaues im Produktionsprozeß 30
        a) Aussagen der betriebswirtschaftlichen Produktionstheorie zum Faktor Industriebau 30
        b) Funktionen des Industriebaues im Leistungserstellungsprozeß 34
        c) Einfluß des Industriebaues auf das Produktionsergebnis und den Produktionsablauf 37

 III. Historische Entwicklung von Fabrikbauten 40
     1. Vorläufer der Fabrikbauten in der Zeit vor der industriellen Revolution ... 41
        a) Bauten des Handwerks 41
        b) Bauten des bäuerlich-handwerklich orientierten Kleinunternehmertums 42
        c) Bauten des Verlagssystems 43
        d) Manufakturbauten 44
        e) Militärgebäude, Gutshöfe und sonstige Anlagen 45
        f) Adaptierte ältere Anlagen 46
     2. Ursachen und Gründe für die Entwicklung der Fabrikbauten im 19. Jahrhundert 46
        a) Fehlende Vorbilder für Fabrikbauten 47
        b) Entwicklung der Produktionstechnik 48
        c) Entwicklung der Baumaterialien 51
        d) Sozialgeschichtliche Hintergründe 52
        e) Zeitgeschmack 54
        f) Sonstige Ursachen und Gründe 54
     3. Entwicklung im 20. Jahrhundert 55
        a) Frage nach einer angemessenen Architektur 56

	b) Zweckorientierung	57
	c) Bautechnischer Fortschritt	58

B. Restriktionen der Gestaltung von Industriebauten 59

    I. Wichtige Rechtsvorschriften, insbesondere des Baurechts und angrenzender Rechtsgebiete, als Ursachen von Restriktionen 60

        1. Öffentliches Baurecht 60
            a) Das Bauplanungsrecht 61
            b) Das Bauordnungsrecht 66

        2. Angrenzende Rechtsgebiete 67
            a) Das Arbeitsschutzrecht 68
            b) Das Immissionsschutzrecht 69
            c) Das Luftverkehrsrecht 70

    II. Verschiedene Alternativen der Bereitstellung von Industriebauten als Ursachen von Restriktionen 71

        1. Die Einteilung der Bereitstellungsalternativen nach dem Umfang der Baumaßnahmen 71
            a) Der Neubau 71
            b) Der Umbau 76
                aa) Der Anbau 78
                bb) Der reine Umbau 81
                cc) Der Rückbau 82

        2. Die Einteilung der Bereitstellungsalternativen nach dem Grad der Nutzungsänderung 84
            a) Die Umwidmung 84
            b) Die Wiedernutzung 85

        3. Die Einteilung der Bereitstellungsalternativen nach dem zugrundeliegenden Rechtsverhältnis 86
            a) Die Werkbestellung 87
            b) Der Kauf 90
            c) Die Mietung 93
            d) Die Pachtung 96
            e) Das Finanzierungsleasing 97

    III. Gegebenheiten des Standortes als Ursachen von Restriktionen 101

        1. Gegebenheiten des Grundstückes 101
            a) Die Form des Grundstückes 102
            b) Die Größe des Grundstückes 111
            c) Die Lage des Grundstückes 113
            d) Der Preis des Grundstückes 118

        2. Gegebenheiten des Geländes 118
            a) Die geologische Beschaffenheit des Geländes 119

Inhalt 11

    b) Die topographische Beschaffenheit des Geländes 127
    c) Die hydrologische Beschaffenheit des Geländes 130
  3. Klimatische Gegebenheiten des Standortes........................... 131
    a) Die Einflüsse der Niederschläge 133
    b) Die Einflüsse der Luftbewegung 133
    c) Die Einflüsse der Lufttemperatur 134

C. Zur Beurteilung der Zweckmäßigkeit von Industriebauten aus betriebswirtschaftlicher Sicht 137

  I. Die Wirtschaftlichkeit des Industriebaues als Gestaltungskriterium 138
    1. Die Bedeutung des Wirtschaftlichkeitsprinzips für die Gestaltung von Industriebauten 138
    2. Zur Messung der Wirtschaftlichkeit 141
      a) Auf Mengengrößen basierende Maßstäbe 142
      b) Auf Wertgrößen basierende Maßstäbe 143

 II. Die Gebäudekosten als Maßgröße der Wirtschaftlichkeit 152
    1. Zum Begriff der Gebäudekosten................................... 152
    2. Die Bestandteile der Gebäudekosten im einzelnen 154
      a) Die Investitionsfolgekosten 154
        aa) Kalkulatorische Abschreibungen........................... 155
        bb) Kalkulatorische Zinsen 159
        cc) Steuern 161
        dd) Versicherungen... 169
      b) Die Gebäudebetriebskosten 170
        aa) Reinigungskosten 171
        bb) Raumklimakosten 173
        cc) Kosten der elektrischen Energie........................... 175
        dd) Kosten der Wasserversorgung und der Abwasserentsorgung 175
        ee) Wartungs- und Bedienungskosten 176
        ff) Sonstige Gebäudebetriebskosten 176
      c) Die Bauunterhaltungskosten 177

III. Das Verhalten der Gebäudekosten unter besonderer Berücksichtigung ausgewählter Kosteneinflußgrößen 178
    1. Die Baugröße als Kosteneinflußgröße 180
      a) Theoretische Grundlagen der Baugrößenvariation 180
      b) Multiplikative Baugrößenvariation 186
      c) Dimensionierende Baugrößenvariation 187
        aa) Investitionsfolgekosten bei dimensionierender Baugrößenvariation .. 187
        bb) Gebäudebetriebs- und Bauunterhaltungskosten bei dimensionierender Baugrößenvariation 201
    2. Die Gebäudequalität als Kosteneinflußgröße 204

Inhalt

3. Der Baupreisindex als Kosteneinflußgröße 208

4. Der Nutzgrad als Kosteneinflußgröße 210

D. Gestaltungsgrundsätze unter Berücksichtigung bauwirtschaftlicher und ökonomisch-funktionaler Anforderungen 213

I. Bauwirtschaftliche Anforderungen 214

1. Die Normung im Bauwesen als Ausgangspunkt bauwirtschaftlicher Anforderungen 214

a) Gegenstände der Normung in der Bauwirtschaft 214

b) Bedeutung der Normung in der Bauwirtschaft 220

aa) Bautechnische Bedeutung der Normung 220
bb) Betriebswirtschaftliche Bedeutung der Normung 222
cc) Rechtliche Bedeutung der Normung 228

2. Die Typung im Bauwesen als weitere potentielle Anforderungsquelle ... 229

II. Produktionswirtschaftliche Anforderungen 232

1. Anforderungen des Produktionssortimentes 233

2. Anforderungen des Materialflusses 239

3. Anforderungen der technischen Ausrüstung des Betriebes, insbesondere der Maschinen, der Fördermittel und ihrer technischen Infrastruktur ... 247

4. Anforderungen aufgrund potentieller Veränderungen im Produktionsbereich 260

III. Personalwirtschaftliche Anforderungen 266

1. Industriebaugestaltung und menschliche Arbeitsleistung 266

2. Aspekte der Farbgestaltung 275

3. Beleuchtungstechnische Aspekte 279

4. Aspekte der Raumklimagestaltung 282

5. Aspekte der Lärmbekämpfung 287

6. Aspekte der Formgebung 292

E. Die Industriebautypen als Ergebnis einer gedanklichen Ordnung realer Bauformen 294

I. Die Einteilung der Industriebauten nach der Anzahl der Stockwerke 295

1. Die Eingeschoßbauten 297

a) Die Flachbauten 297
b) Die Hallenbauten 305

2. Die Mehrgeschoßbauten 310

Inhalt 13

II. Die Einteilung der Industriebauten nach den verwendeten Baumaterialien 323
   1. Die Steinbauten... 324
   2. Die Holzbauten... 326
   3. Die Stahlbauten.. 328
   4. Die Betonbauten 330

III. Die Einteilung der Industriebauten nach der Bauweise des Tragwerkes ... 332
   1. Die Massivbauten 332
   2. Die Skelettbauten 333

IV. Die Einteilung der Industriebauten nach dem Grad der Vorfertigung 334
   1. Die in Ortsbauweise errichteten Bauten 334
   2. Die in Fertigbauweise errichteten Bauten 334

V. Die Einteilung der Industriebauten nach dem Grad ihrer Nutzungsgebundenheit 337
   1. Die Einzweckbauten 337
   2. Die Mehrzweckbauten 338

VI. Die Einteilung der Industriebauten nach der Zusammenfassung betrieblicher Teilbereiche 339
   1. Die Verbundbauten 339
   2. Die Bauten in Trennbauweise 342

VII. Die Einteilung der Industriebauten nach der Art der Beleuchtung 343
   1. Die natürlich beleuchteten Industriebauten 344
   2. Die künstlich beleuchteten Industriebauten 347

VIII. Die Einteilung der Industriebauten nach sonstigen Kriterien 352
   1. Die Einteilung der Industriebauten nach den raumphysikalischen Anforderungen an die Umhüllung 352
   2. Die Einteilung der Industriebauten nach der Ortsbeweglichkeit 354
   3. Die Einteilung der Industriebauten nach dem Verwendungszweck 354

Literatur 357

Rechtsquellen 374

DIN-Normen 376

A. Grundlagen der Arbeit

I. Problemstellung und Zielsetzung

Oberflächlich betrachtet mag eine wissenschaftliche Untersuchung industrieller Bauwerke aus betriebswirtschaftlicher Sicht Verwunderung hervorrufen, handelt es sich hierbei doch offenbar um eine Domäne der Bauingenieure und Architekten. Dies sind die Berufsgruppen, die dazu ausgebildet werden und deren Aufgabe es ist, Gebäude zu entwerfen und in verantwortlicher Stellung an der Errichtung mitzuwirken. Betriebswirten wird bei dieser vordergründigen Betrachtungsweise lediglich die Beschäftigung mit Problemen der Investition, Finanzierung und Bilanzierung von Industriebauten zugestanden, keinesfalls aber sind darüber hinausgehende Fragestellungen, wie z.B. die der Gestaltung von Fabrikgebäuden, als Gegenstand einer betriebswirtschaftlichen Arbeit vorstellbar.

Eine derartige Sichtweise muß sich jedoch den Vorwurf gefallen lassen, unzulänglich zu sein. Denn sie schließt grundsätzlich die gedankliche Durchdringung eines Erkenntnisobjektes aus den Blickwinkeln verschiedener Wissenschaftsdisziplinen zu dessen vollständiger Erklärung und Bestgestaltung aus. Sie ist speziell im vorliegenden Falle auch unreflektiert, weil die Betriebswirtschaftslehre aufgrund der ihr eigenen Lehr- und Forschungsinhalte berechtigt und verpflichtet ist, zu der Gestaltung von Industriebauten Aussagen zu treffen.

So befaßt sich die Industriebetriebslehre als institutionale Betriebswirtschaftslehre mit dem Aufbau industrieller Betriebe und dem Ablauf des Geschehens in ihnen unter Berücksichtigung aller hierbei auftretenden Fragestellungen, wie z.B. der Produktionsplanung und -steuerung, der Produktentwicklung und -gestaltung, der Standortwahl und der Errichtung des Produktionsapparates.[1] Zu diesem gehören neben den Maschinen, den Werkzeugen und dem Personalstamm auch die Industriebauten. Wegen ihrer langen Nutzungszeit, die nicht zuletzt auf ihre Eigenschaft als Immobilie zurückgeführt werden kann, überdauern Fabrikbauten mehrere Maschinen-, Beschäftigten- und - mit Ausnahme bei der gleichbleibenden Massenferti-

---

[1] Vgl. *Jacob*, H.: Industriebetriebslehre, in: Handwörterbuch der Produktionswirtschaft, hrsg. von W. Kern, Stuttgart 1979, Sp. 753 und 759

gung - viele Erzeugnisgenerationen. Sie bilden somit langfristige Rahmenbedingungen für den in ihnen stattfindenden Produktionsprozeß und einen bedeutenden Kostenfaktor.

Hierin ist der Anknüpfungspunkt für eine betriebswirtschaftliche Untersuchung der Industriebauten gegeben. Wenn die Industriebetriebslehre nämlich Aussagen zum betrieblichen Aufbau und zur Gestaltung des Produktionsprozesses treffen soll und wenn - was niemand ernstlich in Zweifel ziehen wird - die Bauwerke einer Fabrik den Ablauf und die Ergiebigkeit des Produktionsprozesses beeinflussen, dann muß auch analysiert werden, welcher Art diese Einflüsse sind und wie sie sich auswirken, um daraus Hypothesen für die Gestaltung von Industriebauten mit dem Ziel abzuleiten, sie zu verifizieren oder zu falsifizieren. Ansonsten wären Aussagen zur Gestaltung des Produktionsprozesses unvollständig und realitätsfern. In diesem Sinne ist es geradezu Aufgabe der Industriebetriebslehre, sich mit diesem Problembereich auseinanderzusetzen. Das Ergebnis dieser Überlegungen kann gleichsam als eine von vielen Vorgaben für die Arbeit der Bauingenieure und Architekten gewertet werden, womit der Bezug zu den eingangs erwähnten Bauspezialisten hergestellt ist.

Folgerichtig finden sich vor allem in vielen älteren Schriften zur Industriebetriebslehre Abhandlungen über Fabrikbauten.[2] Zumindest in den vergangenen zwanzig Jahren ist dagegen angesichts anderer drängender Fragen die Lehre vom Aufbau des Industriebetriebes und damit zusammenhängend die Beschäftigung mit Fabrikbauten in den Hintergrund geraten. Die im älteren Schrifttum angesprochenen Probleme sind nicht weiter erforscht worden; aus dieser Zeit vorhandene Erkenntnisse sind teilweise veraltet oder bedürfen einer Modifizierung hinsichtlich neuer Gegebenheiten. In jüngerer Zeit ist mit einer betriebswirtschaftlichen Schrift zur industriellen Werkzeugwirtschaft an die bestehende Tradition in der Industriebetriebslehre angeknüpft und ein Teilaspekt von der Aufbauorganisation des Industriebetriebes wieder Gegenstand einer wirtschaftswissenschaftlichen Schrift geworden.[3] Wichtige Fragen zur Gestaltung von Industriebauten und hieraus resultierende betriebswirtschaftliche Implikationen werden hingegen in der Literatur nicht erschöpfend erörtert. Neuere Abhandlungen über Industriebauten sind zumeist technischer Art oder befassen sich in anderen Zusammenhängen nur am Rande damit.

---

[2] Vgl. z.B. *Emminghaus*, A.: Allgemeine Gewerkslehre, Berlin 1868, S. 214 ff.; *Huth*, F.H.: Wirtschaftlicher Fabrikbetrieb, Berlin 1938, S. 10 ff.; *Henning*, K.W.: Betriebswirtschaftslehre der industriellen Erzeugung, 5. Auflage, Wiesbaden 1969, S. 70 ff.
[3] Vgl. *Mostafa*, S.: Die industrielle Werkzeugwirtschaft, Diss., Mannheim 1990, zugleich Witzenhausen 1990

I. Problemstellung und Zielsetzung

Ziel der vorliegenden Arbeit ist es, zur Schließung dieser Lücke in der betriebswirtschaftlichen Literatur beizutragen. Hierbei soll nicht nur altes Tatsachenwissen auf den Fortbestand seiner Gültigkeit überprüft oder neues erarbeitet werden, sondern es sollen auch wissenschaftliche Erklärungen und Hypothesen geliefert werden, mit deren Hilfe gesetzmäßige Zusammenhänge auf dem weiten Gebiet des Industriebaues erhellt werden. Im Unterschied zum Schrifttum über Fabrikplanung, in dem die *methodischen* Abläufe bei der Konzeption ganzer Fabriken im Vordergrund des Interesses stehen, sollen Schwerpunkt dieser Arbeit *inhaltliche* Überlegungen und Probleme sein, die sich bei der Planung, Gestaltung und Errichtung der Industriegebäude an sich ergeben.

Da die Vielfalt der Industriebauten unüberschaubar groß ist und da ferner die Bauwerke der Verfahrensindustrie einen anlagehaften Charakter tragen, der auf der optischen und häufig auch tatsächlichen Verschmelzung der baulichen Hülle mit der Produktionsanlage beruht, soll die vorliegende Untersuchung weitgehend auf die Gebäude der Stückgutindustrie beschränkt bleiben, deren Gestaltung nicht einer dominierenden, sondern einer Reihe nahezu gleichbedeutender Einflußgrößen unterliegt, was sie als besonders erklärungsbedürftig auszeichnet. Des weiteren erfährt der Untersuchungsgegenstand dieser Arbeit eine Einschränkung, indem nur Bauwerke für Produktionsstätten, nicht aber sonstige industrielle Bauten (z.B. Sozial- und Verwaltungsgebäude) Betrachtung finden. Ausnahmen zu den hier gemachten Einschränkungen gehen unter Angabe der Gründe aus den jeweiligen Textstellen hervor.

Um das oben gesteckte Ziel zu erreichen, wurde die vorliegende Untersuchung inhaltlich so aufgebaut, daß in der Reihenfolge der einzelnen Kapitel die natürliche und logische Abfolge der Überlegungen dokumentiert wird, die von der Planung bis zur Errichtung eines Industriegebäudes im großen anzustellen sind. Das erste Kapitel "Grundlagen der Arbeit" dient dem Zweck, den Leser mit dem Untersuchungsobjekt in terminologischer, betriebswirtschaftlicher, funktionaler und auch historischer Hinsicht vertraut zu machen. Es bildet somit die Ausgangsbasis für alle weiteren Überlegungen. Das zweite Kapitel "Restriktionen der Gestaltung von Industriebauten" beschäftigt sich mit den wichtigsten, allgemein erfaßbaren Rahmenbedingungen, die bei der Planung eines jeden Industriegebäudes beachtet und daher von Anbeginn in die Gestaltungsüberlegungen einbezogen werden müssen. Um im Rahmen des dann noch verbleibenden Freiraumes betriebswirtschaftlich fundierte Gestaltungsentscheidungen treffen zu können, bedarf es eines Kriteriums, anhand dessen die ökonomische Zweckmäßigkeit eines Bauwerkes beurteilt werden kann. Aufgabe des dritten Kapitels "Zur Beurteilung der betriebswirtschaftlichen Zweckmäßigkeit von Industriebauten" ist es daher, entsprechende Maßstäbe zu diskutieren und die Veränderung der Maßgrößen in Abhängigkeit bestimmter Einflußfaktoren aufzuzeigen, die gestaltungsweisenden Charakter erlangen können. Das vierte Kapitel "Gestaltungsgrundsätze unter Berücksichtigung bauwirtschaftlicher und ökonomisch-funktionaler Anforderungen" behandelt solche konkrete, einzelfallbestimmte Forderungen an die Gestaltung von Industriebauten, die unter Beachtung des zuvor ermittelten Eignungskriteriums erfüllt sein müssen, damit man aus betriebswirtschaftlicher Sicht von einem zweckmäßigen Gebäude sprechen kann. Das fünfte Kapitel "Die Industriebautypen als Ergebnis einer gedanklichen Ordnung realer Bauformen" stellt schließlich gleichsam als Resultat aller vorangehenden Überlegungen eine Bewertung verschiedener, mittels Abstraktion zu Typen verdichteter Erscheinungsformen industrieller Bauwerke dar.

Bei all diesen Überlegungen kommen investitions- und finanzierungstheoretische Fragestellungen nicht oder nur so weit zur Sprache, wie es für das Verständnis der behandelten Problematik unabdingbar erforderlich ist. Eine diesbezüglich weitergehende Beschäftigung bleibt der hierzu vorhandenen einschlägigen Literatur vorbehalten.[4] Ebenso werden rein technische Probleme außer acht gelassen. Allerdings kann nicht darauf verzichtet werden, technische Sachverhalte, die betriebswirtschaftlich bedeutsame Auswirkungen zeigen, in die Bearbeitung des Themas aufzunehmen. Denn die Erkenntnisse einer Untersuchung auf dem Gebiet einer angewandten Wissenschaft wie der Betriebswirtschaftslehre wären von keinem praktischen Nutzen und mitunter vollkommen wertlos, ließen sie sich in der betrieblichen Realität aufgrund von Einschränkungen, die sich aus Berührungspunkten mit anderen Disziplinen ergeben, nicht umsetzen.

Diese Auffassung wird durch die Inhalte der Industriebetriebslehre legitimiert, die die engen wechselseitigen Beziehungen dieses Teilgebietes der Betriebswirtschaftslehre zu Nachbardisziplinen, wie z.B. der Betriebs- und Arbeitspsychologie, der Soziologie, der Rechtswissenschaft, der Volkswirtschaftslehre und vor allem den technischen Wissenschaften zeigen. Aufgrund der engen Verzahnung der Industriebetriebslehre mit den benachbarten Wissenschaften muß die vorliegende Arbeit folglich auch nicht-ökonomische Fragen in die Untersuchung einbeziehen, soweit dies für die Klärung ökonomischer Probleme notwendig ist.[5]

---

[4] Vgl. z.B. *Perridon*, L./*Steiner*, M.: Finanzwirtschaft der Unternehmung, 4. Auflage, München 1986 sowie mit besonderem Bezug zum Bauwesen *Diederichs*, C.J.: Wirtschaftlichkeitsberechnungen Nutzen/Kosten-Untersuchungen - Allgemeine Grundlagen und spezielle Anwendungen im Bauwesen, Sindelfingen 1985

[5] Vgl. *Strebel*, H.: Industriebetriebslehre, Stuttgart, Berlin, Köln, Mainz 1984, S. 14 f.

II. Das Bauwerk im industriellen Leistungserstellungsprozeß

Industriebauten bilden zusammen mit den Gebäuden anderer Wirtschaftszweige wie des Dienstleistungs- sowie des Land- und Forstwirtschaftssektors die Bauwerksgattung der gewerblichen Zweck- oder Nutzbauten, die sich alle dadurch auszeichnen, daß sie in einer noch näher zu bezeichnenden Weise der betrieblichen Leistungserstellung dienen. Dies ist ihre ursprüngliche Aufgabe, der sich andere, wie z.B. die Obliegenheit zur Repräsentation, nachgeordnet anschließen können. Deshalb steht bei der Gestaltung von gewerblichen Nutzbauten der jeweilige Betriebszweck, der sich im Leistungserstellungsprozeß - bei etlichen Betrieben auch in mehreren Partialprozessen - äußert, im Vordergrund. So ist einleuchtend, daß Bauwerke verschiedener Wirtschaftssektoren aufgrund der Verschiedenheit der zu erbringenden Leistungen unterschiedliche äußere Erscheinungsbilder und konstruktive Eigenschaften aufweisen. Beispielsweise ist es nicht vorstellbar, ebenerdige Hallen mit säbelzahnartigen Dachoberlichtern und schmalen Fensterbändern als Bankgebäude zu verwenden. Je mehr sich die betrieblichen Abläufe über die Grenzen der einzelnen Wirtschaftssektoren hinweg ähneln, desto eher sind aber Gemeinsamkeiten bei den dazugehörigen Gebäuden feststellbar. Zu denken ist an industrielle Verwaltungs- und an Bankgebäude, um nur ein Beispiel für wirtschaftszweigübergreifende Bauformen zu nennen.

Da die Art der Leistungserstellung auch innerhalb des Industriesektors von Sparte zu Sparte und von Betrieb zu Betrieb variiert, liegt die Gewißheit nahe, daß Industriebauten in bestimmten Grenzen sparten- und betriebsspezifische Merkmale in sich tragen. Ausgangspunkt einer Arbeit, deren Ziel es unter anderem ist, verschiedene Gestaltungsweisen von Industriebauten zu erklären, muß folglich der Leistungserstellungsprozeß als der die Gestaltung dominierende Einflußfaktor sein. Bevor der Versuch unternommen werden kann, spezielle einzelbetriebliche Anforderungen an Industriebauten aufzuzeigen, deren Realisierung zu betriebsspezifischen Bauwerksmerkmalen führt, sollen zu Beginn dieser Arbeit die Kennzeichen der industriellen Leistungserstellung im allgemeinen erläutert werden, die die gestalterischen und konstruktiven Unterschiede zwischen Industriebauten und Baulichkeiten der anderen Wirtschaftssektoren - insbesondere des Dienstleistungsbereichs - verursachen.

1. Merkmale des industriellen Leistungserstellungsprozesses

Die für den Industriebetrieb typische Aufgabe ist die Produktion von Sachgütern. Darin unterscheidet er sich grundlegend von Betrieben des

Dienstleistungsbereichs, die Güter immaterieller Art herstellen. Dienstleistungen, die von Industriebetrieben angeboten werden, sind als absatznotwendige Komplementärleistungen (Einführungshilfen, Schulungen, Reparatur und Wartung im Rahmen des Kundendienstes) für die Erzeugnisse zu verstehen;[6] sie sind somit keine die Industrie kennzeichnenden Produkte und werden deshalb bei der weiteren Erörterung des industriellen Erzeugungsprozesses außer acht gelassen.

Bei Sachgütern handelt es sich entweder um Rohstoffe, die durch Urproduktion gewonnen, oder um Fabrikate, die durch Be- und Verarbeitung aus Grund- oder Ausgangsstoffen erzeugt werden.[7] Ferner werden Energien zu den Sachgütern gerechnet. Charakteristisch für die industrielle Fertigung ist die technologische Veränderung von Stoffen zu materiellen Gütern höheren Wertes[8] unter Einsatz von Betriebsmitteln und menschlicher Arbeitskraft.

Da in dieser Arbeit besonders die Rolle der Bauwerke in dem Transformationsprozeß sowie dessen Rückwirkungen auf die Gestaltung der Industriebauten interessieren, ist es notwendig, die insoweit abstrakt beschriebenen Kennzeichen des industriellen Leistungserstellungsprozesses näher zu beleuchten. Das Unterfangen, die industrielle Fertigung in allgemeingültiger und dennoch aussagekräftiger Weise darzustellen, erweist sich als schwierig. Denn die Beschaffenheit des jeweiligen Produktionsprozesses ist abhängig vom Industriezweig; in der Gewinnungsindustrie liegen beispielsweise andere Produktionsbedingungen vor als in der Investitions- oder in der Konsumgüterindustrie.[9] Aber auch innerhalb desselben Industriezweigs unterscheiden sich die Produktionsmethoden aufgrund vielfältiger Einflußfaktoren, wie z.B. des konkreten Produktionsgegenstandes und der zur Verfügung stehenden Produktionstechnik.

Ausdruck dieser Vielschichtigkeit sind die in der Literatur zu findenden Ansätze zur Systematisierung der Fertigungsverfahren, mit deren Hilfe die

---

[6] Vgl. *Strebel*, S. 23

[7] Vgl. *Gutenberg*, E.: Grundlagen der Betriebswirtschaftslehre, Erster Band, Die Produktion, 23. Auflage, Berlin, Heidelberg, New York 1979, S. 1

[8] Vgl. *Mellerowicz*, K.: Betriebswirtschaftslehre der Industrie, Band I, 7. Auflage, Freiburg 1981, S. 349. Dieses Merkmal ist vor allem als Unterscheidung zu Dienstleistungsbetrieben zu sehen. Die Abgrenzung der Industrie zum Handwerk ist schwierig, da auch in den zu diesem Gewerbe gehörenden Betrieben technologische Veränderungen an Stoffen oder Vorprodukten vorgenommen werden. Die Abgrenzung gelingt nur mittels formaler Kriterien (z.B. Zugehörigkeit eines Betriebes zur Handwerkskammer oder zur IHK) oder mittels Erfassung der Ausprägungen gemeinsamer Merkmale (z.B. geringer Kapitaleinsatz in Handwerks-, hoher Kapitaleinsatz in Industriebetrieben). Vgl. dazu *Kalveram*, W.: Industriebetriebslehre, Wiesbaden 1972, S. 19 f.; *Strebel*, S. 25 f.

[9] Vgl. *Mellerowicz*, Industrie, Band I, S. 349

II. Das Bauwerk im industriellen Leistungserstellungsprozeß

komplexen Tatbestände der Produktion verdeutlicht, spezifische Charakteristika der einzelnen Herstellungsvorgänge erklärt sowie Möglichkeiten der Gestaltung des Produktionsbereichs aufgezeigt werden sollen.[10] In diesen Ansätzen werden die Produktionsverfahren nach Merkmalen wie Grad der Mechanisierung, Art der angewandten Technologie, Art der Stoffverwertung, Kontinuität des Produktionsprozesses etc. geordnet.[11]

Jeder Produktionsprozeß kann durch Beschreibung der jeweiligen für ihn zutreffenden Merkmalsausprägungen genau gekennzeichnet werden. Da jedes Merkmal mehrere Ausprägungen besitzt und viele Ausprägungen bestimmter Merkmale sich mit verschiedenen Ausprägungen anderer Merkmale sinnvoll kombinieren lassen, ist eine sehr große Anzahl unterschiedlicher Produktionsprozesse denkbar und in der Realität auch tatsächlich vorhanden, so daß man sagen kann, *den* Produktionsprozeß als solchen gibt es nicht.

Trotz der komplexen und unterschiedlichen Vorgänge bei der Erzeugung von Sachgütern haben alle Fertigungsverfahren im Kern eine Gemeinsamkeit. Dies ist die Einwirkung auf Material, die Veränderung von Stoffen, die grundsätzlich auf zweierlei Art vorgenommen werden kann - durch Umwandlung und durch Umformung.

Unter Stoffumwandlung sind die Bildung und die Trennung von Stoffgemischen, die Änderung physikalischer Eigenschaften sowie der chemischen Zusammensetzung der eingesetzten Werkstoffe zu verstehen. Als Beispiele für die physikalische und für die chemische Stoffumwandlung seien die Zerlegung von Luft in Stickstoff, Sauerstoff und Edelgase sowie die Synthese von Ammoniak aus Stickstoff und Wasserstoff genannt.[12] Stoffumwandlungsverfahren bewirken eine Veränderung der Substanz der eingesetzten Materialien.

Die Verfahren der Stoffumformung rufen eine Veränderung der Form von Materialien hervor. Hierbei lassen sich die Verfahrensgruppen Urformen, Umformen, Trennen und Fügen unterscheiden.[13]

---

[10] Vgl. *von Kortzfleisch*, G.: Systematik der Produktionsmethoden, in: Industriebetriebslehre, hrsg. von H. Jacob, 3. Auflage, Wiesbaden 1986, S. 108

[11] Vgl. dazu z.B. *Riebel*, P.: Industrielle Erzeugungsverfahren in betriebswirtschaftlicher Sicht, Wiesbaden 1963; *von Kortzfleisch*, Produktionsmethoden, S. 101-175; einen kurzen Überblick gibt *Kilger*, W.: Industriebetriebslehre, Band I, Wiesbaden 1986, S. 29 ff.

[12] Vgl. *Riebel*, S. 30 ff.

[13] Von Urformen wird gesprochen, wenn ungeformte Materialien wie Flüssigkeiten oder Pulver in eine erste Form gebracht werden. Beispiele hierfür sind das Gießen und Stampfen von Beton und das Pressen von Tabletten. Das Umformen verursacht eine Formänderung bei Werkstücken durch Verlagerung von Teilmassen des bearbeiteten Körpers. Hierzu zählen

Um die Produktionsaufgaben bewältigen zu können, ist es erforderlich, mehrere dieser Verfahren anzuwenden. Der industrielle Leistungserstellungsprozeß setzt sich somit in der Regel aus einer Vielzahl miteinander verknüpfter Umwandlungs- und Umformungsverfahren zusammen.[14] Über die eigentliche Stoffveränderung hinaus fallen ferner Transportvorgänge an. Darunter ist die Veränderung der räumlichen Lage von Stoffen, Flüssigkeiten und Gasen in vertikaler oder horizontaler Bewegungsrichtung zu verstehen.[15]

Bei der Stoffumwandlung und Stoffumformung entstehen im allgemeinen nicht nur die erwünschten Erzeugnisse. Häufig ist mit ihnen eine Reihe von Begleitumständen verbunden, die den im Betrieb arbeitenden Menschen und die Betriebsmittel einschließlich der Gebäude stark beanspruchen. So treten je nach Produktionsgegenstand und -prozeß Schwingungen auf, entwickeln sich Lärm, Staub, Hitze und Gase, besteht Feuer- und Explosionsgefahr, bilden sich Säuren, Laugen, Wasserdampf und andere feste oder flüssige Stoffe, die sich gesundheitsschädigend und bauwerksaggressiv verhalten.

Diesen beispielhaft genannten Bedingungen der Sachgüterproduktion muß bei der Planung und Gestaltung von Industriebauten Rechnung getragen werden. Spezielle Vorkehrungen, die bei nicht-industriellen Nutzbauten nicht benötigt werden, müssen verhindern, daß Menschen, Betriebsmittel, die Umwelt und nicht zuletzt das Gebäude selbst durch den Fertigungsprozeß und seine Begleiterscheinungen Schaden nehmen. Solche Vorkehrungen bestehen beispielsweise in Schornsteinen zur Ableitung von Gasen, speziellen Fundamenten zur Aufnahme von Erschütterungen, Belüftungsmöglichkeiten zur Verringerung produktionsbedingter Hitze sowie in der Wahl widerstandsfähiger Baustoffe.

Auf diese Besonderheiten der Industriebauten, die letzten Endes aus der Sachgüterproduktion resultieren, wird im Verlauf der Arbeit detailliert einzugehen sein.

---

beispielsweise Ziehen, Biegen, Drücken, Stauchen und Walzen von Metallen und Glas. Trennen von Materialien erfolgt durch Sägen, Schneiden, Stanzen, Drehen, Bohren, Hobeln, Fräsen etc. Fügen bedeutet das Zusammensetzen von verschiedenen Teilen zu komplizierten Gebilden durch Montieren, Schweißen, Löten, Kleben, Falzen usw. Vgl. *Riebel*, S. 37 f.

[14] Vgl. *Riebel*, S. 16. Man denke z.B. an die Blechherstellung, bei der aus Eisenerz und weiteren Zutaten im Hochofen flüssiger Stahl erzeugt wird (Umwandlung); die festen Stahlkörper werden gewalzt (Umformen) und die entstandenen Bleche auf handelsübliche Größe gebracht (Trennen).

[15] Vgl. *Gutenberg*, S. 90

2. Terminologische Grundlagen

Bevor nachfolgend erörtert werden kann, welcher Art die Beiträge des Industriebaues im soeben skizzierten industriellen Leistungserstellungsprozeß sind und in welchen einzelnen Funktionen sie konkret zum Ausdruck kommen, ist es erforderlich, das Untersuchungsobjekt dieser Arbeit inhaltlich eindeutig festzulegen. Um Mißverständnisse zu vermeiden, die auf sprachlichen Ungenauigkeiten oder unklaren Vorstellungen über den Erkenntnisgegenstand beruhen, muß zunächst erläutert werden, ob und gegebenenfalls welche Unterschiede zwischen den Begriffen Industrie- und Fabrikbau bestehen, bevor im nächsten Schritt die für diese Arbeit geltende sprachliche Lösung diskutiert und ein eindeutiger Begriffsinhalt bestimmt werden kann. In diesem Zusammenhang erhebt sich die Frage, ob der Ausdruck Industrie*gebäude* denselben Sachverhalt kennzeichnet wie der zuvor definierte Terminus Industrie*bau*. Ausführungen hierzu werden den Abschnitt über die terminologischen Grundlagen der Arbeit beschließen.

a) Zur Unterscheidung von Industrie- und Fabrikbauten

Bei Betrachtung der Literatur fällt auf, daß die Bauwerke von Industriebetrieben von verschiedenen Autoren ausschließlich entweder mit Industrie- oder mit Fabrikbauten bezeichnet werden.[16] Andere Autoren wiederum verwenden beide Vokabeln als synonyme Begriffe.[17] Dies ist eine Folge des deutschen Sprachgebrauchs, der Fabrik mit Industriebetrieb schlechthin gleichsetzt.[18] Genaugenommen bestehen zwischen diesen Begriffen und als Konsequenz davon zwischen Fabrikbau und Industriebau Unterschiede. So ist Industrie ein Sammelbegriff für verschiedene Formen von Industriebetrieben, die sich nach Eigenart und Organisation des Fertigungsablaufs und nach dem Standort unterscheiden: Verlag, Manufaktur und Fabrik.[19] Daraus kann geschlossen werden, daß der Fabrikbau eine spezielle Erscheinungsform des Industriebaues sei.

Wenn in der vorliegenden Arbeit dieser Unterscheidung keine Bedeutung zugemessen wird, so geschieht dies nicht wider besseren Wissens des Autors, sondern weil sie sich in sachlicher Hinsicht als nicht notwendig er-

---

[16] Vgl. *Henn*, W.: Industriebauten, in: Handwörterbuch der Produktionswirtschaft, hrsg. von W. Kern, Stuttgart 1979, Sp. 743; *Wasmuth*, G.: Stichwort Fabrik, in: Wasmuths Lexikon der Baukunst, 2. Band, Berlin 1930, S. 405
[17] Vgl. *Franz*, W.: Industriebauten, in: Städtebauliche Vorträge, hrsg. von J. Brix und F. Genzmer, Band VII, Heft 5, Berlin 1914, S. 5
[18] Vgl. *Strebel*, S. 27
[19] Vgl. dazu *Reisch*, K.: Industriebetriebslehre, Wiesbaden 1979, S. 21 ff.

weist, ja sich sogar verbietet. Denn aus den unterschiedlichen Merkmalen der drei Industriebetriebsformen lassen sich keine typischen Bauwerke ableiten, so daß man von Verlags-, Manufaktur- oder Fabrikbauten sprechen müßte. Die folgenden Ausführungen zu den drei Betriebsformen sollen diese Aussage verdeutlichen.

Charakteristisch für das Verlagssystem ist die Dezentralisation der Produktion. Die vom Unternehmer (Verleger) vergebenen Aufträge werden von Heimarbeitern in ihren Wohnungen durchgeführt. Der Verleger stellt Betriebsmittel und Fertigungsmaterial zur Verfügung und trägt das wirtschaftliche Risiko der Produktion, d.h. er ist zur Abnahme der Erzeugnisse verpflichtet. Infolgedessen werden beim Verlagssystem spezielle Bauwerke zwar für die Lagerung der Erzeugnisse und eventuell für die Verwaltung des Betriebs, wegen der fehlenden Trennung von Produktions- und Wohnstätte aber nicht für die Beherbergung der Fertigung benötigt. Typische Produktionsstättenbauten, die Gegenstand dieser Arbeit sind, spielen beim Verlagssystem daher keine Rolle.

Manufakturen sind gekennzeichnet durch weitgehende Arbeitsteilung und Handarbeit (lat.: manu facere - von Hand machen). Da Handarbeit heute nur bevorzugt wird, wenn eine individuelle Herstellung von Erzeugnissen besondere Absatzchancen eröffnet - wie z.B. bei der Porzellan- und Glaserzeugung - oder wenn sie sich als wirtschaftlich überlegen erweist, ist die gesamtwirtschaftliche Bedeutung von Manufakturen stark gesunken. Der Produktionsprozeß vollzieht sich zumeist in zentralen Fertigungsstätten, weshalb hierfür im Unterschied zum Verlagssystem eigene Bauwerke erforderlich sind, so daß man von Manufakturbauten sprechen könnte, wenn es gelänge, aus dem Wesen der Manufaktur charakteristische Merkmale zu ermitteln, worin sie sich von Fabrikbauten unterscheiden.

Das Fabriksystem - bis in die zweite Hälfte des 18. Jahrhunderts in Deutschland unbekannt - ist heute die am weitesten verbreitete industrielle Betriebsform. Bis zum 18. Jahrhundert bezeichnete das lateinische Wort "fabrica" lediglich Werkstätten, wie z.B. die Steinmetzhütten des Mittelalters, ohne damit den heutigen Begriffsinhalt zu verbinden.[20]

Erste Erklärungen des Fabriksystems finden sich in Wörterbüchern gegen Ende des 18. Jahrhunderts. So wird im Gemeinnützigen Lexikon für Leser aller Klassen im Jahre 1788 die Fabrik einfach als Hammerwerk beschrieben, in dem zur Produktion neben Handarbeit auch Feuer, Hammer

---

[20] Vgl. *Hentschel*, W.: Aus den Anfängen des Fabrikbaus in Sachsen, in: Wissenschaftliche Zeitschrift der TH Dresden, Nr. 3, 3. Jg., 1953/54, S. 345

und ähnliche Werkzeuge erforderlich sind. Weitere Merkmale werden nicht genannt.[21]

In dem im Jahre 1786 erschienenen Realwörterbuch für Kameralisten und Oekonomen findet sich eine Definition von Fabrik, die allein auf die Zerlegung der Produktion in Teilschritte und die damit verbundene Spezialisierung der Arbeiter abhebt. Dort ist zu lesen, daß in der Fabrik "die Waren nicht von einem Arbeiter ganz verfertigt werden, sondern durch die Hände verschiedener Arbeiter gehen, die nicht die ganze Fabrikation, sondern nur einige dazu erforderliche Arbeiten versehen, solche aber zu einer um so größeren Fertigkeit gebracht haben."[22] In dieser Definition wird ebensowenig wie in den Formulierungen des VI. Badischen Konstitutionsedikts von 1808 der Unterschied der Fabrik zur Manufaktur klar: "Unter Fabrik wird ein Gewerbebetrieb verstanden, welcher so ins Große geht, daß einzelne Arbeiter nur einzelne Teile eines Gewerbes verrichten, deren von dem Gewerbsherren gebildete Zusammenstimmung dann das ganze vollendet."[23] Erst 1858 wird in einem Abschnitt des Deutschen Staats-Wörterbuches erwähnt, daß in Fabriken nicht mehr Muskelkraft, sondern mechanische Kraft zum Betrieb von Maschinen und Werkzeugen eingesetzt wird.[24] Damit wird als entscheidender Unterschied zur Manufaktur der systematische Einsatz von Maschinen und der dadurch bedingte Ersatz menschlicher Arbeit durch Betriebsmittelleistung angesprochen. Diese Merkmale werden heute weitgehend als fabriktypisch angesehen.[25] Es muß aber betont werden, daß die Grenzen zwischen Manufaktur und Fabrik fließend sind. So werden in Manufakturen auch einfache Maschinen verwendet, in Fabriken gibt es mitunter Handarbeit, insbesondere wenn die manuelle Arbeitsweise nicht kostengünstiger durch Sachapparaturen ersetzt werden kann. Der Pro-

---

[21] Vgl. *Roth*, J.F.: "Gemeinnütziges Lexikon für Leser aller Klassen, besonders für Unstudierte", Band 1, Nürnberg 1788, S. 196, zitiert nach: *Ruppert*, W.: Die Fabrik - Geschichte von Arbeit und Industrialisierung in Deutschland, München 1983, S. 9

[22] *Strelin*, G.G.: Realwörterbuch für Kameralisten und Oekonomen, Band 3, Nördlingen 1786, S. 371 f., zitiert nach: *Ruppert*, S. 9 f.

[23] VI. Badisches Konstitutionsedikt von 1808, zitiert nach: *Müller-Wiener*, W.: Fabrikbau, in: Reallexikon zur deutschen Kunstgeschichte, VI. Band, hrsg. v. O. Schmidt, München 1973, Sp. 847 f.

[24] Vgl. *Schäffle*: Fabrikwesen und Fabrikarbeiter, in: Deutsches Staatswörterbuch, Band 3, hrsg. von J.C. Bluntschli und K. Brater, Stuttgart, Leipzig 1858, S. 478

[25] Vgl. dazu z.B. *Ruppert*, S. 19, *Kalveram*, S. 23 f., *Fries*, H.-P.: Betriebswirtschaftslehre des Industriebetriebes, 2. Auflage, München, Wien 1987, S. 15, die alle die Mechanisierung der Arbeit als fabriktypisch ansehen. Anderer Ansicht ist *Pevsner*, der ausdrücklich die maschinelle Herstellung nicht als unabdingbares Merkmal einer Fabrik ansieht; vgl. *Pevsner*, N.: A History of Building Types, London 1976, S. 273

duktionsprozeß ist wie bei Manufakturen zentralisiert und arbeitsteilig organisiert. Eigene Produktionsstätten und -bauwerke sind folglich erforderlich.

Man könnte Fabrikbauten mithin als bauliche Anlage von Industriebetrieben definieren, die sich durch arbeitsteilige Organisation, zentralisierte und weitgehend mechanisierte Produktion auszeichnen. Analog dem Verhältnis Fabrik zu Industrie wäre Industriebau umfassender als bauliche Anlage von Industriebetrieben jeder Art zu verstehen und damit die eingangs gezogene Schlußfolgerung zu untermauern.

Diese Differenzierung ist jedoch nicht sachdienlich, da sie keine Anhaltspunkte auf die gestalterischen und konstruktiven Unterschiede zwischen den Bauwerken der Industriebetriebsformen liefert. Wie die Ausführungen gezeigt haben, unterscheiden sich Manufaktur und Fabrik hauptsächlich im Grad der Mechanisierung der Produktion, ohne daß sich scharfe Grenzen zwischen beiden Betriebsformen ziehen lassen. Aus dem Grad der Mechanisierung sind keine signifikanten Unterschiede bezüglich der dazugehörigen Baulichkeiten zu erkennen, wie sie z.B. zwischen Industrie- und Bankgebäuden aufgrund verschiedener Aufgaben der Betriebe bestehen. Schließlich ist zu berücksichtigen, daß die Fabrik gegenüber der Manufaktur eine überragende Bedeutung hat, so daß es sich bei Industriebauten in der Praxis überwiegend um "echte" Fabrikbauten handelt.

Eine sprachliche Differenzierung bei der Benennung von Bauwerken verschiedener industrieller Betriebsformen ist nur dann nützlich, wenn dadurch eine historische Betrachtungsweise zum Ausdruck gebracht wird, die auf die Entwicklung des Fabriksystems aus Verlagen und Manufakturen abhebt und demgemäß Verlags- und Manufakturbauten entwicklungsgeschichtlich als Entstehungsphasen der Industriebauten im allgemeinen und als Vorläufer von Fabrikbauten im besonderen behandelt.

Mit Ausnahme des historischen Abrisses über die Entwicklung der Industriebauten wird aus den genannten Gründen auf eine inhaltliche Differenzierung zwischen den Begriffen Industrie- und Fabrikbauten verzichtet. Analoges gilt für die Verwendung der Termini Industrie- und Fabrikgebäude.

b) Definition des Begriffs Industriebau

Geht man der Frage nach, welche Bauwerke im einzelnen zu den Industriebauten gehören, so stößt man in der Literatur auf verschieden weite Begriffsdefinitionen. Beste zählt zu den Industriebauten "alle Anlagen, die dazu bestimmt sind, Produktionsstätten aufzunehmen ..."[26] Mellerowicz sieht in ihnen "das Gehäuse des Industriebetriebes, in dem ... das Produkt entsteht."[27] Charakteristisches Merkmal von Industriebauten ist nach beiden Ansichten der darin stattfindende Produktionsprozeß. Dieser engen Fassung des Begriffs steht die Meinung entgegen, Industriebauten seien alle Gebäude, die gemäß den spezifischen Anforderungen der Industrie erstellt werden.[28] Hiernach sind auch solche Bauwerke zu den Fabrikgebäuden zu zählen, in denen keine Transformationsprozesse stattfinden. Dies sind beispielsweise Sozial-, Verwaltungs- und die meisten Lagerbauten.

Für die weite Auslegung des Begriffs spricht, daß ein Industriebetrieb sich nicht nur aus Produktionsstätten zusammensetzen kann. Er muß auch verwaltet, Stoffe und Fabrikate müssen gelagert, den Ansprüchen des Menschen im Betrieb muß Genüge getan werden. Deswegen besteht in vielen Fällen die Notwendigkeit zur Errichtung separater Büro-, Lager- und Sozialbauten oder wenigstens zur Einrichtung bestimmter Räume für diese Zwecke in einem kompakten Bauwerk, so daß man nicht mehr von einem reinen Produktionsstättenbau sprechen kann. Eine die betriebliche Realität korrekt widerspiegelnde Definition des Begriffs Industrie- oder Fabrikbau müßte daher umfassend sein und auch die genannten, keine Produktionsstätten beherbergenden Baulichkeiten erfassen. Andererseits schränkt eine weite Begriffsauffassung die Möglichkeit ein, präzise und prägnante Aussagen zu treffen. Je klarer und eindeutiger ein Untersuchungsgegenstand von anderen Erkenntnisobjekten abgegrenzt wird, desto besser sind Ursache-Wirkungs-Zusammenhänge festzustellen und Aussagen eindeutig zu treffen. So ist es einsichtig, daß ein reines Verwaltungsgebäude nach anderen Gesichtspunkten zu errichten ist als eine Kantine oder ein Produktionsstättenbau. Bei Zugrundelegung der weiten Fassung des Industriebaubegriffs bedarf es stets einer Konkretisierung, um welche Art von Gebäuden es sich handelt. Ansonsten sind klare Aussagen zu den Bauwerken nicht möglich.

Ein weiteres Argument für die enge Auslegung ist die Tatsache, daß ein Großteil der die Industriebauten i.w.S. ausmachenden Gebäude nicht industriespezifisch ist. Verwaltungs- und Sozialbauten sind auch in anderen Zweigen der Wirtschaft zu finden. Diese Bauwerke sowie die Lagerbauten richten sich nicht nach den Forderungen, die aus dem industriellen Leistungserstellungsprozeß resultieren. In dieser Arbeit interessieren aber ge-

---

[26] *Beste*, Th.: Fertigungswirtschaft und Beschaffungswesen, in: Handbuch der Wirtschaftswissenschaften, Band 1, Betriebswirtschaft, hrsg. von K. Hax und Th. Wessels, 2. Auflage, Köln und Opladen 1966, S. 157
[27] *Mellerowicz*, S. 363
[28] Vgl. *Henn*, Industriebauten, Sp. 743

rade die Regelmäßigkeiten, die sich aus der Herstellung von Sachgütern ergeben.

Aus diesen Erwägungen heraus wird der Begriff Industriebau in der vorliegenden Untersuchung im engeren Sinne ausgelegt und folgendermaßen definiert: Industrie- oder Fabrikbauten sind alle Baulichkeiten eines Industriebetriebs, deren Existenz unmittelbar mit der Durchführung industrieller Produktionsprozesse zusammenhängt und deren Gestalt überwiegend durch diese Prozesse bestimmt wird.

Durch diese Begriffsbestimmung werden alle Bauwerke aus der Betrachtung ausgeschlossen, die nicht direkt mit der Produktion in Verbindung stehen (z.B. reine Verwaltungsbauten) oder die nicht in erster Linie zu Fertigungszwecken eingesetzt werden (z.B. Wohnungen von Heimarbeitern). Zugleich werden im Unterschied zu den Definitionen von Beste oder Mellerowicz auch Bauwerke erfaßt, die für einzelne Fertigungsverfahren notwendig sind, ohne den eigentlichen Herstellungsprozeß zu umhüllen. Zu denken ist hierbei beispielsweise an Schornsteine, die die aus dem Produktionsprozeß resultierenden Abgase an die Atmosphäre ableiten, oder die Gebäude der Energiezentrale. Sofern in dieser Arbeit Industriebauten i.w.S. angesprochen werden, wird ausdrücklich darauf hingewiesen.

c) Definition des Begriffs Industriegebäude

Im Unterschied zu den Industrie*bauten* handelt es sich bei Industrie*gebäuden* in Anlehnung an die Musterbauordnung und die Bauordnungen der Länder[29] um selbständig benutzbare, überdachte Industriebauwerke, die von Menschen betreten werden können. Zusätzlich zu den Kennzei-chen, die auch den Industriebauten innewohnen, zeichnen sich Industriegebäude also durch drei weitere Merkmale aus.

Die Forderung nach selbständiger Nutzbarkeit bedeutet, daß ein Bauwerk nur dann ein Gebäude sein kann, wenn es allein und unabhängig vom Vorliegen weiterer Voraussetzungen einen Verwendungszweck erfüllt. So ist z.B. ein Schornstein nicht zweckentsprechend nutzbar, wenn er nicht mit Öfen, Kesseln oder ähnlichen Apparaturen verbunden ist, von wo Gase ausgehen, die er abzuleiten hat. Eine Fabrikhalle dagegen ist ohne weiteres selbständig zu verwenden. Des weiteren muß ein Gebäude überdacht sein. Eine durch Seitenwände abgeschlossene, nach oben offene Fläche, wie z.B. das Trockendock einer Werft, ist zwar ein Industriebau, aber kein Gebäude.

---

[29] Vgl. § 2 Abs. 1 MBauO; § 2 Abs. 1 LBOBW, NBO, LBONW, LBORP sowie Art. 2 Abs. 1 Bay BO

II. Das Bauwerk im industriellen Leistungserstellungsprozeß

Als letzte zusätzliche Voraussetzung muß ein Gebäude vom Menschen betretbar sein. Behälter, Kessel und andere Freiluftanlagen der Verfahrensindustrie stellen Industriebauten dar, denn in ihnen vollzieht sich der Produktionsprozeß. Da sie für Menschen im Regelfall nicht betretbar sind, handelt es sich hierbei nicht um Gebäude.

Industrie- oder Fabrikgebäude sind also Spezialfälle von Industriebauten. Industriegebäude und die als Sonderbauwerke zu bezeichnenden Kesselanlagen etc. ergeben zusammen den übergeordneten Begriff der Industriebauten.

Die Abbildungen 1a und 1b veranschaulichen nochmals die geschilderten Zusammenhänge.

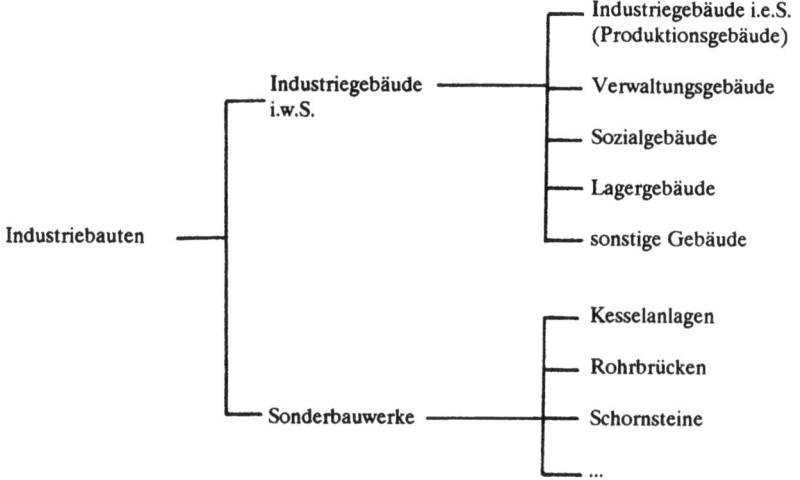

Abb. 1a. Die weite Fassung des Industriebaubegriffs

Abb. 1b. Die hier zugrundegelegte enge Fassung des Industriebaubegriffs

Wenn nichts anderes vermerkt wird, dann wird der Begriff Industriebau folglich im Sinne von Produktionsgebäude, das gleichzeitig Haupterkenntnisobjekt der Arbeit ist, und gelegentlich im Sinne von Sonderbauwerk verwendet, was aber aus dem Zusammenhang hervorgeht.

3. Der Leistungsbeitrag des Industriebaues im Produktionsprozeß

a) Aussagen der betriebswirtschaftlichen Produktionstheorie zum Faktor Industriebau

Aufgabe der betriebswirtschaftlichen Produktionstheorie ist es, die realen Gegebenheiten im Produktionsbereich einer Unternehmung zu erfassen, daraus empirisch gehaltvolle Hypothesen zur Erklärung der Gesetzmäßigkeiten von quantitativen Beziehungen zwischen Einsatzfaktoren und Ausbringung aufzustellen und zu überprüfen; schließlich sollen mit Hilfe der Theorie die Bedingungen aufgezeigt werden, wie die Produktion vielseitig zu gestalten ist.[30] Man spricht in diesem Zusammenhang von der Erklärungs- und Gestaltungsfunktion der Produktionstheorie. Zur Bewältigung dieser Aufgaben ist unter anderem die Beantwortung der Frage nach der Art und Weise des Leistungsbeitrags der Einsatzgüter im Produktionsprozeß von Bedeutung. Deshalb werden gemäß der spezifischen Zielsetzung der betriebswirtschaftlichen Produktionstheorie die Produktionsfaktoren nach ihrer Wirkungsweise im Produktionsprozeß unterschieden.[31] So entstehen Systeme von Produktionsfaktoren, mit deren Hilfe die Einsatzgüter charakterisiert werden können. In diese Systematik von Produktionsfaktoren werden auch die Industriebauten eingereiht, so daß sich Aussagen zur Funktion der Bauten aus produktionstheoretischer Sicht finden lassen.

Ohne die Produktionsfaktoren im einzelnen darzustellen, zeigt Abbildung 2 die Einordnung der Industriebauten in das System produktiver Faktoren.

Industriebauten gehören als Betriebsmittel wie die Werkstoffe und die objektbezogene menschliche Arbeit zu den Elementarfaktoren im Sinne Gutenbergs. Darunter sind die Einsatzgüter zu verstehen, deren Kombination dem Prozeß der Leistungserstellung entspricht. Betriebsmittel im besonderen bezeichnet Gutenberg als Einrichtungen und Anlagen, die die

---

[30] Vgl. *Dellmann*, K.: Betriebswirtschaftliche Produktions- und Kostentheorie, Wiesbaden 1980, S. 17
[31] Vgl. *Busse von Colbe*, W./ *Laßmann*, G.: Betriebswirtschaftstheorie, Band 1, Berlin, Heidelberg, New York 1975, S. 65

II. Das Bauwerk im industriellen Leistungserstellungsprozeß

technische Voraussetzung für die betriebliche Leistungserstellung bilden.³²
Mit dieser Feststellung wird zunächst nur erklärt, daß Bauwerke in irgendeiner Form am Transformationsprozeß selbst beteiligt sind im Unterschied

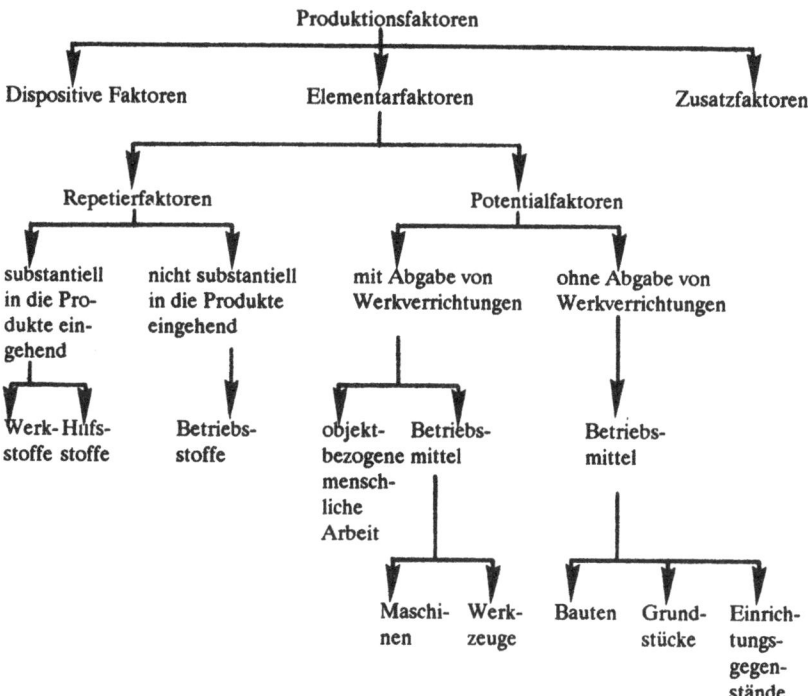

Abb. 2. Übersicht über die betriebswirtschaftlichen Produktionsfaktoren

Quelle: In Anlehnung an *Busse von Colbe/Laßmann*, S. 69

zu den dispositiven Faktoren, deren Aufgabe es ist, die Verknüpfung der Elementarfaktoren zu planen, zu gestalten und zu steuern.

Heinen ordnet die Produktionsfaktoren nach der Art ihres Verzehrs in Repetierfaktoren, die im Produktionsprozeß sofort verbraucht werden, und in Potentialfaktoren, die ein Nutzungspotential enthalten, das durch die Ab-

---

³² Vgl. *Gutenberg*, S. 3 ff. und S. 70 f. *Gutenberg* zählt zu den Betriebsmitteln auch Hilfs- und Betriebsstoffe.

gabe von Leistungen und im Zeitablauf schrittweise verringert wird.[33] Bauten zählen demnach zu den Potentialfaktoren, weil sie über einen längeren Zeitraum genutzt werden können und nicht im Prozeß sofort verbraucht werden. Sie stehen auf Dauer für die Leistungserstellung bereit.

Eine nähere Beschreibung der Leistungsbeiträge von Potentialfaktoren findet sich bei Busse von Colbe und Laßmann. Diese Autoren teilen die Potentialfaktoren in Einsatzgüter mit und ohne Abgabe von Werkverrichtungen ein.[34] Unter Werkverrichtungen sind Leistungsabgaben von Potentialfaktoren zu verstehen, die dem Fertigungsfortschritt dienen. Dabei handelt es sich beispielsweise um Bohr-, Stanz- und Biegevorgänge.[35] Produktionsfaktoren mit Abgabe von Werkverrichtungen sind folglich Einsatzgüter, die Arbeitsoperationen für die Durchführung von Fertigungsvorgängen vollziehen, wie z.B. Arbeitsmaschinen und der Faktor menschliche Arbeit. Bei der anderen Gruppe von Faktoren handelt es sich um Einsatzgüter, "deren Vorhandensein Voraussetzung für die industrielle Produktion ist, die aber (im Regelfall) selbst keinen Einfluß auf die Ergiebigkeit des Fertigungsprozesses nehmen, z.B. die Werkhalle ...".[36] Industriebauten sind nach dieser Aussage gleichfalls Vorbedingungen für die Durchführung der industriellen Produktion. Sie ermöglichen die Produktion, ohne - und darin liegt die gegenüber den vorgenannten Erklärungen weitergehende Veranschaulichung - selbst in das Produktionsgeschehen, d.h. in die Stoffumformung und -umwandlung, einzugreifen.

Als Fazit ist festzuhalten, daß Industriebauten in der Betriebswirtschaftslehre als Einsatzgüter gelten, deren Leistungsbeitrag passiver Natur ist. Sie werden als ein für die Leistungserstellung notwendiger Faktor angesehen, der der Unternehmung über einen längeren Zeitraum hinweg zur Verfügung steht, aber nicht durch Arbeitsoperationen den Fertigungsfortschritt fördert. Diese Sichtweise vom Leistungsbeitrag industrieller Bauwerke ist im großen richtig, bedarf aber im Detail einer Ergänzung, weil aus der geschilderten passiven Rolle nur auf einen mittelbaren Bezug dieses Faktors zum Produktionsergebnis geschlossen werden kann, ein möglicher unmittelbarer Leistungsbeitrag der Bauten jedoch keine Beachtung findet.

Zweifellos ist in den meisten Fällen nur eine mittelbare Beziehung des Industriebaues zum Produktionsergebnis festzustellen, da das Bauwerk nicht direkt am Umformungsprozeß beteiligt ist. Diese Aussage trifft vor allem

---

[33] Vgl. *Heinen*, E.: Betriebswirtschaftliche Kostenlehre, 6. Auflage, Wiesbaden 1983, S. 247

[34] Vgl. *Busse von Colbe/Laßmann*, S. 67

[35] Vgl. *Steffen*, R.: Analyse industrieller Elementarfaktoren in produktionstheoretischer Sicht, Berlin 1973, S. 21

[36] *Schneider*, D.: Produktionstheorie als Theorie der Produktionsplanung, in: Liiketaloudellinen Aikakauskirja (The Journal of Business Economics), Bd. 13, 1964, S. 218

für die meisten Industrie*gebäude* zu, ohne die Transformationsvorgänge technisch durchführbar, wenngleich aus humanitären, rechtlichen und wirtschaftlichen Gründen nicht zu realisieren sind, weil alle am Herstellungsprozeß beteiligten Menschen und Anlagen sowie die Produkte ungeschützt schädlichen Umwelteinflüssen (Nässe, Hitze, Kälte, Wind etc.) und etwaigen Schadstoffen ausgesetzt wären, die aus dem Herstellungsprozeß resultieren. Konkret zeigt sich der mittelbare Bezug des Industriebauwerkes zum Produktionsergebnis in diesem Beispiel in der Schutzgewährung vor solchen Einflüssen, die sich schädigend auf die Fertigung und die eingesetzten Faktoren auswirken - letztlich also auch in der Qualität der Fabrikate. Würde man hierauf keinen Wert legen sowie auf die wirtschaftliche Verwertbarkeit der Produkte verzichten, wären die auf der Seite 21 genannten Umformungsprozesse auch ohne schützende bauliche Hülle zu verwirklichen.

Ein unmittelbarer Leistungsbeitrag zeichnet sich dadurch aus, daß das Bauwerk andere Aufgaben erfüllt, als nur den Produktionsprozeß zu umhüllen. Das Bauwerk muß am Zustandekommen des Produkts direkt beteiligt sein. Diese Forderung ist in denjenigen Fällen verwirklicht, in denen das Industriebauwerk zur Produktionsapparatur wird, wie es bei den Freiluftanlagen (z.B. Kesseln oder anderen Behältern) der chemischen Industrie der Fall ist. Diese Bauten nehmen nicht nur eine statische Funktion wahr, sondern sie wirken an der Entstehung des Produkts direkt mit. Sie stellen mehr als nur Produktionsraum zur Verfügung. Denn in ihnen findet die chemische Stoffumwandlung, bedingt durch die Eigengesetzlichkeiten des Reaktionsablaufs, ohne weitere Einwirkung von Faktoren statt, sobald die für die chemischen Reaktionen erforderlichen Bedingungen geschaffen sind. Man spricht in diesem Zusammenhang von Automatie und Autonomie chemischer Prozesse. Die Bauwerke müssen nicht nur den chemischen, mechanischen und thermischen Beanspruchungen während des Prozesses widerstehen und die Umgebung davor schützen, sondern sie müssen die besonderen Verfahrensbedingungen herstellen, ohne die chemische Reaktionen nicht zustande kommen können. So tragen die Bauten zur Erzeugung und Aufrechterhaltung der zur Reaktion notwendigen Temperaturen und Drücken bei. Wenn es sich hierbei auch nicht um optisch oder akustisch wahrnehmbare Aufgabenverrichtungen handelt, liegt dennoch ein unmittelbarer Beitrag zur Produktentstehung vor. Die pauschale Charakterisierung der Industriebauten als passive oder mittelbare Produktionsfaktoren ist daher ergänzungsbedürftig und die Möglichkeit eines unmittelbaren Leistungsbeitrags in Betracht zu ziehen.

Vorrangig ist die unmittelbare Förderung des Produktionsprozesses durch Bauten bei Stoffumwandlungsverfahren zu finden, da diese ohne eine bauliche Hülle häufig technisch nicht durchführbar sind. Aber auch manche Verfahren der Stoffumformung können technisch unter bestimmten Voraussetzungen außerhalb eines Gebäudes nicht stattfinden. Beispielsweise sind bei der Herstellung von Skiern unter anderem Vakuumbedingungen notwendig, die nur in entsprechenden Kammern erzeugt werden können.

b) Funktionen des Industriebaues im Leistungserstellungsprozeß

Nach der theoretisch-abstrakten Diskussion der generellen Arten von Leistungsbeiträgen industrieller Bauten sollen nun Aussagen zu den einzelnen Funktionen getroffen werden, in denen sich die Leistungsbeiträge von Industriebauten äußern. Unter Funktion ist die klar umrissene Aufgabe des Bauwerkes im Rahmen der betrieblichen Leistungserstellung zu verstehen. Aus der Art der Bauaufgaben lassen sich später die Anforderungen an ein Bauwerk ableiten, die schließlich die Gestaltung desselben bestimmen. Folgende Abbildung gibt eine Übersicht über die wichtigsten Funktionen eines Industriebauwerkes.

Abb. 3. Die Funktionen des Industriebaues

Die am häufigsten genannte und in dieser Arbeit bereits angesprochene Aufgabe des Industriebaues ist die *Hüllen- oder Schutzfunktion*.[37] Die Schutzfunktion äußert sich in dreifacher Hinsicht:

(1) Das Bauwerk schützt den Produktionsprozeß, die hierbei benötigten Arbeitskräfte und Produktionsmittel, die Rohstoffe und Produkte gegen Witterungseinflüsse, gegen das Eindringen Unbefugter und gegen sonstige von außen drohende Gefahren und Belästigungen (z.B. Straßenlärm, Smog, Übergreifen von Bränden).

(2) Der Industriebau schirmt innerhalb des Betriebes verschiedene Produktionsprozesse oder verschiedene Stufen eines Prozesses gegeneinander ab. Störfaktoren wie Lärm, Schwingungen, unterschiedliche Raumklimate etc., die mit den einzelnen Verfahren einhergehen, werden auf einen bestimmten Raum begrenzt und können andere Arbeiten nur in geringerem Maße beeinträchtigen. Die Berücksichtigung von Brandabschnitten durch Einbau von Brandwänden, -decken und anderen baulichen Schutzmaßnahmen verringert die Gefahr, daß Brände in bestimmten Teilbereichen auf das gesamte Gebäude übergreifen.

(3) Die Bauten schützen schließlich die Umwelt vor den Auswirkungen des Produktionsprozesses, indem sie Lärm, Erschütterungen etc. eindämmen und Schadstoffe, wie z.B. Abgase und Abwasser, nur geordnet nach außen dringen lassen.

Die *Tragfunktion* des Industriebaues ist die zweite wichtige Aufgabe.[38] Die Bauwerke enthalten als Hülle des Produktionsprozesses sämtliche erforderlichen Betriebsmittel, Arbeitskräfte, Werkstoffe und die Fertigprodukte. Die dabei entstehenden Lasten sowie die Lasten des Bauwerkes selbst werden von der Tragkonstruktion aufgenommen und in den Boden abgeleitet. Daraus resultieren besondere Anforderungen an die Tragfähigkeit des Fußbodens, der Stützen und der Decken.

Eng mit dieser Funktion verbunden ist die *Ver- und Entsorgungsfunktion*. Bauelemente, wie z.B. die Stützen, Fußböden, Decken oder Wände, nehmen Leitungen auf, um die Produktionsstellen mit Elektrizität, Daten, Wasser etc. zu versorgen, aber auch um sie von Abfallprodukten zu entsorgen.[39]

---

[37] Vgl. *Rockstroh*, W.: Die technologische Betriebsprojektierung, Band 4: Projektierung des Industriebetriebes, Berlin (Ost) 1981, S. 61
[38] Vgl. *Aggteleky*, B.: Fabrikplanung - Werksentwicklung und Betriebsrationalisierung, Band 2: Betriebsanalyse und Feasibility-Studie - Technisch-wirtschaftliche Optimierung von Anlagen und Bauten, München, Wien 1982, S. 636
[39] Vgl. dazu auch *Lenz*, H.J.: Merkpunkte zur Planung und Realisierung von Baumaßnahmen, in: Rationalisierung, Nr. 3, 26. Jg., 1975, S. 53

Beispiele für Bauelemente, die typische Ent- oder Versorgungsfunktionen wahrnehmen, sind der Schornstein und die Dachoberlichter; Trag- *und* Ent- oder Versorgungsfunktionen nehmen innen hohle Stahlstützen wahr, durch die beispielsweise Gasleitungen, Elektrokabel usw. geführt werden.

Das Bauwerk hat ferner arbeits- und produktionsgerechte Raumbedingungen zu gewährleisten. In der Literatur wird diese Aufgabe etwas mißverständlich als Maschinenfunktion bezeichnet.[40] Durch Heizung, Lüftung, Beleuchtung, Kühlung etc. können die physiologischen Bedürfnisse des Menschen befriedigt und besondere produktionstechnische Anforderungen erfüllt werden. Wechselnde Einflüsse aus der Umwelt werden durch das Bauwerk in bezug auf Temperatur, Feuchtigkeit, Licht und Lärm ausgeglichen. Diese Aufgabe geht über die rein passive Schutzfunktion hinaus, weil Störeinflüsse nicht nur abgemildert, sondern durch entsprechende Maßnahmen auch beseitigt werden können und es möglich ist, unabhängig von den außerhalb der Baulichkeit existierenden Klimabedingungen eigene günstige Raumbedingungen zu schaffen. Das Bauwerk erzeugt somit gemeinsam mit anderen technischen Hilfsmitteln die Arbeitsumwelt, die für die jeweilige Leistungserstellung notwendig ist. Zur Gewährleistung arbeits- und produktionsgerechter Raumbedingungen zählt neben der Bereitstellung geeigneter Raumqualitäten auch die Schaffung geeigneter Raumquantitäten. Produktionsbezogene Handlungen der Arbeitskräfte, Lagerung und Transport von Gegenständen, Maschinengröße, -gewicht und -bewegungen etc. erfordern bestimmte Raumgrößen. Diese Aufgabe des Bauwerkes wird in der Literatur auch als die Erfüllung physischer Bedürfnisse oder Anforderungen bezeichnet.[41] Schließlich ist in diesem Zusammenhang die Befriedigung psycho-sozialer Bedürfnisse zu nennen.[42] Das Bauwerk muß eine Arbeitsumwelt garantieren, die dem Verlangen des Menschen nach sozialen Kontakten nachkommt und dessen Stimmungen günstig beeinflußt. Die Gewährleistung arbeits- und produktionsgerechter Raumbedingungen soll im folgenden entsprechend der damit im einzelnen verbundenen Aufgabenstellungen als *physiologische, physische und psycho-soziale Funktion* bezeichnet werden.

Die *architektonische Funktion* des Bauwerkes ist die Gesamtheit der Möglichkeiten, mit der äußeren Gestalt von Bauten im Menschen ästhetische Eindrücke zu erzeugen. Das Bauwerk ist ein Instrument, mit dem beim Menschen Impressionen, wie z.B. Macht, Einfachheit, Bescheidenheit,

---

[40] Vgl. *Sulzberger*, M.: Raum und Raumplanung bei Banken - Bankbetriebliche Anliegen an das Bankgebäude, Diss., Zürich 1979, zugleich Bern 1980, S. 34

[41] Vgl. *Laage*, G./*Michaelis*, H./*Renk*, H.: Planungstheorie für Architekten, Stuttgart 1976, S. 44

[42] Vgl. *Laage/Michaelis/Renk*, S. 44 f.

Strenge, hervorgerufen werden können, und das deshalb häufig für Repräsentations- und Reklamezwecke etc. Verwendung findet. Bei der Gestaltung sind ästhetische Ideale der Gesellschaft zu berücksichtigen, deren Ignorierung zur Versagung der Baugenehmigung führen kann.

Das Industriebauwerk erfüllt eine *Ordnungsfunktion* hinsichtlich des Produktionsprozesses, den es aufnimmt. Denn der Prozeß ist an die räumlichen Grenzen gebunden, die der Industriebau ihm auflegt. Diese Grenzen verhindern eine beliebige Ausbreitung der Produktionsstätten und zwingen zu einer sinnvoll geordneten Verteilung der Fertigungsstellen. Durch bauliche Maßnahmen kann somit der Fertigungsfluß geordnet durch das Gebäude gelenkt werden. Ein unübersichtliches Durcheinander verschiedener Fertigungsstufen ist so vermeidbar.

Mit Erfüllung der genannten sechs Funktionen leistet der Industriebau einen mittelbaren Beitrag zur Leistungserstellung im Sinne des vorangegangenen Abschnittes, da in keinem Fall das Bauwerk direkt an der Fertigung eines Sachgutes beteiligt ist, sondern lediglich notwendige Voraussetzungen für eine wirtschaftliche und menschengerechte Produktion liefert. Der unmittelbare Einsatz des Industriebaues in der Produktion muß sich daher in einer siebenten Funktion manifestieren - in der *Fertigungsfunktion*.

c) Einfluß des Industriebaues auf das Produktionsergebnis und den Produktionsablauf

Solange das Planungsstadium noch nicht abgeschlossen ist, ist das Fabrikgebäude ein variabler Faktor, der an alle erdenklichen Restriktionen und Anforderungen - insonderheit an die Erfordernisse des Produktionsprozesses - angepaßt werden kann. Nach der Errichtung bildet das Bauwerk seinerseits Restriktionen für die Art und Zusammensetzung des Produktionssortimentes und die Gestaltung des Produktionsprozesses. Auf diese Zusammenhänge wird in einem späteren Kapitel noch einzugehen sein. Inwieweit das Bauwerk Einfluß auf die Quantität und Qualität des Produktionsergebnisses hat, soll Gegenstand dieses Abschnittes sein. Diese Kenntnis ist erforderlich, um Aussagen über die zweckadäquate Gestaltung der Fabrikbauten treffen zu können.

Ein Gebäude bietet entsprechend seiner Größe, Anlage und Bauart in einem bestimmten Umfang nutzbare Flächen und nutzbaren Raum. Eine Kesselanlage z.B. verfügt über einen konstruktiv bedingten Rauminhalt. Gutenberg spricht in diesem Zusammenhang von der Maximalkapazität eines

Betriebsmittels.[43] Die Maximalkapazität eines Bauwerkes definiert die in einem bestimmten Zeitraum höchstmöglich herstellbare Menge an Produkten bei gegebener Produktionstechnologie. Dies bedeutet, daß der Raum, der durch das Industriegebäude für die Produktion zur Verfügung gestellt wird, nur die Aufstellung einer gewissen Anzahl von Maschinen und die Einrichtung einer limitierten Anzahl von Arbeitsplätzen zuläßt, mit deren Hilfe wiederum Erzeugnisse einer bestimmten Menge hergestellt werden können. Ebenso verhält es sich bei Sonderbauten, die Produktionsmengen nur bis zu einer durch ihre Größe gegebenen Höchstgrenze erlauben. So bestimmen unter anderem die Querschnitte von Schornsteinen die pro Zeiteinheit maximal ableitbaren Abgasmengen. Führt eine Ausdehnung der Produktion zu einem Abgasaufkommen, das die Kapazität des vorhandenen Schornsteins übersteigt, bildet dieser ceteris paribus den Engpaßfaktor der Produktion. Eine Produktionsausweitung wäre in beiden Beispielen ohne bauliche Erweiterungsmaßnahmen nicht möglich. Das Bauwerk limitiert also letztlich die Produktionsmenge.

Eine technische Mindestkapazität - die Leistung, ab der ein Betriebsmittel erst arbeitsfähig ist - kann bei Industriegebäuden nicht festgestellt werden. Sie sind auch bei geringster Inanspruchnahme nutzbar. Insofern beeinflussen die Gebäude die untere Grenze der Ausbringung nicht. Anders ist diese Frage bei Sonderbauwerken, wie z.B. dem Hochofen, zu beurteilen. Denn dieser kann - technisch bedingt - erst ab einer Mindestausbringung in Betrieb genommen werden.[44]

Von der technischen muß man die wirtschaftliche Mindestkapazität unterscheiden.[45] Darunter ist der Ausnutzungsgrad zu verstehen, ab dem es sich wirtschaftlich lohnt, ein Betriebsmittel zu benutzen. Bei Gebäuden stellt sich zwar nicht die anläßlich von Beschäftigungsschwankungen auftretende Frage der Verfahrenswahl (z.B. die Wahl zwischen verschiedenen Maschinen mit unterschiedlichen Gesamtkostenfunktionen), da Bauwerke als Immobilien kurzfristig nicht ausgetauscht werden können; dennoch ist die wirtschaftliche Mindestkapazität in diesem Zusammenhang von besonderer Bedeutung, weil Gebäude sich durch hohe fixe Kosten auszeichnen und eine Unterauslastung deshalb zu Leerkosten führt, d.h. zu Kosten für die Aufrechterhaltung eines Teils der Betriebsbereitschaft, der betrieblich nicht genutzt wird. Diese Leerkosten müssen abgebaut oder in Nutzkosten umgewandelt werden, wenn der Forderung nach wirtschaftlicher Produktion entsprochen werden soll, was bedeutet, daß die vorhandene Raumkapazität

---

[43] Vgl. *Gutenberg*, S. 73
[44] Vgl. *Gutenberg*, S. 75
[45] Vgl. *Gutenberg*, S. 75

verkleinert[46] oder, wenn dies nicht möglich ist, die Räumlichkeiten des Gebäudes stärker genutzt werden. Letzteres würde ceteris paribus in zwingender Konsequenz eine Ausweitung der Produktion durch Ausdehnung der Fertigungstiefe (Eigenfertigung bisher zugekaufter Teile), der Fertigungsbreite (Aufnahme weiterer Fertigerzeugnisse in das Produktionssortiment) oder durch Vergrößerung der bisherigen Kapazitäten (Anpassung der Engpaßkapazitäten an die durch das Gebäude festgelegte potentielle Betriebsgröße) nach sich ziehen. Auf diese Weise können Gebäude - Analoges gilt für Sonderbauwerke der Industrie - die Forderung nach langfristiger mengenmäßiger Erhöhung des Produktionsergebnisses begründen.

Der Einfluß des Industriebauwerkes erstreckt sich ferner auf den Ablauf des Produktionsprozesses und die Qualität der Produkte. Auf den Seiten 30 f. wurde gezeigt, daß durch Industriebauwerke geeignete Produktions- und Arbeitsräume geschaffen werden sollen. Diese Funktion erfüllt ein Gebäude am ehesten dann, wenn es entsprechend den betrieblichen Erfordernissen errichtet worden ist. Das Gebäude ist im günstigsten Fall dem Produktionsfluß vollkommen angepaßt und behindert den Fertigungsprozeß nicht. Das Gebäude gleicht einem Maßanzug für die Produktion. Im Laufe seiner Nutzungszeit werden Produktionssortimente geändert und Fertigungsverfahren umgestellt. Oft kann ein vorhandenes Gebäude nicht im notwendigen Maße an die neuen Gegebenheiten angepaßt werden, so daß es die gestellten Anforderungen nicht mehr wie zuvor erfüllt. Dies äußert sich beispielsweise darin, daß nach den Umstellungen der Produktionsfluß nicht mehr geradlinig verläuft und Rückwärts- oder Querbewegungen der Werkstücke hingenommen werden müssen. Die zusätzlichen Transportbewegungen beanspruchen Teile der Personalkapazität und des Raumvolumens, die gegenüber einem optimal gestalteten Produktionsablauf für die Fertigung verlorengehen. Auf diese Weise werden Teile der zur Verfügung stehenden Produktionsfaktoren verbraucht, ohne daß dadurch das Produktionsergebnis in quantitativer oder qualitativer Hinsicht gesteigert wird. Unter sonst gleichen Bedingungen führt ein ungünstig gestaltetes Produktionsgebäude folglich zu einer Minderausbringung.

Manche Produkte stellen besondere Anforderungen an die Raumbedingungen. Zu denken ist beispielsweise an die Reinstraumbedingungen in der Mikrochip-Fabrikation oder an die erforderlichen Temperaturverhältnisse bei der Gefrierkaffeeherstellung. Wenn die geforderten Bedingungen nicht gewährleistet werden können, ist das Gebäude qualitativ überbeansprucht. Als Folge davon ist eine Herstellung der entsprechenden Erzeugnisse nicht oder nur unter qualitativen Einschränkungen möglich.

---

[46] Einer Verkleinerung i.d.S. entsprechen auch die Vermietung oder Verpachtung eines Teils der Räumlichkeiten.

III. Historische Entwicklung von Fabrikbauten

Die Gestaltung von Industriebauwerken hängt von einer Vielzahl verschiedenster, sich zum Teil bedingender oder entgegenstehender Faktoren ab, die im Laufe der Jahre an Bedeutung gewinnen und wieder verlieren.[47] Während die Funktionen des Industriebaues und die geschilderten Einflüsse auf die Leistungserstellung genereller Natur und daher zeitunabhängig sind, unterliegt die Gestaltung des Industriebauwerkes demzufolge im Zeitablauf einem Wandel. Eine Untersuchung, die den Industriebau aus dem Blickwinkel einer anwendungsorientierten Wissenschaftsdisziplin wie der Betriebswirtschaftslehre erklären soll, darf sich nicht auf die theoretisch-nüchterne Analyse des Untersuchungsgegenstandes beschränken und darüber den Blick für die Realität verlieren. Dieser Blick wird aber durch die Kenntnis der Ursachen und Gründe für bestimmte, real auftretende Bauweisen geschärft. Da der Industriebau in seiner heutigen Form und mit den an ihn gerichteten gegenwärtigen Anforderungen das Ergebnis eines Entwicklungsprozesses ist, dessen Wurzeln in die Zeit vor der industriellen Revolution zurückreichen und dessen vorläufiges Ende in der Zweckorientierung des Bauwerkes zu finden ist, erscheint ein historischer Rückblick notwendig, um die in den Zeitumständen begründeten Gestaltungsfaktoren zu ermitteln, bevor aus dem derzeitigen Entwicklungsstadium heraus betriebswirtschaftliche Aussagen über die Zweckmäßigkeit von Industriebauten getroffen werden können.

Eine exakt chronologische Entwicklung der Industriebauten aufzuzeigen, ist nach Ansicht des Verfassers nicht zweckmäßig, weil der Entwicklungsprozeß sich regional und branchenspezifisch zu unterschiedlichen Zeiten vollzog, so daß sich die eindeutige und für die gesamte Industrie geltende Zuordnung einer bestimmten Entwicklungsstufe und Bauweise zu einem festgelegten engen Zeitraum als schwierig erweist. Ebenso erscheint eine branchengebundene Erörterung der Industriebaugeschichte für die Zwecke die-ser Untersuchung nicht angemessen, weil hierbei die industriezweigspezifischen Besonderheiten der Bauwerke zwangsläufig im Vordergrund stehen und die branchenübergreifenden generellen Faktoren, die die Bauweise von Fabrikbauten bestimmten, wegen der ansonsten entstehenden Redundanzen vernachlässigt werden müssen. Infolgedessen wird der Entwicklungsprozeß anhand von Ursachen und Gründen, die für die Gestaltung von Industriebauten allgemein im Zeitablauf maßgebend waren, nachgezeichnet und nur eine grobe Zuordnung dieser Faktoren auf die Zeit vor der industriellen Revolution und auf das 19. und 20. Jahrhundert vorgenommen.

---

[47] Vgl. *Rockstroh*, W.: Die technologische Betriebsprojektierung, Band 1: Grundlagen und Methoden der Projektierung, Berlin (Ost) 1977, S. 34

III. Historische Entwicklung von Fabrikbauten

1. Vorläufer der Fabrikbauten in der Zeit vor der industriellen Revolution

Die industrielle Revolution zu Ende des 18. und zu Beginn des 19. Jahrhunderts schuf das Fabriksystem. In dieser Zeit entstand folglich die Fabrik als neuer Bautyp. Alle bis dahin bereits bekannten Produktionsbauten werden als Vorläufer des Fabrikbaues bezeichnet. Dazu zählen die Bauten des Handwerks, der handwerklich-bäuerlichen Kleinunternehmungen, die Verlags- und Manufakturbauten, die Bauten von Gutshöfen, von Gartenanlagen sowie die sogenannten adaptierten Anlagen. Diese um die Wende vom 18. ins 19. Jahrhundert existierenden Bauwerke hatten auf die Entwicklung des Fabrikbaues einen unterschiedlichen Einfluß, wie die folgenden Abschnitte zeigen werden.

a) Bauten des Handwerks

Der einfache Handwerksbetrieb ist betriebswirtschaftlich gesehen einer der Ausgangspunkte für das Fabriksystem. Sein Einfluß auf den Fabrikbau war jedoch gering. Denn bis in das 18. Jahrhundert fügte sich die handwerkliche Berufsausübung so in den menschlichen Tagesablauf ein, daß Wohnen und Arbeiten ineinander übergriffen. Beide Beschäftigungen mußten aufgrund der damaligen Lebensweise räumlich nicht voneinander getrennt werden. Die Notwendigkeit eines separaten Bauwerks für die Arbeit ergab sich nicht, weshalb Handwerksbetriebe in den zu dieser Zeit üblichen Wohnhäusern untergebracht waren.[48] Seit dem 18. Jahrhundert wurden in den Wirtschaftshöfen und Gärten der Wohnhäuser eigene Werkstätten gebaut, so daß erste separate Arbeitsbauten entstanden. Weder in Amerika noch in Europa hatten die Werkstätten auf die bauliche Entwicklung der eigentlichen Fabriken einen entscheidenden Einfluß, weil es ihnen an der Größe zur wirklichen Massenfertigung fehlte. Sie stellten nur eine Übergangslösung dar. Sollte eine Fertigung in größerem Umfange betrieben werden, wurde zumeist eine neue Fabrikanlage gebaut.[49]

Anders verhielt sich der bauliche Einfluß solcher Handwerksbetriebe auf die Fabrik, die aufgrund der Be- und Verarbeitungstechnik über besonders gestaltete Bauwerke verfügen mußten. Hier sind in erster Linie Mühlen aller Art, wie z.B. Mahlmühlen für Getreide, Ölfrüchte, Steine, Erze und Po-

---

[48] Vgl. *Seeler*, O.F.: Typologie des amerikanischen Industriebaues, Diss., Aachen 1953, S. 6 f.
[49] Vgl. *Müller-Wiener*, W.: Die Entwicklung des Industriebaues im 19. Jhdt. in Baden, Diss., Karlsruhe 1955, S. 10 f. und *Seeler*, S. 7

liermühlen, zu nennen. Die Mühle ist die Urform des Fabrikgebäudes schlechthin.[50] Die technische Antriebsform des Mahlwerks legte das Aussehen des Gebäudes fest, das in der traditionellen Bauweise des in der Landschaft beheimateten Bauernhofes errichtet wurde. Die Wirtschaftsräume waren im gemauerten Erdgeschoß untergebracht, Wohnräume befanden sich im Obergeschoß, das aus einer Holzfachwerkkonstruktion bestand. Daneben existierten ausschließlich technischen Zwecken dienende Gebäude. Die Trennung von Wohn- und Arbeitsstätte war noch nicht vollzogen, sie deutete sich aber bereits an. Viele derartiger Mühlen sind später mit kleinen baulichen Änderungen zu Fabriken ausgebaut worden.[51]

b) Bauten des bäuerlich-handwerklich orientierten Kleinunternehmertums

Die bäuerliche Bevölkerung war bereits früh in der Geschichte gezwungen, sich am Abbau von Bodenschätzen oder an der Herstellung von Textilien, Holzerzeugnissen etc. zu beteiligen, da sie sich aus dem Ertrag der landwirtschaftlichen Arbeit allein nicht ernähren konnte. Als Beispiele hierfür sind die Bergleute in Tirol, in Sachsen und im Ruhrgebiet anzuführen. Daraus erwuchsen allmählich bäuerlich-handwerkliche Wirtschaftszweige, die nicht den Zunftbedingungen unterlagen. Mit der Zeit wurde - auch aufgrund von Eingriffen des absolutistischen Staates - unter den bäuerlichen Handwerkern ein Konzentrationsprozeß in Gang gesetzt. Erfolgreiche Kleinunternehmer kauften weniger erfolgreiche auf, manche schlossen sich mit anderen zusammen. Es entstanden abhängige bäuerlich-handwerkliche Facharbeiter. Dieser Konzentrationsprozeß und die damit zusammenhängende Vergrößerung der Betriebe ließen den wirtschaftlichen Einsatz teurer mechanischer Betriebsmittel zu und führten zu einer Arbeitsteilung. Daraus ergab sich ein Zwang zur baulichen Vergrößerung der Betriebe. Gleichzeitig erhöhte sich ihr Kapitalbedarf. Diese Fakten sind charakteristische Merkmale der industriellen Revolution. Drebusch sieht deshalb in den Bauwerken des bäuerlich-handwerklichen Kleinunternehmertums eine der Wurzeln der Industriearchitektur.[52]

Architektonisch betrachtet handelte es sich bei den Bauten des bäuerlich-handwerklichen Kleinunternehmertums um bäuerliche Bauwerke. Die Bauweise, das verwendete Baumaterial und die Bautechnik wurden von den Bauernhäusern der jeweiligen Region auf die Produktionsbauten übertra-

---

[50] Eine englische Bezeichnung für Fabrik ist mill.
[51] Vgl. *Müller-Wiener*, Entwicklung des Industriebaues, S. 7 ff.; *ders.*, Fabrikbau, Sp. 848 f.
[52] Vgl. *Drebusch*, G.: Industriearchitektur, München 1976, S. 26 ff.

gen. Die technische Funktion bestimmte die Bauten noch nicht in besonderem Maße.[53] Nur wo die Produktionstechnologie oder die Lage des Bauwerks es unbedingt verlangten, wurde die übliche regionale Bauform aufgegeben. So wurde z.B. bei Hammerwerken im Sauerland auf die traditionelle Dachform verzichtet, um den mit flachen Dächern verbundenen Vorteil eines frei überspannten Arbeitsraums nutzen zu können.[54] Die Wohnhäuser der Unternehmer und Arbeiter waren von den Bauten der Produktionsstätten in dieser Region bereits getrennt. Als Beispiel für einen bäuerlich-handwerklichen Produktionsbau, der heute noch besteht, kann der Schwarze-Ahe-Hammer bei Lüdenscheid aus dem Jahr 1788 angeführt werden. Ein Hinweis, daß auch in Amerika Industriebauten auf bäuerliche Bauformen zurückgehen, ist in der amerikanischen Bezeichnung "plant" für Fabrik zu finden. Dieser Ausdruck basiert auf der sprachlichen Übung, die im 17. Jahrhundert gegründeten Eisenhütten Pennsylvanias damals allgemein "plantations" zu nennen. Man unterschied die dazugehörigen Bauten dort jedoch noch nicht nach Wohn- und Arbeitsgebäuden.[55]

In den vorindustriellen bäuerlich-handwerklichen Produktionsbauten zeigte sich der nüchterne Pragmatismus der Kleinunternehmer, der aus ökonomischen Gründen verbot, aufgrund irrationaler repräsentativer Zwecke mehr für ein Gebäude zu investieren, als dessen technischer Gebrauchswert verlangte.[56]

c) Bauten des Verlagssystems

Wie bereits auf der Seite 14 angedeutet, benötigt die im Verlagssystem organisierte Fertigung keine eigenen Produktionsbauten, da sie im wesentlichen auf Heimarbeit beruht und in den Wohnstätten der Arbeiter stattfindet. Der Verleger braucht lediglich ein Gebäude für die Lagerung der Rohmaterialien und der Endprodukte, für die Verwaltung und gelegentlich für eine Teilfertigung. Darüber hinaus hatte der Verleger der vorindustriellen Zeit aufgrund des hohen Kapitalbedarfs für das Umlaufvermögen - es wird von Verlegern berichtet, die bis zu 4000 Heimarbeiter mit Rohmaterial versorgen mußten - auch kein Interesse daran, in Produktionsgebäude zu investieren. Es ist daher nicht verwunderlich, wenn bei der Gestaltung von Bauten des Verlagssystems andere Überlegungen als solche zur Produktion von Gütern vorrangig maßgebend waren. Nur die als geringfügig zu erachtende

---

[53] Vgl. *Müller-Wiener*, Fabrikbau, Sp. 850
[54] Vgl. *Drebusch*, S. 40 f.
[55] Vgl. *Seeler*, S. 6
[56] Vgl. *Drebusch*, S. 44

Teilfertigung, die der Verleger selbst vornahm, gestattet es heute, Bauten des Verlagssystems in die Reihe der Vorläufer der Fabrikbauten einzuordnen.

Ein typischer im Verlagssystem organisierter Gewerbezweig des 18. und 19. Jahrhunderts war die rheinische Textilindustrie. Der Verleger wusch und färbte die Wolle selbst, bevor er sie an die Weber verteilte. Als Beispiel für ein charakteristisches Bauwerk des Verlagssystems ist das in Monschau befindliche "Rote Haus" aus dem Jahr 1756 zu nennen. Dieses und andere Verlagshäuser entsprachen in der äußeren Baugestalt den Bürgerhäusern der Stadt. Wohnung, Büro, Lager und Teilfertigung befanden sich unter einem Dach. Die Wollwäscherei und die Färberei waren im Keller, das Lager im Dachgeschoß, das Kontor im rechten und die Wohnung im linken Teil des Gebäudes angesiedelt. Das Innere des Hauses zeigt noch heute, welche Hauptfunktion das Gebäude erfüllte. Es sollte als Wohnhaus den Status seines Eigentümers veranschaulichen. Prunkvoll im Stile höfischer Repräsentation dokumentierte der Wohntrakt den Anspruch des Hausherrn auf eine adelige Lebensweise.[57]

Entsprechend der Eigenart des Verlagssystems hatten die dazugehörigen Bauten eher den Charakter von Handelshäusern als von Pro-duktionsgebäuden.

d) Manufakturbauten

Manufakturbauten sind diejenigen Frühformen der Fabrikgebäude, die dem Bautyps der Fabrik am nächsten kommen. Dies äußerte sich auch ganz offensichtlich im Sprachgebrauch des 18. Jahrhunderts, der Manufaktur und Fabrik als synonyme Begriffe verwendete.[58] Aber auch tatsächlich sind die Unterschiede zwischen Manufaktur und Fabrik fließend, wie die Ausführungen auf der Seite 16 gezeigt haben.

Der im Vergleich zum Fabriksystem geringere Einsatz von Maschinen begründete zunächst keine Unterschiede zwischen den Gebäuden beider Industriebetriebsformen. Die auf den Einsatz von Maschinen zurückzuführenden Besonderheiten des Fabrikbaues entwickelten sich erst im Laufe der Zeit. Von den bisher behandelten Vorläufern der Fabrikarchitektur differenzierten sich die Manufakturbauten vor allem durch ihre Größe, die alle

---

[57] Vgl. *Günter*, R.: Der Fabrikbau in zwei Jahrhunderten, in: archithese, Nr. 3/4, o.Jg., 1971, S. 34 ff.

[58] Vgl. *Schumacher*, M.,: Zweckbau und Industrieschloß, in: Tradition, Nr. 1, 15. Jg., 1970, S. 2

III. Historische Entwicklung von Fabrikbauten   45

Vorstellungen des Handwerks und des handwerklich-bäuerlichen Kleinunternehmertums übertrafen. Die Größe war vor allen Dingen durch die arbeitsteilige Fertigungsweise und die damit zusammenhängende hohe Belegschaftszahl begründet. Die Trennung zwischen Arbeits- und Wohnstätte wurde folglich im Falle von Manufakturen zwangsläufig vollzogen, weil für die vielen Arbeiter im Produktionsgebäude kein Wohnraum zur Verfügung gestellt werden konnte. Lediglich der Inhaber oder Leiter wohnte noch im Manufakturgebäude. Als Vorbild für die bauliche Gestaltung dienten zunächst größere bis mittlere Bürgerhäuser sowie städtische Adelspalais.[59]

Nicht nur organisatorisch unterscheiden sich Manufakturen und Fabriken wenig, auch die Übergänge zwischen den Baulichkeiten sind fließend, so daß insbesondere die in Abschnitt 3.2 dieses Kapitels genannten Einflußfaktoren auf die bauliche Gestaltung von Fabriken im 19. Jahrhundert auch für Manufakturgebäude Gültigkeit haben.

e) Militärgebäude, Gutshöfe und sonstige Anlagen

Eine weitere Wurzel hat der Fabrikbau in den Militäranlagen des 17. und 18. Jahrhunderts. Mit der Aufstellung der großen stehenden Heere tauchte das Problem ihrer Versorgung sowie der Herstellung von Ausrüstungsgegenständen auf. In der Folge wurden Festungsanlagen und Arsenale um Geschützgießereien, Waffenwerkstätten, Großbäckereien, Zeughäuser und Pulvermühlen ergänzt, die sowohl organisatorisch als auch baulich als unmittelbare Vorform des Fabrikbaues gelten. Diese Bauwerke hatten entsprechend ihrer Zugehörigkeit zum Militärwesen einen wehrhaften Charakter und waren verteidigungsfähig ausgebaut. Beachtenswert sind die konstruktiven Leistungen bei der Überdeckung von Werkhallen und dem Bau mehrgeschossiger Gebäude.[60]

Als letzte Art eines Wirtschaftsbetriebes, die einen Anstoß zur Entwicklung der Fabrikbauten gab, ist der landwirtschaftliche Großbetrieb zu nennen, bei dem es sich um die erste Produktionsstätte handelte, in der - ähnlich wie später in der Fabrik - mit einer größeren Anzahl von Arbeitskräften große Mengen von Erzeugnissen hergestellt wurden. Die umfangreichen architektonisch gestalteten baulichen Anlagen herrschaftlicher Güter, wie z.B. Ställe, Scheunen, Schlachthäuser und Verarbeitungsstätten, hatten in Deutschland einen regional bedingten unterschiedlich starken Einfluß auf den Fabrikbau, der sich nicht nur mittelbar durch die schlichte Übertragung

---

[59] Vgl. *Müller-Wiener*, Fabrikbau, Sp. 852 f.
[60] Vgl. *Müller-Wiener*, Fabrikbau, Sp. 854 ff.; *ders.*, Entwicklung des Industriebaues, a.a.O., S. 11 f.

der Bauformen, sondern vor allem unmittelbar durch die frühzeitige Industrialisierung der Gutsbetriebe bemerkbar machte. So ist wegen der verschiedenen ländlichen Grundbesitzverhältnisse in Deutschland die Nähe des Fabrikbaues zum landwirtschaftlichen Gebäude im Osten Deutschlands viel stärker zu spüren gewesen als beispielsweise im Süden.[61]

f) Adaptierte ältere Anlagen

Während alle bisher behandelten Vorläufer der Fabrikbauten auf die Form eines bestimmten vorindustriellen Wirtschaftsbetriebes zurückzuführen sind, entziehen sich die sogenannten adaptierten älteren Anlagen dieser Systematik. Hierbei handelt es sich um Klöster, Burgen und Schlösser, die in Deutschland durch den Reichsdeputationshauptschluß im Jahre 1803 ihre ursprünglichen Eigentümer und Bestimmungen verloren. Für die aufstrebende Industrie boten diese leerstehenden Bauten billige und zunächst ausreichende Unterkünfte. So war es in dieser Zeit wegen fehlender eigener Gebäude durchaus üblich, Fabrikbetriebe und Manufakturen in ehemaligen Klöstern, Schlössern und Burgen einzurichten. Denn die staatlichen Verwaltungen waren mit der Übernahme dieser Bauten durch die Industriebetriebe ihrer infolge der Säkularisation entstandenen Unterhaltungspflichten entbunden, die Industrie ihrerseits hatte schnell Produktionsräumlichkeiten zur Verfügung.

Die adaptierten Anlagen stellten aber nur eine Übergangslösung bis zur Errichtung von Industriebauten dar. Die ehedem ungenutzten Bauten wurden bald durch neue ersetzt, umgebaut oder wieder aufgegeben. Auf die Entwicklung der Fabrikbauten hatten die adaptierten Anlagen nur in Einzelfällen Einfluß. Generelle Auswirkungen auf die Gestaltung von Industriebauten sind nicht zu erkennen. Bekannte Beispiele für Werke, die in jener Zeit ehemalige Schlösser als Produktionsstätten nutzten, sind die Porzellanmanufakturen Meißen und Ansbach.[62]

2. Ursachen und Gründe für die Entwicklung der Fabrikbauten im 19. Jahrhundert

Um die Wende vom 18. zum 19. Jahrhundert ist die Geburtsstunde der Fabrik gekommen. In bislang nicht bekanntem Umfang wurden Arbeiter an die Produktionsstätten gebunden, Waren hergestellt und Maschinen einge-

---

[61] Vgl. *Müller-Wiener*, Entwicklung des Industriebaues, S. 12 f.
[62] Vgl. *Müller-Wiener*, Fabrikbau, Sp. 856 f.

setzt. Die Technik befand sich in einem Umbruch. Gleichzeitig entstand die Fabrik als neue Bauaufgabe, die den geänderten Produktionsmethoden Rechnung zu tragen hatte. Alte, überlieferte Bauformen mußten verlassen und neue aus den Gegebenheiten heraus entwickelt werden. Dies benötigte Zeit. Die Entstehung der Fabrik ist als ein Prozeß zu verstehen, in dem dieser Bautyp allmählich heranreifte und der unterschiedlichen Einflüssen unterlag, die zu charakteristischen Ausprägungen von Fabrikbauten im 19. Jahrhundert führten. Im folgenden werden die wichtigen Ursachen und Gründe für typische Varianten des Fabrikbaues des letzten Jahrhunderts genannt. Dabei ist zu beachten, daß ein einzelner Einflußfaktor für sich allein genommen nicht gestaltungsbestimmend war, sondern daß erst das Zusammenkommen verschiedener Faktoren zu einem bestimmten Bautyp führte. Um aber die jeweiligen Auswirkungen herausfiltern zu können, werden die Einflußfaktoren isoliert betrachtet.

a) Fehlende Vorbilder für Fabrikbauten

Die Neuartigkeit der Bauaufgabe, die sich zunächst insbesondere im Zwang zur Vergrößerung der Bauwerke äußerte, stellte die Baumeister vor die Frage, wie ein Fabrikgebäude zu gestalten sei. Passende Vorbilder und Erfahrungen, die für andere Bereiche der Architektur vorhanden waren, fehlten auf dem Gebiet des Industriebaues. Die Ingenieure waren gezwungen, neue Formen zu finden. Bis sich adäquate Muster herauskristallisierten, orientierte man sich am Vorhandenen und übertrug aus den klassischen Bereichen der Architektur, wie z.B. der Sakral-, Feudal- und Wohnhausarchitektur, Bauformen auf den Industriebau.[63] So entstanden z.B. in England Fabriken, die in Form von großen Landhäusern errichtet wurden.[64] Als Beispiel für den Versuch, die neuen Anforderungen mit dem Gebäudetyp einer christlichen Basilika zu erfüllen, dient die Gießhalle der Sayner Hütte, die in den Jahren 1824 bis 1830 bei Neuwied erbaut wurde.[65] Das Gebäude bestand aus einem dreischiffigen Langhaus, einem Querschiff und einem chorartigen Anbau - Formen also, die dem Sakralbau entlehnt waren. Das Langhaus war die eigentliche Gießhalle, das Querschiff nahm zwei Kupolöfen auf, und der Hochofen war im Chor angesiedelt.

---

[63] Vgl. *Hentschel*, S. 345 f.
[64] Vgl. *Harvey*, B.H.: Early Industrial Architecture, in: Journal of the Royal Institute of British Architects, 66. Jg., 1959, S. 316
[65] Ausführliche Beschreibungen mit Bauzeichnungen und Bildern finden sich bei *Kilian*, H.-U.: Industriebau vor 1900, in: Industriebau, hrsg. von K. Ackermann, Stuttgart 1984, S. 21 ff. und *Drebusch*, S. 84 ff.

Muthesius, einer der Wortführer des deutschen Werkbundes, betrachtet diese frühen Fabrikbauten als Verlegenheitslösungen, die in ähnlicher Weise auch auf anderen Gebieten der Technik zu finden sind: "Die ersten Eisenbahnwagen waren auf Schienen gestellte Postkutschen, die ersten Dampfer waren Segelschiffe mit einer eingebauten Dampf-maschine, die ersten Lichtauslässe der Gaskronen imitierten die Wachskerzen."[66]

Obwohl diese der vorindustriellen Bautradition verhafteten Industriebauwerke sich gestalterisch noch nicht nach Produktionsabläufen richteten, ist dennoch bemerkenswert, wie geschickt in vielen Fällen die traditionelle Gestalt für den neuen Zweck ausgenutzt wurde. Dies machen Bauzeichnungen und Beschreibungen der Produktion deutlich. Bei Drebusch sind Längs- und Querschnittszeichnungen des Maschinenhauses der Saline Königsborn bei Unna abgebildet, das die Form einer Kirche mit Turm, Haupt- und Querschiff hatte. Im Hauptschiff war die Dampfmaschine untergebracht, das Querschiff nahm zwei Kessel mit dazugehörigen Feuerstellen auf, und der Turm war wegen des Pumpenhubes erforderlich.[67] Wie das Beispiel zeigt, konnten die traditionellen Bauformen durchaus den funktionellen Anforderungen der Produktion entsprechen.

b) Entwicklung der Produktionstechnik

Bis zum 19. Jahrhundert war die Produktionstechnik überwiegend handwerklich ausgerichtet. Das Werkzeug der vormaschinellen Zeit ist stets durch die menschlichen Körperabmessungen und Körperkräfte bestimmt gewesen. In ähnlicher Weise waren die vorindustriellen Produktionsbauten nach menschlichen Dimensionen festgelegt. Raumhöhe, Raumgröße, Fenster, Türen waren auf den Menschen bezogen. Die enge Beziehung dieser Bauten zu Wohnbauten ist nicht zu übersehen. Mit Änderung der Produktionstechnik, d.h. mit dem für das Fabrikwesen typischen Übergang vom Werkzeug zur Maschine, verlor der menschliche Maßstab im Fabrikgebäude an Bedeutung.[68] Die Maschine beeinflußte fortan maßgeblich die Gestalt der Produktionsbauten. In einem 1844 erschienenen Fachartikel wird auf die Notwendigkeit hingewiesen, die von der Maschine ausgehenden Wirkungen bei der Errichtung eines Fabrikgebäudes zu beachten: "Ferner halten wir es für die Pflicht des Architekten, bevor er zur Ausführung seines Projectes

---

[66] *Muthesius*, H.: Das Formproblem im Ingenieurbau, in: Jahrbuch des deutschen Werkbundes 1913, Die Kunst in Industrie und Handel, Jena 1913, S. 24

[67] Vgl. *Drebusch*, S. 63 f.

[68] Vgl. *Henn*, W.: Bauten der Industrie - Planung, Entwurf und Konstruktion, Band 1, München 1955, S. 21 f.

III. Historische Entwicklung von Fabrikbauten

schreitet, sich mit dem Maschinenbauer, ..., sowie mit demjenigen in vollständiges Einverständniß zu setzen, welcher den Auftrag hat, die Betriebsmaschinen zu beschaffen ..."[69]

Die Veränderungen in der Bauweise wurden hauptsächlich durch die Maschinengrößen und -gewichte sowie durch die Möglichkeiten der Gewinnung und Übertragung der Antriebsenergie hervorgerufen. Besonders die fortschreitende Entwicklung der Antriebstechnik verdeutlicht die damit einhergehenden Modifizierungen am Gebäude. Zu Beginn des 18. Jahrhunderts waren die Muskel-, Wind- und Wasserkraft als Energiequelle für die Arbeitsmaschinen am weitesten verbreitet. Später kamen die Dampfkraft und die Elektrizität hinzu. Jede dieser Energieformen mußte erst für den Antrieb der Arbeitsmaschinen nutzbar gemacht werden und verlangte daher besondere Einrichtungen am Gebäude.

Das Göpelwerk z.B., in dem Pferde oder Ochsen mittels eines Zugbalkens Zahnräder in Bewegung setzten, die ihrerseits die zur Arbeitsmaschine führende Welle antrieben, war gewöhnlich in einem Rundbau untergebracht, der aufgrund der starren Verbindung zwischen Maschine und Göpel in nächster Nähe zu dem Gebäude stand, das die entsprechende Arbeitsmaschine beherbergte.[70] Der Rundbau war charakteristisch für die Unterbringung des Göpelwerkes, weil die Tiere, die letztlich die Antriebsenergie lieferten, sich auf einer Kreisbahn rund um den Göpel bewegten.

Der Wasserantrieb zwang die Fabriken zur Ansiedlung an Flußläufen oder an künstlich angelegten Kanälen. Die Arbeitsmaschinen waren meist direkt oder über ein Getriebe mit dem Wasserrad verbunden, das sich in der Regel an der Längsseite des Gebäudes befand. Die Wasserräder waren zunächst nur seitlich durch Steinmauern eingefaßt, Dächer wurden im Laufe der Entwicklung angebracht, um die Antriebsquelle vor dem Einfrieren zu schützen.[71]

Die Dampfmaschine führte schließlich zur grundlegendsten Veränderung im Bereich der Bauwerke.[72] Denn nicht nur Schornsteine prägten ab jetzt das Erscheinungsbild der Fabriken, sondern es wurden eigene Baulichkeiten notwendig, um die jetzt auch vorhandenen Kraftmaschinen gegen die Witterung zu schützen. Die Maschinenhäuser waren bis dahin nicht bekannte Industriegebäude, die durch ihre Ausmaße besonders hervortraten. Sie wur-

---

[69] *Kufahl*, L.: Über die Anlage von Fabrikgebäuden, in: Zeitschrift für practische Baukunst, 4. Jg., 1844, S. 29
[70] Vgl. dazu *Hentschel*, S. 347, der ein Beispiel für ein Göpelhaus mit Abbildung bringt.
[71] Vgl. *Müller-Wiener*, Entwicklung des Industriebaues, S. 24 f.
[72] Vgl. *Busch*, W.: Zur Geschichte des Industriebaus (I), in: Industriebau, Nr. 6, 34. Jg., 1988, S. 466

den im allgemeinen wegen der häufigen Kesselexplosionen räumlich getrennt von den anderen Gebäuden errichtet. Mit der Verbreitung der Dampfmaschine als Kraftaggregat war die zunehmende Verschmutzung der Gebäude durch Rußablagerungen verbunden, die auch als eine äußere Veränderung der Bauwerke anzusehen ist. Am bedeutendsten ist die Tatsache, daß die Anordnung der Gebäude im Werksgelände freier wurde, da diese nicht mehr an Wasserläufe gebunden waren.[73]

Die Entwicklung der Kraftübertragungsformen ist durch die abnehmende Bindung der Arbeitsmaschine von der Kraftquelle gekennzeichnet. Die starrste Form der Kraftübertragung erfolgte per Welle, wie obiges Beispiel zum Göpelwerk zeigt. Mit Einführung des Winkeltriebs wurde die Verbindung zwischen Arbeitsmaschine und Kraftquelle etwas gelöst, was zu interessanten baulichen Konsequenzen führte. Eine senkrecht stehende Welle, der sogenannte Königsstock, wurde in einem Schacht in der Mitte des Gebäudes durch alle Stockwerke hindurch verlegt. Diese Welle wurde von einem Wasserrad oder einer Dampfmaschine angetrieben und trieb über Winkeltriebe ihrerseits in jedem Stockwerk Transmissionswellen an, die über Riemenantriebe Maschinen in Gang setzten.[74] Voraussetzung für die wirtschaftliche Anwendung dieses Antriebssystems war die Errichtung von geschlossenen Baukörpern mit mehreren Geschossen, da auf diese Weise viele Maschinen an den Königsstock angeschlossen werden konnten. Beispiele für diese Art von Gebäuden geben die Spinnfabriken des 19. Jahrhunderts in Sachsen[75] und im Rheinland.[76]

Ein weiterer Schritt in der Entwicklung der Kraftübertragung war die Einführung des Riemenantriebes. Anstelle der Wellenschächte wurden in Mehrgeschoßbauten sogenannte Seilgänge über alle Stockwerke hinweg angelegt, an die sich beidseitig die Fabrikationsräume mit den Arbeitsmaschinen anschlossen. Auf das mehrgeschossige Gebäude hatte dieses Antriebssystem ähnliche bauliche Auswirkungen wie die Kraftübertragung per Königsstock. Jedoch war der Riemenantrieb auch bei ebenerdigen Hallenbauten zu finden, unter denen sich ein Transmissionskeller befand, in dem die

---

[73] Vgl. *Müller-Wiener*, Entwicklung des Industriebaues, S. 27. Die noch fehlende Behandlung der Auswirkungen des elektrischen Antriebs von Arbeitsmaschinen wird im Zusammenhang mit den Einflüssen der Kraftübertragungsform nachgeholt, weil insbesondere der mit der Elektroenergie mögliche Einzelantrieb der Maschinen zu Veränderungen am Bauwerk führte.

[74] Vgl. *Müller-Wiener*, Entwicklung des Industriebaues, S. 29

[75] Vgl. *Hentschel*, S. 348

[76] Vgl. *Günter*, R.: Zu einer Geschichte der technischen Architektur im Rheinland, in: Beiträge zur rheinischen Kunstgeschichte und Denkmalpflege, hrsg. von G. Borchers und A. Verbeek, Düsseldorf 1970, S. 353

Riemen- und Seiltriebe verliefen. Durch Löcher in der Kellerdecke wurden die Triebe mit den Arbeitsmaschinen gekoppelt.[77]

Die Elektroenergie ermöglichte letztlich den Einzelantrieb von Arbeitsmaschinen: Dadurch wurde die Abhängigkeit zwischen Gebäude und Maschinen aufgehoben. Wände und Decken mußten nicht mehr den Kräften der Transmissionsantriebe standhalten. Dächer konnten daher mit Oberlichtern versehen, Fenster konnten größer werden. Das statische System wurde ceteris paribus einfacher, und die Bauten wurden billiger.[78] Schlußendlich waren es auch die Anzahl sowie die Größen und Gewichte der Maschinen selbst, die großzügig angelegte, stabile Bauwerke verlangten.

c) Entwicklung der Baumaterialien

Nachdem die meisten Vorläufer der Industriebauten noch aus Materialien errichtet worden waren, die der jeweiligen Bautradition entsprochen hatten, änderte sich die Bauweise im 19. Jahrhundert grundlegend. Ziegelsteinmauerwerk löste die vorher verwendeten Materialien wie Bruchsteine, Holz, Lehm und Schieferplatten sowie die Fachwerkkonstruktion ab. Später brachte die Industrie selbst neue Materialien für ihre Bauten hervor. So wurden im letzten Jahrhundert nacheinander Gußeisen, Stahl, Beton, Stahlbeton und Glas als Baumaterial entdeckt und allmählich eingesetzt.[79] Mit jedem der genannten Materialien waren eigene konstruktive Eigenschaften verbunden, die zu verschiedenen materialbedingten Bauarten führten.[80]

Ziegelsteine sind keine Erfindung des 19. Jahrhunderts. Ihre Verwendung läßt sich bis ins 7. Jahrtausend vor Christus nachweisen. Typisch für die Ziegelsteinbauten des letzten Jahrhunderts waren die tragenden Wände, die im Verhältnis zur gesamten raumabschließenden Fläche nur kleine Fensteröffnungen ermöglichten, damit sämtliche Lasten des Bauwerkes sicher in die Fundamente abgeleitet werden konnten.

Eisen hatte sich als Baumaterial für Brücken schon im 18. Jahrhundert bewährt. Die erste gußeiserne Brücke wurde 1779 in England fertiggestellt. Die im Brückenbau gesammelten Erfahrungen wurden bald auf den Industriebau übertragen. 1792/93 wurde ebenfalls in England die erste Fabrik

---

[77] Vgl. *Müller-Wiener*, Entwicklung des Industriebaues, S. 30
[78] Vgl. *Rogge*, H.: Fabrikwelt um die Jahrhundertwende am Beispiel der AEG Maschinenfabrik in Berlin-Wedding, Köln 1983, S. 139
[79] Vgl. *Bertsch*, Ch.: Fabrikarchitektur, Braunschweig, Wiesbaden 1981, S. 8 ff.
[80] Auf die Materialeigenschaften wird an dieser Stelle nur so weit eingegangen, wie es für das Verständnis der Bauformen im letzten Jahrhundert notwendig erscheint. Im V. Kapitel werden die Eigenschaften ausgewählter Baustoffe ausführlich behandelt werden.

errichtet, deren Konstruktion aus Gußeisen bestand.[81] Anfang des 19. Jahrhunderts fand neben Gußeisen auch Stahl als Konstruktionsmaterial Verwendung. Beide Baustoffe setzten sich auf dem europäischen Kontinent jedoch erst ab der Mitte des Jahrhunderts durch; die Entwicklung des Bessemer-Verfahrens im Jahre 1855, das die Herstellung von Eisen und Stahl wesentlich erleichterte, führte zum Durchbruch dieser Baustoffe im Ingenieurbau. Ein frühes Beispiel für ein kontinentales Industriebauwerk mit einer Eisenkonstruktion ist die bereits erwähnte Gießhalle der Sayner Hütte, die damals neue Baustoffe mit klassischen Bauformen verband. Da die Wände bei Gußeisen- und Stahlbauten keine tragende Funktion mehr haben, ist es möglich, diese großzügig zu verglasen und somit z.B. lichtdurchlässig zu machen.

Beton wurde 1824 in England entwickelt. 1868 erfand der Gärtner Monnier den Stahlbeton, als er in seine aus Beton gegossenen Blumenkübel ein Drahtgeflecht einlegte und auf diese Weise die Belastbarkeit des Betons durch Zugbeanspruchungen erhöhte. Beton und Stahlbeton fanden im Industriebau erst kurz vor der Wende zum 20. Jahrhundert größere Verbreitung.[82] Da auch hier die Wände keine tragende Funktion mehr erfüllen müssen, beginnen bis zu diesem Zeitpunkt unübliche große Glasflächen allmählich Einzug zu halten.

Mit der Verwendung von Stahl und Stahlbeton als Baustoffe für Industriebauten verlieren materialbedingte bautechnische Restriktionen bei der Gestaltung der Bauwerke an Bedeutung, und Anforderungen des Produktionsprozesses können in den Mittelpunkt der Überlegungen treten.

d) Sozialgeschichtliche Hintergründe

Die Erklärung unterschiedlicher Bauformen im Laufe der letzten zwei Jahrhunderte darf sozialgeschichtliche Hintergründe für bestimmte Bauweisen nicht ignorieren, die besonders im 19. Jahrhundert die Industriearchitektur prägten. Im Industriebau jener Zeit kamen die gesellschaftlichen Interessen des meist bürgerlichen Fabrikherrn zum Ausdruck, die sich durch gesellschaftliches Geltungsbedürfnis und eine patriarchalische Einstellung gegenüber seinen Arbeitern auszeichneten.

Der Wunsch jener Unternehmer, den gesellschaftlichen Status des Adels zu erreichen, äußerte sich bereits in der Gestaltung von Vorläufern der Fabrikbauten. Die Übernahme höfischer Bauformen beschränkte sich im Fall

---

[81] Vgl. *Kilian*, S. 14 ff.
[82] Vgl. *Bertsch*, S. 8 f.

der rheinischen Textilverlage jedoch noch überwiegend auf das Innere der Gebäude. An Fabrikbauten des 19. Jahrhunderts wurde dieser Anspruch dann auch in der äußeren Gestaltung sichtbar. Es entstanden viele Industriegebäude, die barocken Schloßanlagen glichen. Das Versailler, das Mannheimer oder das Bruchsaler Schloß könnten Vorbilder für entsprechende Industrieanlagen abgegeben haben. Ein Beispiel für viele derartige Fabrikbauten ist die ab 1829 in Karlsruhe errichtete, heute nicht mehr bestehende Parfümerie- und Seifenfabrik F. Wolff & Sohn, die architektonisch deutlich an ein Barockschloß erinnerte. An einem von der Straße zurückgesetzten dreigeschossigen Mittelbau schlossen sich links und rechts je ein Seitenflügel an, die zur Straße hinführten. Haupt- und Nebenbauten bildeten einen ehrenhofartigen Platz mit Grünanlagen, über den ein breiter Weg zum zentral in der Mitte des Hauptgebäudes gelegenen Portal führte. Die gesamte Anlage war von einem Zaun umgeben. Die Zweckbestimmung der Gebäude wäre nicht ohne weiteres ersichtlich gewesen, hätte nicht ein genau auf der Mittelachse der Anlage befindlicher Schornstein auf den Fabrikbetrieb hingewiesen.[83]

In der Zeit vor der Revolution von 1848, in der das Bürgertum über ein gehobenes Selbstbewußtsein verfügte, verloren die Fabrikbauten vorübergehend ihr feudales Aussehen. Da der Adel während der Revolution nicht entmachtet werden konnte, orientierten sich die Fabrikherren nach 1848 erneut an aristokratischen Bauformen, bis sie faktisch - wenn auch aus anderen Gründen - das Ansehen des Adels erreichten.[84] Nicht zuletzt sollten die feudalen Fabrikbauten den Kunden und der Konkurrenz die wirtschaftliche Prosperität der Unternehmung veranschaulichen.

Mit der repräsentativen äußeren Form des Industriebaues wurde in vielen Fällen die produktionsgerechte innere Einteilung vernachlässigt. Die willkürliche Errichtung innerer Trennwände zugunsten der gleichmäßigen Einteilung der Fassaden, niedrige Geschoßhöhen etc. führten dazu, daß der Produktionsprozeß der äußeren Form des Bauwerks untergeordnet werden mußte. Wie schon im Barock bestimmte das Äußere eines Bauwerkes seine innere Einteilung.[85]

Die Industrieschlösser, wie die feudalen Fabrikbauten heute genannt werden,[86] demonstrierten aber nicht nur die angestrebte Gleichrangigkeit mit dem Adel und die wirtschaftliche Stärke, sondern sie waren zugleich Aus-

---

[83] Vgl. *Bormann*, M./*Pigur*, M.: Die Parfümerie- und Seifenfabrik F. Wolff & Sohn, in: Industriearchitektur in Karlsruhe, hrsg. von H. Schmitt, Karlsruhe 1987, S. 51 ff.
[84] Vgl. *Günter*, Fabrikbau, S. 39 ff.
[85] Vgl. *Hentschel*, S. 346
[86] Diese Bezeichnung findet sich z.B. in der Überschrift des bereits zitierten Artikels von Martin *Schumacher*.

druck der damals in den Fabriken vorherrschenden patriarchalischen Hierarchie.[87] Der Unternehmer war der absolute Herr der Fabrik, der über die Produktion und die damit verbundenen Belange der Arbeiter entschied. Dieser Herrschaftsanspruch wurde den Arbeitern gegenüber unterstrichen, indem die Fabrikbauten den Bauwerken der staatlichen Herrschaftsschichten nachempfunden waren.

e) Zeitgeschmack

Neben der Orientierung an der Feudalarchitektur ist für den Industriebau der letzten Jahrzehnte des 19. Jahrhunderts eine Stilrichtung kennzeichnend, die häufig als Historismus oder Eklektizismus bezeichnet wird. Das bedeutet, daß versucht wurde, auch auf Kosten des klaren Baugedankens bewußt schön zu bauen.[88] Industriebauwerke wurden mit Ornamenten und Stilelementen der Antike, der Romanik, der Gotik oder der Renaissance verziert. Rein funktionell und nüchtern erbaute Fabriken galten als häßlich. Der Zeitgeschmack führte dazu, daß die Funktionen einzelner Bauwerke versteckt wurden. So entstanden auf den Steinkohlezechen des Ruhrgebietes Fördertürme, die sogenannten Malakow-Türme, die Assoziationen an Wachtürme hervorriefen. Wände aus Ziegelsteinen, an romanische Bauwerke erinnernde Fenster und ein oben aufgesetzter Zinnenkranz ließen die Zweckbestimmung nicht erkennen. Fördermaschinen und Seilscheiben waren nicht zu sehen. Ähnlich verhielt es sich mit Wassertürmen, die häufig an Wehrtürme mittelalterlicher Burgen erinnerten.[89] Aber auch die Fassaden von Gebäuden wurden mit Ornamenten vergangener Bauepochen, wie z.B. Rund- oder Spitzbogenfenster, Zinnen und Türmchen, versehen. Wegen dieser Bauweise handelten sich die betreffenden Baumeister im 20. Jahrhundert den Vorwurf des Eklektizismus ein, der dieser Bauepoche den Namen gab.

f) Sonstige Ursachen und Gründe

In der Reihe der Faktoren, die im 19. Jahrhundert die Entwicklung der Industriebauten beeinflußten, sind abschließend die Rechtsform der Unternehmung und die Bedeutung des Industriezweiges zu nennen. Im Unter-

---

[87] Vgl. *Busch*, W.: Zur Geschichte des Industriebaus (II), in: Industriebau, Nr. 1, 35. Jg., 1989, S. 9
[88] Vgl. *Henn*, Industriebauten, S. 24
[89] Beispiele für Förder- und Wassertürme mit Abbildungen sind bei *Drebusch*, S. 69 ff. und S. 100 ff. zu finden.

schied zu den bisher behandelten Ursachen und Gründen für die Entwicklung des Industriebaues kann mit diesen beiden Einflußfaktoren nicht das Aufkommen eines bestimmten Bautyps, sondern die zeitgleiche Entstehung unterschiedlicher Erscheinungsformen erklärt werden.

In den siebziger Jahren des letzten Jahrhunderts traten als Bauherren zunehmend Aktiengesellschaften auf. Die anonymen Aktionäre hatten nicht die engen persönlichen Bindungen zu ihrer Unternehmung wie geschäftsführende Eigentümer, deren Firma mit dem eigenen Namen verbunden war.[90] Während die persönlich engagierten Eigentümer-Unternehmer ihren Herrschaftsanspruch oder die wirtschaftliche Stärke der Unternehmung durch eine entsprechende Gestaltung der Fabrikgebäude demonstrieren wollten, hatten die Aktionäre kein Interesse an einer dekorativen Prestigearchitektur. Sie legten Wert auf eine bestmögliche Verzinsung ihres in die Gesellschaft eingebrachten Kapitals. Der Vorstand einer Aktiengesellschaft mußte daher im Interesse der Aktionäre bei der Errichtung von Fabrikbauten auf überflüssigen Zierrat, der in der zeitgenössischen Sprache ausgedrückt totes Kapital darstellte, verzichten und auf eine strikt funktionelle Baugestaltung achten. Nüchterne, schmucklose Zweckbauten waren die Folge der Entstehung von Aktiengesellschaften.

Den Einfluß der Bedeutung des Industriezweiges auf die Entwicklung der Fabrikbauten belegt ein Vergleich der Bauwerke der Textil- und der Eisenindustrie. Zu Anfang des 19. Jahrhunderts besaß die Eisenindustrie nur eine geringe Bedeutung. Ihre Bauwerke hatten bäuerlichen Charakter. Die Bauten der prestigereichen Textilindustrie orientierten sich dagegen an der Feudalarchitektur. Mit zunehmender Bedeutung der Eisenindustrie übernahmen die Bauten dieser Branche städtisch-bürgerliche Gestaltungsformen. Von dem Zeitpunkt an, ab dem die Schwerindustrie die gleiche Bedeutung wie die Textilherstellung erlangte, verlief die architektonische Entwicklung parallel, sofern nicht unterschiedliche Unternehmenszwecke unterschiedliche Bautypen erforderten.[91]

3. Entwicklung im 20. Jahrhundert

Für die Baumeister des 19. Jahrhunderts stellte der Fabrikbau eine neue Bauaufgabe dar. Von ihnen wurden hinsichtlich der Anwendung neuer Baumaterialien, der Entwicklung der Bautechnik, der Berücksichtigung neuer Produktionsverfahren und der formalen Gestaltung der Industriebauwerke

---

[90] Vgl. *Mislin*, M.: Berliner Industriebaugeschichte (II), in: Industriebau, Nr. 5, 35. Jg., 1989, S. 332
[91] Vgl. *Günter*, Geschichte, S. 361 f.

Pionierleistungen erbracht. Zu Beginn des 20. Jahrhunderts konnten Architekten, Bauingenieure und Bauherren Vorbilder und Erfahrungen eines Jahrhunderts verwerten und bei neu anstehenden Projekten umsetzen. Die Phase des Probierens war vorüber, die Phase der Vervollkommnung konnte beginnen. Das Studium der Beschreibungen von Industriebauten dieses Jahrhunderts zeigt drei große Bereiche, die auf die Baugestaltung Einfluß nahmen: die Frage nach einer angemessenen Architektur, die Zweckorientierung sowie der bautechnische Fortschritt.

a) Frage nach einer angemessenen Architektur

Die Suche nach einer adäquaten Baugestalt setzte sich im 20. Jahrhundert fort. Als Reaktion auf das Schnörkelwerk des Historismus einerseits und auf die häßlichen, nur funktionell gestalteten Industriebauwerke andererseits wurden in Deutschland während der ersten drei Jahrzehnte unter dem Einfluß des Werkbundes einfache, ornamentlose, aber dennoch nach allen Regeln der Architektur entworfene Fabrikgebäude errichtet, deren Zweckbestimmung und Konstruktion nicht kaschiert wurden. Der Industriebau entsprach den Forderungen des Werkbundes nach Realität, Knappheit, Gediegenheit und dem Wunsch, in der Form das Wesen eines Gegenstandes auszudrücken.[92] Oft angeführte Beispiele für diesen künstlerischen Industriebau sind die AEG-Fabrikgebäude, die von Peter Behrens entworfen wurden.[93] Sachlichkeit und eine repräsentative Monumentalität bestimmen ihr Aussehen.

In der Zeit der nationalsozialistischen Herrschaft nahm die architektonische Entwicklung des Industriebaues eine Wende. Industriebauwerke mußten entsprechend den ideologischen Zielen dienenden Anforderungen der offiziellen Baukunst geplant und errichtet werden. Der vorgeschriebene Baustil ist als gigantomanisch zu bezeichnen. Als Musterbeispiel für eine Fabrikanlage, die den Vorstellungen der damaligen Machthaber entsprach, dient das Projekt des Volkswagenwerkes in Wolfsburg, das jedoch infolge der Kriegsauswirkungen nicht wie geplant realisiert werden konnte.[94]

Nach dem 2. Weltkrieg wurde die durch den Nationalsozialismus unterbrochene Entwicklung des Industriebaues nicht wieder aufgegriffen. Es setz-

---

[92] Vgl. *Kaag*, W.: Industriebau 1900 bis 1930, Anfang des Neuen Bauens, in: Industriebau, hrsg. von K. Ackermann, Stuttgart 1984, S. 57
[93] Vgl. *Drebusch*, S. 161 ff.; weitere, auch internationale Beispiele finden sich bei *Kaag*, 1900 bis 1930, S. 53, 57, 62
[94] Vgl. *Busch*, W.: Automobil-Bau-Geschichte, in: Zentralblatt für Industriebau, Nr. 4, 32. Jg., 1986, S. 239 f.

te aus der Sicht der Architektur eine ästhetische Verarmung ein. Bauwerke wurden nur noch als Verpackung für Fertigungsprozesse angesehen.[95] Ausdruck dafür sind die nach dem 2. Weltkrieg eingeführten und heute weit verbreiteten Fertighallensysteme, die die Beherbergung unterschiedlichster Fertigungsprozesse erlauben. Als Folge dieser per Katalog angebotenen Fertighallen gleichen sich die in neuerer Zeit errichteten Industriebauten sehr. Nicht die Architektur, sondern der Funktionalismus bestimmen in der heutigen Zeit das Aussehen der Fabrikgebäude. Ausnahmen, wie z.B. eine Porzellanfabrik in Selb, bestätigen die Regel.

b) Zweckorientierung

Der Widerstreit zwischen Funktionalismus und Ästhetik ist in jeder entwicklungsgeschichtlichen Phase des Industriebaues erkennbar. Während in den ersten drei Jahrzehnten unseres Jahrhunderts die Forderungen nach nützlichem und zugleich schönem Bauen unter dem Einfluß des Werkbundes eine Gleichrangigkeit erzielten, setzte sich spätestens nach dem 2. Weltkrieg - zunächst auch bedingt durch die Kriegsfolgen - die Orientierung nach Zweckmäßigkeit bei der Baugestaltung durch. Baubeschreibungen von Gebäuden, die seit den sechziger Jahren errichtet wurden, zeigen deutlich einen Trend zur sogenannten multifunktionalen Halle, d.h. einem Gebäude, das weitgehend nutzungsneutral für die Beherbergung unterschiedlichster Produktionsprozesse geeignet ist. Die Forderung nach beliebiger Nutzung und Anpassungsfähigkeit an Veränderungen im Produktionsbereich bestimmen das Erscheinungsbild der neuen Industriebauten. Die multifunktionale Halle kann als Standardtyp des Industriebaues bezeichnet werden.[96] Auf Gebäude, die zugleich nach den Regeln der Baukunst gestaltet werden, wird nur noch in geringem Umfang Wert gelegt.

Seit den vierziger Jahren gewinnt allmählich das industrialisierte Bauen an Bedeutung. Ganze Gebäudeteile werden von der Bauindustrie vorfabriziert und an Ort und Stelle nur zusammengebaut. Durch diese Fertigbauweise wird die Bauzeit im Vergleich zum Ortsbau erheblich verkürzt. Die Gebäude können schneller ihrer Zweckbestimmung übergeben werden. Aus Gründen der Wirtschaftlichkeit werden die Fertigteile standardisiert. Um dennoch unterschiedliche Wünsche der Auftraggeber bezüglich der Raumgröße und -anordnung erfüllen zu können, basieren die standardisierten

---

[95] Vgl. *Sack*, M.: Industrie-Architektur: Arbeitsplätze, an denen es sich leben läßt, in: art - das Kunstmagazin, Erstausgabe, 1. Jg., 1979, S. 68

[96] Vgl. *Kaag*, W.: Industriebau 1930 bis 1970, Konfrontationen, in: Industriebau, hrsg. von K. Ackermann, Stuttgart 1984, S. 81

Fertigteile auf Grundmodulen, so daß durch einfache Aneinanderreihung dieser standardisierten Bauelemente unterschiedliche Raumgrößen und -formen entstehen.[97] Als Folge dieser Entwicklungen sind heute 80 % der in den letzten Jahren errichteten Industriebauten in der Grundstruktur identisch.[98]

c) Bautechnischer Fortschritt

In der Reihe der Faktoren, die für den Industriebau gestaltungsbestimmend waren und teilweise noch sind, darf abschließend der bautechnische Fortschritt im 20. Jahrhundert nicht unerwähnt bleiben. Er ist auf neue Konstruktionsverfahren, genauere Berechnungsmethoden und vor allem auf die Erforschung und Ausnutzung der Eigenschaften von Baumaterialien zurückzuführen. Charakteristisch für den Industriebau dieses Jahrhunderts ist die Trennung von Tragwerk und Raumabschluß, die seit 1930 bei Stahlbetonbauten, wie zuvor bereits bei Stahlbauten, vollzogen wird. Wände und Decken bilden eine von den statischen Systemen unabhängige Hülle. Es gelingt, große Flächen stützenfrei zu überspannen bei gleichzeitiger Reduzierung der Konstruktionsstärke der tragenden Bauelemente. Dadurch werden nahezu beliebige Grundrisse und Raumkompositionen ermöglicht sowie die optische Verbindung der Innenwelt zur äußeren Umgebung des Gebäudes aufgrund des höheren Glasanteils am Raumabschluß erleichtert.[99]

---

[97] Ein Beispiel für solche Industriebauten findet sich bei *Kaag*, W.: Industriebau seit 1970, Entwicklungslinien, in: Industriebau, hrsg. von K. Ackermann, Stuttgart 1984, S. 94

[98] Vgl. *Kaag*, Industriebau, S. 114

[99] Vgl. *Ackermann*, K.: Industriebau und Architektur, in: Industriebau, hrsg. von K. Ackermann, Stuttgart 1984, S. 66 f.

B. Restriktionen der Gestaltung von Industriebauten

Die Gestaltung von Industriebauten ist mit einem Optimierungsproblem unter Nebenbedingungen vergleichbar. Denn bei der Suche nach der besten Baugestaltung stößt man sehr bald auf Restriktionen, die die baulichen Freiheitsgrade mehr oder weniger stark einschränken. Vernünftigerweise wird sich der Bauplaner daher zunächst mit den jeweiligen Rahmenbedingungen auseinandersetzen, um die Erarbeitung nicht realisierbarer Entwürfe zu vermeiden. Im folgenden soll entsprechend verfahren werden, bevor später einzelne betriebswirtschaftliche Gestaltungskriterien erörtert werden können.

Nach ihrem Geltungsbereich kann man generelle und situative, nach ihrer Herkunft fremdbestimmte und auf eigenen Vorgaben beruhende Restriktionen unterscheiden. Generelle Rahmenbedingungen müssen bei Planung und Errichtung eines Industriebaues, unabhängig von der betrieblichen Entscheidungssituation und der Existenz alternativer Lösungsvorschläge, in jedem Fall beachtet werden. Denn sie entziehen sich dem Machtbereich der Projektverantwortlichen, da ihr Vorhandensein auf Vorgaben beruht, die von einer unternehmensexternen oder projektfremden, aber in diesem Zusammenhang übergeordneten Instanz (z.B. dem Staat) oder sonstigen unumstößlichen Gegebenheiten (z.B. den Regeln der Bautechnik) oktroyiert werden. Sie stellen daher zugleich fremdbestimmte Restriktionen dar.

Situative Rahmenbedingungen ergeben sich erst, wenn die näheren Umstände des Bauprojektes konkretisiert werden können. Dies ist stets dann der Fall, wenn die Entscheidung für ein bestimmtes Industriebauprojekt gefallen ist. Daraus resultieren Vorgaben, die projektspezifisch sind und die sich nicht unbedingt auf andere Entscheidungssituationen übertragen lassen. Da die *Wirksamkeit* der Restriktionen - jedoch nicht deren Existenz schlechthin - auf unternehmens- oder projektinternen Entscheidungen basiert, sind situative zugleich auch auf eigenen Vorgaben beruhende Restriktionen.

Zu den wichtigsten Rahmenbedingungen, die einer allgemeinen Analyse zugänglich sind, gehören die einschlägigen Rechtsvorschriften, die Art der Bereitstellung des Bauwerkes sowie die standörtlichen Gegebenheiten, wobei die beiden letztgenannten Restriktionen situativer, die Rechtsvorschriften aber genereller Natur sind. Diese drei Nebenbedingungen der Baugestaltung werden in den folgenden Abschnitten unter Berücksichtigung potentieller betriebswirtschaftlicher Aspekte dargestellt werden. Der finanzielle Gestaltungsrahmen ist in praxi zweifellos ein Tatbestand allererster Bedeutung. Sein Einfluß kann jedoch nur unter den Umständen des Einzelfalls beurteilt werden, weshalb an dieser Stelle darauf verzichtet wird, ihm einen eigenen Abschnitt einzuräumen.

I. Wichtige Rechtsvorschriften, insbesondere des Baurechts und angrenzender Rechtsgebiete, als Ursachen von Restriktionen

1. Öffentliches Baurecht

Das öffentliche Baurecht gliedert sich in die Bereiche Bauplanungs- oder Städtebaurecht und Bauordnungs- oder Baupolizeirecht. Bauvorschriften sind auf den Ebenen von Gesetzen, Verordnungen und Verwaltungsvorschriften erlassen worden.

Gegenstand des Bauplanungsrechts, das in die Gesetzgebungskompetenz des Bundes fällt, sind Vorschriften über Art und Maß der baulichen Nutzung des Grund und Bodens. Seine Hauptzielsetzung ist die Vermeidung von baulicher Unordnung. Wichtigste Quellen des Bauplanungsrechts sind das Baugesetzbuch vom 8. Dezember 1986 und die Verordnung über die bauliche Nutzung der Grundstücke (Baunutzungsverordnung) vom 23. Januar 1990[1].

Das Bauordnungsrecht ist Länderrecht. Es regelt die Ausführung baulicher Anlagen auf dem Grundstück. Insbesondere werden ordnungsrechtliche Anforderungen an die Errichtung, die bauliche Änderung, die Nutzungsänderung, die Instandhaltung und den Abbruch von Bauwerken gestellt. Ziel ist unter anderem die Abwehr von Gefahren, die von Bauten ausgehen können. Wesentliche Rechtsquellen des Bauordnungsrechts sind die Landesbauordnungen.[2]

---

[1] Da die früheren Fassungen der Baunutzungsverordnung ihre Geltung für die in ihrem Geltungszeitraum aufgestellten Bauleitpläne sowie deren Änderungen und Ergänzungen behalten, sollen die alten Regelungen dort, wo es geboten erscheint, Erwähnung finden. Vgl. hierzu auch *Rist*, H.: Baunutzungsverordnung 1990, Kurzkommentierung, Stuttgart, Berlin, Köln 1990, S. 12

[2] Vgl. *Zinkahn*, W.: Einführung, in: Baugesetzbuch mit Verordnung über Grundsätze für die Ermittlung des Verkehrswertes von Grundstücken, Baunutzungsverordnung, Planzeichenverordnung und Raumordnungsgesetz, dtv Textausgabe, Sonderausgabe unter redaktioneller Verantwortung des Verlages C.H. Beck, 18. Auflage, München 1987, S. VII ff.

I. Rechtsvorschriften

Örtliche Gemeindesatzungen und Verwaltungsvorschriften der jeweiligen Länderinnenministerien ergänzen die Rechtsquellen höherer Ebenen. Im Bereich des Bauplanungsrechts sind der Flächennutzungs- und der Bebauungsplan die bekanntesten Gemeindesatzungen, die bei der Errichtung von Industriebauten zu beachten sind.

a) Das Bauplanungsrecht

Die in planungsrechtlicher Hinsicht grundlegenden Bestimmungen für die Errichtung von Bauwerken sind im ersten Kapitel des Baugesetzbuches, dem "Allgemeinen Städtebaurecht", verzeichnet. Dort finden sich die Rechtsgrundlagen für die Bauleitplanung der Gemeinden, die sich in Gemeindesatzungen als Flächennutzungsplan und Bebauungsplan niederschlägt.[3] Diese Satzungen schreiben im konkreten Einzelfall die Bauweisen vor, die im betrachteten Baugebiet zugelassen sind, während die höherrangigen rechtlichen Bestimmungen, wie z.B. das Baugesetzbuch und die Baunutzungsverordnung, nur den Rahmen dessen abstecken, was die Gemeinden in eigener Verantwortung regeln dürfen und müssen, ohne konkrete Bauweisen festzulegen. Beispiele für Regelungen, die im Rahmen der Bauleitplanung getroffen werden können, sind die Festsetzung der Art der baulichen Nutzung von für die Bebauung vorgesehenen Flächen,[4] die Festsetzung der Art und des Maßes der baulichen Nutzung von Grundstücken[5] und die Bestimmung der Bauweise sowie der überbaubaren und nicht überbaubaren Grundstücksflächen[6].

Die Baunutzungsverordnung greift die Vorschriften des Baugesetzbuches über die Aufstellung von Bauleitplänen auf und veranschaulicht sie. Gleichzeitig wird der Gestaltungsspielraum, über den die Gemeinden beim Erlassen von Satzungen verfügen, durch die Vorgabe von Grenzwerten, die in der Bauleitplanung einzuhalten sind, verringert. Beispielsweise werden in den §§ 18 bis 21 BauNVO Kennzahlen für die Maße der baulichen Nutzung definiert. Diese Paragraphen erläutern somit den abstrakten Auftrag des § 9 Abs. 1 Nr. 1 BauGB an die Gemeinden, das Maß der baulichen Nutzung im Bebauungsplan zu verankern. In § 17 Abs. 1 BauNVO werden verbindlich Höchstmaße der baulichen Nutzung vorgegeben,[7] die nur ausnahmsweise in den im 2. Absatz genannten Fällen überschritten werden dürfen.

---

[3] Vgl. § 1 BauGB
[4] Vgl. § 5 Abs. 2 Nr. 1 BauGB
[5] Vgl. § 9 Abs. 1 Nr. 1 BauGB
[6] Vgl. § 9 Abs. 1 Nr. 2 BauGB
[7] Vgl. Abbildung 4 auf S. 64

Im einzelnen sind bei der Errichtung von Industriebauten die folgenden, in der Baunutzungsverordnung zugrundegelegten Bestimmungen zu beachten. Die Baunutzungsverordnung unterscheidet die Baugebiete nach der besonderen Art ihrer zulässigen baulichen Nutzung. Aus dem ersten Abschnitt der Verordnung ist zu entnehmen, daß für die Unterbringung von Industriebetrieben in erster Linie Industrie- und Gewerbegebiete, unter Umständen aber auch Misch- und Kerngebiete in Frage kommen. Die Zulässigkeit von Industriebetrieben in den jeweiligen Baugebieten richtet sich nach den Störwirkungen, die von ihnen auf die Erreichung des Hauptnutzungszweckes des betrachteten Baugebietes ausgehen.[8] Angefangen bei Industriegebieten, in denen nach § 9 BauNVO Gewerbebetriebe aller Art zulässig sind, verschärfen sich die Anforderungen an die Begrenzung von Störungen durch die Gewerbebetriebe, je mehr andere Nutzungsarten in den Vordergrund rücken. Schon in Gewerbegebieten, die *vorwiegend* der Unterbringung von nicht erheblich belästigenden Gewerbebetrieben (§ 8 BauNVO) dienen, dürfen solche Betriebe nicht angesiedelt werden, die erhebliche Störungen anderer Nutzungsmöglichkeiten - z.B. die Unterbringung von Verwaltungen und Büros - verursachen. In Mischgebieten sind gemäß § 6 BauNVO sowohl Wohnungen als auch Gewerbebetriebe zugelassen. Die Betriebe dürfen das Wohnen jedoch nicht wesentlich stören. Entsprechendes gilt für andere Baugebiete, in denen Gewerbebetriebe grundsätzlich angesiedelt werden dürfen. Zur Feststellung des Grades der zulässigen Störungen durch Gewerbebetriebe ist bei allen Baugebieten auf deren jeweiligen Hauptnutzungszweck und auf die dadurch ohnehin vorhandenen Störungen abzustellen. Ein Gewerbebetrieb darf somit in einem Baugebiet dann nicht untergebracht werden, wenn von ihm Störungen ausgehen, die andersartig als die durch den Hauptnutzungszweck verursachten sind oder diese überschreiten.[9]

Die Eigenart der industriellen Fertigung verbietet aufgrund der durch sie entstehenden besonderen Störungen eine Ansiedlung von Industriebetrieben in den meisten Baugebieten, die für andere Gewerbebetriebe grundsätzlich offen sind. Manche Störeinflüsse, wie z.B. der An- und Abtransport von Rohmaterial und Fertigteilen, lassen sich bei keinem Industriebetrieb vermeiden, so daß die gestellten hohen Anforderungen an die Gleichartigkeit von Störungen oft nicht erreicht werden können. In den Fällen aber, in denen nicht die Andersartigkeit, sondern die Intensität der Störungen die Ansiedlung von Industriebetrieben verhindern würde, können bauliche Maßnahmen ergriffen werden, um Störungseinflüsse auf ein zulässiges Maß zu reduzieren. Die Verlagerung eines lärmintensiven Produk-

---

[8] Vgl. *Müller*, F.H./*Weiß*, H.-R.: Die Baunutzungsverordnung, Kommentar, Stuttgart, München, Hannover, Boorberg 1981, S. 31
[9] Vgl. *Müller/Weiß*, S. 82

I. Rechtsvorschriften

tionsprozesses vom Freien in eine Halle - um ein extremes Beispiel zu nennen - trägt dazu bei, den Geräuschpegel in der Umgebung zu senken. Die Verwendung schallschluckenden Baumaterials reduziert die Geräuschabgabe an die Umgebung um ein weiteres. Werden die Belästigungen durch den Industriebetrieb aufgrund bautechnischer oder sonstiger Maßnahmen auf ein zulässiges Maß reduziert, kann die Errichtung eines Industriebetriebes aus diesem Grunde nicht untersagt werden.[10]

Als Fazit bleibt festzuhalten, daß aufgrund gesetzlicher Bestimmungen der bautechnische Aufwand für die Errichtung von Industriegebäuden und somit auch die hiermit verbundene Höhe der Investitionsausgaben in den jeweiligen Baugebieten beeinflußt werden. Sie werden aus Gründen der Störungsreduzierung unter sonst gleichen Umständen um so höher sein, je weiter der Hauptnutzungszweck des Baugebietes die Unterbringung von Industriebetrieben ausschließt. Sollen sie ceteris paribus minimiert werden, müssen Industriebetriebe daher in eigens für sie ausgewiesenen Baugebieten angesiedelt werden.

Eine weitere Einschränkung der Freiheitsgrade bei der Errichtung von Bauwerken ergibt sich aufgrund des zweiten Abschnittes der Baunutzungsverordnung. Dort werden die zulässigen Maße der baulichen Nutzung von Baugebieten geregelt. Durch die Festsetzung dieser Maße wird der Umfang der baulichen Anlagen begrenzt. Das Maß der baulichen Nutzung eines Grundstückes kann nach § 16 BauNVO durch folgende Größen ermittelt werden:
- Zahl der Vollgeschosse[11];
- Grundflächenzahl[12] oder Größe der Grundflächen der baulichen Anlagen;
- Geschoßflächenzahl[13] oder Größe der Geschoßfläche;
- Baumassenzahl[14] oder Baumasse;
- Höhe der baulichen Anlagen.

---

[10] Vgl. *Müller/Weiß*, S. 78
[11] Unter einem Vollgeschoß ist nach § 2 Abs. 5 LBO für Baden-Württemberg ein Geschoß zu verstehen, das mehr als 1,40 m über die Geländeoberfläche hinausragt und mindestens 2,30 m hoch ist.
[12] Bei der Grundflächenzahl GRZ handelt es sich gemäß § 19 Abs. 1 BauNVO um das Verhältnis der für eine Bebauung zulässigen Fläche zur gesamten Grundstücksfläche. GRZ = 0,5 bedeutet, daß die Hälfte der Grundstücksfläche zu bebauen ist.
[13] Die Geschoßflächenzahl GFZ ist die auf die Grundstücksfläche bezogene Summe aller Geschoßflächen (§ 20 Abs. 2 BauNVO). GFZ = 3 bedeutet, daß die Summe der Geschoßflächen das Dreifache der Grundstücksgröße beträgt.
[14] Die Baumassenzahl BMZ spiegelt das Verhältnis zwischen Baumasse (umbauter Raum) und Grundstücksfläche wider (§ 21 BauNVO). BMZ = 10 bedeutet, daß 10 Kubikmeter umbauten Raumes pro Quadratmeter Grundstücksfläche zulässig sind.

Abbildung 4 gibt einen Überblick über die Höchstmaße baulicher Nutzung in den für Industriebetriebe in Frage kommenden Baugebieten. Im Rahmen dieser Höchstwerte können die Gemeinden die Baumaße festlegen.

Baugebiet	Grundflächen-zahl	Geschoßflächen-zahl	Baumassen-zahl
Mischgebiet	0,6	1,2	-
Kerngebiet	1,0	3,0	-
Gewerbe-gebiet	0,8	2,4	10,0
Industrie-gebiet	0,8	2,4	10,0

Abb. 4. Höchstwerte baulicher Nutzung nach § 17 BauNVO

Aus Abbildung 4 wird ferner deutlich, daß in den für Industriebetriebe besonders bedeutsamen Gewerbe- und Industriegebieten von der Baunutzungsverordnung keine unterschiedlichen Höchstmaße baulicher Nutzung vorgesehen sind. Dies wird damit gerechtfertigt, daß die gewerbliche und die industrielle Nutzung gleiche Anforderungen an die Bebauungsdichte haben.[15] Die Art des Baugebietes, von der der Umfang baulicher Maßnahmen zur Verhinderung unzulässiger Störungen weitgehend abhängt, ist folglich neuerdings in der Praxis für die Frage der zulässigen baulichen Nutzung nur noch von nachrangiger Bedeutung, wenn man davon ausgeht, daß in den meisten Fällen ohnehin nur Industrie- und Gewerbegebiete für die Ansiedlung von Industriebetrieben zur Verfügung stehen.[16]

---

[15] Vgl. *Rist*, S. 96

[16] Dies ist nicht so im Geltungsbereich der Baunutzungsverordnung in der Fassung von 15.09.1977. Danach ist die Freizügigkeit des Bauens in Industriegebieten am größten, während sie schon in Gewerbegebieten erheblich eingeschränkt wird. So verringert sich dort der zulässige Bebauungsgrad mit zunehmender Geschoßzahl, da die erlaubte Gesamtgeschoßfläche nur unterproportional hierzu ansteigen darf. Weiterhin wird nur bei Industriegebieten auf die Festlegung von Höchstwerten für die Anzahl der Vollgeschosse verzichtet, wodurch die Freiheitsgrade für die Errichtung von Industriebauten vergleichsweise weniger stark eingeschränkt werden; vgl. § 17 Abs. 1 BauNVO 77.

I. Rechtsvorschriften

Über die Festlegung von Höchstwerten hinaus dürfen die Gemeinden gemäß § 16 Abs. 4 BauNVO auch Mindestmaße bestimmen (z.B. für die Geschoßflächenzahl, die Zahl der Vollgeschosse und die Höhe). Die Höhe sowie die Zahl der Vollgeschosse können auch zwingend festgesetzt werden.

Eine letzte nennenswerte Restriktion im Bauplanungsrecht ergibt sich aus § 23 BauNVO. Diese Bestimmung erlaubt den Gemeinden, in den Bebauungsplänen die überbaubaren Grundstücksflächen durch die Angabe von Baulinien, Baugrenzen oder Bebauungstiefen festzulegen. Die überbaubare Grundstücksfläche ist der konkrete Teil des Grundstücks, der überbaut werden darf.[17] Diese Vorschrift geht weiter als § 19 BauNVO, der die zulässige Grundstücksfläche, d.h. nur die Größe des überbaubaren Grundstücksteils, definiert. Wird die überbaubare Grundstücksfläche durch die Vorgabe einer Baulinie festgelegt, bleibt kein Spielraum für die Gestaltung des Grundrisses übrig, da die Bauwerke diese Linie einhalten müssen. Das Vor- und Zurücktreten von Gebäudeteilen ist grundsätzlich nicht zulässig. Dadurch, daß Baulinien die Ausdehnung des zu errichtenden Gebäudes nach jeder Seite über alle Geschosse hinweg festschreiben, werden Lage und Gestalt des Bauwerks weitgehend bestimmt. Geringer ist die Einschränkung der Gestaltungsfreiheit, wenn Baugrenzen oder Bebauungstiefen die überbaubare Grundstücksfläche kennzeichnen. Sie markieren lediglich die Fläche, die durch die Bebauung nicht überschritten werden darf, zugleich aber nicht voll ausgenutzt werden muß.

Nach Betrachtung der einschlägigen Bestimmungen des Bauplanungsrechts kann festgestellt werden, daß die Freiheitsgrade bei der Baugestaltung in der Reihenfolge der in diesem Abschnitt diskutierten Vorschriften abnehmen. Während aufgrund der Ausweisung spezieller Baugebiete letztlich nur die von Industriebetrieben ausgehenden Störungen mit wirkungsvollen, aber freigestellten baulichen Maßnahmen beseitigt werden müssen, schreiben die Maße der baulichen Nutzung von Grundstücken schon die Baugröße vor; die Festschreibung der überbaubaren Grundstücksfläche bestimmt schließlich mehr oder weniger die Bauform. Da von den Baubehörden selten alle Regelungstatbestände, die ihnen vom Gesetz zugewiesen sind, tatsächlich auch in vollem Umfange wahrgenommen werden, bleibt in der Praxis trotz der potentiellen Einflüsse einschlägiger Vorschriften Spielraum für eine einzelfallspezifische anforderungsgerechte Baugestaltung übrig.

---

[17] Vgl. *Müller/Weiß*, S. 161

b) Das Bauordnungsrecht

Das Bauordnungsrecht ist in den Bauordnungen der Bundesländer kodifiziert worden. Um diese Rechtsmaterie im Bundesgebiet so einheitlich wie möglich zu gestalten, ist im Zusammenwirken von Bund und Ländern eine Musterbauordnung[18] geschaffen worden, die als Grundlage für die Landesbauordnungen dient. Im folgenden wird speziell auf die Landesbauordnung für Baden-Württemberg in der Fassung vom 28.11.1983 Bezug genommen. Aufgrund der Vereinheitlichung des Rechts ist gewährleistet, daß entsprechende Vorschriften einschließlich der daraus resultierenden Implikationen für den Industriebau auch in den anderen Bundesländern gelten.[19]

Anders als das Bauplanungsrecht, das die Nutzung von Grund und Boden regelt, hat das Bauordnungsrecht die Ausführung von baulichen Anlagen zum Gegenstand. Zu seinen Aufgaben gehören unter anderem die Abwehr von Gefahren, die von Bauwerken ausgehen können und die öffentliche Sicherheit und Ordnung, insbesondere Leben und Gesundheit, bedrohen, ferner die Wahrung sozialer Belange und die Verhinderung von verunstalteten Bauwerken. Zur Erfüllung dieser Zwecke enthalten die Landesbauordnungen Anforderungen an die Errichtung, bauliche Änderung, Nutzungsänderung, Instandhaltung und den Abbruch von Bauwerken.[20] Die hierfür einschlägigen Vorschriften finden sich im dritten Teil (§§ 13 bis 42) der Landesbauordnung für Baden-Württemberg. Im einzelnen handelt es sich um Anforderungen an die Bauausführung, wie z.B. um die Gestaltung, Standsicherheit, Erschütterungs-, Wärme-, Schall- und Brandschutz, um die Verwendung von Baustoffen und Bauteilen sowie um Anforderungen an die wichtigsten Gebäudeteile, wie z.B. an Wände, Decken, Dächer, Treppen, Rettungswege, Aufzüge. Für detailliertere Erläuterungen der Paragraphen wird auf die einschlägigen Kommentare verwiesen.[21] Jedoch kann allgemein festgestellt werden, daß der Grundtenor der einzelnen Vorschriften derselbe ist: Es ist so zu bauen, daß keine Gefahren, Schäden, erhebliche Nachteile oder Belästigungen durch das Bauwerk verursacht werden. Diese Generalforderung findet in fast jedem Paragraphen des dritten Abschnittes der Landesbauordnung ihren Niederschlag. Sie wird allerdings nicht immer

---

[18] Musterbauordnung (MBauO) in der Fassung vom 11. Dezember 1981, § 6 geändert durch Beschluß der Fachkommission "Bauaufsicht" vom 23./25. Juni 1982

[19] Vgl. dazu *Sauter, H./Krohn*, H.-J.: Landesbauordnung für Baden-Württemberg, Kurzkommentierung, 13. Auflage, Stuttgart u.a. 1988, S. 17 f.

[20] Vgl. *Sauter/Krohn*, S. 18 ff.; *Zinkahn*, S. XI

[21] Vgl. z.B. Sauter/Krohn, S. 18 ff.

konkretisiert.[22] So bleibt es in der Regel dem Bauherrn überlassen, wie er die Anforderungen erfüllt, es sei denn, daß in nachgeordneten Rechtsvorschriften genauere Angaben zur Bauausführung gemacht werden. In einigen Fällen schreibt der Gesetzgeber indes exakt vor, auf welche Weise die jeweilige Vorschrift auszuführen ist.[23] Der Freiraum der Gestaltung wird durch solche Bestimmungen naturgemäß eingeschränkt.

Bauordnungsrechtliche Vorschriften können auch im Zuge von Rechtsverordnungen (z.B. Allgemeine Ausführungsverordnung des Innenministeriums zur Landesbauordnung i.d.F. vom 2. April 1984), Ortsbausatzungen und Verwaltungsvorschriften erlassen werden.[24] Sie veranschaulichen die Bestimmungen der Bauordnungen. Ferner erstellen die Feuerwehren, die als Beteiligungsbehörde gemäß § 55 LBO im Genehmigungsverfahren einzuschalten sind, brandschutztechnische Auflagen. Beispielsweise müssen genügend Stellflächen, Wende- und Durchfahrtmöglichkeiten für Einsatzfahrzeuge und ausreichende Tragkraft für Geschoßdecken bei der Planung berücksichtigt werden.[25]

Die exemplarisch angeführten Bestimmungen verdeutlichen, daß die ordnungsrechtlichen Normen die Bauausführung in anderer Weise beeinflussen als die planungsrechtlichen Vorgaben. Während diese die Größe und die Form der Bauwerke mitbestimmen, wirken jene vorwiegend auf die Qualität der Bauten ein. Unterstellt man, daß die ordnungsrechtlichen Vorschriften nur festlegen, was ohnehin im Interesse eines vernünftigen Bauherrn liegt (Gefahrenabwehr, Sicherung sozialer Belange), dürften im allgemeinen zwischen den von ihnen erzwungenen und den der Idealplanung entsprechenden Bauausführungen keine großen Diskrepanzen bestehen.

2. Angrenzende Rechtsgebiete

Unter angrenzenden Rechtsgebieten sollen die wichtigen Rechtsbereiche verstanden werden, die systematisch nicht dem Baurecht angehören, aber dennoch bei der Errichtung von Fabrikbauten beachtet werden müssen.

---

[22] Vgl. z.B. § 15 Abs. 3 LBO (Standsicherheit); § 16 Abs. 1, 2 und 3 LBO (Erschütterungs-, Wärme-, Schallschutz); § 17 Abs. 1 LBO (Schutz gegen Feuchtigkeit); § 29 Abs. 1 LBO (Treppenräume); § 30 Abs. 1 LBO (Aufzüge); § 33 Abs. 1 LBO (Feuerungsanlagen)
[23] Vgl. z.B. § 18 Abs. 2 LBO (Verbot leicht entflammbarer Baustoffe); § 28 Abs. 1, 2, 3 und 4 LBO (Vorschriften über Treppen etc.); § 29 Abs. 1 LBO (Vorschriften über Treppenräume); § 31 Abs. 3 LBO (Lichtschächte)
[24] Vgl. *Sauter/Krohn*, S. 21 ff.
[25] Vgl. *Achilles*, E.: Brandschutz im Industriebau, in: Zentralblatt für Industriebau, Nr. 6, 32. Jg., 1986, S. 450

B. Restriktionen der Gestaltung von Industriebauten

a) Das Arbeitsschutzrecht

Das Arbeitsschutzrecht ist die Gesamtheit aller Rechtsnormen, die dem Schutz der Arbeitnehmer gewidmet sind.[26] Hierzu gehören vor allem die Vorschriften über den Gefahrenschutz, wie z.B. die Arbeitsstättenverordnung einschließlich der Arbeitsstätten-Richtlinien, die §§ 120 a ff. der Gewerbeordnung und die Unfallverhütungsvorschriften der Berufsgenossenschaften. Grundnormen für den Schutz vor Gefahren, die von Arbeitsräumen ausgehen, sind die §§ 618 Abs. 1 BGB, 62 Abs. 1 HGB und 120 a Abs. 1 GewO. Alle drei Vorschriften sind nahezu gleichlautend und verpflichten den Dienstberechtigten, den Prinzipal oder den Gewerbsherrn, Arbeitsräume so zu gestalten, daß Arbeitnehmer gegen Gefahren für Leben und Gesundheit weitestgehend geschützt sind. Ähnliche Forderungen erheben die Unfallverhütungsvorschriften.[27] § 120 a Abs. 2 GewO veranschaulicht die abstrakte Grundnorm und fordert z.B. genügendes Licht, ausreichenden Luftraum und Luftwechsel sowie Beseitigung von Staub, Dünsten, Gasen und Abfällen.

In der Arbeitsstättenverordnung findet man detaillierte Angaben zur Umsetzung des Gefahrenschutzes. Sie enthält Bestimmungen über Lüftung, Beleuchtung, Raumtemperaturen, Fußböden, Wände, Decken, Dächer, Fenster, Oberlichter, Raumabmessungen, Bewegungsflächen, um nur einige zu nennen. Beispielsweise ist dort geregelt, daß Arbeitsräume eine Sichtverbindung nach außen haben müssen und unter welchen Voraussetzungen davon Ausnahmen gemacht werden können.[28] Fußböden dürfen keine Stolperstellen haben, müssen rutschhemmend ausgeführt und leicht zu reinigen sein sowie eine ausreichende Wärmedämmung aufweisen, wenn sie Standflächen für Arbeitnehmer an Arbeitsplätzen darstellen.[29] Durch die Arbeitsstätten-Richtlinien werden die Vorschriften der Arbeitsstättenverordnung ergänzt und weiter konkretisiert. Viele spezielle Vorschriften, die hier im

---

[26] Vgl. *Richardi*, R.: Einführung, in: Arbeitsgesetze mit den wichtigsten Bestimmungen zum Arbeitsverhältnis, Kündigungsrecht, Arbeitsschutzrecht, Berufsbildungsrecht, Tarifrecht, Betriebsverfassungsrecht, Mitbestimmungsrecht und Verfahrensrecht, Textausgabe, Sonderausgabe unter redaktioneller Verantwortung des Verlages C.H. Beck, 41. Auflage, München 1991, S. XXIV f.

[27] Vgl. *Klost*, W.: Unfallverhütung im Betrieb, München 1962, S. 19 f. Als Beispiel für die zahlreichen Unfallverhütungsvorschriften sei die Basis-Vorschrift "Allgemeine Vorschriften" VBG 1 genannt, die für alle Branchen maßgeblich ist und in den §§ 18 ff. konkrete Vorschriften für die Gestaltung von Arbeitsräumen und Gebäudeteilen enthält. Vgl. *Siller*, E./ *Schliephacke*, J.: Unfallverhütungsvorschrift "Allgemeine Vorschriften" VBG 1, Köln 1982, S. 9 ff. und S. 75 ff.

[28] Vgl. § 7 Abs. 1 ArbStättV

[29] Vgl. § 8 Abs. 1 ArbStättV

I. Rechtsvorschriften

einzelnen nicht aufgezählt werden können, ergänzen die genannten Normen des Arbeitsschutzrechts.[30]

b) Das Immissionsschutzrecht

Auf den ersten Blick ist der Einfluß des Immissionsschutzrechtes auf die Errichtung von Fabrikbauten überraschend. Grundlegendes Gesetz ist das Bundes-Immissionsschutzgesetz vom 15.03.1974, das durch zahlreiche Durchführungsverordnungen und Verwaltungsvorschriften ergänzt wird, für die ihrerseits Durchführungsverordnungen existieren.[31] Zweck des Bundes-Immissionsschutzgesetzes ist der Schutz insbesondere des Menschen vor schädlichen Umwelteinwirkungen und vor anderen Gefahren, erheblichen Nachteilen und Belästigungen, die von speziellen genehmigungsbedürftigen Anlagen ausgehen können (§ 1 BImSchG). Schädliche Umwelteinflüsse im Sinne des Gesetzes sind Luftverunreinigungen, Geräusche, Erschütterungen, Licht, Wärme, Strahlen usw., also Tatbestände, die nicht ursächlich auf die Errichtung oder Existenz von Gebäuden zurückzuführen sind, sondern die z.B. durch in den Bauten befindliche Fabrikationsanlagen verursacht werden. Dennoch kann das Immissionsschutzrecht für die Gestaltung von Industriebauwerken bedeutsam sein, wie die Allgemeine Verwaltungsvorschrift über genehmigungsbedürftige Anlagen nach § 16 der Gewerbeordnung vom 16.07.1968 (Technische Anleitung zum Schutz gegen Lärm - TA Lärm) und die Erste Allgemeine Verwaltungsvorschrift zum Bundes-Immissionsschutzgesetz vom 27.02.1986 (Technische Anleitung zur Reinhaltung der Luft - TA Luft) zeigen.

So fordert die TA Lärm, die noch eine übergeleitete Verwaltungsvorschrift aus der Zeit vor Erlaß des Bundes-Immissionsschutzgesetzes darstellt, in Nummer 2.21, daß bestimmte Lärmgrenzwerte von neu zu errichtenden Anlagen außerhalb der Werkgrundstücksgrenzen nicht überschritten werden dürfen. Können diese Grenzwerte trotz Verwendung von Lärmschutzmaßnahmen, die dem Stand der Technik entsprechen, nicht eingehalten werden, sind sonstige Maßnahmen zu ergreifen. Dies sind Lärmschutzvorkehrungen, die nicht die Entstehung von Lärm, sondern dessen Ausbreitung über das Werksgelände hinaus verhindern sollen. Es handelt sich um

---

[30] Einen Überblick über die wichtigsten Normen des Arbeitsschutzrechts gibt *Stüdemann*, K., Rechtsvorschriften für die Produktion, in: Handwörterbuch der Produktionswirtschaft, hrsg. von W. Kern, Stuttgart 1979, insbesondere Sp. 1787 ff.
[31] Eine komplette Übersicht über die Durchführungsverordnungen zum BImSchG und die zugehörigen Verwaltungsvorschriften des Bundes und der Länder geben *Feldhaus*, G./*Vallendar*, W.: Bundesimmissionsschutzrecht, Kommentar, Bd. 1B, Inhaltsverzeichnis, 2. Auflage, Wiesbaden 1988, S. 1-9

besondere schallschluckende Maßnahmen, wie beispielsweise die Errichtung von Mauern oder das Anpflanzen von Bäumen.[32] Hierzu gehört auch eine besonders schallisolierende Bauweise der Fabrikgebäude, die dazu beiträgt, den Fabrikationslärm nicht nach außen dringen zu lassen.[33]

Sehr konkrete Bestimmungen bezüglich der Schornsteinhöhe enthält die TA Luft. Nach dieser Vorschrift sollen Schornsteine mindestens eine Höhe von 10 m über Flur und - wenn sie direkt auf dem Gebäude angebracht sind - eine das Dach um drei Meter überragende Höhe haben; die Schornsteinhöhen sollen die Gebäudehöhe nicht um das Zweifache übersteigen. Die exakte Höhe wird nach einem in der TA Luft genau normierten Verfahren berechnet.[34]

c) Das Luftverkehrsrecht

Nur in Einzelfällen ist das Luftverkehrsgesetz bei der Planung von Industriebauten zu berücksichtigen. Es bestimmt, daß in der Umgebung von Flughäfen Baubeschränkungen zum Schutz der Luftfahrt eingehalten werden. Die Genehmigung der Luftfahrtbehörde für ein Bauvorhaben in der unmittelbaren Nähe eines Flughafens ist gemäß § 12 Abs. 2 LuftVG für alle Bauten erforderlich. In der weiteren Umgebung müssen die Luftfahrtbehörden gemäß § 12 Abs. 3 LuftVG zustimmen, wenn die Bauwerke gewisse Höhenbeschränkungen überschreiten sollen. Das Maß der Baubeschränkung richtet sich nach der Entfernung des Baugeländes zum Flughafen und danach, ob das Bauwerk innerhalb oder außerhalb der Anflugsektoren errichtet werden soll.[35] Beispielsweise darf die Höhe von Gebäuden außerhalb der Anflugsektoren bestimmter Flughäfen ohne Zustimmung der Luftfahrtbehörden maximal 15 m betragen (§ 12 Abs. 3 Nr. 1 a LuftVG).

---

[32] Vgl. *Feldhaus/Vallendar*, Abschnitt 3.0.1 (TA Lärm), S. 11

[33] In formaler Hinsicht gleichen sich die Konsequenzen für die Gestaltung von Fabrikgebäuden, die sich aus den §§ 1 ff. BauNVO (vgl. S. 61 ff. dieser Arbeit) und der TA Lärm (Nr. 2.21) ergeben; die Gebäude sind so zu errichten, daß der Nachbarschutz gewährleistet ist. In materieller Hinsicht bestehen jedoch Unterschiede. Die TA Lärm schreibt absolute Richtwerte vor, während der Nachbarschutz der BauNVO stets auf den Hauptnutzungszweck des jeweiligen Baugebiets bezogen ist und somit jeweils graduell unterschiedlich ausgeprägt ist.

[34] Vgl. *Feldhaus,/Vallendar*, Abschnitt 3.1 (TA Luft), S. 13 ff.

[35] Vgl. *Hofmann*, M.: Luftverkehrsgesetz, Kommentar, München 1971, zu § 12, Bemerkung 19 und 20, S. 236 f.

II. Verschiedene Alternativen der Bereitstellung von Industriebauten als Ursachen von Restriktionen

Grundsätzlich bestehen verschiedene Möglichkeiten, Bauwerke für industrielle Produktionsstätten anzuschaffen.[36] Die Alternativen sollen im folgenden systematisch untersucht werden, weil aus ihnen unterschiedlich restriktive Bedingungen für die Gestaltung der Gebäude resultieren. Zugleich werden die Kriterien diskutiert, die die Unternehmungen veranlassen können, den einen oder anderen Weg zu beschreiten.

1. Die Einteilung der Bereitstellungsalternativen nach dem Umfang der Baumaßnahmen

a) Der Neubau

Nach dem Umfang der Baumaßnahmen ist der Neubau vom Umbau zu unterscheiden. Bei jenem handelt es sich um die vollständig neue Errichtung eines Bauwerkes, ohne auf die vorhandene Bausubstanz zurückzugreifen und einzuwirken, um diese in veränderter oder unveränderter Form als Teil des neuen Gebäudes in die Baukonzeption einzubeziehen. Sämtliche Anforderungen an das Fabrikgebäude[37] können bei der Planung zunächst berücksichtigt werden. Einschränkungen aufgrund baulicher Gegebenheiten sind nicht vorhanden,[38] so daß nahezu vollkommene Verhältnisse für die Er-reichung des Gebäudezwecks herrschen.[39] Der Neubau stellt somit hinsichtlich der gestalterischen Verwirklichung der an ein Industriegebäude gerichteten Anforderungen den Idealfall dar.

Eine Unternehmung wird immer dann den Neubau anderen Alternativen vorziehen, wenn kein Gebäude vorhanden ist, das sie zweckentsprechend

---

[36] Die Bereitstellung von Gegenständen des Anlagevermögens, zu denen industrielle Bauwerke gehören, wird in der betriebswirtschaftlichen Fachsprache als Anschaffung, die Versorgung des Betriebes mit Sachgütern des Umlaufvermögens als Beschaffung bezeichnet. Vgl. hierzu *Theisen*, P.: Beschaffung und Beschaffungslehre, in: Handwörterbuch der Betriebswirtschaft, hrsg. von E. Grochla, 4. Auflage, Stuttgart 1974, Sp. 494 f.
[37] Vgl. dazu die Ausführungen in Kapitel D
[38] Abgesehen wird hierbei von den Auswirkungen der Nachbarbebauung, die aber keine Frage des Neu- oder Umbaues sind.
[39] Vgl. hierzu *Aggteleky*, B.: Fabrikplanung - Werksentwicklung und Betriebsrationalisierung, Band 1: Grundlagen, Zielplanung, Vorarbeiten - Unternehmerische und systemtechnische Aspekte, München, Wien 1981, S. 297

nutzen kann. Naheliegend ist dies z.B. bei Werksneugründungen oder bei einem Standortwechsel. Ein typisches Beispiel hierfür ist der Bau auf der sogenannten "grünen Wiese". Über diesen verständlichen Fall hinaus werden häufig auch für bestehende Betriebe Neubauten errichtet. Die Entscheidungen zugunsten von Neubauten werden vor allem mit Veränderungen im Produktionsbereich der Unternehmung begründet, die die bestehenden Gebäude technisch veralten lassen. In den achtziger Jahren äußerten Vertreter der Automobilindustrie anläßlich einer Befragung die Ansicht, daß die Fertigung neuer Fahrzeugtypen in bestehenden Fabrikbauten nur eine begrenzte Zeit möglich sei, weil die damit verbundene Änderung der Betriebsmittel - z.B. der Austausch und die Umstellung von Automaten oder von ganzen Fertigungsstraßen - eine so große Variation des Raumprogrammes bedeute, daß es zweckmäßiger sei, neue Fabrikbauten zu errichten.[40]

Selbst der Einsatz programmgesteuerter flexibler Fertigungssysteme, die inzwischen eine größere Verbreitung gefunden haben, macht Umstellungen im Produktionsbereich nicht überflüssig, sondern reduziert nur die Häufigkeit des Wechsels von Produktionsanlagen bei Fertigung neuer Produkte. Die Änderung der Raumanforderungen bei Produktionsumstellungen ist stets auf einen erhöhten quantitativen und qualitativen Platzbedarf zurückzuführen. Im Einzelfall mögen es beispielsweise die Abmessungen und Gewichte neuer Maschinen sein, die eine Erhöhung der Nutzfläche und der Nutzlast erfordern.

Da der Neubau vor allem im Falle der technischen Veralterung eines vorhandenen Fabrikgebäudes nicht der einzige Weg ist, ein geeignetes Bauwerk zu errichten - auf die Möglichkeit des Umbaues wurde bereits hingewiesen[41] -, muß vor der Entscheidung über den Umfang der Baumaßnahme die bessere Alternative ermittelt werden.

Auf den ersten Blick scheint die vielfach geübte Praxis, die Vorteilhaftigkeit verschiedener Baumaßnahmen anhand der Höhe der jeweils fälligen Ausgaben zu beurteilen, die Lösung dieses Problems zu erbringen. Gleiche Einsatz- und Verwendungsmöglichkeiten vorausgesetzt, ist nach diesem Kriterium die billigere Alternative vorzuziehen. Ein weiterer Prüfstein zur Feststellung der relativen Vorteilhaftigkeit eines Neu- oder eines Umbaues besteht in der Berechnung des Anteils der reinen Bauinvestitionen an den Gesamtinvestitionen für den Aufbau der betrieblichen Einheiten,[42] die in dem

---

[40] Vgl. *Jähne*, W.: Unternehmerische und Betriebswirtschaftliche Überlegungen, in: VDI-Berichte Nr. 471, Düsseldorf 1983, S. 1 f.
[41] Bautechnische Durchführbarkeit eines Umbaues sei vorausgesetzt.
[42] Dies können der ganze Industriebetrieb oder auch nur einzelne Fertigungsstufen sein.

betrachteten Gebäude untergebracht werden sollen. Beide Verfahren können indes nur unter vereinfachenden und daher realitätsfernen Voraussetzungen oder nur unvollkommen die richtige Entscheidung begründen, wie folgende Ausführungen belegen.

Entfiel früher der größte Teil der Investitionsausgaben für eine Fabrik eindeutig auf die Bauten, so wird heute die 20%-Marke selten überschritten.[43] Die Ausgaben für Gebäude spielen daher im Vergleich zu den sonstigen Investitionen in kapitalintensive Fertigungseinrichtungen im allgemeinen nur eine untergeordnete Rolle. Vor diesem Hintergrund drängt sich die Forderung auf, nicht am falschen Ende, d.h. an den relativ geringen Bauausgaben, zu sparen, um so keine Nachteile in Kauf nehmen zu müssen, die sich ansonsten aufgrund unvermeidlicher baulicher Restriktionen ergeben würden. Ein Neubau ist also bei geringem Bauinvestitionsanteil grundsätzlich vorzuziehen.[44] Als Faustregel für die Entscheidung für oder wider Neubau läßt sich demnach folgende Aussage formulieren: Je geringer die Investitionsquote der Industriegebäude an den *fälligen Gesamt*investitionen ist, desto eher ist ein Neubau bei technischer Veralterung des bestehenden Gebäudes vorteilhaft. Wird beispielsweise nur eine Maschine gegen eine gleichartige Maschine neuer Bauart ausgetauscht, dann sind die Ausgaben für einen Neubau im Vergleich zu den Maschineninvestitionen sehr hoch. Nach der genannten Regel muß in diesem Falle die Entscheidung für den Umbau getroffen, ein Neubau aber abgelehnt werden. Wenn sämtliche Produktionseinrichtungen verändert werden sollen - z.B. bei der Automatisierung herkömmlicher Produktionsverfahren -, dann sinkt der Quotient aus Investitionen für Gebäude und Maschinen. Der Neubau wird tendenziell vorteilhafter sein.

Der Anteil der Bauinvestitionen an den Gesamtinvestitionen kann jedoch nur ein erster Hinweis auf die Richtung der Entscheidung und nicht, wie von einigen Autoren offenbar vertreten,[45] die alleinige Grundlage der Entscheidung sein. Denn letztlich bleibt die angeführte Faustregel den betriebswirtschaftlichen Nachweis für die tatsächliche Vorteilhaftigkeit einer der Alternativen schuldig, weil sie diese nicht einander gegenüberstellt.

Um diesen Nachweis anzutreten, wird daher im Einzelfall ein Vergleich der Ausgaben für Neubau- und Modernisierungsmaßnahmen durchgeführt. Die Höhe der Ausgaben ist für die Beurteilung der Wirtschaftlichkeit von Bauprojekten aber selbst unter der Voraussetzung gleicher Nutzungsdauern

---

[43] Vgl. hierzu *Knocke*, D.: Anforderungen neuer Produktionen an Flächen und Bauten, in: Zeitschrift für wirtschaftliche Fertigung und Automatisierung, Nr. 7, 81. Jg., 1986, S. 356
[44] Vgl. *Knocke*, S. 356 und *Jähne*, S. 4
[45] Vgl. z.B. die in Fußnote 44 angeführten Autoren.

und Bauzeiten nur dann ein hinreichendes Kriterium, wenn sie für Neubauten niedriger ist als für Umbauten. Dahinter steckt die Annahme, daß durch Neubauten die betrieblichen Anforderungen weitgehend erfüllt werden können und dadurch Vorteile gegenüber Umbauten entstehen, die hier aufgrund baulicher Restriktionen nicht gewonnen werden. Solche Vorteile können sich in der Verringerung der Kosten des innerbetrieblichen Transports, Vergrößerung der Produktionsleistung durch entsprechende Arbeitsplatzgestaltung, Minimierung der Verteilzeiten durch verbesserte Arbeitsgestaltung, geringeren Energiekosten etc. äußern.[46] Diese wirtschaftlichen Vorzüge verstärken den Nutzen eines ohnehin billigeren Neubaues, so daß der Nachweis für dessen Vorteilhaftigkeit eindeutig erbracht wird.

Betrachtet man den wirklichkeitsnahen Fall, daß der Neubau teurer als ein zweckentsprechender Umbau ist und die potentiellen Nutzungsdauern sich zudem unterscheiden, kann eine allgemeingültige Aussage über die betriebswirtschaftlich richtige Entscheidung allein auf Basis der Investitionshöhe nicht getroffen werden, weil die obengenannten Kostenvorteile, die aus den besseren Produktionsbedingungen eines Neubaues resultieren, und die höheren Investitionsausgaben gegeneinander abgewogen und dazu vorher gleichnamig gemacht werden müssen und der zeitliche Horizont der Nutzung in das Kalkül einzubeziehen ist. Inwieweit eine derartige Rechnung auf Basis von Zahlungsströmen oder anderer betriebswirtschaftlicher Kenngrößen stattfinden kann, ist eine Frage zentraler Bedeutung, die insbesondere auch im Rahmen der ökonomischen Beurteilung von Industriebauten beantwortet werden muß. Daher kann und soll das angesprochene Problem systematisch nicht im Zusammenhang mit den Anlässen für die jeweilige Entscheidung über den Umfang von Baumaßnahmen weiterverfolgt, sondern erst unter dem umfassenden Aspekt der Prüfung der Zweckmäßigkeit industrieller Bauten abschließend behandelt werden.[47]

Allgemeine Tendenzen, ab welchem Ausgabenverhältnis Umbaumaßnahmen Neubauten vorzuziehen sind, existieren nicht. In der Literatur werden Beispiele genannt, die belegen, daß schon die Relation von 20 % genügte, um neu zu bauen; es existieren aber auch Fälle, bei denen 75 % der notwendigen Neubauausgaben in Umbauten investiert wurden.[48]

Nach Werksneugründung oder Standortwechsel und technischer Veralterung ist der Verschleiß der dritte praktisch bedeutsame Anlaß, weshalb der

---

[46] Vgl. hierzu *Engel*, K.H./*Luy*, H.-J.: Die Planung von Produktionsstätten, in: Handbuch der neuen Techniken des Industrial Engineering, hrsg. von K.H. Engel, München 1979, Abschnitt E 2, S. 1043 f.
[47] Vgl. hierzu Kapitel C der Arbeit.
[48] Vgl. *Jähne*, S. 2

Neubau einer Produktionsstätte in Erwägung zu ziehen ist. Der Verschleiß der Gebäude kann nutzungsbedingt oder auf Umwelteinwirkungen zurückzuführen sein. Der *nutzungsbedingte* Verschleiß von Industriebauten entsteht durch deren bestimmungsgemäßen Gebrauch, d.h. durch die in den Bauwerken stattfindende Erzeugung von Sachgütern. Beispielsweise wird er durch die Aggressivität der verarbeiteten Stoffe hervorgerufen. Diese greifen Bauteile an, so daß in extremen Fällen die Nutzbarkeit des gesamten Gebäudes gefährdet wird. Es wird von Gebäuden berichtet, deren Stahlträger durch die produktionsbedingte hohe Feuchtigkeit rosteten und schließlich ein Mehrfaches ihres ursprünglichen Volumens einnahmen. Dies führte zu einer Längsausdehnung des gesamten Gebäudes sowie zu einer Schrägstellung der Giebelwände und somit zur Instabilität der Konstruktion.[49] Es versteht sich, daß unter solchen Umständen das Betriebsgeschehen nicht längere Zeit aufrechterhalten werden kann. Der *umweltbedingte* Verschleiß schließlich ist abhängig von Witterungseinflüssen, wie z.B. Regen, Kälte, Wind, oder von Erdbebenauswirkungen.

Die Entscheidung, ob beschädigte Industriegebäude abgerissen und neu aufgebaut oder restauriert werden sollen, hängt von der Höhe der Schäden, der Wiederherstellbarkeit des ursprünglichen Zustandes, der dafür erforderlichen Ausgaben und der Bauzeit ab.

Abgesehen von dem Anlaß einer Baumaßnahme spricht für den Neubau von Produktionsstätten, daß die bisherige Produktion in den alten Gebäuden so lange beibehalten werden kann, bis die Fertigung an neuer Stätte aufgenommen wird. Produktionsunterbrechungen oder -einschränkungen können aber nur dann vermieden werden, wenn zugleich mit dem Neubau des Fabrikgebäudes neue Fertigungsapparaturen angeschafft werden.

Schlußendlich resultiert aus dem Neubau einer Produktionsstätte eine letzte wichtige Konsequenz für die Unternehmung. Durch eine entsprechende Entscheidung steht nicht nur die Gestaltung der äußeren Hülle des Produktionsprozesses zur Disposition, sondern eine Reihe weiterer essentieller Entschlüsse muß im Vorfeld getroffen werden. Fragen des lokalen, interlokalen und innerbetrieblichen Standortes, des Produktionsablaufs, des Materialflusses, des Förderwesens, der Organisationsform der Fertigung, der Gestaltung der Arbeitsumgebung sind zu beantworten, bevor das neue Fabrikgebäude entworfen werden kann. Dies gibt vor allem im Falle des wiederholten Aufbaues einer Fertigungsstätte die Gelegenheit, ehemals gefällte Entscheidungen mit langfristiger Wirkung zu hinterfragen, möglicherweise zu revidieren und bisherige betriebliche Gegebenheiten zu ändern.

---

[49] Vgl. *Jähne*, S. 2

b) Der Umbau

Der Umbau ist die bauliche Veränderung eines bestehenden Gebäudes. Ziele von Umbauarbeiten sind neben der räumlichen Umgestaltung vor allem bauphysikalische Verbesserungen sowie Änderungen der Haustechnik und Infrastruktur eines Gebäudes.[50] Unter räumlicher Umgestaltung ist die Änderung des Raumangebotes in quantitativer und qualitativer Hinsicht zu verstehen. Das Versetzen von Wänden und Stützen, die Vergrößerung der Bodenbelastbarkeit, die Verbesserung des Bodenbelages etc. fallen darunter. Bauphysikalische Verbesserungen sind beispielsweise nachträgliche bautechnische Maßnahmen zur Schwingungsdämpfung und zur Lärmbekämpfung. Die Änderung der Haustechnik und Infrastruktur umfaßt z.B. das nachträgliche Einbringen oder die Verstärkung von Leitungen und die nachträgliche Installation von Schwerpunktstationen wie Heizungen oder Lüftungsanlagen.

Die gestalterischen Freiheitsgrade sind gegenüber dem Neubau eingeschränkt, weil die Änderung der Baukonzeption durch die dem Umbau innewohnende Rücksichtnahme auf vorhandene bauliche Gegebenheiten beeinflußt wird. Nur unter Beachtung dieser Restriktionen lassen sich die Anforderungen erfüllen, die an Fabrikbauten gestellt werden. Demzufolge treten im Falle des Umbaues Wechselbeziehungen zwischen Bauwerk und der Gesamtkonzeption des Industriebetriebes im allgemeinen sowie des Produktionsprozesses im speziellen auf,[51] wohingegen der Neubau eindeutig durch die Erfordernisse des Betriebes determiniert wird. Aus der Sicht des Fabrikplaners werden durch Umbaumaßnahmen folglich bis auf wenige Ausnahmen nur suboptimale Zustände erreicht, weil das Betriebsgeschehen an das Gebäude anzupassen ist, das Gebäude selbst aber nur in bestimmten Grenzen optimalen betrieblichen Bedingungen standhalten kann. Die wirtschaftlichen Vorteile, die aus einer entsprechenden Gestaltung des Bauwerkes resultieren, sind ceteris paribus beim Umbau kleiner als beim Neubau.

Umbaumaßnahmen werden anläßlich der bereits behandelten technischen Veralterung und des Verschleißes des Gebäudes sowie der beabsichtigten Benutzung eines bisher nicht oder anderweitig verwendeten Gebäudes ergriffen, das für den künftigen Zweck hergerichtet werden soll. Der zuletzt genannte Anlaß für einen Umbau ist insbesondere bei Umwidmung, Kauf, Mietung oder Pachtung eines schon errichteten Bauwerkes gegeben.

---

[50] Vgl. hierzu *Aggteleky*, Band 2, S. 653 f.
[51] Vgl. *Rockstroh*, Band 1, S. 35

Bevor über die Zweckmäßigkeit eines Umbaues entschieden werden kann, müssen Erkenntnisse über die vorhandene Bausubstanz mittels einer bautechnischen Bestandsaufnahme gewonnen werden. Durch Besichtigung aller zugänglichen Bauteile des umzubauenden Bauwerkes kann dessen Zustand in Erfahrung gebracht werden. Veränderungen im Wandputz, an Bodenbelägen, Fenstern und anderen Bauteilen sowie Risse in Decken und Unterzügen verweisen unter anderem auf Eingriffe in das Bauwerk und auf kritische Stellen in der Bausubstanz. Weiterhin können Baupläne mit statischen Berechnungen in Werksarchiven oder bei Bauaufsichtsbehörden eingesehen werden.[52]

Ergibt die technische Prüfung keine Einwände, ist im nächsten Schritt die wirtschaftliche Vorteilhaftigkeit des Umbaues festzustellen. Sie ist analog zu derjenigen eines Neubaues zu beurteilen, so daß diesbezüglich auf die in Abschnitt 1. a) dieses Kapitels getroffenen Aussagen verwiesen werden kann. Als Besonderheit muß in diesem Zusammenhang die zu erwartende Nutzungsdauer des umgebauten Gebäudes erwähnt werden. Ist sie trotz der Umbaumaßnahme kürzer, als das Gebäude benötigt wird, so ist ein Umbau aus wirtschaftlicher Sicht problematisch.[53] Er könnte nur in Frage kommen, wenn die Nutzungsdauer aufgrund einer technischen Veralterung des Gebäudes beschränkt ist und wenn ein Neubau ebenfalls in dem gleichen Zeitraum und in gleichem Maße veraltern würde. Dieser Fall mag hypothetischer Natur sein. Eintreten könnte er bei umwälzenden, nicht antizipierbaren Veränderungen in der Produktionstechnik, die ein völliges Überdenken traditioneller Bauweisen erforderten. Solche grundlegenden Veränderungen bewirkte in der Vergangenheit beispielsweise die Einführung der Dampfmaschine.

Veraltet der Neubau dagegen nicht oder ist die Nutzungsdauer wegen des Verschleißes des umzubauenden Gebäudes beschränkt, was insbesondere bei älteren Gebäuden zutrifft, dann lohnen sich hohe Investitionen in bauliche Veränderungen des Gebäudes nicht. Denn unabhängig vom Ergebnis der Wirtschaftlichkeitsberechnungen und unabhängig von den entgangenen Vorzügen eines maßgeschneiderten Fabrikgebäudes sprechen gegen Baumaßnahmen, die in den skizzierten Fällen innerhalb kurzer Zeit wiederholt durchzuführen wären, die damit zu riskierenden Produktionsausfälle oder -kürzungen bei gleichbleibendem Umfang fixer Kosten, Ausschußerhöhungen und Qualitätsminderungen sowie daraus folgende Imponderabilien wie etwa die Reaktion des Marktes.

---

[52] Vgl. *Zerbe*, W.: Die Problematik von Modernisierungsmaßnahmen aus der Sicht eines Architekten, in: VDI-Berichte Nr. 471, Düsseldorf 1983, S. 6
[53] Vgl. *Aggteleky*, Band 2, S. 651

78 B. Restriktionen der Gestaltung von Industriebauten

Nach der Veränderung des Raumvolumens lassen sich drei spezielle Varianten des Umbaues unterscheiden: der Anbau, der reine Umbau und der Rückbau.

aa) Der Anbau

Der Anbau bedeutet stets eine Vergrößerung des Raumvolumens. Grundsätzlich erfolgt er durch Erweiterung des Gebäudes in Längs- oder in Querrichtung der Mittelachse (vgl. Abbildung 5) und/oder durch Aufstockung um weitere Geschosse.

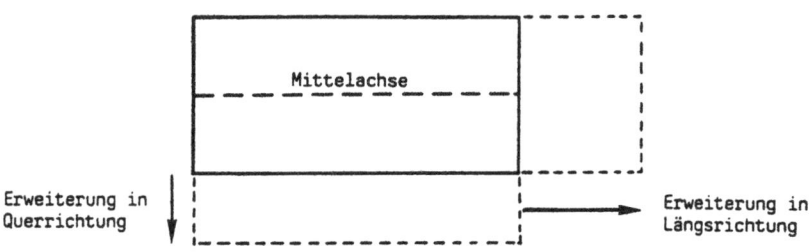

Abb. 5. Horizontale Erweiterungsmöglichkeiten des Gebäudes

Die Möglichkeit der Erweiterung in einer der Achsenrichtungen hängt von den dafür auf dem Gelände zur Verfügung stehenden Flächen ab. Steht das Gebäude unmittelbar an der Grundstücksgrenze oder schließen sich andere Bauwerke an, so daß der Baugrund knapp ist, scheidet diese Alternative der Erweiterung aus. Zumeist ist die Erweiterung des Gebäudes in der Querrichtung einer Ausdehnung in Längsrichtung vorzuziehen, weil dadurch der Fertigungsfluß nicht gestört wird und die Transportwege sich nicht verlängern.[54]

---

[54] Vgl. *Mellerowicz*, Industrie, Band I, S. 378

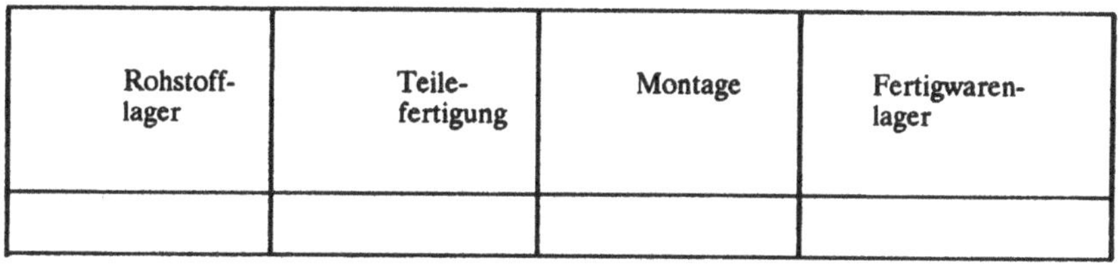

II. Alternativen der Bereitstellung von Industriebauten 79

Rohstoff-lager	Teile-fertigung	Montage	Fertigwaren-lager

Abb. 6. Vorteil des Anbaues in Querrichtung

Quelle: In Anlehnung an Mellerowicz, K., Industrie, Band I, S. 378

Die Abbildung 6 verdeutlicht, daß auch im Falle eines Anbaues in Querrichtung, der sich über die gesamte Gebäudefront erstreckt, der ursprüngliche Fertigungsfluß erhalten bleibt. Die Einrichtung einer zweiten parallelen Fertigungslinie ist ein typischer Anlaß für den Anbau in Querrichtung. Der Vorteil der Quererweiterung ist nicht nur bei bandförmigem, sondern auch bei kreis- und hufeisenförmigem Verlauf des Produktionsflusses immer dann gegeben, wenn sich nicht mehr als zwei Betriebsbereiche über die gesamte Tiefe des Gebäudes erstrecken. Abteilungen, die nicht an Außenwände grenzen, können räumlich zusammenhängend durch keine der beiden Alternativen ausgebaut werden, ohne eine Änderung des Fertigungsflusses oder eine Verlagerung der Produktionsbereiche vorzunehmen (vgl. Abbildung 7).

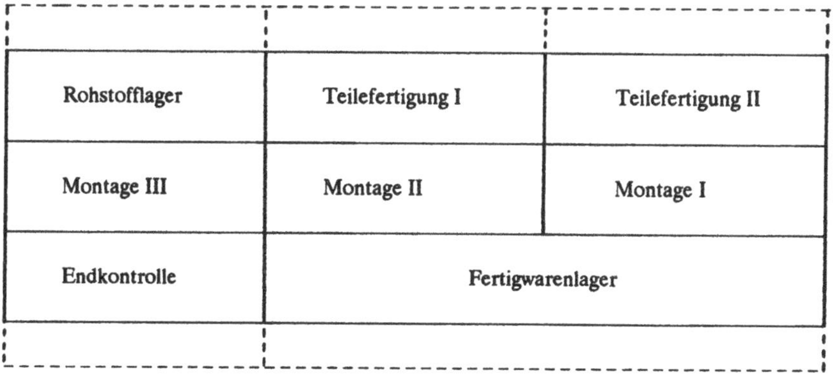

Rohstofflager	Teilefertigung I	Teilefertigung II
Montage III	Montage II	Montage I
Endkontrolle	Fertigwarenlager	

Abb. 7. Erweiterung in Querrichtung nur für an Außenwände grenzende Betriebsbereiche

Ist für die Ausdehnung des Gebäudes in die Breite kein Platz vorhanden, muß eine Längserweiterung erwogen werden. Unproblematisch ist sie, wenn nur der erste oder der letzte Produktionsabschnitt - im angeführten Beispiel der Abbildung 8 also die Lager - vergrößert werden müssen. Auch in diesem Fall ändern sich Fertigungsfluß und Transportwege nicht. Soll jedoch eine Abteilung erweitert werden, die von vorgelagerten und nachfolgenden Bereichen eingerahmt wird, wie z.B. die Teilefertigung, so muß sie im Anbau untergebracht werden, wie Abbildung 8 verdeutlicht, wenn vermieden werden soll, daß mehrere Abteilungen (Montage, Fertiglager) verlegt werden müssen. Als Folge davon werden zusammengehörige Bereiche auseinandergerissen.

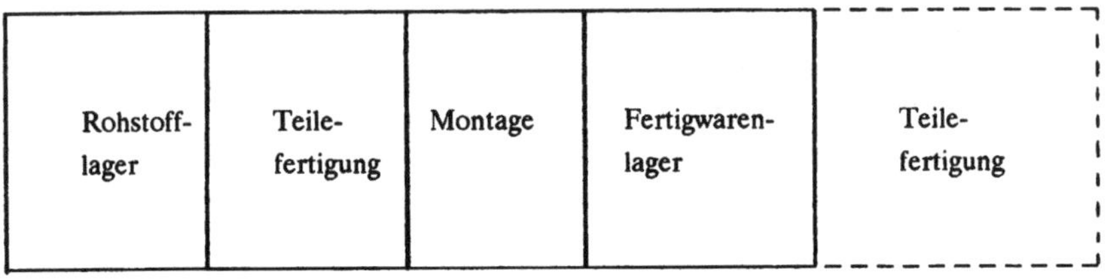

Rohstoff-lager	Teile-fertigung	Montage	Fertigwaren-lager	Teile-fertigung

Abb. 8. Nachteile einer Längserweiterung

Noch gravierender sind die Auswirkungen der Längserweiterung eines Fabrikgebäudes auf den Produktionsfluß etc., wenn alle Produktionsbereiche vergrößert werden sollen und daher Teile einer jeden Abteilung im Anbau angesiedelt werden müssen. In diesem Falle ist es besser, sämtliche Betriebsbereiche in Richtung des Anbaues so weit zu verlegen, daß der unmittelbare räumliche Zusammenhang organisatorisch zusammengehöriger Flächen und der natürliche Fertigungsfluß erhalten bleiben, da auf diese Weise Kosten für Rück- und Quertransporte der Werkstücke vermieden werden. Produktionsunterbrechungen oder -einschränkungen während der Umbauphasen sind aber dann unausweichlich.

Die Höhen- oder Vertikalerweiterung eines Gebäudes ist vor allem bei knappen Bodenverhältnissen die einzige Möglichkeit, das Raumvolumen des Bauwerks zu vergrößern. Die Aufstockung kommt fast nur in Betracht, wenn dafür die statischen und konstruktiven Grundlagen bereits bei der Errichtung des Gebäudes gelegt wurden. Fundamente, Träger und Stützen des aufzustockenden Gebäudes müssen in der Lage sein, die zusätzlichen Lasten aufzunehmen und abzuleiten, die durch die neuen Stockwerke entstehen.

Dies bedeutet, daß bei einem solchen Gebäude über einen längeren Zeitraum ungenutzte qualitative Reserven vorgehalten werden, die mit entsprechend höheren Investitionsausgaben verbunden sind. Bei einer Untersuchung,[55] der die Aufstockung eines dreigeschossigen Fabrikgebäudes um zwei auf fünf Etagen zugrundelag, wurde festgestellt, daß die Vorinvestitionen für einen derartigen späteren Ausbau ca. 15 % der Ausgaben für ein entsprechendes nicht aufstockbares Gebäude ausmachen. Ferner entstehen in der ersten Baustufe Ausgaben für Gebäudeteile wie den Dachabschluß sowie in der zweiten Baustufe für Umbauarbeiten an genau diesen Gebäudeteilen (z.B. Durchbruch des Dachabschlusses), die bei der sofortigen Errichtung aller Stockwerke nicht anfallen würden.[56] Nach der zitierten Untersuchung betragen diese Ausgaben etwa 3 % des Investitionsvolumens eines von vornherein auf fünf Stockwerke konzipierten Fabrikgebäudes. Zusätzliche Ausgaben (z.B. für das Baumaterial), die für die hinzukommenden Geschosse auf jeden Fall entstehen, gleichgültig, ob sie von vornherein oder nachträglich errichtet werden, spielen bei der anstehenden Entscheidung keine Rolle.

Gegen eine nachträgliche Aufstockung spricht die Unsicherheit zum Zeitpunkt der ersten Baustufe, ob das Gebäude überhaupt jemals aufgestockt werden wird und sich die zusätzlichen Investitionen lohnen werden. Schließlich muß vor Aufstockung des Gebäudes die grundsätzliche Eignung eines mehrstöckigen Bauwerkes feststehen, die jeweilige Fertigung zu beherbergen. Als Fazit der Überlegungen ist festzuhalten, daß bei der Planung einer zu bauenden Betriebsstätte besonderes Augenmerk auf die künftig zu erwartende Entwicklung zu legen ist, um eventuelle Reservekapazitäten quantitativer und qualitativer Art berücksichtigen zu können. Da die Vertikalerweiterung eines Fabrikgebäudes wegen der unabdingbaren qualitativen Vorinvestitionen besonders kostspielig ist, sollte sie die Ausnahme bleiben.

bb) Der reine Umbau

Der reine Umbau führt zu qualitativen Änderungen am Bauwerk, ist aber nicht mit einer Vergrößerung oder Reduzierung des Raumvolumens ver-

---

[55] Vgl. *Henn*, W./*Voss*, W./*Kettner*, H.: Untersuchung über die Eignung von Industriebetrieben zur Unterbringung in Geschoßbauten unter Berücksichtigung der Wirtschaftlichkeit (Teil II), in: Zentralblatt für Industriebau, Nr. 6, 20. Jg., 1974, S. 220 und 223

[56] *Henn*, *Voss* und *Kettner* bezeichnen diese Ausgaben als "verlorene Kosten", vgl. *Henn/Voss/Kettner*, S. 220. Im übrigen entstehen die Ausgaben auch bei einer horizontalen Erweiterung des Fabrikgebäudes z.B. für die Außenwand, die bei einem Anbau durchbrochen wird.

bunden. Neben der räumlichen Umgestaltung, die jeder Umbau mit sich bringt, sind vor allem die bauphysikalischen Verbesserungen und die Änderungen der Haustechnik typische Fälle reinen Umbaues; Beispiele hierfür sind die Bildung oder die Schließung von Fensteröffnungen in Außenwänden, die Wärmedämmung der Fenster, Tore, Türen und Oberlichter, der Einbau von Aufzügen, die Erhöhung der Bodentragfähigkeit etc. Zwecke reiner Umbaumaßnahmen sind die Anpassung des Gebäudes an Qualitätsanforderungen des Produktionsprozesses, die Gestaltung der Arbeitsumgebung und die Erhöhung der Wirtschaftlichkeit der Produktion.

cc) Der Rückbau

Die Fachliteratur erörtert im Zusammenhang mit Umbaumaßnahmen fast nur Erweiterungen oder reine Umbauten, der Fall des Rückbaues spielt in der Diskussion praktisch nur bei Wohnblöcken eine Rolle, gleichwohl ihm in der Praxis auch bei Industriebauten Bedeutung zukommt. Der Rückbau ist somit eine weitere und zugleich die letzte zu behandelnde Variante des Umbaues.

Mit Rückbau wird die Verkleinerung des Raumvolumens eines bestehenden Gebäudes bezeichnet. Zu unterscheiden sind der vertikale und der horizontale Rückbau. Bei jenem wird die Gebäudehöhe verringert - also z.B. ein Stockwerk abgetragen -, dieser reduziert die Flächen mehrerer Geschosse, indem ein ganzer Trakt abgerissen wird. Der horizontale Rückbau hat gegenüber dem vertikalen den Vorteil, daß Grundstücksfläche frei wird, die auf andere Weise verwendet werden kann.

Die Verkleinerung eines Fabrikgebäudes wird immer dann in Erwägung zu ziehen sein, wenn Teile vorhandener Räumlichkeiten mit Sicherheit auf Dauer durch den eigenen Betrieb nicht mehr nutzbar sind. Da der Rückbau dem Abriß von Teilen eines Bauwerkes gleichkommt und folglich nicht ohne weiteres rückgängig zu machen ist, muß die Entscheidung gut vorbereitet werden. Hierbei sind verschiedene Fälle zu unterscheiden, deren wirtschaftliche Folgen kurz erörtert werden sollen.

Besteht keine eigene Verwendungsmöglichkeit mehr für Teile des Fabrikgebäudes und wird sich nach Einschätzung der Unternehmungsleitung auch in absehbarer Zukunft kein weiterer Raumbedarf ergeben, muß geprüft werden, ob die zur Disposition stehenden Gebäudeteile durch fremde Betriebe genutzt werden können. In diesem Falle muß außer dem Abriß auch die Vermietung, Verpachtung oder der Verkauf der Räumlichkeiten in Betracht gezogen werden. Voraussetzung für eine derartige Lösung ist, daß die betrachteten Gebäudeteile einen eigenen Zugang haben, daher unab-

II. Alternativen der Bereitstellung von Industriebauten

hängig vom bestehenden eigenen Betrieb zu erreichen sind, einen in sich geschlossenen Raum bilden und in gewissen Grenzen auch unabhängig von der allgemeinen Haustechnik (z.B. Klimaanlage) sind. Diese Bedingungen werden am besten von industriellen Bauwerken erfüllt, die als Mehrzweckbauten errichtet wurden. Ferner dürfen sich auch auf dem Werksgelände durch den fremden Betrieb keine Störungen ergeben. Vermietung, Verpachtung oder Verkauf leerstehender Gebäudeteile bieten den Vorteil, daß laufende oder einmalige Einnahmen erzielt werden und keine, unter Umständen sehr hohen Ausgaben für den Abriß entstehen.[57] Im Falle des Verkaufes entfallen zudem Aufwendungen[58] für die Instandhaltung der Räume.

Erst wenn eine Verwendung durch fremde Betriebe ausgeschlossen werden muß, stellen sich aus wirtschaftlicher Sicht die Alternativen, die Gebäudeteile ungenutzt leerstehen zu lassen oder abzureißen. Als Entscheidungskriterium dürfen nicht nur die Ausgaben für die Abbrucharbeiten und die Entsorgung des Abraumes, sondern müssen auch die anstehenden Zahlungen für Baumaßnahmen Berücksichtigung finden, die das restliche, noch genutzte Gebäude wieder zu einem kompletten und voll funktionsfähigen Bauwerk ergänzen. Beispielsweise sind nach einem Rückbau neue Dach- und Wandabdichtungen anzubringen, neue Fensteröffnungen einzubauen und Leitungen anders zu verlegen. Erhaltungsaufwendungen entfallen hingegen vollkommen. Auch wenn die ungenutzten Gebäudeteile nicht abgerissen werden, sondern leerstehen bleiben, müssen in der Regel Baumaßnahmen ergriffen werden, durch die die Haustechnik (z.B. Heizung, Wasser-, Elektrizitäts-, Telefonleitungen) des ungenutzten von derjenigen des weiterhin verwendeten Gebäudeteils abgekoppelt werden. Soll der ungenutzte Gebäudetrakt nicht dem Verfall preisgegeben sein, sind Instandhaltungsarbeiten unabdingbar. Ausgaben für Bautätigkeiten und Erhaltungsaufwendungen entfallen folglich nicht. Welche der beiden Alternativen schlußendlich die bessere ist, hängt von der jeweiligen Höhe der Entscheidungsparameter ab, so daß eine Antwort unter den konkreten Bedingungen des Einzelfalles gefunden werden muß.

Wurde bislang nur die Entscheidungssituation betrachtet, daß bestimmte Bauwerksbereiche keinen wirtschaftlichen Nutzen mehr erbrachten und deshalb der Rückbau erwogen wurde, sollen nun einige Anmerkungen für den Fall erfolgen, daß auch die Bausubstanz schadhaft ist. Hierfür lassen sich als

---

[57] Die Ausgaben für den Abriß sind insbesondere dann sehr hoch, wenn aufgrund bestehender Umweltschutzauflagen eine sorgfältige Sortierung und Sammlung rezyklierbaren Bauschuttes (z.B. Stahleinlagen im Beton) und schädlicher Baustoffe (z.B. Asbest) verlangt werden.

[58] Wegen des fehlenden Leistungsbezuges vermieteter oder verpachteter Räume handelt es sich nicht um Kosten.

Beispiele die vor allem in der Nachkriegszeit, aber auch heute noch vereinzelt anzutreffenden Fabrikgebäude anführen, deren obere Stockwerke oder Seitentrakte durch Kriegseinwirkungen zerstört und nicht mehr aufgebaut wurden. Weitere Ursachen für Beschädigungen der Bauwerke können Explosionen und Brände sein. Nach derartigen Katastrophen, die nicht das ganze Gebäude zerstören, sondern Teile davon unberührt lassen, ist - abgesehen von der Möglichkeit des Wiederaufbaues - der Rückbau zu befürworten. Denn von einstürzenden Wänden, herabfallenden Steinen, nicht mehr tragfähigen Böden können Gefahren ausgehen, die ein Ignorieren dieses Zustandes verbieten. Schließlich sprechen auch Imagegründe für die Beseitigung der zerstörten Gebäudeteile, so daß der in den erwähnten Fällen durchgeführte Rückbau von Industriebauten immer dann als folgerichtig erscheint, wenn aus anderen Gründen die Wiederherstellung des ursprünglichen Zustandes - eventuell verbunden mit einem Umbau - nicht in Frage kommt.

2. Die Einteilung der Bereitstellungsalternativen nach dem Grad der Nutzungsänderung

a) Die Umwidmung

In Abhängigkeit vom Grad der Nutzungsänderung können die Umwidmung und die Wiedernutzung bestehender Bauwerke unterschieden werden. Unter Umwidmung, die häufig auch als Umnutzung bezeichnet wird, ist die Veränderung der Zweckbestimmung eines Gebäudes ohne vorherige Veränderung der Bausubstanz zu verstehen. Beispiele sind die Verwendung ehemaliger Produktionsgebäude als Lager oder die Unterbringung von Fertigungsstätten in früheren Bürogebäuden.[59] Die Umwidmung in ihrem streng definitorischen Sinne schließt jeglichen Freiraum bei der Gestaltung des betreffenden Bauwerkes aus, so daß das Betriebsgeschehen vollkommen an die vorhandenen baulichen Gegebenheiten angepaßt werden muß. Infolgedessen hat die elementare Form der Umwidmung in der betrieblichen Praxis nur eine untergeordnete Bedeutung. Denn normalerweise kann ein Büro- oder Lagergebäude nicht ohne Veränderung als Bauwerk für Produktionsstätten dienen, weil z.B. mangelnde Bodentragfähigkeit und zu niedrige Deckenhöhen den Einsatz schwerer und großer Maschinen nicht zulassen oder ungünstig eingezogene Trennwände den Produktionsfluß hemmen. Daher ist die Umwidmung faktisch stets mit einem zweckentsprechenden Umbau des Gebäudes verbunden.

---

[59] Typische Fälle umgewidmeter Bauwerke sind die sogenannten adaptierten Anlagen, die in den Anfängen der Industrialisierung als Industriebauten verwendet wurden.

II. Alternativen der Bereitstellung von Industriebauten

Inwieweit ein Gebäude einer anderen Zweckbestimmung zugeführt werden kann, ist nur im Einzelfall zu entscheiden. Allgemein gelten zwei Prinzipien: Erstens ist die Möglichkeit der Umwidmung von dem Spezialisierungsgrad des betrachteten Gebäudes abhängig. Je spezieller ein Bauwerk auf einen bestimmten Zweck ausgerichtet ist, desto weniger kann es anderweitig genutzt werden. Ein Lagergebäude für Schüttgüter beispielsweise ist für die Produktion von Stückgütern wegen fehlender Etagenböden gänzlich ungeeignet. Gleiches gilt für Hochregallagerbauten. Zweitens ist eine Umwidmung nur dann wirtschaftlich sinnvoll, wenn der neue Verwendungszweck geringere Anforderungen an das Gebäude stellt als der alte. Das Gebäude muß für die neue Verwendung überqualifiziert sein,[60] weil sich die erforderlichen Umbauarbeiten in diesem Falle auf eine einfache räumliche Umgestaltung beschränken können (z.B. Versetzung von Wänden) und keine nachträglich kaum durchzuführenden Maßnahmen größeren Umfanges (z.B. Vergrößerung der Raumhöhen und der Bodenbelastbarkeit) ergriffen werden müssen, die wirtschaftlich nicht vertretbar sind, weil neue Bauten billiger errichtet werden können. Aus diesem Grunde werden in der Praxis ehemalige Produktionsgebäude zwar zu Büro-, Labor-, Versuchswerkstattbauten etc. umgewidmet, für die Fertigung in der Regel aber Neubauten erstellt.[61]

b) Die Wiedernutzung

Die Wiedernutzung ist die erneute Verwendung eines vorhandenen Gebäudes, dessen ursprüngliche Aufgaben nicht mehr bestehen, unter Beibehaltung seiner grundsätzlichen Zweckbestimmung. Als Beispiel läßt sich die Nutzung eines Produktionsbauwerkes für eine neue oder geänderte Fertigungsaufgabe anführen. Durch diese Art der Bereitstellung werden vor allem alte, zur Disposition stehende Industriebauten wieder in den Fertigungsprozeß eingebunden. In größerem Umfange finden seit einigen Jahren in den Wuppertaler Stadtteilen Barmen und Elberfeld alte, ehedem leerstehende Fabrikgebäude, die im Laufe des letzten Jahrhunderts errichtet wurden, unter anderem wieder für industrielle Zwecke Verwendung. Wie die dortigen Erfahrungen belegen, ist die praktische Umsetzung neuer Anforderungen in alten Gebäuden nicht unproblematisch. Insbesondere die Einhaltung der Emissions-, Lärmschutz-, Brandschutz- und Hygienevorschriften,

---

[60] Dies ist der Fall, wenn das Gebäude höhere Anforderungen (beispielsweise eine höhere Deckentragfähigkeit) erfüllt als gefordert.
[61] Zur Befriedigung des Raumbedarfes tertiärer Funktionen durch Umwidmung ehemaliger Produktionsgebäude, vgl. *Henckel*, D. u.a.: Produktionstechnologien und Raumentwicklung, Schriften des Deutschen Instituts für Urbanistik, Band 76, Stuttgart u.a. 1986, S. 139

aber auch vordergründige Angelegenheiten, wie die Größe der Tordurchfahrten, bereiten in den alten Bauwerken Schwierigkeiten.[62] Typische Probleme bei der Wiedernutzung alter Industriebauten resultieren nicht zuletzt aus dem Wandel der technischen Betriebsausrüstung. So stellen sich häufig die Deckenhöhe als zu niedrig, die Bodentragfähigkeit als zu gering und das Stützenraster als zu eng heraus; daneben verhindern vor allem die fehlende Peripherietechnik (z.B. Ver- und Entsorgungseinrichtungen für Kühlmittel, Spanbeseitigung, Datenleitungen) und mangelnde Wärmedämmwerte die Wiedernutzung alter Gebäude.[63] Beispielsweise wird von einem Hersteller elektronischer Steuerungen berichtet, der aufgrund großer, nicht isolierter und auch aus Gründen der Denkmalpflege nicht isolierbarer Fensterflächen sowie aufgrund unzureichender Heizung in seinen Fabrikräumen, die in einem wiedergenutzten Gebäude untergebracht waren, an kalten Tagen die Produktion einstellen mußte, weil die Temperaturen im Bauwerk unter die Grenze fielen, die eine einwandfreie Bauteile-Fabrikation erforderte.[64]

Diese Beispiele zeigen, daß eine Wiedernutzung - ähnlich wie die Umwidmung - ohne vorherigen Umbau fast nicht vorkommen kann. Erwägenswert ist diese Alternative der Bereitstellung von Produktionsraum vor allem dann, wenn wie im Falle Wuppertals die Ansiedlung neuer Fabriken in alten Gebäuden von der öffentlichen Hand unterstützt wird[65] und die Anpassung der Baulichkeiten an die erforderlichen Produktionsverhältnisse sowie umgekehrt die Anpassung des betrieblichen Geschehens an die baulichen Gegebenheiten geschmeidig verlaufen. Schließlich sprechen auch knappe Bauflächen, eine hohe Standortbindung des Betriebes[66] und Widerstände in der Bevölkerung gegen neue Industriebauten für die Wiedernutzung alter Fabrikgebäude als Alternative der Bereitstellung von Produktionsraum.

3. Die Einteilung der Bereitstellungsalternativen nach dem zugrundeliegenden Rechtsverhältnis

Nach der Rechtsgrundlage der Bereitstellung von Produktionsraum können die Anschaffungswege eingeteilt werden in Werkbestellung, Kauf, Mietung, Pachtung und Leasing. Durch die jeweilige Entscheidung für eine dieser Alternativen werden nicht nur die Freiheitsgrade der Baugestaltung fest-

---

[62] Vgl. *Sabisch*, Ch.: Wiedergeburt an der Wupper, in: Handelsblatt Magazin, Nr. 1 vom 12.01.1988, S. 38 f.
[63] Vgl. *Henckel*, u.a., S. 138 f.
[64] Vgl. *Sabisch*, S. 36
[65] Dort wurden die Umbauarbeiten von der Stadt übernommen; die Mieten betrugen Anfang 1988 z.T. nur 3,-- DM pro Quadratmeter; vgl. *Sabisch*, S. 36 f.
[66] Vgl. *Henckel*, u.a., S. 139

II. Alternativen der Bereitstellung von Industriebauten 87

gelegt, sondern auch Fragen der Finanzierung und der Kostenentstehung berührt, wie in den folgenden Abschnitten zu zeigen sein wird.

a) Die Werkbestellung

Bei der Werkbestellung, die in der Literatur mißverständlich auch als Eigenbau bezeichnet wird,[67] vergibt eine Industrieunternehmung an einen Generalunternehmer, an einen Architekten oder direkt an einen Bauunternehmer den Auftrag, Pläne für ein Gebäude zu entwerfen und dieses schließlich zu errichten. Grundlage des Rechtsgeschäftes ist der Werkvertrag (§§ 631 - 650 BGB), dessen Gegenstand die Herstellung oder Bearbeitung einer körperlichen Sache (z.B. Errichtung eines Gebäudes) oder die Bewirkung eines unkörperlichen Leistungserfolges (z.B. Entwurf von Bauplänen) sein kann.[68] Die auf werkvertraglicher Grundlage beruhende Anschaffung eines Industriegebäudes ist somit stets mit Bauaktivitäten verbunden. Da in diesem Falle Auftraggeber der Baumaßnahmen sowie Eigentümer und späterer Nutzer des Bauwerkes identisch sind, bestehen keine Interessenskonflikte bezüglich der Baugestaltung, wie sie z.B. gelegentlich zwischen Vermieter und Mieter auftreten können. Von daher droht folglich keine weitere Einschränkung der gestalterischen Möglichkeiten. Sie hängen vielmehr nur vom Umfang der in Auftrag gegebenen Baumaßnahme (Neu- oder Umbau) ab.

---

[67] Die Ungenauigkeit der Bezeichnung "Eigenbau" zeigt sich in zweierlei Hinsicht. Erstens impliziert sie den vergleichsweise seltenen Fall, daß Architekten, Bauingenieure und -handwerker, die zu der auftraggebenden Unternehmung in einem Arbeitsverhältnis stehen, das Bauwerk unter weitgehendem Ausschluß von Fremdfirmen errichten. Gemeint sind aber vor allem die weitaus häufigeren Fälle der Errichtung von Gebäuden durch Unternehmensexterne. Zweitens wird der Begriff systematisch falsch verwendet. Obwohl er nichts über den rechtlichen Sachverhalt, der dem betrachteten Beschaffungsweg zugrunde liegt, aussagt, wird er im Zusammenhang mit Argumenten gebraucht, die sich aus dem den Beschaffungsakt begründenden Rechtsverhältnis ergeben, so z. B. *Aggteleky*, Band 1, S. 332 ff. und *Mellerowicz*, Industrie, Band I, S. 363

[68] Der möglicherweise vorgebrachte Einwand, daß Rechtsgrundlage der Werklieferungsvertrag (§ 651 BGB) und nicht der Werkvertrag sei, weil das Baumaterial normalerweise nicht vom Bauherrn zur Verfügung gestellt, sondern vom Bauunternehmer mitgeliefert würde, ist nicht berechtigt. Denn charakteristisches Merkmal der Werklieferung ist, daß der Schuldner (Hersteller) des Werkes dem Gläubiger Eigentum an der Sache verschaffen muß. Da das herzustellende Gebäude mit dem Grundstück, das üblicherweise Eigentum des Gläubigers ist, fest verbunden ist, wird es *automatisch* bei Herstellung Eigentum des Grundstückseigners, wodurch der Tatbestand die die Werklieferung kennzeichnende Besonderheit verliert. Der Werklieferungsvertrag als Rechtsgrundlage scheidet somit aus. Vgl. *Bähr, P.*: Grundzüge des Bürgerlichen Rechts, 4. Auflage, München 1983, S. 232 und 235

Auch die Höhe der Ausgaben, die für das Gebäude entstehen, kann für die Wahl des dem Anschaffungsakt zugrundeliegenden Rechtsverhältnisses nur mittelbar ausschlaggebend sein, da sie ebenfalls in erster Linie vom Umfang der Bauaktivitäten beeinflußt wird. Viel bedeutender ist in diesem Zusammenhang die Frage der zeitlichen Verteilung der Ausgaben, womit die Finanzierungsproblematik angesprochen wird. Die Ausgaben für das Grundstück, für die Herstellung des Gebäudes, die Erschließungsgebühren und sonstige Abgaben sind bei der Werkbestellung spätestens nach Übernahme oder Fertigstellung des Gebäudes in voller Höhe fällig, während sie bei anderen Rechtsverhältnissen, z.B. mittels laufender Miet- oder Pachtzinszahlungen, von vornherein über die Jahre der Nutzung des Fabrikgebäudes verteilt werden. Folglich sind Kapitalbedarf und Kapitalbindung bei Werkbestellung gegenüber anderen Beschaffungsformen sehr hoch. Die Werkbestellung von Fabrikgebäuden kommt somit nur dann als Bereitstellungsalternative in Frage, wenn genügend Kapital - z.B. durch Kreditaufnahme - zur Verfügung steht und Liquiditätsprobleme ausgeschlossen sind. Ansonsten muß anderen Beschaffungsalternativen der Vorzug gegeben werden, die einen geringeren Kapitalbedarf erfordern.

Die Festlegung des Rechtsverhältnisses, das der Bereitstellung von Gebäuden zugrunde liegt, berührt nicht nur die Finanzseite der Unternehmung, sondern wirkt sich darüber hinaus auch auf deren Kostenstruktur aus. Denn bei Fabrikgebäuden handelt es sich um nicht beliebig teilbare Produktionsfaktoren, die fixe Kosten verursachen. Das Merkmal fixer Kosten ist ihre Unabhängigkeit von Beschäftigungsschwankungen. Hieraus ergibt sich bei Produktionsrückgang das Problem überproportional steigender Stückkosten.[69] Um die hieraus resultierenden Gefahren für den Betrieb zu vermindern, müssen Überlegungen angestellt werden, wie die Höhe der fixen Kosten zu reduzieren ist oder wie diese ihres fixen Charakters enthoben wer-

---

[69] Zur Diskussion des Problems fixer Kosten in kostentheoretischer und -rechnerischer Hinsicht vgl. die grundlegenden Schriften von *Bücher*, K.: Das Gesetz der Massenproduktion, in: Zeitschrift für die gesamte Staatswissenschaft, 66. Jg., 1910, S. 429-444; *Schmalenbach*, E.: Die Betriebswirtschaftslehre an der Schwelle der neuen Wirtschaftsverfassung, Vortrag anläßlich der Tagung des Verbandes der Betriebswirtschaftler an deutschen Hochschulen am 31.05.1928 in Wien, abgedruckt in: Zeitschrift für handelswissenschaftliche Forschung (alte Folge), Nr. 5, 22. Jg., 1928, S. 241 ff.; *ders.*, Kostenrechnung und Preispolitik, Köln und Opladen 1963, S. 49 ff.; *Gutenberg*, S. 348 ff. und unter dem Blickwinkel spezieller Betriebe vgl. insbesondere *Bergner*, H.: Die fixen Kosten des Theaters, in: Zeitschrift für handelswissenschaftliche Forschung (neue Folge), 6. Jg., 1954, S. 509 ff.; *ders.*, Versuch einer Filmwirtschaftslehre, Band 1/II, Berlin 1966, S. 126 ff.; *ders.*, Versuch einer Filmwirtschaftslehre, Band 1/III, Berlin 1966, S. 15 ff.

II. Alternativen der Bereitstellung von Industriebauten

den können.[70] Ein Mittel zur Beeinflussung der gebäudeabhängigen fixen Kosten ist die Wahl einer entsprechenden rechtlichen Grundlage der Anschaffung, wie im folgenden dargelegt werden wird.

Gebäudekosten[71] sind Kosten der Betriebsbereitschaft, da die Industriebauwerke in der Regel eine Voraussetzung des Betriebes bilden, die Produktionsleistung zu erbringen.[72] Der fixe Charakter der Gebäudekosten ist eine Frage der Länge des betrachteten Zeitraumes. So können langfristig alle Entscheidungen, die zum Aufbau einer bestimmten Betriebsbereitschaft - d.h. in diesem Falle zur Bereitstellung eines Industriegebäudes - geführt haben, revidiert werden, auf kurze Sicht hingegen sind sie nicht rückgängig zu machen. Dementsprechend sind die Gebäudekosten wie alle Kosten, die auf derartigen Entscheidungen beruhen, je nach Dauer der zugrundeliegenden Periode variabel oder fix.[73]

Je schneller man sich der Betriebsbereitschaft, d.h. im vorliegenden Falle des Fabrikgebäudes, bemächtigen oder entledigen kann, desto mehr erhalten die Gebäudekosten folglich die Eigenschaft variabler Kosten.[74] Sie wären dann vollkommen beschäftigungsabhängig, wenn sie nur anläßlich der Herstellung der Erzeugnisse anfielen und während störungsbedingter Produktionsunterbrechungen sowie nach Beendigung des Fertigungsvorganges den Wert Null annähmen. Dieser Fall ist selbstverständlich nur hypothetischer Natur, da ansonsten das Gebäude nur während des Fertigungsvorganges zur Verfügung stehen dürfte. Es kann daher an dieser Stelle lediglich darum gehen zu prüfen, in welchen Fristen die zur Wahl stehenden Bereitstellungsalternativen den Auf- und Abbau der Betriebsbereitschaft und damit der gebäudeabhängigen fixen Kosten erlauben.

An die Entscheidung für die Anschaffung eines Gebäudes mittels Werkbestellung ist die Unternehmung längerfristig gebunden. Wie bereits erläutert wurde, gehen mit der Werkbestellung stets Neu- oder Umbaumaßnahmen einher. Die Abwicklung des Projektes von der Planung bis zur Fertigstellung des Industriegebäudes benötigt Zeit. Erst danach kann das Bauwerk genutzt werden. Die Vollendung der Betriebsbereitschaft liegt also vom Zeitpunkt der Bauentscheidung an betrachtet in der ferneren Zukunft. Je nach Umfang und Art der Baumaßnahme können einige Jahre vergehen.

---

[70] Vgl. hierzu *ders.*, Der Ersatz fixer Kosten durch variable Kosten, in: Schmalenbachs Zeitschrift für betriebswirtschaftliche Forschung, 19. Jg., 1967, S. 141 ff.
[71] Zum Umfang und Begriff der Gebäudekosten, vgl. Kapitel C dieser Arbeit.
[72] Vgl. hierzu die Funktionen von Industriegebäuden auf S. 34 ff. unter Ausnahme der Fertigungsfunktion, die jedoch ohnehin nur von Sonderbauwerken erfüllt werden kann.
[73] Vgl. *von Stackelberg*, H.: Grundlagen der theoretischen Volkswirtschaftslehre, Bern, Tübingen 1951, S. 60 f.
[74] Vgl. hierzu auch *Bergner*, Ersatz fixer Kosten, S. 153

Ähnlich lange Zeit muß unter Umständen für den Abbau der Betriebsbereitschaft angesetzt werden, wenn sie von einem Gebäude aufrechterhalten wird, das ehedem auf dem Wege der Werkbestellung erworben wurde. Denn die tatsächliche Rückführung der Raumkapazität unterliegt in diesem Falle nicht der alleinigen unternehmerischen Verfügungsgewalt, da der Besteller und spätere Nutzer als Eigentümer des Bauwerkes hierfür einen Abnehmer (Käufer, Mieter oder Pächter) finden muß, der bereit und in der Lage ist, das Gebäude für seine Zwecke zu verwenden. Dieses Unterfangen erweist sich als um so schwieriger, je spezieller der ursprüngliche Zweck ist, für den das zur Disposition stehende Gebäude konstruiert wurde, und das Bauwerk daher für andersartige Nutzungen nicht geeignet ist. Als Beispiele hierfür dienen die Bauten von Zementwerken oder Mühlenanlagen.

Ferner ist es mit Schwierigkeiten verbunden, ein Gebäude zu verkaufen oder einem Dritten zur Nutzung zu überlassen, wenn es sich innerhalb eines Werkskomplexes befindet. Abgesehen von den gegenseitigen Beeinträchtigungen, die sich für zwei Betriebe in einem solchen Fall ergeben würden, müßte eine Reihe von infrastrukturellen Maßnahmen ergriffen werden (z.B. freie Zu- und Abfahrt, eigene Wasser- und Stromversorgung), deren Fehlen der Übernahme eines derartigen Fabrikgebäudes entgegensteht und sie nur in Ausnahmesituationen als realistisch erscheinen läßt. In vielen Fällen bleibt nur der Abriß des Gebäudes übrig.

Es zeigt sich, daß der kurzfristige Auf- und Abbau der Betriebsbereitschaft eines Gebäudes, das auf dem Wege der Werkbestellung erworben wurde, nicht möglich ist. Die durch diese Bereitstellungsalternative festgelegten Kosten können kurzfristig nicht und mittelfristig nur unter den genannten Bedingungen abgebaut werden und sind daher fix. Vorteilhaft gegenüber anderen Anschaffungswegen sind bei der Veräußerung oder Nutzungsüberlassung erzielbare Erlöse.

b) Der Kauf

Der Kauf ist eine weitere Alternative, die Anschaffung eines Fabrikgebäudes rechtlich zu begründen. Rechtsgrundlage sind die §§ 433 - 514 BGB sowie die §§ 373 - 382 HGB als ergänzende Vorschriften für den Handelskauf. Danach verpflichtet sich der Verkäufer, die verkaufte Ware dem Käufer zu übergeben und ihm daran Eigentum zu verschaffen. Der Käufer muß die Kaufsache abnehmen und den Kaufpreis zahlen. Im Unterschied zur Werkbestellung ist hier nicht die Anfertigung eines Werkes - z.B. die Herstellung eines Gebäudes - Vertragsinhalt. Der Kauf ist lediglich auf die

II. Alternativen der Bereitstellung von Industriebauten 91

Übereignung des *fertigen* Kaufobjektes gerichtet.[75] Die Möglichkeiten des Käufers, auf die Gestaltung seines Gebäudes Einfluß zu nehmen, sind in jedem Fall gegenüber der Werkbestellung eingeschränkt. Denn der Kaufgegenstand, d.h. das Gebäude, ist je nach Typ des durch Kaufvertrag begründeten Schuldverhältnisses entweder bereits konkret bestimmt oder wenigstens nach Artmerkmalen bestimmbar, so daß vergleichsweise wenig Raum für die Gestaltungsideen des Käufers bleibt.

Bezieht sich das Rechtsgeschäft auf einen bestimmten individuellen Gegenstand - auf ein konkretes Gebäude -, liegt ein Stückkauf vor.[76] Das Gebäude muß voraussetzungsgemäß bereits vor Vertragsabschluß errichtet worden sein. Bezüglich der individuellen Gestaltungsmöglichkeiten ergeben sich die gleichen Erkenntnisse, die im Zusammenhang mit dem Umbau gewonnen wurden. Der Käufer muß die Einrichtung seines Betriebes und eventuelle Änderungen am Bauwerk an den vorhandenen baulichen Gegebenheiten orientieren. Der Stückkauf ist der Fall, der in der Literatur im Zusammenhang mit dem käuflichen Erwerb eines Industriegebäudes am meisten diskutiert wird.

In der Praxis werden nicht selten auch Kaufverträge über Fabrikgebäude abgeschlossen, die noch nicht erstellt sind. Beispielsweise errichten Gemeinden oder Bauträgergesellschaften im Auftrag von Kommunen sogenannte Industrieparks an den Ortsrändern, um dort die Ansiedlung von Industriebetrieben zu fördern. Die gesamte Planung und Bauabwicklung obliegt den Gemeinden oder den von ihnen beauftragten Institutionen, die den Industriebetrieben die Bauwerke schlüsselfertig anbieten.[77] Da Käufer und Auftraggeber des Bauprojektes nicht identisch sind, ist eine individuelle Baugestaltung nur in sehr engen Schranken durchführbar. Je nach Stadium des Baufortschrittes kann der Käufer eines solchen Gebäudes innerhalb eines von der Baukonzeption gesteckten Rahmens Änderungen gegenüber der ursprünglichen Planung anbringen lassen oder eine der zur Wahl stehenden

---

[75] Vgl. *Thomas*, H.: Einführung vor § 631, in: Bürgerliches Gesetzbuch, Kommentar, hrsg. von O. Palandt, 48. Auflage, München 1989, S. 687. Von einem Kaufvertrag als Rechtsgrundlage ist beim Erwerb eines Gebäudes stets dann auszugehen, wenn dem Veräußerer keine Errichtungsverpflichtung zukommt, vgl. hierzu Bundesgerichtshof, Urteil VII ZR 302/82 vom 10.03.1983, in: Neue juristische Wochenschrift, Nr. 27, 36. Jg., 1983, S. 1490

[76] Vgl. *Heinrichs*, H.: § 243, in: Bürgerliches Gesetzbuch, Kommentar, hrsg. von O. Palandt, 48. Auflage, München 1989, S. 240

[77] Solange das Gebäude bei Vertragsabschluß noch nicht errichtet ist, kann man von einem Gattungskauf sprechen, da es nicht nach individuell vorhandenen, sondern nur nach allgemeinen Merkmalen bestimmbar ist. Solche Merkmale, die die Gattung bestimmen, können beim Bau die Anzahl der Stockwerke, das Baumaterial etc. sein. Zur Gattungsschuld vgl. *Heinrichs*, § 243, S. 240

Optionen, z.B. bei der Innenraumgestaltung, treffen. Keinesfalls können gravierende Einschnitte in die Baukonzeption, wie die Wahl eines anderen als des vorgesehenen Baumaterials (Leichtmetall statt Beton) oder die Veränderung der Anzahl an Stockwerken, vorgenommen werden.

Unterscheidet sich der Kauf eines Fabrikgebäudes von der Werkbestellung noch wesentlich hinsichtlich der Gestaltungsmöglichkeiten, sind die betriebswirtschaftlichen Konsequenzen beider Anschaffungswege ähnlich. Der Kaufpreis für Bauwerk und Grundstück sowie die diversen Abgaben sind ebenfalls in voller Höhe auf einmal zu zahlen. Kapitalbedarf und Kapitalbindung sind daher hoch, jedoch möglicherweise geringer als im Falle der Werkbestellung, wenn gebrauchte Gebäude gekauft werden, deren Wert entsprechend niedriger ist.[78] Diese Ausgabenersparnis wird teilweise kompensiert durch die Ausgaben, die für Instandsetzungs- und Anpassungsarbeiten fällig werden. Der Kauf wird wie die Werkbestellung nur dann in Frage kommen, wenn die Finanzierung der hierbei nahezu zu einem Zeitpunkt entstehenden Ausgaben unproblematisch ist.

Aus dem Gebäudekauf resultieren auch dieselben Kostenarten (vor allem kalkulatorische Zinsen und Abschreibungen). Durch den Kauf eines vorhandenen Fabrikgebäudes kann die Betriebsbereitschaft gegenüber der Werkbestellung schneller errichtet werden. Voraussetzung hierfür ist, daß sofort ein geeignetes Objekt zur Verfügung steht. Mit Ausnahme der Umbaumaßnahmen zur Anpassung des Gebäudes an die speziellen Anforderungen des Betriebes sowie eventuell der Instandsetzungsarbeiten fallen keine größeren und zeitraubenden Bautätigkeiten an. Die Produktion kann schneller aufgenommen werden. Der Zeitraum von der Entscheidung, ein Fabrikgebäude zu kaufen, bis zur Aufnahme der Produktion ist jedoch zu lange, als daß man in diesem Zusammenhang von Gebäudekosten, die sich mit *zunehmender* Beschäftigung variabel verhalten, sprechen könnte. Da durch Kauf eines Fabrikgebäudes die Betriebsbereitschaft auf unbestimmte Zeit und aufgrund eigener Finanzierungs- und Investitionsakte aufgebaut wird, ist eine Anpassung an eine rückläufige Beschäftigung kurzfristig ebenfalls nicht möglich. Wie die Werkbestellung muß zuerst ein Käufer oder Mieter gefunden oder das Gebäude abgerissen werden. Je niedriger der Spezialisierungsgrad des Gebäudes ist, je weniger es also für einen bestimmten Verwendungszweck des ehemaligen Nutzers konstruiert wurde, desto mehr Interessenten werden sich dafür ceteris paribus finden. Diese Voraussetzung trifft vor allem bei Fabrikgebäuden zu, die von vornherein für einen anonymen Markt konzipiert wurden, d.h. bei sogenannten multifunktionalen Bauten

---

[78] Vgl. *Aggteleky*, Band 1, S. 334. Die vergleichsweise kürzere Nutzungsdauer eines gebrauchten Gebäudes muß dann nicht von Nachteil sein, wenn es einen kurzfristigen Raumbedarf zu decken gilt.

aus dem Lieferprogramm von Industriehallenherstellern oder bei Gebäuden erwähnter Industrieparks.

Mit dem Kauf eines Fabrikgebäudes wird eine Betriebsbereitschaft aufgebaut, die nur unter den skizzierten Prämissen, aber auch dann nicht kurzfristig, an eine sich verändernde Beschäftigung angepaßt werden kann.

c) Die Mietung

Im Unterschied zu den bisher behandelten Bereitstellungsalternativen wird durch die Mietung eines Fabrikgebäudes kein Eigentum, sondern ein Nutzungsrecht erworben. Von der Mietung wird im folgenden das Finanzierungsleasing unterschieden, das zwar wesentliche Elemente des Mietvertrages enthält, aber zugleich spezielle Eigenarten aufweist, die eine separate Erörterung geraten erscheinen lassen.

Rechtsgrundlage der Mietung ist der Mietvertrag gemäß §§ 535 ff. BGB. In ihm wird die entgeltliche, zeitlich beschränkte Überlassung einer Sache zum Gebrauch durch den Mieter geregelt. Nach dem Gesetz ist der Vermieter verpflichtet, die Sache in einem für den Gebrauch geeigneten Zustand dem Mieter zu übergeben und während der Mietzeit in diesem Zustand zu halten (§§ 535, 536 BGB). Ferner hat der Mieter Veränderungen oder Verschlechterungen der Mietsache, die durch den vertragsgemäßen Gebrauch entstehen, nicht zu vertreten (§ 548 BGB). Die Gefahr der Abnutzung der Mietsache durch Gebrauch trägt der Vermieter, wofür der Mietzins einen teilweisen Ausgleich darstellt.[79] Das unbefristete Mietverhältnis kann jederzeit unter Einhaltung gewisser Fristen gekündigt werden; ansonsten endet ein Mietverhältnis mit Ablauf der Zeit, die die Vertragspartner vereinbart haben (§ 564 BGB).

Die Mietung im Sinne der §§ 535 ff. BGB wird unter dem Einfluß angloamerikanischer Literatur häufig als Operating Leasing bezeichnet.[80] Ein Vergleich der dem Operating Leasing zugesprochenen Merkmale mit denjenigen einer normalen Mietung läßt keine materiellen Unterschiede erkennen. In diesem Fall scheint die Benennung desselben Sachverhalts mit un-

---

[79] Vgl. *Putzo*, H.: § 548, in: Bürgerliches Gesetzbuch, Kommentar, hrsg. von O. Palandt, 48. Auflage, München 1989, S. 564

[80] Vgl. hierzu *Stoppok*, G.: Leasing von beweglichen Wirtschaftsgütern aus rechtlicher Sicht, in: Leasing-Handbuch für die betriebliche Praxis, hrsg. von K.F. Hagenmüller und G. Stoppok, Frankfurt/M. 1988, S. 14; *Perridon/Steiner*, S. 272; im Grundsatz auch *Kirst*, J.: Operate-Leasing, in: Expandierende Märkte, Band 6, Leasing, hrsg. vom Spiegel-Verlag, Hamburg 1976, S. 114

terschiedlichen Bezeichnungen dem Erkenntnisgewinn sogar hinderlich zu sein, da hierdurch eher noch zur Verwirrung im bestehenden Meinungsstreit über die Rechtsnatur des Leasingvertrages beigetragen wird,[81] so daß im folgenden nur von Mietung und nicht von Operating Leasing gesprochen wird.

Die Mietung von Betriebsgebäuden reicht bis in die Frühzeiten der Industrialisierung zurück. Damals stellte das Vermieten von Industriegebäuden bereits einen selbständigen Wirtschaftszweck dar, wovon der Ausdruck Mietfabrik für ein Industriebauwerk zeugt, das eigens zum Zwecke der Vermietung errichtet wurde.[82] Dieser Ausdruck ist noch heute gebräuchlich. Mietfabriken im Sinne der §§ 535 ff. BGB ist als gemeinsames Merkmal die vielseitige Verwendbarkeit zu eigen. Sie sind nicht auf einen speziellen Verwendungszweck eines bestimmten Nutzers zugeschnitten. Denn der Vermieter trägt aufgrund der gesetzlichen Bestimmungen neben den objektbezogenen Risiken, wie z.B. der Gefahr des zufälligen Untergangs oder der technischen Veralterung der Gebäude, vor allem die wirtschaftlichen Risiken ihrer Errichtung (Investitions- und Vermietungsrisiko).[83] Der Vermieter muß folglich durch die Gestaltung der Gebäude in die Lage versetzt werden, das Bauwerk mehrmals vermieten zu können, bis sich die Investitionsausgaben amortisiert haben. Diese Forderung wird am ehesten durch sogenannte multifunktionale Fabrikbauten erfüllt.

Aus diesen Gründen ist die Möglichkeit des Mieters und späteren Nutzers, die Gestaltung des Gebäudes mitbestimmen zu können, gegenüber Werkbestellung und Kauf auch dann gering, wenn sich das Bauprojekt in der Planung befindet und besondere Wünsche des Bauherrn noch berücksichtigt werden könnten. Die diesbezügliche Einflußnahme des Mieters wird sich in der Regel auf die Vornahme kleinerer Anpassungsarbeiten beschränken. Spezialbauten sind daher auf dem Wege der Mietung gewöhnlich nicht zu beschaffen.[84]

Der kurzfristige Kapitalbedarf und die Kapitalbindung sind bei Mietung wesentlich geringer als bei den bisher behandelten Anschaffungsarten, da die Ausgaben für die Nutzung des Gebäudes vom Mieter nicht auf einmal zu entrichten sind, sondern in Form des Mietzinses auf die Zeit der Nutzung verteilt werden. Der Mietzins stellt das Entgelt für das vom Vermieter aufzubringende Kapital, die Abschreibung und die objektbezogenen und wirt-

---

[81] Vgl. hierzu die Ausführungen auf der Seite 116
[82] Vgl. *Bergner*, Ersatz fixer Kosten, S. 155
[83] Vgl. *Perridon/Steiner*, S. 272
[84] Vgl. in diesem Zusammenhang auch die Ausführungen zum Leasing auf den Seiten 97 ff.

II. Alternativen der Bereitstellung von Industriebauten

schaftlichen Risiken dar, die der Vermieter zu tragen hat. Die Mietung von Fabrikgebäuden wird immer dann als Alternative zu Kauf oder Werkbestellung zu erwägen sein, wenn finanzielle Engpässe eigenen Investitionsakten entgegenstehen. Ob die Mietung auch langfristig zu geringeren Ausgaben führt, muß im Einzelfall überprüft werden.

Durch Mietung eines Industriebauwerkes kann die Raumkapazität des Betriebes ähnlich wie durch Kauf schnell an steigende Platzbedarfe angepaßt werden, sofern ein geeignetes Gebäude zur Verfügung steht. Darüber hinaus ist aber die Bindung des Betriebes an gemietete Fabrikbauten lockerer, weil die Mietverhältnisse entweder auf kürzere Dauer berechnet werden oder in Fristen kündbar sind, die die Nutzungs- oder Lebensdauer des Bauwerkes unterschreiten. Die fixen Kosten des Gebäudes nehmen somit im Kleide des Mietzinses einen variablen Zug an.[85] Vollkommen beschäftigungsabhängig verhalten sich die Mietkosten, wenn das Mietverhältnis gerade so lange bemessen ist, wie es ein konkreter einmaliger Produktionszweck erfordert. Der Mietzins ist dann nur für die Zeit des Fertigungsvollzuges zu entrichten, nach deren Ablauf keine Gebäudekosten mehr anfallen. Man spricht in diesem Zusammenhang von der Beschaffung einer fakultativen Betriebsbereitschaft;[86] dieses Mietverhältnis soll als konditioniert bezeichnet werden, weil es nach Erfüllung des einmaligen und bestimmten Zweckes, der mit der Mietung der Räumlichkeiten verfolgt wird, erlischt.

Üblich ist die kurzfristige Anmietung von Räumen zur Erfüllung eines einmaligen Produktionszweckes in der Filmindustrie, die sich in besonderer Weise der Filmateliers bedient, durch welche unter anderem die zur Filmproduktion notwendigen sachlichen Mittel, wie z.B. die Gebäude, zur Verfügung gestellt werden.[87] Ein weiterer Weg, einen kurzfristigen und vorübergehenden Raumbedarf zu decken, der von Industriebetrieben vor allem für Zwecke der Lagerhaltung beschritten wird, aber auch für Produktionen geeignet ist, die keine hohen Anforderungen an die Raumbedingungen stellen, ist die Mietung von Zelten. Verbreitung im kommerziellen Bereich hat diese Art der Raumbeschaffung vor allem auf Messen und Ausstellungen gefunden. Die Zelte werden von sogenannten Zeltverleihern gemietet und nach Zweckerreichung wieder an diese zurückgegeben, so daß hernach keine weiteren Kosten entstehen. Schließlich ist die zweckbedingte Beschaffung von Raum in Lagerhäusern von Frachtführern und Spediteuren ein Beispiel für konditionierte Mietverhältnisse im Nichtproduktionsbereich.

---

[85] Vgl. *Bergner*, Ersatz fixer Kosten, S. 154
[86] Vgl. *Bergner*, Ersatz fixer Kosten, S. 154
[87] Vgl. *Bergner*, Filmwirtschaftslehre, Band 1/II, S. 214 ff., insbesondere S. 216

d) Die Pachtung

Rechtsgrundlage der Pachtung ist der Pachtvertrag gemäß den §§ 581 ff. BGB. Soweit sich aus dem Gesetz nichts anderes ergibt, finden die Vorschriften über die Mietung Anwendung. Im Pachtvertrag wird die zeitlich beschränkte, entgeltliche Überlassung einer Sache oder eines Rechts zum Gebrauch durch den Pächter geregelt. Die Pachtung berechtigt im Unterschied zur Mietung zusätzlich zum Genuß der Früchte aus dem Pachtgegenstand.

Es ist oft schwierig festzustellen, ob bei der Überlassung von Räumen oder ganzer Gebäude zur Ausübung einer gewerblichen Tätigkeit ein Miet- oder ein Pachtverhältnis vorliegt. Nach einer Reichsgerichtsentscheidung müssen die Räume zum Zeitpunkt des Vertragsabschlusses nach ihrer baulichen Beschaffenheit, ihrer Einrichtung und Ausstattung geeignet sein, als Quelle der Erträgnisse zu dienen, um von Pachtung sprechen zu können.[88] Daraus ist zu schließen, daß Mietung vorliegt, wenn z.B. die Einrichtung des Bauwerkes fehlt.[89] Mit der Pachtung eines Industriegebäudes wird also nicht nur das Bauwerk selbst vom Pächter übernommen, sondern auch die darin enthaltene Betriebsausstattung, wie z.B. die Maschinen. Der Betrieb muß arbeitsfähig sein, d.h. wenn unabdingbare Bestandteile von Produktionseinrichtungen fehlen, handelt es sich um Mietung und nicht um Pachtung.

Diese Tatsache ist vor allem unter finanziellen Aspekten von Bedeutung. Mehr noch als bei der bloßen Mietung eines Fabrikgebäudes werden eigene Finanzierungs- und Investitionsakte durch fremde ersetzt. Denn die Ausgaben für das Gebäude und jetzt auch für die Betriebsausstattung, die bei Eigeninvestition - wie bereits mehrfach festgestellt - auf einmal fällig sind, beschränken sich auf den zu entrichtenden periodischen Pachtzins und werden somit wiederum auf die gesamte Nutzungszeit verteilt.

Die Durchsetzung eigener Gestaltungsideen des Nutzers erweist sich gegenüber der Mietung als nochmals erschwert, weil im Falle der Pachtung nicht nur auf vorhandene Baulichkeiten, sondern auch auf die Ausstattung des Gebäudes zu achten ist. Das einseitig zu Lasten des Verpächters gehende Investitionsrisiko verbietet geradezu die Vornahme von Veränderungen am Bauwerk und an der Ausstattung, die eine spätere Nutzung durch andere Pächter verhindern könnten. Die Pachtung eines Industriegebäudes

---

[88] Vgl. Landgericht Berlin, Urteil III 133/21 vom 10.05.1921, in: RGZ, Entscheidungen des Reichsgerichts in Zivilsachen, 102. Band, Berlin, Leipzig 1921, S. 186

[89] Vgl. *Mittelbach*, R.: Gewerbliche Miet- und Pachtverträge in steuerlicher Sicht, Herne, Berlin 1979, S. 20, der auch Beispiele zur Abgrenzung von Miet- und Pachtverträgen bringt.

kommt daher nur dann in Frage, wenn dessen Eignung für die Verfolgung des beabsichtigten Produktionszweckes feststeht.

Hinsichtlich der Kosten der Betriebsbereitschaft ergeben sich die gleichen Erkenntnisse wie bei der Mietung, wobei ein vergleichsweise größerer Kostenblock - hinzu kommen die Kosten der Betriebsausstattung - variable Züge annimmt. Denn auch im Falle der Pachtung tritt an die Stelle einer fast immerwährenden Bindung, die gegenüber einer Betriebsmittelgesamtheit aufgrund eigener Investitionen besteht, eine sachlich und zeitlich begrenzte, die viel leichter gelöst werden kann.[90]

e) Das Finanzierungsleasing

Um einen Überblick über die Vielfalt der Anwendungsformen des Leasing zu geben, ist es dienlich, anhand bestimmter Merkmale Leasingtypen zu bilden und diese zu erläutern. Beispielsweise wird nach der Beziehung zwischen Leasinggeber und Hersteller eines Leasingobjektes in direktes und indirektes Leasing, nach dem Verpflichtungscharakter der Leasingverträge in Operating und Financial Leasing, nach der gewöhnlichen Lebensdauer der Leasingobjekte in Anlagen- (Plant Leasing) und Ausrüstungsleasing (Equipment Leasing) oder nach der Dauer des Vertragsverhältnisses in Short und Long Leasing unterschieden. In der Praxis greifen die verschiedenen Formen ineinander über.[91] So kann es sich bei einem Finanzierungsleasing sowohl um Anlagen- als auch um Ausstattungsleasing handeln. Für die Zwecke dieses Kapitels ist die Unterscheidung in Operating Leasing und in Finanzierungsleasing von Bedeutung. Während es sich bei jenem um gewöhnliche Mietung handelt und insofern bereits auf den Seiten 93 ff. abgehandelt wurde, weist dieses besondere Eigenarten auf, die es rechtfertigen, ihm einen eigenen Abschnitt zu widmen. Schließlich wird im deutschen Sprachgebrauch das Finanzierungsleasing mit Leasing schlechthin gleichgesetzt[92], so daß sich die folgenden Erörterungen auf diese Form konzentrieren können.

Die Jurisprudenz ist sich über die Rechtsnatur des Leasingvertrages nicht einig. Die einzelnen Auffassungen reichen von den Meinungen, der Leasingvertrag sei grundsätzlich als Mietvertrag, als Ratenkaufvertrag, als Rechtskauf, als Geschäftsbesorgungsvertrag etc. einzuordnen, bis hin zu der Be-

---

[90] Vgl. *Bergner*, Ersatz fixer Kosten, S. 155 ff.
[91] Vgl. *Gäfgen*, D.: Arten und Probleme des Leasing, in: Leasing-Handbuch, hrsg. von K.F. Hagenmüller, Frankfurt/M. 1973, S. 25 ff.
[92] Vgl. *Flume*, W.: Leasing - In zivilrechtlicher und steuerrechtlicher Hinsicht, Düsseldorf 1972, S. 7 und die dort angegebene Literatur.

wertung des Finanzierungsleasingvertrages als Vertrag sui generis.[93] Die gefestigte Rechtsprechung des Bundesgerichtshofes schließt sich der herrschenden Meinung an und führt den Leasingvertrag auf die §§ 535 ff. BGB zurück.[94] Gleich für welche Auffassung man sich entscheiden mag, als Rechtsgrundlage für die Beschaffung von Industriebauten ist das Leasing aufgrund seiner Besonderheiten von der Mietung verschieden zu beurteilen.

Im Unterschied zur gewöhnlichen Mietung wird im Finanzierungsleasingvertrag grundsätzlich eine unkündbare Grundmietzeit festgelegt, die zwischen 40 % und 90 % der betriebsgewöhnlichen Nutzungsdauer liegt. Für Gebäude, deren Antrag auf Baugenehmigung nach dem 31. März 1985 gestellt wurde, kommt aufgrund der amtlichen Abschreibungstabelle, die von einer Abschreibung in 25 Jahren ausgeht, eine maximale Mietzeit von 22,5 Jah)ren in Betracht.[95] Innerhalb dieser Zeit kann nur aus wichtigem Grund (z.B. Eröffnung des Konkursverfahrens über das Vermögen des Leasingnehmers) gekündigt werden. Während der Mietzeit entrichtet der Leasingnehmer pro rata temporis ein Entgelt für die Nutzung des Objektes. Je nach Ausgestaltung des Vertrages deckt die Summe der Leasingraten die Anschaffungsausgaben, die Finanzierungskosten und einen Gewinn des Leasinggebers (Vollamortisationsvertrag) oder nur einen Teil davon (Teilamortisationsvertrag). Im letzteren Falle sind bei Mietende Abschlußzahlungen an den Leasinggeber zu leisten, so daß sich dessen Investitionsausgaben unabhängig von der Vertragsgestaltung stets amortisieren. Die Höhe der Abschlußzahlungen richtet sich unter anderem danach, ob mit Abschluß des Leasingvertrages ein Andienungsrecht oder eine Mehrerlösbeteiligung vereinbart wurde.[96] Bei einem Vollamortisationsvertrag hat der Leasingnehmer eine Kauf- oder Verlängerungsoption auf Basis des Restbuchwertes.

Anders als bei der gewöhnlichen Mietung wird der Leasingnehmer von der Zahlung des Mietzinses bei Zerstörung oder Beschädigung des Gebäudes, die die Nutzung beeinflußt, selbst dann nicht befreit, wenn er die Ursache nicht zu vertreten hat; darüber hinaus verpflichtet er sich auch, das Gebäude auf eigene Kosten in einem zum vertragsgemäßen Gebrauch geeigne-

---

[93] Zu den unterschiedlichen Auffassungen vgl. *Stoppok*, S. 15 ff.

[94] Vgl. Bundesgerichtshof, Urteil VIII ZR 217/84 vom 09.10.1985, in: Der Betrieb, Nr. 49, 38. Jg., 1985, S. 2553

[95] Vgl. *Fohlmeister*, K.J.: Immobilien-Leasing, in: Leasing-Handbuch für die betriebliche Praxis, hrsg. von K. F. Hagenmüller und G. Stoppok, 5. Auflage, Frankfurt/M. 1988, S. 137 f.

[96] Im Falle des Andienungsrechts muß der Leasingnehmer das Gebäude zu einem fest vereinbarten Preis kaufen, im anderen Falle steht er dafür ein, daß nach Ende der Mietzeit ein bestimmter Preis beim Verkauf des Objektes erzielbar ist. Sollte dies nicht möglich sein, muß der Leasingnehmer den Differenzbetrag ausgleichen; ein Mehrerlös wird zwischen den Leasingvertragsparteien aufgeteilt. Vgl. hierzu *Stoppok*, S. 13

ten Zustand zu erhalten.[97] Der Leasingnehmer trägt somit nicht nur das wirtschaftliche Risiko, sondern auch das volle Objektrisiko, gegen das er sich in der Regel laut Leasingvertrag versichern muß. Die einseitige Verteilung der genannten Risiken zu Lasten des Leasingnehmers ist die Ursache dafür, daß beim Leasing im Unterschied zur gewöhnlichen Mietung die Möglichkeit besteht, ein Fabrikgebäude ganz nach den speziellen Wünschen des Leasingnehmers gestalten zu können.[98]

Gegenstand eines Leasinggeschäftes können noch zu errichtende oder bereits vorhandene Bauten sein. Im ersten Fall bieten Leasinggesellschaften ihre Dienstleistungen bei Planung und Abwicklung der Bauprojekte an. Die speziellen Kenntnisse und Erfahrungen der Immobilien-Leasinggesellschaften auf diesem Gebiet können sich vor allem Unternehmungen zunutze machen, die über keine eigene Bauabteilung verfügen.[99] Eine Sonderform des Finanzierungsleasing ist das sogenannte Sale-Lease-Back-Verfahren. Hierbei kaufen die Leasinggesellschaften das im Eigentum des späteren Leasingnehmers stehende Gebäude und vermieten es an denselben sofort zurück.

1985 entfielen in der Bundesrepublik Deutschland auf das Immobilienleasing 13 % der Neuzugänge der Anlagenvermietung; mit rund 6 % der Gesamtinvestitionen der Anlageleasinggesellschaften machten Produktionsgebäude und Lagerhallen den größten Teil des Immobilienleasinggeschäftes aus.[100] Einer weiteren Untersuchung des Ifo-Institutes für Wirtschaftsforschung zufolge betrug der Anteil von Gebäuden an den gesamten neuen Leasingobjekten im Jahre 1988 11 %.[101] Nach dem jüngsten Geschäftsbericht des Bundesverbandes der Deutschen Leasing-Gesellschaft verharrte der Anteil des Immobilienleasing am gesamten Geschäftsvolumen dieser Branche mit 11,5 % im Jahre 1990 in etwa auf diesem Niveau.[102] Diese Zahlen dürfen nicht darüber hinwegtäuschen, daß das Immobilienleasing gemessen an der Leasingquote (Anteil des Immobilienleasing an den unternehmerischen Bauinvestitionen) inzwischen eine relativ unbedeutende Stellung einnimmt. Während die unternehmerischen Bauinvestitionen von 1981 bis 1987 um über 20 % zunahmen, verringerte sich die Leasingquote in

---

[97] Vgl. *Fohlmeister*, S. 138
[98] Vgl. *Bergner*, Ersatz fixer Kosten, S. 157
[99] Vgl. *Feinen*, K.: Das Leasinggeschäft, Frankfurt/M. 1986, S. 25 ff.
[100] Vgl. *Städtler*, A.: Gegenwart und Zukunft des Leasingmarktes in der Bundesrepublik Deutschland, in: Leasing-Handbuch für die betriebliche Praxis, hrsg. von K. F. Hagenmüller und G. Stoppok, Frankfurt/M. 1988, S. 201 f.
[101] Vgl. *Ifo-Institut*: Leasing: Miete statt Kauf, in: Industriebau, Nr. 2, 36. Jg., 1990, S. 78
[102] Vgl. *o.V.*: Alternative bei der Gebäudefinanzierung, in: Beschaffung aktuell, Nr. 5, o. Jg., 1991, S. 18

demselben Zeitraum von 8,4 % auf 3,8 %.[103] Der Rückgang des Immobilienleasing wird auf die wachsende Attraktivität von Immobilienfonds, Bauträger- und Besitzgesellschaften und privaten Vermögensverwaltungen zurückgeführt, die zu diesem Leasingbereich eine starke Konkurrenzstellung einnehmen. Ferner sollen die bei einigen Immobilienleasinggesellschaften aufgetretenen Bonitätsprobleme und der hohe Wertberichtigungsbedarf zu dem Absinken der Leasingquote beigetragen haben.[104]

Eines der Hauptmotive, weshalb sich Unternehmungen für das Immobilienleasing entscheiden, ist die Finanzierung des betreffenden Gebäudes.[105] Über die Leasingraten werden die Ausgaben für die Anschaffung und Nutzung eines Fabrikgebäudes auf mehrere Jahre verteilt. Darin gleicht das Leasing der gewöhnlichen Mietung. Die Miete ist jedoch das Entgelt für die Nutzung eines bereitgestellten Mietobjektes (Gebäude) in einem bestimmten Zeitraum. Sie stellt aus der Sicht des Mieters das Äquivalent für einen Werteverzehr dar. Das Immobilienleasing trägt dagegen den Charakter der Fremdfinanzierung eines *eigenen* Gebäudes. Denn die Leasingraten enthalten einen Tilgungsanteil für den von der Leasinggesellschaft zur Verfügung gestellten Baukredit. Die Summe all dieser Tilgungsanteile wird auf den Kaufpreis des Fabrikgebäudes angerechnet, wenn der Leasingnehmer am Ende der Vertragslaufzeit die Kaufoption wahrnimmt. Durch die Leasingraten zahlt der Leasingnehmer somit den Kredit für das eigene Bauwerk ab. Der Tilgungsanteil an den Leasingraten ist folglich nicht als Gegenwert eines Werteverzehrs, sondern bilanzierungstheoretisch ausgedrückt als Aktivtausch von Zahlungsmitteln gegen einen Gegenstand des Anlagevermögens zu betrachten.[106]

Gegenüber Werkbestellung und Kauf kann eine Betriebsbereitschaft, die durch Leasen eines Fabrikgebäudes zustandekam, leichter abgebaut werden, weil sie ohne eigenes Dazutun am Ende der Grundmietzeit von alleine erlischt, wenn dies gewollt ist. Die fixen Kosten werden zu diesem Zeitpunkt

---

[103] Vgl. *Städtler*, S. 200; *Tacke*, H.: Leasing, Stuttgart 1989, S. 153, jeweils nach Erhebungen des Ifo-Instituts.

[104] Vgl. *Städtler*, S. 200; *Tacke*, S. 153

[105] Zu den Motiven für den Einsatz des Immobilienleasing vgl. *Fohlmeister, K. J./Schrödter, D.*: Das Immobilien-Leasing in der Bundesrepublik Deutschland, in: Leasing-Handbuch, hrsg. von K.-F. Hagenmüller, 3. Auflage, Frankfurt/M. 1973, S. 148 ff.; *Tacke*, S. 154 f.; *o.V.*, Gebäudefinanzierung, S. 18

[106] Tatsächlich muß der Leasingnehmer das Fabrikgebäude bilanzieren, wenn ihm das wirtschaftliche Eigentum zuzurechnen ist. Dies ist grundsätzlich dann gegeben, wenn die Grundmietzeit kürzer als 40 v.H. oder länger als 90 v.H. der betriebsgewöhnlichen Nutzungsdauer des Gebäudes ist und eine Kaufoption vereinbart wurde. Vgl. hierzu *Bundesminister für Wirtschaft und Finanzen*, Immobilienleasing-Erlaß vom 21.03.1972, in: BStBl, Teil I, Nr. 10, 1972, S. 188 und *Feinen*, S. 58

gleichsam automatisch abgebaut. Das Wesen des Finanzierungsleasing bedingt aber eine lange Grundmietzeit, während der Kündigung und Bereitschaftskostenabbau normalerweise nicht möglich sind. Diese Tatsache und die anderen Besonderheiten des Leasing, wie z.B. die Risikoverteilung, erschweren im Vergleich zur Mietung und Pachtung die Möglichkeiten, die Betriebsbereitschaft zu reduzieren, weil dadurch eine verhältnismäßig feste Bindung der Fabrikbauten zu der leasenden Unternehmung besteht. Das Finanzierungsleasing nimmt somit hinsichtlich des Ersatzes fixer durch variable Kosten eine Mittelstellung zwischen Werkbestellung und Kauf auf der einen und Mietung und Pachtung auf der anderen Seite ein.

III. Gegebenheiten des Standortes als Ursachen von Restriktionen

Abschließend sind im Zusammenhang mit den Rahmenbedingungen, die der Gestaltung von Industriebauwerken gesetzt sind, die Gegebenheiten des Standortes zu erörtern. Hierbei geht es nicht darum, einen Beitrag zur Standortliteratur zu leisten, indem Kriterien diskutiert werden, die die Standortwahl einer Industrieunternehmung beeinflussen - dann könnte man nicht von Rahmenbedingungen sprechen -, vielmehr sollen aus den örtlichen Verhältnissen, die sich nach erfolgter und wie auch immer begründeter lokaler Standort- oder besser Bauplatzwahl ergeben, Rückschlüsse auf die Gestaltung dort zu errichtender Industriebauten gezogen werden. In diesem Sinne werden Rahmenbedingungen durch das Grundstück, durch das Baugelände und durch das am Standort vorherrschende Klima gesetzt. Die örtlichen Gegebenheiten finden im Rahmen der Fabrikplanung ihren Niederschlag im Generalbebauungsplan.[107]

1. Gegebenheiten des Grundstückes

Der Begriff Grundstück wird im Sinne des BGB gebraucht. Darunter versteht man einen abgegrenzten Teil der Erdoberfläche, der im Bestandsverzeichnis eines Grundbuchblattes eingetragen ist.[108] Jedes Grundstück läßt sich durch seine Form, seine Größe und seine Lage beschreiben. Diese Pa-

---

[107] Vgl. *Frey*, S.R.: Plant Layout - Planung, Optimierung und Einrichtung von Produktions-, Lager- und Verwaltungsstätten, München, Wien 1975, S. 532
[108] Vgl. *Heinrichs*, H.: Überblick vor § 90, in: Bürgerliches Gesetzbuch, Kommentar, hrsg. von O. Palandt, 48. Auflage, München 1989, S. 56; *Schlez*, G.: Baugesetzbuch, Kommentar, 3. Auflage, Wiesbaden, Berlin 1987, S. 133 f.

rameter bestimmen zusammen mit dem Preis die Eigenschaften des Grundstückes, die die Baugestaltung letztlich beeinflussen. Gegenständlich werden die so gesteckten Rahmenbedingungen im Zuge der Realplanung von Fabriken - in einem Stadium der Fabrikplanung also, in dem die Bauplatzwahl getroffen ist.[109] Von den Gegebenheiten des Grundstückes sind diejenigen des Geländes zu unterscheiden, welche in einem eigenen Abschnitt behandelt werden.

a) Die Form des Grundstückes

Die Form des Grundstückes wird durch den Verlauf der Grundstücksgrenzen definiert. Die Grenzlinien können sich grundsätzlich zu einem geometrischen Gebilde mit festen Gesetzmäßigkeiten,[110] wie z.B. einem Rechteck, einem Dreieck, einem Trapez und einem Parallelogramm, oder zu einer Figur zusammenfügen, die keine Regelmäßigkeiten erkennen läßt. Allgemeingültige Aussagen sind wegen der im anderen Falle fehlenden Anhaltspunkte zur genauen Form nur über die erste Gruppe von Grundstücken zu machen. Die genannten geometrischen Regelgebilde bieten durch eine geradlinige Grenzführung die Gewähr, daß keine Ein- oder Ausbuchtungen des Grundstückes entstehen, die wegen ihrer Größe oder Lage betrieblich nicht oder nur schwer nutzbar sind. Mögliche Vorteile unregelmäßig geformter Grundstücke entziehen sich einer allgemeinen Beurteilung und sind nur im Einzelfall festzustellen.

Obwohl die Geometrie des Grundstückes in der Fachliteratur durchaus als Einflußgröße für die Gestaltung von Fabrikgebäuden erkannt wird,[111] gibt es nur wenige Beiträge, die sich damit näher auseinandersetzen.[112] Die meisten Autoren nennen Kriterien für die Grundstückswahl im Rahmen übergeordneter Standortentscheidungen, ohne hierbei auf Detailprobleme der Bebauung einzugehen, oder, wenn dennoch dazu Aussagen getroffen

---

[109] Vgl. auch *Kettner*, H./*Schmidt*, J./*Greim*, H.-R.: Leitfaden der systematischen Fabrikplanung, München, Wien 1984, S. 130

[110] In der Realität findet man Grundstücke in der Form exakter Rechtecke etc. vergleichsweise selten vor, vielmehr ähneln sie meist nur diesen geometrischen Figuren, so daß man von Quasi-Regelgebilden sprechen müßte. Davon wird im weiteren Abstand genommen, weil sich daraus für die theoretische Analyse keine Konsequenzen ergeben.

[111] Vgl. *Engel/Luy*, S. 998 f.; *Heideck*, E./*Leppin*, O.: Der Industriebau, Zweiter Band, Planung und Ausführung von Fabrikanlagen, Berlin 1933, S. 4; *Kettner/Schmidt/Greim*, S. 130; *Papke*, H.-J.: Bauprojektierung, in: Handbuch Industrieprojektierung, hrsg. von H.-J. Papke, 2. Auflage, Berlin (Ost) 1983, S. 61; *Rockstroh*, Band 4, S. 51

[112] Vgl. z.B. *Buff*, C.Th.: Werkstattbau, 2. Auflage, Berlin 1923, S. 194

werden, entbehren sie einer Begründung. Die so geübte Praxis soll aber einer Erörterung in dieser Arbeit nicht entgegenstehen.

Der Einfluß der Grundstücksform auf die Gestaltung von Industriegebäuden zeigt sich in dreifacher Weise. Erstens hängt der Grundriß des Bauwerkes bis zu einem gewissen Grade von der Form ab,[113] zweitens bestimmt sie zusammen mit anderen Einflußfaktoren den Bautyp, und drittens spielt die Form bei der Anordnung der Bauwerke auf dem Grundstück eine Rolle.

Die naheliegendste und zugegeben auch triviale Erkenntnis ist, daß die Grundstücksgrenzen zugleich die möglichen äußeren Linien der Bebauung darstellen und somit zu einer Determinante des Grundrisses werden können. Im Extremfall sind Grundstück und Grundriß deckungsgleich. Dies trifft immer dann zu, wenn der Inhalt der Gebäudegrundfläche gleich demjenigen der Grundstücksfläche sein soll, entsprechend der mathematischen Einsicht, daß ein geometrisches Gebilde (z.B. ein Dreieck) nicht in einem anderen (z.B. Rechteck) desselben Flächeninhaltes überschneidungsfrei enthalten sein kann. Üblicherweise ist die Gebäudegrundfläche jedoch kleiner als die Grundstücksfläche.[114] Die Begrenzungslinien des Grundrisses fallen dann nur teilweise mit den Grenzlinien des Grundstückes zusammen oder bilden überhaupt keine Schnittmenge. Der Grundriß wird um so unabhängiger von der Form des Grundstückes, je kleiner die Grundfläche des Bauwerkes im Verhältnis zur Grundstücksfläche ist, da in diesem Falle auf die Bebauung der Randgebiete eher verzichtet werden kann[115] und somit der Einfluß des Grenzverlaufes auf die Bebauung schwindet. Daraus läßt sich generell schließen, daß die Entfernung des zu errichtenden Gebäudes zu den Grundstücksgrenzen das Ausmaß der Abhängigkeit der Grundrißgestaltung von der Grundstücksform bestimmt. Je näher das Gebäude an die Grundstücksgrenzen rückt, desto mehr richtet sich die Baugestaltung nach deren Verlauf, beispielsweise um die Mindestabstände zu den Nachbargrundstücken einzuhalten. Fernab der Grundstücksgrenzen spielt die Geometrie ceteris paribus keine Rolle für die Form des Grundrisses. Erst wenn der Einfluß durch Bebauung an den Grundstücksrändern wirksam wird, wird die durch den Grenzverlauf gebildete Grundstücksform zu einer bei der Planung des Grundrisses der Gebäude zu beachtende Größe, anhand deren über eine Negativauslese die der Grundstücksform entgegenstehenden Grundrisse ausgeschieden werden.

---

[113] Vgl. *Utz*, L.: Moderne Fabrikanlagen, Leipzig 1907, S. 141

[114] Gemäß § 17 Abs. 1 BauNVO darf die überbaute Grundstücksfläche in Industriegebieten nur 80 % der gesamten Grundstücksfläche betragen. Vgl. auch Abb. 4 auf S. 64 dieser Arbeit.

[115] Vorausgesetzt ist, daß Baubestimmungen und die Restbebauung dies zulassen.

104   B. Restriktionen der Gestaltung von Industriebauten

Auffallend ist diese Beziehung zwischen Grundstück und Grundriß insbesondere bei nicht rechtwinkligen Grundstücken, die bei Vorliegen entsprechender Konstellationen[116] eine außergewöhnliche Grundrißgestaltung erforderlich werden lassen.

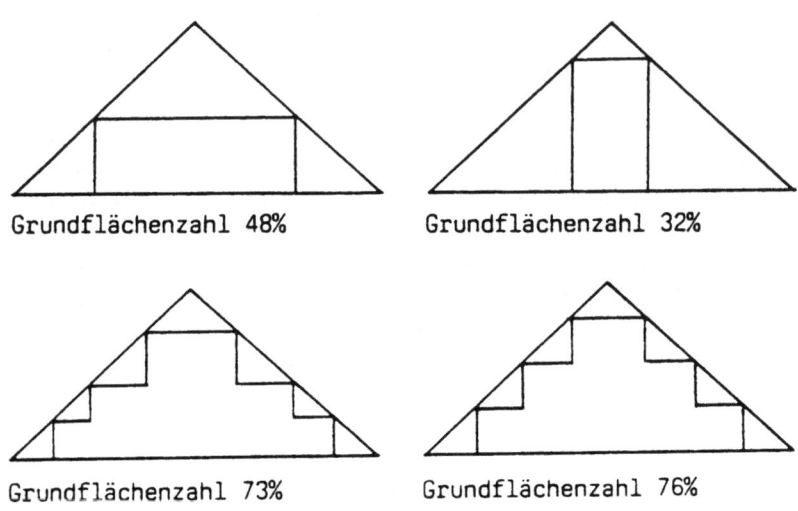

Abb. 9. Einfluß der Grundstücksform auf den Grundriß

Wie Abbildung 9 zeigt, ist eine 80 %-ige Bebauung mit einem rechteckigen Gebäude auf einem dreieckigen Grundstück nicht möglich. Die in der oberen Reihe verbleibenden dreieckigen Restflächen müssen ebenfalls in der gezeigten oder in anderer Weise in den Grundriß einbezogen werden, um den angestrebten hohen Bebauungsgrad annähernd zu erreichen, wodurch besondere, weil von gängigen Arten abweichende Grundrisse entstehen. Bei rechtwinkligen Grundstücken gilt diese Beziehung zwischen Grundstücks- und Grundrißform ebenfalls, jedoch sind die daraus zu ziehenden baulichen Konsequenzen nicht so augenscheinlich, weil die resultierenden Gebäude mit rechtwinkligen Grundrissen den Normalfall von Industriebauten abgeben. Beispielsweise folgen aus langen, schmalen Grundstücken ebensolche Gebäudegrundrisse.

---

[116] Hierbei kann es sich z.B. um eine durch den Betriebsablauf geforderte randnahe Bebauung oder um einen hohen Bebauungsgrad des Grundstücks handeln, der auch eine Bebauung an den Grundstücksgrenzen bedingt.

III. Gegebenheiten des Standortes

Daß derartige Überlegungen keineswegs nur von theoretischem Belang sind, zeigt die Abbildung 10. Diesem Lageplan eines Werkes der Robert Bosch GmbH kann man unter anderem auch die Gebäudetypen und -grundrisse entnehmen. Deutlich ist zu erkennen, daß die der Bregenzer Straße zugewandte Front des Gebäudes 210 leicht bogenförmig dem Straßenverlauf angepaßt ist, durch den das Grundstück begrenzt wird. Ähnlich verhält es sich mit dem Gebäude 572, dessen geometrisch-unregelmäßiger Grundriß eindeutig durch die Grundstücksgrenze bestimmt wird, die mit der Straße "Am Boschwerk" identisch ist. Bauwerk 220 ist der praktische Beleg für einen treppenförmig vom Grundstücksrand zurücktretenden Gebäudegrundriß, wie er theoretisch in Abbildung 9 dargelegt wurde. Die Bauwerke im Zentrum des Grundstückes (z.B. die Gebäude 385, 394, 395, 601 - 604) weisen hingegen regelmäßige geometrische Grundrisse auf.

Die Wirkung der Grundstücksform beschränkt sich keineswegs allein auf den Gebäudegrundriß, sondern erreicht mitunter auch die Art des zu errichtenden Gebäudes. Denn durch den Ausschluß bestimmter Grundrisse wird zugleich die Erstellung der damit einhergehenden Bauwerke unterbunden. So sind vor allem für die Schwerindustrie großflächige und ebenerdige Bauten charakteristisch. Aber auch Maschinenfabriken verfügen über derartige Bauwerke, deren Grundflächen durch Rechtecke von mehr als zweihundert Meter Länge und weit über einhundert Meter Breite gebildet werden und somit mehrere zehntausend Quadratmeter einnehmen.[117] Der großflächige Grundriß ist zwar kein hinreichendes, aber doch ein notwendiges Merkmal für die sogenannten Fabrikhallen, so daß ungünstige Grundstückszuschnitte - im Beispielsfall zu schmale - die Errichtung solcher ausgedehnter Gebäude verhindern können.[118] Die Einflußnahme auf die Gebäudetypen erfolgt, wie im Falle der Grundrisse, durch eine Negativauslese, d.h. durch die Grundstücksform wird in der Regel nicht ein bestimmter Bautyp als der einzig mögliche vorgegeben, sondern die unpassenden werden lediglich ausgeschlossen.

Zur Gestaltung von Industriegebäuden gehört im weiteren Sinne auch deren gegenseitige Anordnung auf dem Betriebsgrundstück, wenn der Betrieb sich aus mehreren Bauwerken zusammensetzt. Im Idealfall soll die Anordnung der Gebäude bestimmten Grundsätzen folgen, die ihre theoretische

---

[117] Beispiele hierzu finden sich bei *Henn*, W.: Industriebau, Band 3, Internationale Beispiele, München 1962, insbesondere S. 90, 131 und 142

[118] Vgl. *Zeh*, J.: Planungsgrundlagen für Fertigungs- und Bürobauten, in: Organisationsleiter Handbuch, hrsg. von A. Degelmann, München 1972, S. 438

106   B. Restriktionen der Gestaltung von Industriebauten

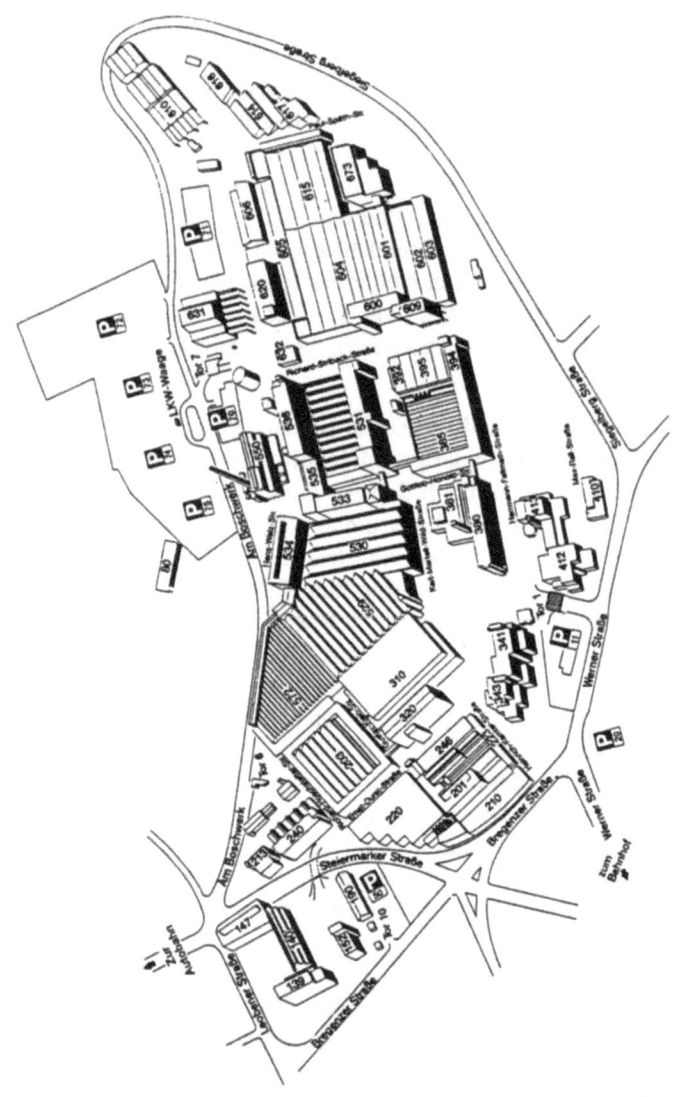

Abb. 10. Lageplan eines Werkes der Robert Bosch GmbH

Quelle: Robert Bosch GmbH Stuttgart

III. Gegebenheiten des Standortes 107

Fundierung in der innerbetrieblichen Standortlehre erfahren.[119] Wichtige Grundsätze für die Gruppierung der Bauten zueinander sind die Übersichtlichkeit und die Gewährleistung des kürzesten Weges für den Produktionsprozeß,[120] deren Realisierung durch einen ungünstigen Grundstückszuschnitt beeinträchtigt werden kann.

Die Forderung nach Übersichtlichkeit der Betriebsanlage verlangt eine Rücksichtnahme auf die Verkehrsverhältnisse zwischen den Gebäuden und die Vermeidung sogenannter toter Winkel, wie sie durch die Errichtung von Gebäuden mit rechtwinkligem Grundriß auf nicht rechteckigen Grundstücken entstehen können. Die durch diese Winkel gebildeten Flächen sind unübersichtlich, dienen leicht als Schuttabladeplätze und stellen einen Verlust an vollwertigem Fabrikgelände dar, weshalb sie vermieden werden sollen. Unumgänglich sind solche Restflächen, wenn aus betriebsbedingten Gründen hallenförmige Bauten mit ihren typischen rechteckigen Grundrissen errichtet werden sollen und beispielsweise ein parallelogrammförmiges Grundstück zur Verfügung steht,[121] wie auch die Abbildung 11 zeigt. Die Grundstücksform verhindert eine optimale Anordnung der Gebäude und wird somit zur Restriktion für die Bebauung.

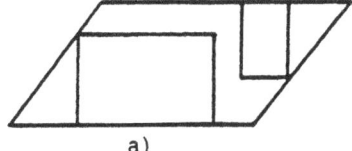
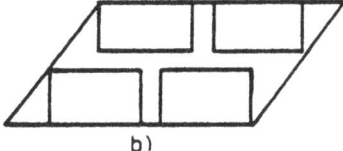

Abb. 11. Entstehung von Restflächen bei parallelogrammförmigen Grundstücken

---

[119] Grundlegende Arbeit der innerbetrieblichen Standortlehre ist die Dissertation von *Hundhausen*, der direkt kostenbestimmende Faktoren, wie die Prinzipien des direkten Arbeitsstückweges, der geringsten Transportkosten, der größten Übersicht und Kontrolle, der geringsten und der gemeinsamen Benutzung, der besten Beleuchtung, und indirekt kostenbestimmende Faktoren, wie die Prinzipien der Risikoverteilung und der besten Durchlüftung, unterscheidet. Vgl. *Hundhausen*, C., Innerbetriebliche Standortsfragen, Diss., Köln 1925

[120] Unter dem Grundsatz des kürzesten Produktionsweges wird zusammengefaßt, was *Hundhausen* und *Mellerowicz* unter dem Prinzip des direkten Arbeitsstückweges und der geringsten Transportkosten bzw. unter dem Grundsatz der Einhaltung der Prozeßfolge und der relativ kürzesten Transport- und Verkehrswege verstehen. Vgl. *Hundhausen*, S. 25 ff. und S. 28 ff.; *Mellerowicz*, Industrie, Band I, S. 299

[121] Vgl. *Buff*, S. 196

108   B. Restriktionen der Gestaltung von Industriebauten

Aus Abbildung 10 ist an einem konkreten Beispiel die Entstehung einer Restfläche zu entnehmen, die in diesem Fall durch die in spitzem Winkel aufeinandertreffenden Straßen "Am Boschwerk" und "Steiermarker Straße" sowie durch das Gebäude 213 gebildet wird.

Der Einfluß der Grundstücksform auf die Anordnung der Bauten wird fernerhin bei dem Versuch sichtbar, das Prinzip des kürzesten Produktionsweges durch eine geeignete Gruppierung der Gebäude zu realisieren. Dieser Grundsatz verlangt, die Lage der Fabrikgebäude auf dem Grundstück so einzurichten, daß die Produktion von Sachgütern, die in einem Gebäude begonnen wurde, in dem nächstliegenden fortgesetzt werden kann. Der Weg des Erzeugnisses durch die Produktion soll so kurz wie möglich sein,[122] um Transportkosten und die Zeit, die für die Beförderung der Zwischenprodukte von einem Fabrikgebäude zum anderen erforderlich wird, dadurch auf das unbedingt notwendige Maß zu beschränken. Dies heißt, daß die Bauwerke, die aufeinanderfolgende Teilprozesse beherbergen, am günstigsten direkt aneinander anschließen oder zumindest benachbart sein müssen. Voraussetzung für eine solche Anordnung ist ein geradliniger Materialfluß.[123] Er bedingt, daß Maschinen, Werkstätten, Arbeitsplätze etc. entsprechend der natürlichen oder der durch die Betriebsorganisation bestimmten Folge von Bearbeitungsvorgängen gruppiert werden.[124] Geradlinigkeit erfordert also, daß sich die Materialströme während des Produktionsprozesses nicht kreuzen und daß sie nicht in Richtung des Prozeßbeginns zurücklaufen.[125] Ein solcher Materialfluß liegt der Fließfertigung zugrunde.[126]

---

[122] Aus betriebswirtschaftlicher Sicht ist nicht die absolute, sondern die relative Länge des Weges, d.h. die Kosten der zu befördernden Einheit pro Meter, entscheidend. So kann eine absolut längere Strecke relativ kürzer sein, wenn aufgrund der Streckenführung sich beispielsweise die Schwerkraft zum Transport ausnutzen läßt. Vgl. *Mellerowicz*, Industrie, Band I, S. 299

[123] Unter Materialfluß wird die Bewegung stofflicher Güter innerhalb eines vorgegebenen räumlichen Bereiches verstanden. Zu den stofflichen Gütern zählen Rohmaterialien, Halbfabrikate, Fertigerzeugnisse, Werkzeuge, Betriebs- und Hilfsstoffe, Modelle etc. Vgl. *Dolezalek*, C.M./*Warnecke*, H.-J.: Planung von Fabrikanlagen, 2. Auflage, Berlin, Heidelberg, New York 1981, S. 79

[124] Vgl. *Wäscher*, G.: Innerbetriebliche Standortplanung bei einfacher und mehrfacher Zielsetzung, Wiesbaden 1982, S. 66; *Mellerowicz*, Industrie, Band I, S. 299

[125] Vgl. *Schmidt*, F.: Die Bestimmung des Produktionsmittel-Standortes in Industriebetrieben, Berlin 1965, S. 25

[126] Beispielsweise befindet sich die LKW-Montage eines in Süddeutschland beheimateten Nutzfahrzeugherstellers in einer mehrere hundert Meter langen Werkshalle, die exakt dem geradlinigen Materialfluß angepaßt ist.

III. Gegebenheiten des Standortes   109

Im Falle der Werkstattfertigung, die in der Regel den mit der Einzelfertigung einhergehenden Organisationstyp der Produktion darstellt, macht die Umsetzung des Grundsatzes des kürzesten produktionsweges Schwierigkeiten,[127] weil aufgrund des häufigen Wechsels der Produktarten und der sich dauernd verändernden Folgen der Bearbeitungsvorgänge ein geradliniger Materialfluß nicht gegeben ist.[128] Unter Umständen ist nicht einmal ein annähernd geradliniger Materialfluß zu realisieren. Um dennoch die Länge der Produktionswege zu begrenzen, empfiehlt es sich, die Bauten nicht hintereinander in einer Längsreihe anzuordnen (Abb. 12a), wie es bei Fließfertigung vorteilhaft wäre, sondern beispielsweise zwei Reihen mit je der halben Anzahl an Bauwerken zu bilden (Abb. 12b) oder eine sternförmige Anordnung zu wählen (Abb. 12c). Dadurch verkürzen sich die Produktionswege erheblich.

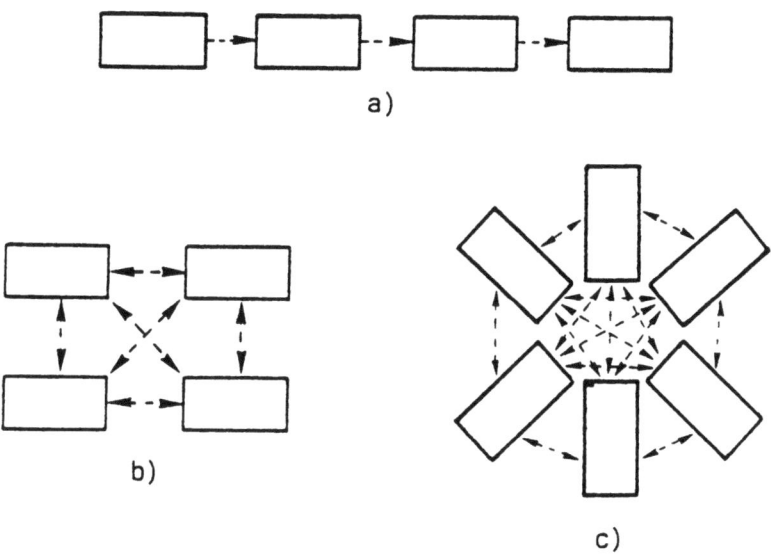

Abb. 12. Gebäudeanordnung bei Fließfertigung (a) und bei Werkstattfertigung (b,c)

Gedanken dieser Art zur Anordnung von Fabrikbauten sind nur fruchtbar, wenn die Voraussetzungen zu ihrer Verwirklichung vorhanden sind.

---

[127] Vgl. *Wäscher*, S. 67
[128] Zur Werkstattfertigung vgl. *Opitz, H./Groebler, J.*: Werkstattfertigung, in: Handwörterbuch der Organisation, hrsg. von E. Grochla, Stuttgart 1969, Sp. 1777

Das durch den Grundsatz des kürzesten Produktionsweges in Verbindung mit dem Organisationstyp der Fertigung geforderte Ideallayout kann nur realisiert werden, wenn das Grundstück eine entsprechende Form aufweist. Lange, aber schmale Grundstücke verhindern eine Anordnung, wie sie die Werkstattfertigung zur Einhaltung des Grundsatzes des kürzesten Produktionsweges verlangt, und zu breite Grundstücke bieten ceteris paribus zu viel überflüssige Fläche bei Fließfertigung,[129] was aus wirtschaftlichen Gründen vermieden werden sollte.

Als günstigste Grundstücksform für Zwecke des Industriebaues gilt das vollkommene Rechteck, weil dadurch die Möglichkeiten, die Gebäude den betrieblichen Erfordernissen entsprechend anzuordnen, sowie die Übersichtlichkeit der Bebauung am größten sind.[130] Die zweckmäßigsten Seitenverhältnisse liegen in dem Bereich zwischen 1 : 1 und 2 : 1,[131] wobei eine zu langgestreckte Form - wie erläutert - Nachteile hinsichtlich der innerbetrieblichen Flächenaufteilung mit sich bringt[132] und insbesondere bei Vorliegen eines nicht geradlinigen Materialflusses gegenüber dem quadratischen Grundstück längere Transportwege in Kauf genommen werden müssen.[133]

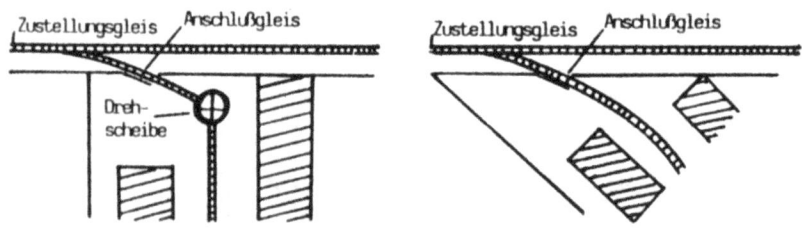

Abb. 13. Grundstücksform und die Einführung von Anschlußgleisen

Quelle: In Anlehnung an *Heideck*, E.; *Leppin*, O., S. 4

Ein nicht rechtwinkliges Grundstück ist jedoch nicht unter allen Umständen ungünstiger zu beurteilen. Beispielsweise kann eine schiefwinklige Lage zu Zustellgleisen vorteilhaft sein, weil diese dann ohne Drehschleife in das

---

[129] Vom Flächenbedarf der Lagerbauten, der Sozialgebäude etc. sowie von späteren Erweiterungen sei abstrahiert.
[130] Vgl. *Utz*, S. 140; *Heideck/Leppin*, S. 4
[131] Vgl. *Buff*, S. 194
[132] Vgl. *Rockstroh*, Band 4, S. 51
[133] Vgl. *Hettler*, A.: Leitsätze für Fabrikbauten, in: Der Betrieb, Nr. 23, 3. Jg., 1921, S. 717

Grundstück eingeleitet werden können (siehe Abb. 13).[134] Voraussetzung dafür ist wiederum, daß die Grundstücke nicht zu schmal sind, um den notwendigen Gleisbogen aufnehmen zu können.

b) Die Größe des Grundstückes

Eine weitere wichtige Rahmenbedingung für die Bebauung ist die Grundstücksgröße.[135] Sie wird durch den Flächeninhalt des Grundstückes bestimmt. Ihre Einflußnahme hinsichtlich der Baugestaltung erstreckt sich von der Festsetzung der maximal möglichen Ausdehnung der Fabrik über die Anordnung der Baulichkeiten bis zur Wahl des Gebäudetyps.[136] Ist die zuerst genannte Auswirkung der Grundstücksgröße zweifellos eine triviale Erkenntnis, verdienen die beiden weiteren doch eine nähere Betrachtung.

Wie bereits im vorangegangenen Abschnitt erläutert, soll sich die Anordnung von Fabrikanlagen, zu denen auch die Gebäude zählen, nach bestimmten Grundsätzen der innerbetrieblichen Standortwahl richten, wenn nicht gewichtige Gründe dagegen sprechen, diese Prinzipien zu realisieren. Durch die Grundstücksgröße wird die Verwirklichung solcher Grundsätze tangiert, die eine möglichst weit voneinander getrennte Errichtung von Fabrikbauten fordern, weil durch die zur Verfügung stehende Fläche diesem Ansinnen Grenzen gesetzt sind. Hierbei handelt es sich insbesondere um den Grundsatz der Risikoverteilung[137] in seinen Ausprägungen als Prinzip der Gefahrenbeschränkung und als Prinzip der kleinsten Störung sowie um den Grundsatz der Raumfreiheit[138] in der Ausprägung des Prinzips der Erweiterungsmöglichkeit.

Durch die Beachtung des Grundsatzes der Risikoverteilung sollen die von einem Industriebetrieb ausgehenden Gefahren für Menschen und andere Fabrikanlagen, wie z.B. Explosionen und Brände, sowie gegenseitige Störungen reduziert werden. Hundhausen fordert, die Disposition der Betriebsanlagen so zu treffen, daß die Gefahren vermindert, beschränkt und die Gefahrenherde nicht gehäuft werden.[139] Beispielsweise sind Gebäude, in denen leicht brennbare oder explosible Materialien verarbeitet werden, auf einem Teil des Grundstückes zu errichten, der möglichst weit von anderen Fabrikanlagen entfernt ist. Aber auch zwischen Gebäuden, die keiner besonderen

---

[134] Vgl. *Heideck/Leppin*, S. 4; *Buff*, S. 196
[135] Vgl. *Kettner/Schmidt/Greim*, S. 130
[136] Vgl. *Mellerowicz*, Industrie, Band I, S. 367
[137] Vgl. *Hundhausen*, S. 40 ff.
[138] Vgl. *Hundhausen*, S. 43 f.
[139] Vgl. *Hundhausen*, S. 41

Zerstörungsgefahr ausgesetzt sind, muß genügend Raum für Rettungsmannschaften vorhanden sein. In allen Fällen, in denen die beengten Flächenverhältnisse es nicht zulassen, kann der Grundsatz der Risikoverteilung als einfaches Mittel der Gefahren- und Störungsbeschränkung nicht angewandt werden.[140] Ersatzweise müssen dann bauliche Vorkehrungen getroffen werden, um die genannten Risiken und Störungen zu minimieren. Von der Grundstücksgröße hängt somit nicht nur die Anordnung der Bauten, sondern auch die Ausstattung der Fabrikgebäude mit Gefahrschutz- und Störungsbegrenzungsvorkehrungen ab. Hierzu zählen beispielsweise Sprinkleranlagen, schwingungsdämpfende Fußböden und Fundamente sowie eine schallisolierende Bauweise.[141]

In gleicher Weise wie die soeben besprochenen Grundsätze wirkt sich das Prinzip der Erweiterungsmöglichkeit auf die Anordnung der Fabrikgebäude aus.[142] Seine Realisierung führt zu einer flächenmäßigen Verteilung der Baulichkeiten, die es erlaubt, gegebenenfalls jedes Bauwerk räumlich vergrößern zu können. Eine derartige Anordnung der Fabrikanlagen wird immer dann scheitern, wenn die Grundstücksgröße zu einer engen Bebauung zwingt.

In der Reihe der Auswirkungen der Grundstücksgröße auf die Baugestaltung ist schließlich deren Einflußnahme auf die Wahl des Gebäudetyps anzusprechen. Grundsätzlich gilt die Gesetzmäßigkeit, daß sich ein Gebäude um so mehr räumlich in der Vertikalen ausdehnen muß, je weniger Grundfläche zur horizontalen Bebauung zur Verfügung steht. Drastisches Beispiel hierfür ist die dichte Bebauung von Ballungszentren mit Hochhäusern. Aber kein Grundsatz gilt ohne Ausnahme. Denn ansonsten müßte man aus dieser Beobachtung schließen, daß ein einstöckiges Fabrikgebäude stets mehr Grundfläche als ein mehrstöckiges Bauwerk gleichen Volumens benötige und folglich auf kleinen Grundstücken ceteris paribus eher mehrstöckige und auf großen Flächen eher ebenerdige Industriegebäude errichtet würden. Diese Folgerung ist für deutsche Verhältnisse nur bis zu einem gewissen Grad richtig. Denn Baubestimmungen (z.B. die Landesbauordnungen) schreiben für hohe Baukörper größere Frei- und Abstandsflächen zur Nachbarbebauung und zur Grundstücksgrenze vor als für niedrige Bauten. Wenn die zu errichtenden Gebäude unter die Hochhausbestimmungen fallen, sind beträchtliche Freiflächen erforderlich, die auf einem kleinen Grundstück nicht zur Verfügung stehen, woran ein solches Bauvorhaben letztlich scheitern wird. Bei einer im Jahre 1964 durchgeführten Untersuchung verschie-

---

[140] Vgl. *Hundhausen*, S. 41
[141] Vgl. *Hundhausen*, S. 41
[142] Vgl. *Hundhausen*, S. 43

dener Bürogebäudearten hinsichtlich ihrer Nutzfläche und der dafür benötigten Mindestgrundfläche schnitt überraschenderweise das zweistöckige Gebäude gegenüber mehrgeschossigen Bauten am besten ab.[143] Dieses Beispiel ist auf den Industriebau zwar nicht ohne weiteres übertragbar, weil andere Anforderungen an Verkehrswege, Raumaufteilung etc. gestellt werden, es zeigt aber deutlich die Affinität zwischen Mindestgrundstücksgröße und Gebäudeart. So ist es unter sonst gleichen Umständen[144] nur solange sinnvoll, in die Höhe zu bauen, wie der dadurch gewonnene zusätzliche Raum gerade durch den Verlust an Raum ausgeglichen wird, der letztlich durch die weiteren per Gesetz vorgeschriebenen Freiflächen entsteht.

In der Literatur empfiehlt man im allgemeinen für das Grundstück mindestens die fünffache Größe der Grundfläche der zu errichtenden Gebäude, um Rangiergleise, Verkehrswege, Parkplätze, Laderampen, künftige Erweiterungen etc. darauf unterzubringen.[145] Doch sollte nicht außer acht gelassen werden, daß diese Empfehlung nur einen groben Richtwert für die Größenordnung eines Grundstückes darstellt, der auf den genannten Umständen für einen größeren Platzbedarf basiert. So existiert kein zwingender Zusammenhang zwischen der Grundfläche eines Fabrikgebäudes und den erforderlichen Nebenflächen auf dem Grundstück. Dies würde auch zu absurden Ergebnissen führen, da beispielsweise ein mehrstöckiges Gebäude die gleiche Grundstücksgröße wie ein ebenerdiges Bauwerk gleicher Grundfläche, aber geringeren Rauminhaltes implizieren würde, obwohl unterschiedliche Nutzflächen verschiedene Fabrikgrößen bedeuten, die ihrerseits wiederum unterschiedliche Nebenflächenausmaße notwendig machen. Generell gilt, daß der Einfluß der Grundstücksgröße um so geringer wird, je größer die Grundstücksfläche im Vergleich zum Bauvolumen wird.

c) Die Lage des Grundstückes

Unter der Lage des Grundstückes werden alle Ursachen von Einflüssen verstanden, die von der Umgebung des Bauplatzes sowie der Art seiner Ein-

---

[143] Vgl. Zeh, J.: Kostenvergleich von Bürogebäuden, in: Bürotechnik + Organisation, Nr. 6, o. Jg., 1964, S. 520 ff. Das Verhältnis von Nutzfläche zu Mindestgrundfläche betrug gemäß der zitierten Untersuchung beim zweigeschossigen Bürobau 1, während bei mehrgeschossigen Bauten diese Verhältniszahl nur Werte zwischen 0,79 und 0,84 aufwies, d.h. daß pro Einheit Nutzfläche vergleichsweise mehr Grundfläche benötigt wurde.
[144] Die Eignung eines mehrstöckigen Gebäudes sei vorausgesetzt. Zusätzliche Ausgaben für ein stärkeres Tragsystem usw. werden hier nicht betrachtet.
[145] Vgl. Yaseen, L.C.: Die Standort-Bestimmung von Betrieben, in: Handbuch des Industrial Engineering, Teil VII, Gestaltung von Fabrikanlagen, Betriebsmitteln und Erzeugnissen, hrsg. von H.B. Maynard, Berlin, Köln, Frankfurt/M. 1956, S. 27

bettung in die Umgebung ausgehen und für die Baugestaltung beachtenswert sind, ohne zugleich dem Gelände oder den klimatischen Verhältnissen am Ort zurechenbar zu sein. Darunter fallen beispielsweise die Ausrichtung des Grundstückes bezüglich der Himmelsrichtungen, die angrenzende Bebauung, die Art der Nutzung benachbarter Grundstücke und sonstige dort oder auf dem eigenen Grundstück befindliche natürliche oder künstliche Gegebenheiten, wie etwa ein Fluß oder Überlandstromleitungen. Ersichtlich wird die Lage des betreffenden Grundstückes z.B. aus den amtlichen Bebauungsplänen. Die Einflüsse auf die Baugestaltung, die aus der Umgebung des Bauplatzes resultieren, sind so vielfältiger Natur und außerdem im Einzelfalle so verschieden, daß sie nicht im Sinne einer vollständigen Enumeration, sondern nur exemplarisch genannt werden können, was anhand von vier Beispielen erfolgen soll.

Die Lage an Wasserläufen erfordert zum einen Schutzvorkehrungen gegen Hochwasser durch Dämme oder durch Baumaßnahmen an den Gebäuden selbst, zum anderen insbesondere im Falle wassergefährdender Produktion Einrichtungen zur Verhinderung von Gewässerverschmutzungen durch den Betrieb. Dazu gehören z.B. an den Grundstücksrändern in die Erde eingelassene Wannen, die im Störungsfalle ausfließende umweltgefährdende Stoffe wie Abwässer, Chemikalien, Öle etc. auffangen und Verunreinigungen der Gewässer verhindern. Das Bauwerk selbst sollte in Bodennähe keine Öffnungen (Fenster, Türen etc.) aufweisen, damit kein Hochwasser eindringen kann, und darüber hinaus aus wasserunempfindlichen Baustoffen errichtet sein. Es empfiehlt sich, keine Unterkellerungen vorzunehmen oder diese mit Pumpenanlagen auszustatten, die im Bedarfsfalle das eingedrungene Wasser herauslenzen.

Ferner müssen bei der Bauplanung die von der Nachbarschaft ausgehenden und die vom eigenen Betrieb auf die Nachbargrundstücke einwirkenden Störungen antizipiert werden.[146] Gegenseitige Belästigungen durch Erschütterungen, Lärm, Gerüche usw. können durch Ergreifen baulicher Maßnahmen reduziert werden. Die Wahrung der größtmöglichen Distanz zu den Störquellen, der Einbau von Schallschutzfenstern und von Luftfiltern sowie die Verwendung von schallschluckenden Baumaterialien bilden einfache Schritte, die geeignet sind, Störeinflüsse durch eine entsprechende Bauweise zu minimieren.

Auf den ersten Blick unvermutet, aber längst nichts Außergewöhnliches mehr ist heute die natürliche Begrünung der Werksanlagen, um die Ausbreitung von Lärm und Staub einzuschränken, wie man dem Umweltbericht

---

[146] Der Erörterung dieses Umstandes wurde bereits in älterer Literatur Raum gewidmet. Vgl. *Heideck/Leppin*, S. 4; *Buff*, S. 200

III. Gegebenheiten des Standortes

einer großen südwestdeutschen Chemieunternehmung entnehmen kann.[147] Dort tragen die frühzeitige Einbeziehung des Gartenwesens bei der Planung von Neubauten, das Anpflanzen von Klettergewächsen an bestehenden Bauwerken und die Nutzung von Freiflächen als Wiesengrund und als Terrain für Hecken und Stauden zur Luftverbesserung und zur Reduzierung der Lärmimmissionen bei. Eine zehn Meter breite Hecke genüge beispielsweise, um Lärm um ca. fünf Dezibel zu vermindern.

Auch die Lage an manchen Verkehrswegen zwingt zu Baumaßnahmen besonderer Art, die nicht durch die Fertigung in den dort befindlichen Fabriken an sich, sondern allein aufgrund der Nähe zu Straßen, Schienentrassen usw. und den hieraus resultierenden Störungen des Produktionsprozesses notwendig werden. So wurden gerade in der jüngeren Vergangenheit die Auswirkungen neuer Trassenführungen der Bundesbahn auf die Nutzung der angrenzenden Baugebiete von einer breiten Öffentlichkeit diskutiert. Etliche Industriebetriebe reklamierten, daß die von vorbeifahrenden Zügen ausgehenden Erschütterungen die Herstellung ihrer Erzeugnisse zu beeinträchtigen drohten und mit einer deutlichen Erhöhung der Ausschußquote zu rechnen wäre. Insbesondere die Hersteller hochempfindlicher Produkte und Präzisionsteilefabrikanten waren hiervon betroffen. Ein Leuchtstoffröhrenproduzent beispielsweise schätzte den auf Erschütterungen zurückzuführenden Anteil an Fehlversuchen, die Glaskolben mit Gas zu beschicken, auf ca. 50 %. Die Schwingungen, die während der Vorbeifahrt von Zügen entstanden, ließen in der Hälfte der Fälle die Kolben platzen. Die Eisenbahnverwaltung trug solchen Situationen durch die teilweise Untertunnelung der Neubaustrecken, durch Aufschüttung von Schutzwällen sowie durch Geschwindigkeitsbegrenzungen Rechnung. Auf diese Weise konnten bereits bestehende Betriebe, aber auch Wohngebiete vor den negativen Folgen geschützt werden. In der Regel nur bei Neubauten kann diesem Problem auch bauseits begegnet werden; bei bereits vorhandenen Bauwerken erweist sich die nachträgliche Vornahme wirksamer Maßnahmen häufig als undurchführbar. Denn neben der schwingungsdämpfenden Ausführung der Außenwände muß vor allem der Boden des Gebäudes so beschaffen sein, daß die Erschütterungen abgeschwächt werden, da diese sich in erster Linie über das Erdreich ausbreiten. Eine solche schwingungsdämpfende Konstruktion des Fußbodens zeigt die Abbildung 14.

---

[147] Vgl. *BASF AG*, Umweltbericht 1990, Ludwigshafen/Rh. 1991, S. 18 f.

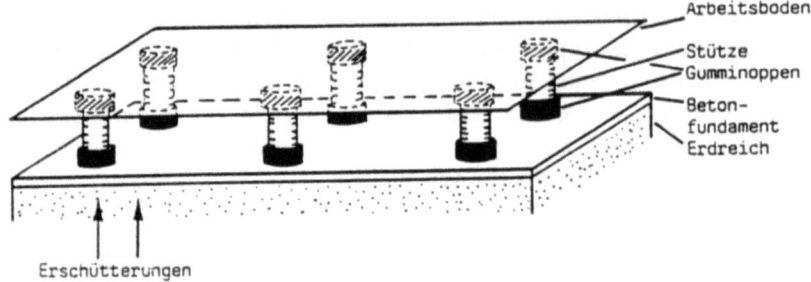

Abb. 14. Schwingungsdämpfende Fußbodenkonstruktion

Auf ein Betonfundament werden beidseits in Gumminoppen gestülpte senkrechte Stützen gestellt. Darauf wird ein zweiter Boden gelegt, der als Arbeitsbühne dient. Die Gumminoppen werden durch die vom Erdreich kommenden oder vom eigenen Betrieb nach außen dringenden Erschütterungen zusammengepreßt, wodurch das Ausmaß der in der Betriebsstätte eintreffenden oder nach außen abgegebenen Schwingungen erheblich reduziert wird.

Als letztes Beispiel für die Einflüsse auf die Bebauung, die aus der Einbettung eines Grundstückes in eine bestimmte Umgebung folgen, soll die notwendige Rücksichtnahme auf Natur und Landschaft Erwähnung finden. Die Raumnot in industriellen Ballungszentren führt zu Überlegungen in Unternehmungen, sich fernab traditioneller Industriestandorte in landschaftlich reizvollen Gebieten anzusiedeln. Nicht selten rufen solche Vorhaben Bedenken ortsansässiger Anwohner, Naturschützer und Gemeindeverantwortlicher hervor, die intakte Landschaft könne in Mitleidenschaft gezogen werden. Diesen Bedenken muß heute von seiten der Bauplaner zunehmend Rechnung getragen werden, weil hieraus Bauauflagen erwachsen, aber auch um das Unternehmensimage zu fördern und Widerstände gegen die Fabrikansiedlung abzubauen. So entschloß sich beispielsweise eine mittelständische Unternehmung im Allgäu, durch deren Baugrundstück ein Bach floß, der aus besagten Gründen nicht durch unterirdische Rohre geleitet werden durfte, diesen derart zu überbrücken, daß die Brücke zugleich als Büroraum genutzt werden kann.[148] Diese gestalterische Lösung zerstreute die Bedenken der Landschaftsschützer und erlaubte dennoch eine angemessene Grundstücksausnutzung.

---

[148] Vgl. *Schott*, P.: Industriebau: Einklang mit der natürlichen Umgebung gesucht, in: Handelsblatt, Nr. 13 vom 20.01.1988, S. 16

III. Gegebenheiten des Standortes

Einen großen Stellenwert räumt man der Beachtung der Landschaft bei der Errichtung von Industriebauten in einem großen deutschen Konzern der Elektro- und Elektronikbranche ein. Die Verantwortlichen des Konzerns sind bemüht, die Fabrikgebäude durch eine besondere Farbgebung der Landschaft anzupassen. Nach den Angaben des Konzerns wurde z.B. für ein Werk in Süddeutschland eine metallicgrün-graue Farbkomposition gewählt, die sich zurückhaltend und harmonisch in das Landschaftsbild einfügt, die Licht- und Farbvariationen der Umgebung aufnimmt und das Werk über wechselnde Farbnuancierungen in die sich ändernde Farbenwelt einpaßt.[149]

Außer den exemplarisch genannten Umgebungseinflüssen muß zur Kennzeichnung der Lage noch die Ausrichtung des Grundstückes bezüglich der Himmelsrichtungen herangezogen werden. Denn wenn Grundstücksform und -größe oder andere Faktoren, wie z.B. der Produktionsablauf, eine bestimmte Anordnung der Gebäude auf dem Grundstück verlangen, werden durch die Lage des Grundstückes auch die der Sonne zu- und die hiervon abgewandten Seiten der Gebäude festgelegt. Die Stellung der Bauwerke zur Sonne ist ihrerseits Grundlage für die Planung wichtiger baulicher Vorkehrungen, wie z.B. Art, Menge und Lage der Dach- und Fensteröffnungen, Stärke der Klimaanlagen und Anbringung von Sonnenschutzeinrichtungen, um die gewünschte Qualität und Quantität an Tageslicht im Gebäudeinneren zu erzielen, die wohltuende Wärme der Sonne zu nutzen oder vor der lästigen Hitze zu schützen. Um die Stellung der Gebäude zur Sonne zu schildern, spricht man von Nordsüd-, Ostwest-, Nordwest-Südost- und Nordost-Südwest-Zeilen, die angeben, zwischen welchen Himmelsrichtungen das Gebäude seine längste Ausdehnung erfährt.[150] Blendungsfreies Tageslicht erhält man ehesten durch Errichtung von Ostwest-Zeilen; denn hier sind die meisten Fenster an der Nord- oder Südwand des Gebäudes eingebaut, wodurch eine direkte Sonneneinstrahlung zu jeder Tageszeit weitgehend vermieden wird, da die Sonne mittags in unseren Breiten so hoch steht, daß der Lichteinfallwinkel, der zwischen Gebäude und Sonne gebildet wird, so spitz ist, daß direkte Lichtstrahlen kaum ins Innere dringen können, am Vor- und Nachmittag aber die von Osten bzw. Westen kommenden Sonnenstrahlen aufgrund weniger oder gänzlich fehlender Fenster, die in diese Richtungen weisen, nicht störend einfallen und von Norden aus auf der Nordhalbkugel der Erde selbstverständlich keine direkt sonnenbedingten Blendungen entstehen. Realisieren kann man solche

---

[149] Vgl. *Eusemann*, B.: Umweltschutz verändert Industriebau: Wenn Fabriken in der Landschaft verschwinden, in: VDI-Nachrichten, Nr. 8 vom 24.02.1989, S. 35
[150] Vgl. hierzu und zur Bewertung dieser Zeilen *Neufert*, E.: Bauentwurfslehre, 30. Auflage, Braunschweig 1980, S. 140

Zeilen jedoch nur, wenn die Lage des Grundstückes dies zuläßt.[151] Andernfalls muß versucht werden, durch Einbau von Sonnenrollos, Klimaanlagen, Isolierglasscheiben etc. sowie durch richtige Anordnung von Fenstern und Dachoberlichtern die nachteiligen Wirkungen ungünstiger Gebäudezeilen zu begrenzen.

d) Der Preis des Grundstückes

Je höher der Preis für Grund und Boden ist, desto mehr ist bei gegebenem Investitionsvolumen ein Zwang zur vollen Ausnutzung des Grundstückes vorhanden. Als Folge resultiert hieraus häufig eine zu dichte Bebauung.[152] Denn die für einen Produktionsprozeß notwendigen Bauten müssen auf vergleichsweise kleineren Grundstücken untergebracht werden, um das gegebene Budget nicht zu überschreiten. Diese Tendenz führt nicht nur zu einer höheren Baudichte in der Ebene, sondern auch zu einer Ausdehnung des Baukörpers in der Vertikalen, da mehrgeschossige Bauten bis zu einer gewissen Höhe weniger Grundfläche bei gleichem Rauminhalt als ebenerdige Gebäude benötigen.[153] Im Falle niedriger Bodenpreise sind die sich abzeichnenden Entwicklungen genau umgekehrt. Die Unternehmungen können sich größere Grundstücke, aufgelockerte Bauweisen sowie ebenerdige Bauwerke erlauben.

Anders als die bisher besprochenen Merkmale wirkt sich der Preis des Grundstückes nicht unmittelbar auf die Bebauung aus. Vielmehr äußert sich sein Einfluß erst über die begrenzte Grundstücksgröße und auch über die Grundstücksform, die ihrerseits erst die Baugestaltung mitbestimmen. Insofern kann bezüglich der Einzelheiten auf die entsprechenden vorangegangenen Abschnitte verwiesen werden.

2. Gegebenheiten des Geländes

Sowohl begrifflich als auch hinsichtlich der Rahmenbedingungen, die einem Fabrikbauvorhaben gesetzt werden, ist vom Grundstück das Baugelände zu unterscheiden, obwohl mit beiden Termini Bezug auf den gleichen

---

[151] Vgl. *Utz*, S. 3 f.
[152] Vgl. *Henn*, Bauten, S. 58
[153] Vgl. *Hettler*, S. 719 f.; zu beachten sind die hierzu auf S. 112 f. gemachten Einschränkungen.

III. Gegebenheiten des Standortes   119

Betrachtungsgegenstand - den Bauplatz - genommen wird.[154] Der Unterschied ist in der Sichtweise begründet. Richtet sich bei jenem der Blick auf einen bestimmten Teil der Erd*ober*fläche, so erfordert die Erkundung des Geländes ausgehend von der Erdoberfläche auch die Untersuchung des *Unter*grundes des betrachteten Bauplatzes. Im Mittelpunkt der Analyse des Baugeländes steht folglich die Beschäftigung mit der natürlichen Beschaffenheit eines durch die Grundstücksgrenzen abgeteilten Landschaftsabschnittes. Technisch gesehen bilden Baugelände oder Baugrund den "... Teil der Erdkruste, der durch Bauwerkslasten beansprucht wird, die Bettung der Bauwerke bildet und in Wechselwirkung mit den Bauwerken steht."[155] Die Baugrundverhältnisse beeinflussen die Gründungsart, die Wahl der Baustoffe sowie die Konstruktion der Bauten nachhaltig.[156] Hervorgerufen werden die Auswirkungen auf die Baulichkeiten durch die geologischen, topographischen und hydrologischen Eigenschaften des jeweiligen Baugeländes, die im folgenden näher betrachtet werden.

a) Die geologische Beschaffenheit des Geländes

Die im Baugelände vorzufindenden Bodenarten, deren chemischen Eigenschaften sowie die tektonische Struktur der Erdkruste kennzeichnen die geologische Beschaffenheit des Baugrundes.

In den Boden werden die Bauwerkslasten abgeleitet, die sich aus der Eigenlast des Gebäudes und den Lasten der darin befindlichen Maschinen, Einrichtungsgegenstände und nicht zuletzt der Personen zusammensetzen. Sie werden als ständige Lasten bezeichnet. Ferner existieren sogenannte Verkehrslasten, unter die die Lasten subsumiert werden, die durch Baumaßnahmen, Grundwassersenkungen, Schnee- und Eisschichten etc. entstehen, die also nicht ständig vorhanden sind. Um diese Lasten aufnehmen zu können, muß der Baugrund eine entsprechende Tragfähigkeit aufweisen, die je nach Bodenart verschieden ist. Von der Tragfähigkeit des Baugrundes und der Tiefenlage dieser Schicht ist aber die Art der zu wählenden Bauwerks-

---

[154] In der Literatur wird diese Unterscheidung nicht durchgängig getroffen; sehr deutlich wird dies z.B. bei *Seitz*, der die geologischen Standortfaktoren im Rahmen der Zusammenfassung wesentlicher Standortkriterien unter dem Stichwort "Grundstücke" anführt. Vgl. *Seitz*, U.: Standortanalyse, in: *Tumm*, G.: Die neuen Methoden der Entscheidungsfindung, München 1972, S. 328
[155] *Rudert*, J.: Baugrund, in: Handbuch Industrieprojektierung, hrsg. von H.-J. Papke, 2. Auflage, Berlin (Ost) 1983, S. 303
[156] Vgl. *Berger*, F.: Optimierung der Baukonzeption im Industriebau, in: Industrielle Organisation, Nr. 5, 37. Jg., 1968, S. 279

gründung abhängig.[157] DIN 1054 unterteilt den Baugrund wegen seines unterschiedlichen Verhaltens bei Belastung durch die Bauwerke in gewachsenen Boden (Lockergestein), in Fels (Festgestein) und in geschütteten Boden.

"Ein Boden wird als gewachsen bezeichnet, wenn er durch einen abgeklungenen, erdgeschichtlichen Vorgang entstanden ist."[158] Dazu gehören organische Böden wie Torf und Faulschlamm sowie anorganische bindige, d.h. zähe, und nichtbindige Böden wie Tone, Schluffe bzw. Sand, Kies und Steine. Darüber hinaus zählen auch Mischungen aus den genannten Sorten zum gewachsenen Boden. Alle Festgesteine, also nicht durch Einwirkung von Schwerkraft, fließendem Wasser, Wind oder Gletschereis zerkleinerte Böden, werden mit dem Begriff Fels belegt. Geschüttete Böden sind beispielsweise durch Aufschütten von Bauschutt oder Schlacke entstanden.[159] Abbildung 15 gibt einen Überblick über die Bodenarten.

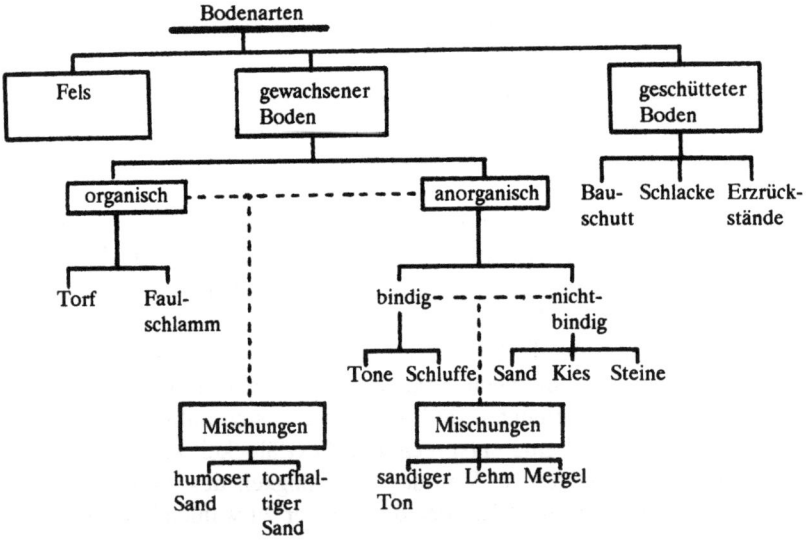

Abb. 15. Arten des Baugrundes nach DIN 1054

---

[157] Vgl. *Papke*, H.-J.: Gebäudekonstruktionen, in: Handbuch Industrieprojektierung hrsg. von H.-J. Papke, 2. Auflage, Berlin (Ost) 1983, S. 406

[158] DIN 1054 "Zulässige Belastung des Baugrundes", in: DIN Deutsches Institut für Normung e.V. (Hrsg.), Erd- und Grundbau, 5. Auflage, Berlin, Köln 1983, S. 13

[159] Vgl. DIN 1054, a.a.O., S. 14

III. Gegebenheiten des Standortes   121

Voraussetzung für die Eignung des Bodens als Baugrund ist eine ausreichende Tragfähigkeit, an die gerade im Industriebau wegen der hier entstehenden hohen Lasten besondere Anforderungen gestellt werden. Deshalb müssen nicht tragfähige Bodenschichten so weit abgetragen werden, bis eine geeignete Schicht erscheint, auf die das Bauwerk gestellt werden kann. Liegt der tragfähige Boden in nicht allzu großer Tiefe, kommen als Gründungen Flächenfundamente[160] in Betracht. Dies sind Gründungen, die sich über die gesamte Grundfläche des Bauwerkes erstrecken. Befinden sich die tragfähigen Schichten in sehr großer Tiefe, so daß ein Abräumen der darüber liegenden Bodenarten ausgeschlossen ist, bilden Pfahlgründungen die geeigneten Fundamente, die durch die unbrauchbaren Schichten vorangetrieben werden und punktuell die Lasten auf den Grund übertragen. Bei verschiedenen Untergrundverhältnissen auf einem Betriebsgrundstück sollte die Anordnung der Gebäude unter Berücksichtigung der Lasten der einzelnen Bauwerke erfolgen, sofern das Betriebslayout nicht aus anderen zwingenden Gründen bereits feststeht. Schwere Gebäude sind demnach auf tragfähigen Boden und leichte Bauten auf schlechteren, d.h. weniger tragfähigen Grund zu setzen. Grünflächen und sonstige Freiflächen müssen an Stellen vorgesehen werden, die sich als Untergrund für die Errichtung von Bauwerken überhaupt nicht eignen.[161]

Der Boden ist als guter Baugrund einzustufen, wenn die tragfähige Schicht nicht tiefer als 3 m liegt, weil dann nur einfache Gründungsmaßnahmen erforderlich sind. Eine Tragfähigkeit von weniger als 10 t pro Quadratmeter ist für Zwecke des Fabrikbaues wegen der schwierigen und teuren Fundamentierung schlecht.[162] Unter dem Blickwinkel der Tragfähigkeit betrachtet, bilden Fels, Grobsand, Kies und Geschiebemergel guten Baugrund, Lehmboden und Ton, bei dem mit erheblichen Bauwerkssetzungen zu rechnen ist, einen mittelmäßigen bis brauchbaren, Torf, Faulschlamm, Mutterboden sowie geschütteter Boden einen schlechten Baugrund.[163] Die zulässigen Bodenpressungen für die verschiedenen Arten des Baugrundes sind in DIN 1054 angegeben.

Abgesehen von der Tragfähigkeit kann auch die Festigkeit des Baugrundes Einfluß auf die Gestaltung eines Gebäudes nehmen. So ist es vergleichsweise schwierig, auf felsigem Boden Kellergeschosse auszuheben.[164] Denn

---

[160] Definitionen für die verschiedenen Fundamentarten finden sich in DIN 1054, a.a.O., S. 15 und S. 21
[161] Vgl. *Henn*, Bauten, S. 58
[162] Vgl. *Kettner/Schmidt/Greim*, S. 112 f.
[163] Vgl. *Heideck/Leppin*, S. 6 ff.
[164] Vgl. *Dolezalek/Warnecke*, S. 64

Sprengungen und Bohrungen sind hierfür unabdingbare Voraussetzungen. Die Kenntnis um Bodenart und Tiefe, Mächtigkeit sowie Festigkeit der tragfähigen Schicht allein reicht nicht aus, um ein Gebäude zu errichten, das allen Forderungen des Baugrundes entspricht. In gleichem Maße ist die Beschaffenheit des Bodens von Bedeutung, der - chemisch betrachtet - ein Gemenge aus vielen chemischen Verbindungen darstellt. Diese chemischen Verbindungen gehen bei Berührung mit den Baumaterialien unter bestimmten Voraussetzungen neue Verbindungen ein. Die chemischen Reaktionen führen unter Umständen zu einer Umwandlung der Baustoffe, die sich in der Änderung der physikalischen Eigenschaften, wie z.B. der Festigkeit, oder sogar in der Auflösung der Baumaterialien äußert. Beton, der im Industriebau hauptsächlich als Baustoff für Gründungen verwendet wird, ist empfindlich gegen Säuren, gewisse Salze, organische Öle und salzarmes Wasser. Ein geeigneter Schutz gegen diese Gefährdung besteht z.B. in der richtigen Wahl der Betonzuschlagstoffe.[165] Folgende Abbildung faßt die Wirkungen wesentlicher betonschädlicher Substanzen zusammen, die im Baugrund vorkommen.

---

[165] Vgl. *Heideck/Leppin*, S. 8 ff.

III. Gegebenheiten des Standortes

Gruppen-bezeichnung	Angreifende Stoffe	Vorkommen	Bemerkungen	Einwirkung auf Beton
SÄUREN	Freie Schwefelsäure	Im Moor-, Gruben- und Haldenwasser	Entsteht aus Schwefelverbindungen durch Sauerstoffaufnahme	Zersetzen den Mörtel und Beton. Bilden Kalziumaluminiumsulfat (Zementbazillus), welches den Mörtel u. Beton durch Treiben zerstört
	Freier Schwefelwasserstoff	Im Moor- und Grubenwasser	geht leicht in Schwefelsäure über und setzt den Kalk des Zementes über Thiosulfat und Sulfit in Kalziumsulfat (Gips) um	
	Freie schweflige Säure	In Rauchgasen		
	Freie aggressive Kohlensäure	In vielen natürlichen Wassern, in fast allen Moor- und in vielen Grundwassern (Mineralwasser)	Freie "zugehörige" Kohlensäure ist unschädlich	Entzieht dem Beton und Mörtel Kalk unter Bildung von wasserlöslichem
	Freie Humussäure	Im Moorboden und Moorwasser		Vermindert die Festigkeit bei Seifenbildung
SALZE	Sulfate: Kalziumsulfat (Gips) Magnesiumsulfat (Bittersalz) Natriumsulfat (Glaubersalz)	Im Grundwasser, im Schichtenwasser, im Boden der Bergbaugebiete, im Meerwasser, in den Kohlenschlacken, in den Ziegelsteinen		Erzeugen im Beton und und Mörtel das sog. Gipstreiben und bilden Kalziumaluminiumsulfat (Zementbazillus)
	Sulfide, z.B. Eisensulfid Eisendisulfid (Pyrit u.Markasit)	Im Moor- und Schlammboden. Ferner in Marschkleie, in Kohlen, besonders Braunkohlen und in Kohlenasche	Oxydieren, wenn z.B. der Grundwasserstand sinkt, durch Luft in Gegenwart von Wasser zu schwefelsauren Salzen (Sulfaten)	Veranlassen Gipstreiben
	Magnesiumchlorid	Im Meerwasser, in Abwasser der Kalifabriken, auch im Grundwasser		Überführt Kalk in wasserlösliches Kalziumchlorid ($CaCl_2$). Ruft Treiben hervor.
	Ammonsalze	Überall, wo organische Substanzen faulen		Bilden im Beton lösliche Salze, die herausgewaschen werden
ÖLE	Pflanzliche und tierische Öle	In Abwässern und im Fluß- u. Grundwasser, die durch Abwässer verunreinigt sind	Reine Mineralöle (Schmieröle, Zylinderöle, Transformatorenöle) sind unschädlich	Die pflanzlichen u. tierischen Öle werden durch Kalk verseift. Es bilden sich Kalkseifen, die den Beton zermürben u. zerfressen
KALKARMES, WEICHES WASSER	Als Regenwasser, als Kondensat			Kalkarme, weiche Wasser sind außerordentlich lösefähig und lösen den Kalk heraus

Abb. 16. Betonschädigende Stoffe im Baugrund

Quelle: In Anlehnung an: *Heideck/Leppin*, S. 9

Weitere Implikationen für die Baugestaltung ergeben die tektonischen Verhältnisse des Baugebietes, die für die inneren Bewegungen der Erdkruste verantwortlich zeichnen. 90 % aller Erdbeben sind tektonischen Ursprungs.[166] Bauwerke in erdbebengefährdeten Gebieten müssen daher gegen die Auswirkungen von Erdbewegungen widerstandsfähig konstruiert werden, so daß Schäden an Bauwerken nicht zum Versagen der Tragkonstruktion führen. Diesen Zweck verfolgt auch DIN 4149 Teil 1 "Bauten in deutschen Erdbebengebieten", in der allgemeine konstruktive Anforderungen, Lastannahmen, zulässige Spannungen etc. geregelt werden.[167] Eine Methode, die vor allem in den stark gefährdeten Gebieten Kaliforniens angewandt wird, um die Bauwerke erdbebensicher zu konstruieren, besteht darin, die Gebäude auf besondere Einzelfundamente zu setzen, die mit Blattfedern versehen sind. Dadurch werden Erdschwingungen aufgefangen und nicht an die darüber befindlichen Flächenfundamente weitergegeben. Die Abbildung 17 zeigt schematisch die erdbebensichere Gründung von Bauwerken.

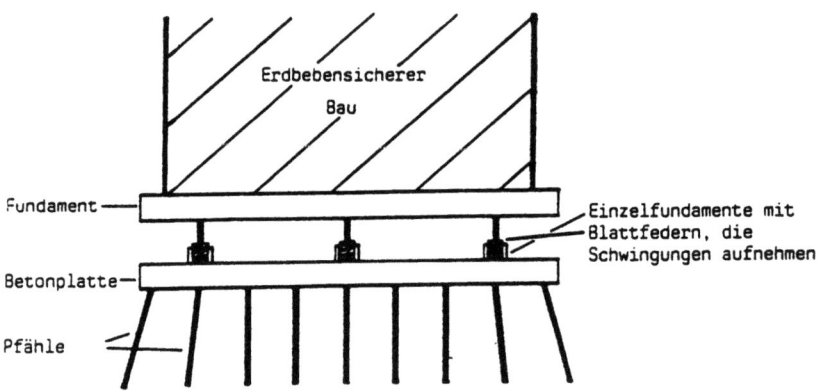

Abb. 17. Erdbebensichere Gründung von Bauwerken

Besteht das Gelände aus verschiedenen Bodenschichten, die aneinandergrenzen, ist es - wie im oberen Teil der Abbildung 18 gezeigt - empfehlenswert, die Bauwerke mit ihren Längsseiten möglichst parallel und nicht quer zu den Schichtlinien des Bodens auszurichten, um ungleichmäßige Setzun-

---

[166] Vgl. Meyers Enzyklopädisches Lexikon, Band 8, Stichwort: Erdbeben, 9. Auflage, Mannheim, Wien, Zürich 1973, S. 72

[167] Vgl. DIN 4149 Teil 1 "Bauten in deutschen Erdbebengebieten", in: DIN Deutsches Institut für Normung e.V. (Hrsg.), Normen über Berechnungsgrundlagen für Bauten, 2. Auflage, Berlin, Köln 1982, S. 279 bis 290

III. Gegebenheiten des Standortes

gen so weit wie möglich zu verhindern. Dies muß insbesondere bei Produktionsprozessen berücksichtigt werden, von denen dynamische Belastungen der Bauwerkskonstruktion ausgehen (z.B. in Preßwerken).[168] Denn Setzungen entstehen durch Verformungen des Baugrundes, die unter anderem durch die Bauwerkslast hervorgerufen werden. Drücken die Lasten auf verschiedene Bodenschichten, wie es verstärkt bei einer Anordnung der Gebäude in Querrichtung zu den Schichtlinien vorkommt (vgl. auch den unteren Teil der Abbildung 18), können sich aufgrund der unterschiedlichen Beschaffenheit der Bodenschichten eher ungleichmäßige Setzungen ergeben, durch die Risse in den Wänden entstehen, im schlechteren Falle aber auch das ganze Gebäude in Schieflage geraten kann. Wenn eine einzelne Bodenschicht zu klein ist, um darauf das ganze Gebäude zu errichten, und zudem die Schichtlinien unregelmäßig verlaufen - ein solcher Sachverhalt ist in der oberen Hälfte der Abbildung 18 unterstellt -, können durch parallele Ausrichtung des Bauwerkes diese Folgen ungleichmäßiger Setzungen zwar abgeschwächt, jedoch nicht vollkommen ausgeschlossen werden.

Um die Bodenbedingungen genau zu ermitteln, sind vor Bauplanungsbeginn umfangreiche Probebohrungen auf dem Baugelände durchzuführen.

Bodensetzungen und die dadurch hervorgerufenen Schäden an Gebäuden brauchen keine natürlichen Ursachen zu haben, sondern können auch künstlich bedingt sein. So werden in Deutschland im Untertage-Bergbau Steinkohleflöze abgebaut, die sich unterhalb von Bauwerken befinden. Mit einer zeitlichen Verzögerung von einigen Monaten machen sich als Folge davon Senkungen der Erdoberfläche bemerkbar, die zu den erwähnten Rissen und Schieflagen führen. Um die Bodenveränderungen in Grenzen zu halten, werden die durch den Bergbau entstehenden Hohlräume mit Steinen aufgefüllt, die beim Fördern der Kohle anfallen. Darüber hinaus ist es auch möglich, mittels geeigneter - im folgenden kurz skizzierter - Vorkehrungen am Gebäude Schäden vorzubeugen, die auf den Bergbau zurückzuführen sind.

So können unter den Fundamenten von Neubauten Kammern vorgesehen werden, in die man Hydraulikpressen stellt, die bei Bodensenkungen das Gebäude computergesteuert nivellieren. Schwieriger ist die Sanierung oder die Vorsorge bei Altbauten, wenn *nachträglich* Maßnahmen ergriffen werden müssen, die Bergbau-Schäden am Gebäude beseitigen oder verhindern sollen. Die einfachste Lösung stellen die zusätzliche Bewehrung des Kellerbodens und die Verstärkung der Fundamente dar. Ferner ist inzwischen die Methode gängig, Bohrungen bis unter die Fundamente zu führen und mit einem elastischen Material aufzufüllen, das die bei Bodensenkungen wirken-

---

[168] Vgl. *Rockstroh*, Band 4, S. 53

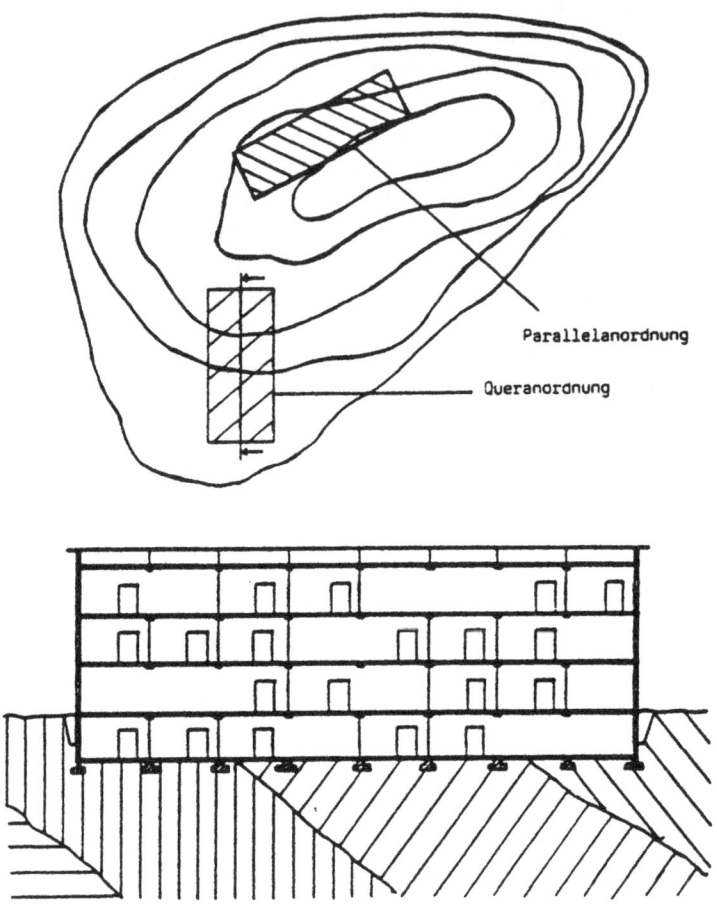

Abb. 18. Anordnung von Bauwerken auf dem Gelände in Abhängigkeit
des Verlaufes von Bodenschichtlinien
(Horizontal- und Vertikalschnitt)

Quelle: In Anlehnung an *Rockstroh*, W., Band 4, S. 53

den Preßkräfte aufnimmt und somit unschädlich macht. Spektakulär mutet dagegen die sogenannte Sägetechnik an. Mit einer überdimensional großen Kettensäge werden Gebäude durchgetrennt, wodurch Fugen entstehen, die die erwähnten Kräfte auffangen. Solche Schlitze in Gebäuden werden als dauerhafte Trennfugen angelegt, wenn eine Beruhigung der Erdbewegungen in absehbarer Zeit nicht zu erwarten ist. Ansonsten können die Fugen wieder geschlossen werden.[169]

b) Die topographische Beschaffenheit des Geländes

Kennzeichnend für die topographische Beschaffenheit des Baugeländes ist die Form der Erdoberfläche auf dem Bauplatz. Sie wird durch die Neigung des Geländes sowie durch die dort befindlichen Erhöhungen und Senkungen beschrieben. In der Regel ist für die Zwecke des Industriebaues ein ebenes, leicht abfallendes Gelände anderen Geländeformen vorzuziehen. Neigungen zwischen ein und maximal vier Prozent sind vorteilhaft, weil sie den Abfluß der Niederschläge begünstigen und die Entwässerungsleitungen einfach zu verlegen sind.[170] Ebene Geländeformen erleichtern die notwendigen Erdarbeiten, da nur Baugruben ausgehoben werden müssen, das Planieren von Geländeerhöhungen z.B. aber entfällt. Derartige topographische Bedingungen schränken den Spielraum für die Gestaltung der Fabrikbauten nicht ein. Besonders für große Industriehallen und für eine geschlossene Bebauung sind solche Geländebedingungen geradezu Voraussetzung.[171] Steigungen über vier Prozent können bautechnisch zwar immer - auch bei der Errichtung eingeschossiger Gebäude - so ausgeglichen werden, daß der Fußboden waagrecht verläuft, indem das Gebäude beispielsweise auf einem Sockel errichtet wird, wie Abbildung 19 schematisch zeigt, oder indem das Gelände im Ausmaß der Bauwerksgrundfläche eingeebnet wird.

Jedoch haben beide Lösungen einen gegenüber günstigen topographischen Verhältnissen erhöhten bautechnischen Aufwand und hierauf basierend höhere Investitionsausgaben pro Nutzungsflächeneinheit zur Folge. Besonders spürbar ist der relative Ausgabenanstieg stets dann zu verzeichnen, wenn der Bauwerkssockel aus statischen Gründen als massiver Block errichtet wird, der keinen zusätzlichen Raum bietet, oder wenn der Raum für betriebliche oder haustechnische Zwecke wegen der zu niedrigen Höhe unbrauchbar ist. Der Grad des Herstellkostenanstiegs ist abhängig vom Ausmaß der technischen Anstrengungen für den Niveauausgleich. Geht man

---

[169] Vgl. hierzu *Küffner*, G.: Bergschäden: Der Steinkohle-Abbau zwingt Schlösser, Häuser und Industriebauten in die Knie, in: Frankfurter Allgemeine Zeitung, Nr. 36 vom 12.02.1991, S. T 2
[170] Vgl. *Kettner/Schmidt/Greim*, S. 112
[171] Vgl. *Rockstroh*, Band 4, S. 52

von der Annahme aus, daß diese Maßnahmen ab einem bestimmten Gefälle immer größere Anstrengungen erfordern, kann man bei weiter zunehmendem Neigungswinkel ceteris paribus mit progressiven Herstellkosten pro Nutzflächeneinheit rechnen.

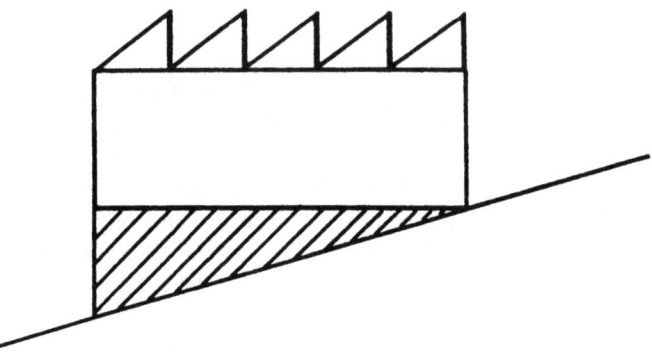

Abb. 19. Eingeschossiges Gebäude auf stark abfallendem Gelände

Aus betriebswirtschaftlicher Sicht muß daher bei der Bebauung eines stark abfallenden Geländes der Anteil der Erdarbeiten und der Bauwerksgründung am gesamten Bauprojekt möglichst gering gehalten werden, auch wenn aufgrund der technischen Entwicklung der Erdbewegungsmaschinen die Einebnung des Bodens sich gegenüber früher verbilligt hat. Grundsätzlich sollten bei Vorliegen starker Geländeneigungen keine ebenerdigen Hallen erbaut werden, da sich deren Nutzfläche annähernd proportional zur Grundfläche verhält, deshalb dem auf die Nutzfläche bezogenen Herstellkostenanstieg nicht durch eine Vergrößerung des Verhältnisses von Nutz- zu bebauter Grundfläche begegnet werden kann und sie nicht zuletzt unter allen Bauvarianten die Bauwerke darstellen, die die flächenmäßig größten Niveauausgleichsmaßnahmen erfordern.

Unter diesen Gesichtspunkten ist es bei starkem Geländegefälle besser, eine gegliederte - z.B. terrassenförmige - Bebauung mit gegebenenfalls mehreren kleinflächigen Gebäuden vorzusehen,[172] wobei insbesondere eine mehrstöckige Bauweise in Betracht gezogen werden muß, die gegenüber eingeschossigen Fabrikgebäuden und der disloziierten Bauweise ceteris pa-

---

[172] Vgl. *Rockstroh*, Band 4, S. 52; *Dolezalek/Warnecke*, S. 64

ribus den Vorteil einer kleineren Grund- bei gleicher Nutzfläche aufweist, wodurch in geringerem Umfange Vorkehrungen für den Niveauausgleich zu treffen sind. Da bei einem unebenen Gebäude ohnehin Höhenunterschiede bewältigt werden müssen, wenn Rohstoffe, Halb- und Fertigfabrikate innerhalb des Betriebes transportiert werden sollen, schlagen die in mehrstöckigen Fabrikbauten obligatorischen Vertikaltransporte nicht in dem Maße negativ zu Buche wie auf flachem Gelände, wo sie in vielen Fällen vollkommen vermeidbar sind. Auch aus diesem Grunde erweist sich das mehrstöckige Industriegebäude dem ebenerdigen unter den skizzierten topographischen Verhältnissen als überlegen.[173]

Abgesehen von den erwähnten zusätzlichen Baumaßnahmen, die ein stark abfallendes Gelände erfordert, neigt diese Geländeform auch dazu, den Materialfluß im Gebäude zu determinieren, was sich als nachteilig erweist, wenn dadurch gleichzeitig höhere Förder- und sonstige Betriebskosten entstehen. Betrachtet man die Abbildung 19, so wird deutlich, daß bei den vorliegenden topographischen Gegebenheiten eine direkte Verbindung zwischen Gebäude und Werksgelände nur an der Bergseite des Bauwerkes eingerichtet werden kann. An allen anderen Wänden wäre ein Zugang nur mittels zusätzlicher Hilfsmittel wie Rampen, Treppen, Aufzügen etc. möglich. Will man hierauf verzichten oder erweisen sie sich als unzweckmäßig, kann der Materialfluß nicht geradlinig verlaufen, sondern muß beginnend an der Bergseite seinen Weg u-förmig durch das Gebäude nehmen, um an seinen Ausgangspunkt zurückzukehren, wo die Übergabe der Halb- oder Fertigerzeugnisse an die Umgebung stattfinden kann.

Ein hügeliges oder stark abfallendes Gelände muß aus betriebswirtschaftlicher Sicht nicht immer unbedingt ungünstiger sein als ein ebener oder nur flach geneigter Grund. Denn unter bestimmten Voraussetzungen können die Höhenunterschiede auf dem Gelände für Transportzwecke nutzbar gemacht werden. Vor allem im Falle vertikal verlaufender Produktionsprozesse - z.B. in Mühlen oder Zuckerfabriken -, bei denen die Rohstoffe zu Produktionsbeginn in die Höhe gebracht werden müssen, kann diese Geländeform vorteilhaft sein, wie die Abbildung 20 zeigt. Über eine Transportbahn, die ein Geschoß des Fabrikgebäudes mit einem Punkt auf dem Werksgelände verbindet, wo sich z.B. das Rohstofflager befindet, kann das Fördergut entweder dem Prinzip der schiefen Ebene[174] folgend oder mit Hilfe einfacher mechanischer Transporteinrichtungen in den gewünschten Gebäudebereich geleitet werden. Auf diese Weise werden Lastenaufzüge im Bauwerk

---

[173] Vgl. *Dolezalek/Warnecke*, S. 64
[174] Vgl. *Hundhausen*, S. 33 f.

130   B. Restriktionen der Gestaltung von Industriebauten

für die Überwindung der Höhendifferenz zwischen Erd- und Obergeschoß und somit auch Kosten eingespart.

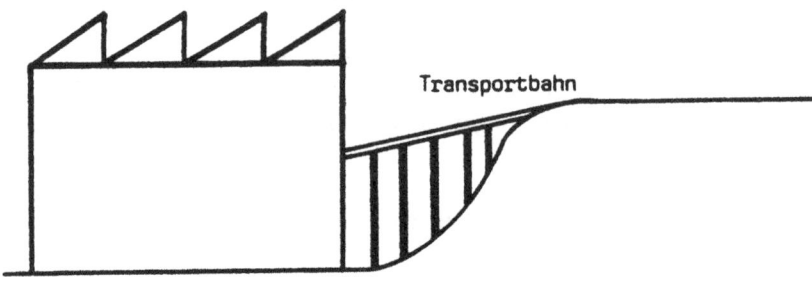

Abb. 20. Ausnutzung der Geländeform für Transportzwecke

Quelle: In Anlehnung an *Heideck*, E.; *Leppin*, O., S. 4

Als Fazit zu den topographischen Gegebenheiten bleibt festzuhalten, daß unebene Baugelände immer dann für industrielle Zwecke vorteilhaft sind, wenn sie, wie im Falle vertikal verlaufender Produktionsprozesse, eine Vereinfachung des Betriebsablaufes gestatten, die darin besteht, den vertikalen Rohstoff- und Werkstücktransport zu reduzieren. Die diesen Geländebedingungen am besten entsprechenden Bauwerke sind die mehrstöckigen Industriegebäude, da sie unebenes Bauland ökonomisch besser nutzen.[175]

c) Die hydrologische Beschaffenheit des Geländes

Die hydrologische Beschaffenheit des Baugrundes wird im wesentlichen durch die Höhe des Grundwasserspiegels sowie durch die chemischen Eigenschaften des Grundwassers gebildet. Von ihr sind im besonderen die Konstruktion des Bauwerkes, die Gründungsart, Maßnahmen zur Bauwerksabdichtung und zum Gründungsschutz abhängig. Fälschlicherweise wird häufig auch Oberflächenwasser, das sich auf wasserundurchlässigen Bodenschichten sammelt, als Grundwasser bezeichnet. Dieses nicht versickernde Regenwasser gehört im weiteren Sinne zu der hydrologischen Be-

---

[175] Vgl. *Schmidt*, S.: Über Entwicklungstendenzen im Geschoßbau, in: Bauplanung - Bautechnik, Nr. 4, 25. Jg., 1971, S. 174

schaffenheit des Bodens und muß, falls es in der Nähe von Bauwerken auftritt, durch Drainagen zum Abfließen gebracht werden.[176]

Unproblematisch ist die Höhe des Grundwasserstandes, wenn sich der Wasserspiegel zwei bis drei Meter unter der Kellersohle befindet. Geringere Tiefen machen besondere Abdichtungen des Bauwerkes notwendig, da der Grundwasserstand im Laufe der Zeit schwankt und den Kellerfußboden zu durchfeuchten droht. Mitunter ist deswegen die Anlage von Kellern unmöglich. Gegen das Grundwasser und die kapillar aufsteigende Bodenfeuchtigkeit sind die Bauteile unterhalb und unmittelbar oberhalb der Geländeoberfläche zu schützen. Voraussetzung für den Feuchtigkeitsschutz ist die Verwendung von Beton mit besonders dichtem Gefüge, das durch Auswahl geeigneter Zuschlagstoffe erzielt wird. Erforderlich sind ferner wasserdruckhaltende Dichtungen,[177] deren Bemessung und Ausführung in DIN 4031[178] geregelt sind. Es handelt sich um mehrlagige bituminöse oder teerhaltige Klebedichtungen, die aus Teer- oder Bitumenpappe und Aufstrichen (Klebemassen) bestehen. Die dichtende Wirkung üben nur die Aufstriche aus, die Pappen sind Träger der Klebemassen.

Wie im Baugrund können sich auch im Grundwasser betonaggressive Stoffe befinden, die zur Zerstörung der Gründung führen. Aggressive Substanzen kommen vor allem in Meer-, Gebirgs-, Quell- und Moorwasser sowie in Industrieabwässern vor, die in den Boden eingesickert sind.[179] Wo dies der Fall ist, muß entweder die Oberfläche des Betons versiegelt oder ein anderer Baustoff für die Gründung und die sonstigen mit dem Grundwasser in Berührung kommenden Bauteile gewählt werden.

3. Klimatische Gegebenheiten des Standortes

Klima wird als der mittlere Zustand der Atmosphäre über einem bestimmten Gebiet und als der für dieses Gebiet charakteristische Ablauf der Witterung definiert. Bestimmend für die Verteilung der Klimate auf der Erde sind die geographische Breite sowie die Einwirkungen der Meere und Kontinente.[180] Das standortdominierende Klima ist für die Errichtung von

---

[176] Vgl. *Heideck/Leppin*, S. 34
[177] Vgl. *Papke*, Gebäudekonstruktionen, S. 407 f.
[178] Vgl. DIN 4031 "Wasserdruckhaltende bituminöse Abdichtungen für Bauwerke", in: DIN Deutsches Institut für Normung e.V. (Hrsg.), Normen über Feuchtigkeitsschutz, 2. Auflage, Berlin, Köln 1982, S. 11-14
[179] Vgl. *Rudert*, S. 309
[180] Vgl. Brockhaus Enzyklopädie, Band 10, Stichwort: Klima, 17. Auflage, Wiesbaden 1970, S. 262 f.

Industriebetrieben bedeutsam, weil es das Wohlbefinden der Arbeitskräfte, die Betriebsanlagen und die Herstellung und Lagerung von Erzeugnissen beeinträchtigen kann, weshalb häufig künstlich günstige klimatische Verhältnisse geschaffen werden müssen. So kann beispielsweise in metallverarbeitenden Betrieben eine hohe Luftfeuchtigkeit zu Korrosionserscheinungen an den Produkten und eine unkontrollierte Wärmeentwicklung zu Herstellungsungenauigkeiten führen. Ferner kann die Arbeitsleistung des Menschen durch Hitze, Kälte usw. vermindert werden.[181] Das Industriegebäude hat im Rahmen seiner bereits angesprochenen Schutzfunktion die negativen Auswirkungen des Klimas auf die Herstellung der Erzeugnisse zu neutralisieren und darüber hinaus dem Produktionsprozeß dienliche Raumbedingungen zu gewährleisten.

Arten und Ausmaß der baulichen Vorkehrungen, die zu treffen sind, um die erwähnten Aufgaben des Industriebaues zu erfüllen, unterscheiden sich nach dem jeweils vorherrschenden Klima. Im besten Fall entspricht das natürliche Außenklima zugleich dem optimalen Produktions- und Lagerklima. Hier können sich die Baumaßnahmen ceteris paribus auf ein Minimum beschränken, denkbar ist auch eine Produktion im Freien, wodurch sich ein Gebäude erübrigen würde. Die Klimabedingungen in unseren Breitengraden genügen beispielsweise den Anforderungen mancher Sägewerke. Einfache, z.T. seitlich offene Umhüllungen der Sägeeinrichtungen und Lagerplätze für die geschnittenen Bretter im Freien sind an den Standorten dieser Betriebe im Schwarzwald, in den Alpen usw. häufig zu finden. Klimatisch begünstigt ist ein Standort zu nennen, wenn das notwendige Produktions- und Lagerklima leicht erzielbar ist. Vergleichsweise geringe bautechnische Einrichtungen sind dann zur Herstellung des gewünschten Raumklimas erforderlich, z.B. genügen normale Heizungen in diesen Fällen, Klimaanlagen sind hingegen überflüssig. Bei klimatisch ungünstigen Standorten sind größere bauliche Maßnahmen zu ergreifen.

Das Klima ist das Resultat der Ausprägungen seiner Elemente Temperatur, Luftdruck, Windrichtung und -stärke, Niederschläge, Luftfeuchtigkeit, Bewölkung und Sonnenscheindauer, die für sich genommen unterschiedliche Vorkehrungen am Fabrikgebäude erfordern, um das geeignete Produktions- und Raumklima zu erzeugen. Im folgenden wird sich exemplarisch mit den Einflüssen der Niederschläge, der Luftbewegung und der Temperatur auseinandergesetzt werden.

---

[181] Vgl. *Kettner/Schmidt/Greim*, S. 110

a) Die Einflüsse der Niederschläge

Selbstverständlich muß eine feuchtigkeitsunverträgliche Produktion durch ein Fabrikgebäude gegen Niederschlag geschützt werden. Es ist aber weniger die Niederschlagsmenge als die Art des Niederschlages, die bei der Gebäudekonstruktion eine besondere Beachtung verdient. Regen wird durch Dachschrägen sowie Regenrinnen und -rohre ausreichenden Querschnittes vom Dach in den Boden abgeleitet. Dies ist mit Schnee oder Eis nicht ohne weiteres möglich. Bei diesen beiden Arten des Niederschlages ist damit zu rechnen, daß sie längere Zeit auf dem Gebäude liegen bleiben und dadurch zusätzliche Lasten verursachen, die beim Bemessen des Bauwerkes zu berücksichtigen sind. Hinweise hierzu enthält DIN 1055 Teil 5 "Lastannahmen für Bauten - Verkehrslasten, Schneelast und Eislast".[182] Da im Fabrikbau Flachdächer oder sonstige Dächer mit Flachbereichen üblich sind, besteht die Problematik bei derartigen Gebäuden in besonderer Weise. Durch ständige Beheizung des Daches - was sicher die unwirtschaftlichste und ökologisch unverträglichste Lösung des Problems darstellt -, durch laufende Schneeräumung auf dem Dach oder durch Ableitung der Schnee- und Eislasten mit Hilfe einer geeigneten Stützkonstruktion kann in schneereichen Gebieten diesen Fragen begegnet werden.

Der Niederschlag bringt nicht nur das Problem der Dachlasten mit sich, sondern greift in Verbindung mit der durch ihn verursachten Luftfeuchtigkeit auch die Materialien an, aus denen das Gebäude errichtet ist. Deshalb müssen, ähnlich wie im Falle aggressiven Grundwassers, Schutzmaßnahmen gegen Regen, Schnee und Luftfeuchtigkeit ergriffen werden. In einer Reihe von DIN-Normen sind Richtlinien über vorbeugende Maßnahmen zum Feuchtigkeitsschutz von Gebäuden enthalten.[183]

b) Die Einflüsse der Luftbewegung

Ein Klimaelement, das die Gebäude unter Umständen hohen Belastungen aussetzen kann, ist die Luftbewegung. Bauwerke sind deshalb so zu konstruieren, daß sie auch hohen Windstärken schadlos standhalten. Insbesondere sollten die Bauten so auf dem Gelände plaziert werden, daß sie dem Wind nur eine geringe Angriffsfläche bieten. Diese Forderung läßt sich nur

---

[182] Vgl. DIN 1055 Teil 5, in: DIN Deutsches Institut für Normung e.V. (Hrsg.), Normen über Planung, 4. Auflage, Berlin, Köln 1981, S. 152 - S. 156 a

[183] Im einzelnen sei auf DIN Deutsches Institut für Normung e.V. (Hrsg.), Normen über Feuchtigkeitsschutz, 2. Auflage, Berlin, Köln 1982 verwiesen, worin die wichtigsten Normen hierzu abgedruckt sind.

realisieren, wenn im betreffenden Baugebiet eine Hauptwindrichtung existiert. Da in Mitteleuropa Richtungen um West bis Südwest vorherrschen,[184] empfiehlt es sich, rechteckige Gebäude mit ihrer Schmalseite gegen diese Himmelsrichtung zu errichten. Wie bei Aufstellung der Fabrikbauten unter Berücksichtigung des günstigsten Tageslichteinfalls, ist es folglich auch bei Beachtung der Windrichtung in unseren Breiten günstig, Ost-west-Zeilen zu wählen. Diese Ausrichtung der Gebäude ist nicht nur unter Belastungsaspekten vorteilhaft, auch die Tatsache, daß Wind in der kalten Jahreszeit zu einer Auskühlung der Gebäude und einer Erhöhung des Heizbedarfs führt,[185] gebietet es, die Bauten entsprechend der Hauptwindrichtung auszurichten, um Energie zu sparen. Ein weiterer Vorteil, das Gebäude mit seiner Schmalseite gegen die Hauptwindrichtung aufzustellen, liegt in der Minimierung der Schlagregengefährdung, deren Ausmaß im Wind-Niederschlags-Index zum Ausdruck kommt.[186] Denn je kleiner die Gebäudefläche ist, die dem Schlagwetter ausgesetzt ist, desto geringer ist die Gefahr der Bauwerksbeschädigung.

Nicht zuletzt ist die Hauptwindrichtung auch bei der gegenseitigen Anordnung der Gebäude auf dem Betriebsgelände von Bedeutung. Gerade bei Anfall größerer Staub- und Abgasmengen oder bei Entstehung starker Geräusche während der Produktion sollen die Bauwerke so angeordnet werden, daß die Emissionen durch den Wind nicht an solche Bauten herangetragen werden, von denen keine Verunreinigungen der Umgebung nach außen dringen oder auf deren Verwendungszweck sich die Emissionen störend auswirken. So sind beispielsweise Sozial- und Verwaltungsgebäude in Windrichtung vor Produktionsbauten aufzustellen.

c) Die Einflüsse der Lufttemperatur

In der kalten Jahreszeit wird die gewünschte Raumlufttemperatur durch die Heizung erzeugt. Der Bedarf an Heizenergie sowie die Innentemperatur im Sommer hängen zu einem bedeutenden Teil von den thermischen Eigenschaften des Gebäudes, d.h. vom Wärmeschutz- und Wärmespeichervermögen, ab.[187] Tragen auch Klimaanlagen zu dem gewünschten Raumklima bei,

---

[184] Vgl. *Petzold*, K.: Raumklimaforderungen und Belastungen, in: Handbuch Industrieprojektierung, hrsg. von H.-J. Papke, 2. Auflage, Berlin (Ost) 1983, S. 500

[185] Vgl. *Petzold*, Raumklimaforderungen, S. 500

[186] Dieser Index ist proportional dem Produkt aus der mittleren Jahressumme des Niederschlags und dem Jahresmittel der Windgeschwindigkeit; vgl. *Petzold*, Raumklimaforderungen, S. 500

[187] Vgl. *Petzold*, K.: Thermische Bemessung der Gebäude, in: Handbuch Industrieprojektierung, hrsg. von H.-J. Papke, 2. Auflage, Berlin (Ost) 1983, S. 501

so ist deren Leistungsfähigkeit unter anderem ebenfalls nach den thermischen Bauwerkseigenschaften zu bemessen. Ist beispielsweise das Wärmeschutzvermögen klein, heizt sich das Gebäudeinnere durch hohe Außentemperaturen schneller und stärker auf, weshalb ceteris paribus leistungsstärkere Klimaanlagen benötigt werden als bei großem Wärmeschutzvermögen der raumabschließenden Bauteile. Schlechte Wärmespeichereigenschaften erhöhen entsprechend den Bedarf an Heizenergie. Da die Betriebskosten von Klimaanlagen hoch sind und gute Wärmeisolierungen mit vergleichsweise geringen Investitionen erzielt werden können, ist es im allgemeinen zweckmäßig, bei der Errichtung von Industriebauten gute Isolierwerte anzustreben.[188] Ein guter Wärmeschutz kann z.B. bereits erreicht werden, indem die Bauwerksoberfläche so gestaltet wird, daß sie gegenüber der Sonnenstrahlung einen geringen Absorptionsgrad aufweist. Folgende Übersicht zeigt den mittleren Absorptionsgrad unterschiedlich gestalteter Oberflächen:

		Mittelwerte
1	Schwarze nichtmetallische Oberflächen (Dachpappe, Asphalt)	0,95
2	Dunkle Farben, rauhe Oberflächen (Ziegel, Dunkelrot, Dunkelblau)	0,75
3	Mittelhelle Farben, glatte Oberflächen (Beton, Putz, Asbestzement)	0,60
4	Helle Farben (Gelb, Hellblau, Hellrot)	0,40
5	Weiß	0,35
6	Matte Metalloberflächen	0,55
7	Aluminiumfarbe	0,40
8	Blanke, polierte Metallflächen	

Abb. 21. Mittlerer Absorptionsgrad unterschiedlicher Gebäudeoberflächen

Quelle: In Anlehnung an: *Petzold*, K., Thermische Bemessung, S. 501

Um die Wärmebelastung im Gebäudeinneren so gering wie möglich zu halten, müssen ferner Glasflächen sonnengeschützt ausgeführt werden. Als Sonnenschutz kommen Blenden, Jalousien und Sonnenschutzgläser in Betracht. Bewegliche Verschattungseinrichtungen (z.B. Jalousien) haben den Vorteil, daß sie witterungsabhängig eingesetzt werden können. Grundsätzlich sind äußere Jalousien etc. inneren Sonnenschutzeinrichtungen wegen

---

[188] Vgl. *Berger*, S. 283 f.

des höheren Wirkungsgrades vorzuziehen.[189] Durch künstliche oder natürliche, aber zugfreie Belüftung der Industriegebäude werden hohe Temperaturen in den Arbeitsräumen leichter ertragen. Deshalb müssen entsprechende Vorkehrungen an den Bauwerken getroffen werden. Eine künstliche Belüftung läßt sich durch Lüftungsanlagen erzielen. Maßnahmen zur natürlichen Belüftung der Räume sind der Einbau von Fenstern und Dachoberlichtern, die geöffnet werden können.[190]

Naturgemäß gewinnen bauliche Vorkehrungen zur Herstellung eines geeigneten Raumklimas, wie z.B. die soeben genannten, um so mehr an Bedeutung, je stärker die Außenklimate von dem angestrebten Raumklima abweichen. Bei der Auswahl der baulichen Vorkehrungen zur Wärmeisolation des Fabrikgebäudes ist ferner darauf zu achten, daß manche unvereinbar mit der ordnungsgemäßen Erfüllung des Betriebszweckes sein können.[191] Fenster in Filmentwicklungslabors oder poröse Isolierplatten, die zur Staubablagerung neigen, in Räumen, die aus hygienischen Gründen staubfrei sein müssen, sind ungeeignet und kommen deshalb nicht in Betracht.

---

[189] Vgl. *Petzold*, Thermische Bemessung, S.505
[190] Zu den raumklimatechnischen Aspekten der Baugestaltung vgl. auch S. 282 ff. dieser Arbeit.
[191] Vgl. *Berger*, S. 283

C. Zur Beurteilung der Zweckmäßigkeit von Industriebauten aus betriebswirtschaftlicher Sicht

Im Anschluß an die Erörterung wichtiger Rahmenbedingungen, die die Gestaltungsfreiheit des Architekten und Fabrikplaners einschränken, erhebt sich nun die Frage, wie innerhalb des gegebenen Spielraumes die Industriebauten errichtet werden sollen.

Die Gestaltung von Industriebauten als typische Zweckbauten wird in erster Linie durch den Zweck bestimmt, der mit dem Gebäude verfolgt wird. Diese Aussage, die so oder in ähnlicher Weise häufig in der Literatur zu lesen ist, stimmt zweifellos, ist für sich allein betrachtet aber auch nichtssagend. Denn ihr fehlt die nötige Präzisierung des Begriffes Zweckmäßigkeit. Um Regeln über die Gestaltung von Fabrikgebäuden aufstellen zu können, müssen daher Kriterien gefunden werden, die eine Beurteilung der Zweckmäßigkeit erlauben. Naheliegend ist es, die auf den Seiten 34 ff. dieser Arbeit beschriebenen Funktionen des Industriebaues als Maßstab heranzuziehen. Es zeigt sich jedoch, daß die bloße Erfüllung der einzelnen Aufgaben, wie z.B. die Umhüllung des Produktionsprozesses oder die Gewährung eines Arbeitsraumes, nur ein schwaches Kriterium für die Zweckmäßigkeit sein kann. Viele verschiedene Bauweisen werden der Erfüllung der genannten Aufgaben gerecht, ohne daß man sagen kann, welche Bauweise die optimale ist.[1]

Zusätzlich zu diesen funktionalen Kriterien müssen daher strengere Maßstäbe gefunden werden, die eine Beurteilung der Zweckmäßigkeit erlauben. Wohlwissend, daß sich derartige Prüfsteine für die Begutachtung von Industriebauten aus den Blickwinkeln verschiedener Wissenschaftsdisziplinen herausarbeiten lassen, sollen im folgenden nur die im Rahmen dieser Arbeit besonders interessierenden *potentiellen* ökonomischen Maßstäbe diskutiert werden, wodurch sich letztlich nach Ansicht des Verfassers ein einziger *aktualer* Maßstab herausstellen wird. Darauf aufbauend finden im weiteren Verlauf dieser Arbeit die funktionalen Aspekte Berücksichtigung bei der Erörterung einer zweckmäßigen Industriebaugestaltung. Sie bilden zusam-

---

[1] Vgl. *Harms*, H.: Betriebsstättenplanung in der Bekleidungsindustrie, Berlin 1987, S. 51

men mit den jetzt zu behandelnden rein betriebswirtschaftlichen Gesichtspunkten das ökonomisch-funktionale Kriterienraster.

I. Die Wirtschaftlichkeit des Industriebaues als Gestaltungskriterium

1. Die Bedeutung des Wirtschaftlichkeitsprinzips für die Gestaltung von Industriebauten

Um betriebswirtschaftliche Kriterien für die Gestaltung von Industriebauten herauszufinden, muß man sich des Untersuchungsgebietes dieser Wissenschaftsdisziplin besinnen, das ganz allgemein gesprochen die Wirtschaft ist, also jenes Feld menschlicher Tätigkeiten, dessen Ziel die Bedürfnisbefriedigung und Bedarfsdeckung ist. Da die menschlichen Bedürfnisse unbegrenzt und die zur Bedürfnisbefriedigung vorhandenen Mittel knapp sind, ist der Mensch gezwungen zu wirtschaften, d.h. die Mittel so einzusetzen, daß ein möglichst hoher Grad der Bedürfnisbefriedigung erzielt wird.[2] Aufgabe der Betriebswirtschaftslehre ist es, die einer Unternehmung hierfür zur Verfügung stehenden Handlungsalternativen aufzuzeigen und zu erklären sowie Entscheidungshilfen zu formulieren, welche Alternative im Hinblick auf das Ziel zu wählen und wie der betriebliche Leistungserstellungsprozeß zu gestalten ist. Dazu ist ein Auswahlprinzip notwendig, das Aussagen über die Art und Weise des Wirtschaftens enthält.[3] Das Prinzip, in dem das wirtschaftliche Handeln zum Ausdruck kommt, ist das ökonomische Prinzip. Es besagt in seiner mengenmäßigen Definition, daß eine gegebene Güterausbringung mit dem geringstmöglichen Einsatz an Produktionsfaktoren (Minimalprinzip) oder die größtmögliche Güterausbringung mit einer gegebenen Menge an Einsatzfaktoren (Maximalprinzip) zu erwirtschaften ist. Die wertmäßige Variante fordert, einen bestimmten Erlös mit minimalen Kosten oder einen maximalen Erlös bei gegebenen Kosten zu erzielen. Die Befolgung des ökonomischen Prinzips führt bei Gestaltung und Durchführung des industriellen Leistungserstellungsprozesses zur sparsamsten Verwendung der zur Verfügung stehenden Produktionsfaktoren im allgemeinen sowie der Industriebauten im besonderen.

---

[2] Vgl. hierzu z.B. *Wöhe*, G.: Einführung in die Allgemeine Betriebswirtschaftslehre, 17. Auflage, München 1990, S. 1 f.

[3] Vgl. *Fries*, S. 3

Das Wirtschaftlichkeitsprinzip hat in jedem Wirtschaftssystem Geltung. Nicht nur die Betriebe, die dem Wettbewerb in der Marktwirtschaft ausgesetzt sind, sondern auch die Betriebe, die einem zentralverwaltungswirtschaftlichen System angehören, müssen versuchen, für jede Ausbringung die günstigste Faktorkombination zu verwirklichen.[4] Ferner gilt das ökonomische Prinzip auch unabhängig von den Zielsetzungen wirtschaftlichen Handelns. Gleichgültig, ob ein Unternehmer nach Gewinnmaximierung, nach Sicherung eines Mindestgewinnes, nach Güterversorgung der Allgemeinheit, nach Verbesserung des Betriebsklimas und dergleichen mehr strebt, wird er das ökonomische Prinzip beachten.[5] Denn dieses Prinzip zeigt, wie die Ziele unternehmerischer Tätigkeiten zu verfolgen sind, und ist als reines Formalprinzip diesen Zielen untergeordnet. So ist die aus der Forderung nach wirtschaftlichem Handeln folgende sparsamste Mittelverwendung immer im Zusammenhang mit der Zielsetzung zu sehen, die in der Regel einen höheren als den zur bloßen Sachleistungserstellung unbedingt notwendigen Produktionsfaktoreinsatz erfordert. Selten ist die oft genannte Gewinnmaximierung alleiniges Unternehmensziel. Beispielsweise stellt die Beschäftigung von Arbeitnehmern in vielen Unternehmungen einen Anlaß dar, die Erfüllung der in der Person des Menschen liegenden Bedürfnisse, Anliegen und Anforderungen im Zielsystem der Unternehmung zu verankern, wenn auch vielfach mit der Absicht, den Leistungswillen und das Leistungsvermögen der Arbeitskräfte zu erhöhen. Die menschengerechte Gestaltung der Arbeitsräume, wie z.B. eine behagliche Form- und Farbgebung sowie Einrichtung oder ein zusätzlicher umfassender Schutz vor Gefahren und Krankheiten und vieles mehr, gehört sicher dazu. Falls dieselbe Arbeitsleistung ohne solche Maßnahmen erbracht werden könnte, bedeutet deren Umsetzung keineswegs unwirtschaftliches Handeln, wenn sie für die Erreichung der entsprechenden Ziele, die sich einer Wirtschaftlichkeitsbeurteilung entziehen, notwendig ist.

Auch im Falle vollkommener Konkurrenz, bei dem die gewinnmaximale Ausbringung nicht mit der kostenoptimalen Ausbringung identisch ist,[6] wird das Wirtschaftlichkeitsprinzip beachtet, weil diese Produktmenge mit den *dafür* minimalen Stückkosten erzeugt wird. Nicht die absolut niedrigsten Stückkosten, sondern die auf das verfolgte Ziel (z.B. Herstellung der ge-

---

[4] Vgl. *Gutenberg*, S. 471
[5] Vgl. *Wöhe*, Einführung, S. 2
[6] Die gewinnmaximale Ausbringung ist bei vollkommener Konkurrenz dann gegeben, wenn die Grenzkosten der letzten Produkteinheit mit dem Absatzpreis des erzeugten Produktes übereinstimmen. Der Punkt absolut niedrigster Stückkosten liegt bei der Erzeugungsmenge, bei der die Grenzkosten den Stückkosten entsprechen. Die kostenoptimale Ausbringung ist im Modellfalle der vollkommenen Konkurrenz kleiner als die gewinnmaximale. Vgl. hierzu *Gutenberg*, S. 469 f.

winnmaximalen Produktmenge) bezogenen Stückkosten sind Gradmesser für die Wirtschaftlichkeit des Produktionsprozesses. Gutenberg spricht von einer Unterordnung des Wirtschaftlichkeitsprinzips unter das erwerbswirtschaftliche Prinzip der Gewinnmaximierung,[7] was aber nicht bedeutet, daß die Produktion im Gewinnmaximum unwirtschaftlich wäre. Vielmehr haben beide Prinzipien Geltung mit dem Unterschied, daß das Wirtschaftlichkeitsprinzip, das die Art des ökonomischen Handelns unabhängig von den damit verbundenen Motiven charakterisiert, allein aufgrund der Knappheit der Mittel zur Bedürfnisbefriedigung immer Bestand hat und die Verfolgung eines Grundsatzes, der die Zielsetzung des wirtschaftlichen Handelns zum Ausdruck bringt, wie z.B. das erwerbswirtschaftliche Prinzip der Gewinnmaximierung, von den jeweiligen Zielen abhängt.

Schließlich haben alle Bezugsgruppen der Unternehmung, wie die Eigentümer, die Arbeitnehmer, die Lieferanten, die Kunden, der Staat etc., ein Interesse daran, daß die Unternehmung wirtschaftlich arbeitet. Denn niemand kann seine Ziele gegenüber der Unternehmung weiter verfolgen, wenn diese aufgrund von Unwirtschaftlichkeiten am Markt ausgeschieden ist.[8]

Wirtschaftlichkeit ist somit die primäre wirtschaftssystem-, ziel- und praktisch auch bezugsgruppenneutrale Anforderung an jegliche betriebliche Tätigkeit. Sie muß nicht nur bei der Gestaltung des Betriebsablaufes, sondern auch beim Aufbau des Industriebetriebes, insonderheit bei der Gestaltung der Industriegebäude, beachtet werden.

Die Forderung nach wirtschaftlichem Bauen und wirtschaftlichen Gebäuden wird nicht erst seit Bestehen der Betriebswirtschaftslehre als Wissenschaftsdisziplin erhoben. Bereits Marcus Vitruvius Pollio, römischer Baumeister und Architekturtheoretiker des ersten vorchristlichen Jahrhunderts, berührt in dem einzigen uns erhaltenen antiken Lehrwerk über Architektur "de architectura decem libri" bei der Schilderung des Berufsbildes von Architekten Fragen der Wirtschaftlichkeit beim Bauen: "Die fachgemäße Leitung ... einer Bauarbeit besteht einerseits in der passenden Verwendung der zu Gebote stehenden stofflichen Mittel und der vorteilhaften Ausnutzung des Bauplatzes sowie der mit Vorbedacht sparsamen Verteilung der vorgesehenen Geldmittel."[9] Heute zählen alle deutschen Architektengesetze wenigstens die wirtschaftliche Planung von Bauwerken,[10] das Hamburgische

---

[7] Vgl. *Gutenberg*, S. 470

[8] Vgl. *Veit*, Th./*Walz*, H./*Gramlich*, D.: Investitions- und Finanzplanung, Heidelberg 1990, S. 25. Eine Ausnahme bildet möglicherweise die Konkurrenz.

[9] *Vitruvius Pollio*, M.: De architectura decem libri, übersetzt von J. Prestel, Erstes Buch, Straßburg 1912, S. 24

[10] Vgl. z.B. § 1 Architektengesetz für Baden-Württemberg in der Fassung vom 01.08.1990,

I. Die Wirtschaftlichkeit des Industriebaues 141

Architektengesetz[11] darüber hinaus auch die wirtschaftliche Gestaltung von Bauwerken zu den Berufsaufgaben von Architekten.

Auch in wissenschaftlicher Hinsicht werden Fragen der Wirtschaftlichkeit von Ingenieuren aufgegriffen. Die Bauökonomie ist eine spezielle Wirtschaftslehre für Bauingenieure, die sich mit der wirtschaftlichen Gestaltung von Bauwerken und der Schaffung ökonomischer Maßstäbe beschäftigt, an denen die Wirtschaftlichkeit von Bauten gemessen werden kann.[12] Insgesamt mag es deshalb nicht verwundern, wenn nicht nur betriebswirtschaftliche Autoren wie Beste und Mellerowicz,[13] sondern auch Vertreter des ingenieurwissenschaftlichen Schrifttums[14] Wirtschaftlichkeitsgesichtspunkte für die Gestaltung von Industriebauten zu Anforderungen erheben. Fragen der Wirtschaftlichkeit berühren zum einen das Bauen als Vollzug der Planung, zum anderen das Bauwerk als Objekt und Ergebnis planerischer Tätigkeiten. Das Hauptaugenmerk wird im Verlaufe dieser Arbeit auf das Bauwerk an sich gelegt werden.

2. Zur Messung der Wirtschaftlichkeit

Bevor durch die Formulierung einer Reihe von konkreten Einzelanforderungen, die sich aus der Beachtung des Wirtschaftlichkeitsprinzips ergeben, gezeigt werden kann, wie diese primäre betriebswirtschaftliche Anforderung bei der Errichtung von Industriebauten in die Praxis umgesetzt werden kann, muß ein Maßstab gefunden werden, der eine Beurteilung der Wirtschaftlichkeit der zu ergreifenden Maßnahmen erlaubt. So einheitlich wie der Gesetzgeber, das betriebswirtschaftliche und ingenieurwissenschaftliche Schrifttum sowie die betriebliche Praxis die Forderung nach einer wirtschaftlichen Bauweise vertreten, so sehr divergieren die Ansichten bei der Beantwortung der Frage, anhand welcher Prüfsteine die Wirtschaftlichkeit eines Industriegebäudes gemessen werden kann. In Unkenntnis der Sachlage werden in diesem Zusammenhang von einigen Autoren verschiedentlich betriebswirtschaftliche Kenngrößen vorgeschlagen, die sich bei näherer Be-

---

[11] Vgl. § 1 Abs. 1 Buchst. a) Hamburgisches Architektengesetz vom 26.11.1965, in: Hamburgisches Gesetz- und Verordnungsblatt, Teil I, Nr. 56 vom 02.12.1965, S. 205
[12] Vgl. *Campinge*, J.: Erkenntnistheoretische Grundlagen der Bauökonomie, in: Deutsches Architektenblatt, Nr. 6, 3. Jg., 1971, S. 205 ff.
[13] Vgl. *Beste*, Fertigungswirtschaft, S. 158; *Mellerowicz*, Industrie, Band I, S. 367
[14] Vgl. *Aggteleky*, B.: Entscheidungsfindung bei Fabrikplanungs-Projekten, in: Werkstatt und Betrieb, Nr. 3, 121. Jg., 1988, S. 176; *Harms*, S. 51; *Maier-Leibnitz*, H.: Der Industriebau, Erster Band, Die bauliche Gestaltung von Gesamtanlagen und Einzelgebäuden, Berlin 1932, S. 1; *Scheuchzer*, R.: Industriebau als Rationalisierungsaufgabe, in: Industrielle Organisation, Nr. 5, 37. Jg., 1968, S. 266

trachtung als untauglich erweisen. Zudem bestehen zwischen den verschiedenen Wissenschaftsgebieten, teilweise aber auch innerhalb einer Disziplin unterschiedliche Gepflogenheiten bei der inhaltlichen Festlegung potentieller Maßgrößen. Deshalb scheint es zwingend geboten, in der vorliegenden Arbeit zu dieser Problematik Stellung zu nehmen und die in der Literatur diskutierten oder auch nur denkbaren Maßstäbe eingehend zu behandeln.

a) Auf Mengengrößen basierende Maßstäbe

Als Maßstäbe kommen grundsätzlich Mengen- und Wertgrößen in Betracht. Erstere spiegeln den Güterstrom in der Unternehmung auf reiner Mengenbasis wider. Die Menge an eingesetzten Produktionsfaktoren (Input), die Ausbringungsmenge (Output) oder die Relation von Output zu Input (Produktivität) sowie die Kehrzahl hiervon (Produktionskoeffizient) sind wichtige Parameter der betriebswirtschaftlichen Modellbildung und Beurteilung der Ergiebigkeit von Produktionsverfahren.

Für die betriebswirtschaftliche Beurteilung der Zweckmäßigkeit von Industriebauten sind die vorgenannten Größen jedoch nicht geeignet. Denn im Unterschied zu den Produktionsfaktoren, die Werkverrichtungen vornehmen (Arbeitskräfte, Maschinen), können Industriegebäuden keine Ausbringungsmengen ursächlich zugeordnet werden. Sie legen als potentieller Engpaßfaktor zwar den maximalen Leistungsumfang des Betriebes fest, da sie stets nur für eine Produktionsstätte bestimmter quantitativer und qualitativer Kapazität Raum bieten. Weder diese so definierte größtmögliche, noch die tatsächliche Ausbringung, die von Einflüssen unterschiedlicher Art, wie z.B. der Art und Anzahl der Arbeitskräfte und Maschinen, der Absatzlage oder den Beschaffungsmöglichkeiten für Rohstoffe abhängt, sind jedoch geeignet, eine erschöpfende Auskunft über die Zweckmäßigkeit eines Gebäudes zu geben. Lediglich wenn die Größe eines Industriebaues im positiven oder im negativen von der Größe grob abweicht, die erforderlich ist, um einen Betrieb bestimmter Kapazität aufzunehmen, kann mit Sicherheit festgestellt werden, daß das Gebäude nicht zweckmäßig ist. Diese Erkenntnis ist aber trivial.

Anders als die Ausbringungsmenge können die Quantitäten bestimmter Einsatzfaktoren dem Fabrikgebäude direkt zugerechnet und unter Berücksichtigung der ceteris-paribus-Klausel verschiedene Verbrauchsmengen auf unterschiedliche Bauweisen zurückgeführt werden. So läßt sich beispielsweise der Mehrverbrauch an Heizenergie eines schlecht isolierten Bauwerkes unter sonst gleichen Umständen (gleiche Produktion, gleiche sonstige Bauweise etc.) gegenüber einem wärmegedämmten Gebäude ermitteln. Auf

I. Die Wirtschaftlichkeit des Industriebaues

diese Weise ist es zwar möglich, Aussagen über die Wirtschaftlichkeit des Gebäudes hinsichtlich einzelner Einsatzfaktoren zu treffen.[15] Eine umfassende Beurteilung des Gebäudes kann hingegen wegen der Ungleichnamigkeit der Güterströme nicht durchgeführt werden, so daß für diesen Zweck auf Wertmaßstäbe zurückgegriffen werden muß.

Wenn weder die Ausbringungs- noch die Einsatzmenge als Eignungskriterien in Betracht kommen, muß dies auch für daraus abgeleitete Kennzahlen wie die der Produktivität gelten. Gleichwohl wird gerade diese Kennzahl verschiedentlich in der Literatur als Parameter für die Optimierung von Fabrikanlagen im allgemeinen, aber auch für Industriegebäude im besonderen bemüht.[16] Die betreffenden Autoren interpretieren diese Größe falsch oder ignorieren das Fehlen des eindeutigen und ursächlichen Zusammenhanges zwischen der Ausbringungsmenge und der Gestaltung des jeweiligen Fabrikgebäudes und übersehen dabei, daß die Bildung einer Kennzahl "Ausbringung pro Fabrikgebäude" sinnlos ist.

Unbeschadet dessen kann durch entsprechende Gestaltung von Industriebauten auf die Produktivität des *Betriebes* Einfluß genommen werden; allerdings stellt dies einen anderen Sachverhalt dar. Denn der Betrieb ist als größte Bezugsgröße gleichsam das Auffangbecken für alle sonst nicht zurechenbaren Mengen- und Wertströme. Die Produktivität des Betriebes kann aber nicht zuletzt aus diesem Grunde nicht auf das Gebäude umgerechnet werden. Zusammenfassend bleibt somit festzustellen, daß Mengengrößen als betriebswirtschaftlicher Maßstab zur Messung der Zweckmäßigkeit von Fabrikbauten wegen der Unmöglichkeit, die Ausbringung verursachungsgerecht auf das Gebäude zu beziehen, oder wegen der Ungleichnamigkeit der Einsatzfaktoren untauglich sind.

b) Auf Wertgrößen basierende Maßstäbe

Als Wertmaßstäbe für die Beurteilung der betriebswirtschaftlichen Zweckmäßigkeit von Industriebauten werden im folgenden Zahlungsströme

---

[15] Eine Maßgröße für das angeführte Beispiel ist der Wärmedurchgangskoeffizient, der angibt, welche Wärmemenge in einer Stunde durch ein Bauteil von 1 m^2 hindurchgeht, wenn der Temperaturunterschied der beiderseits befindlichen Luft 1° beträgt. Vgl. hierzu *Neufert*, Bauentwurfslehre, S. 90

[16] Vgl. z.B. *Silberkuhl*, W.J./*Alms*, E.: Die Planung von Fabrikanlagen, in: Handbücher für Führungskräfte, hrsg. von K. Agthe, H. Blohm, E. Schnaufer, Baden-Baden, Bad Homburg v.d.H. 1967, S. 443

(Einnahmen, Ausgaben)[17] und die hierauf basierenden Zahlungsüberschüsse sowie betriebliche Erfolgsbeiträge (Aufwand, Ertrag, Kosten, Leistungen) und die hieraus resultierenden Salden (Gewinn, Verlust) untersucht.

Zahlungen bringen die Wertbewegungen auf der Nominalgüterebene zum Ausdruck und entspringen somit der finanziellen Sphäre der Unternehmung. Allein diese Tatsache genügt bereits, um erste Zweifel an der Richtigkeit anzumelden, *nur* aufgrund von Einnahmen und Ausgaben die Zweckmäßigkeit von Industriebauten beurteilen zu wollen, die zwar Nominalgüterströme auslösen, jedoch dem Realgüterbereich der Unternehmung angehören und als Produktionsfaktoren einen Teil des realgüterwirtschaftlichen Prozesses bilden, nach dessen Gesichtspunkten sie gestaltet werden müssen. So erscheint es bedenklich, liquiditätsorientierte Größen aus dem Finanz- in den Realgüterbereich zu transferieren, um sie dort als Gradmesser für wirtschaftliches Handeln einzusetzen.

Bereits im Zusammenhang mit der betriebswirtschaftlichen Einschätzung des Umfanges von Baumaßnahmen wurden die Grenzen der Aussagefähigkeit eines auf Zahlungsreihen basierenden Versuches der Beurteilung verschiedener Industriebauprojekte dargestellt. Insbesondere die Schwierigkeiten bei der Berücksichtigung von Produktionsvorteilen, die auf unterschiedliche Bauweisen zurückzuführen sind, und die Probleme bei der Einbeziehung von unterschiedlichen Nutzungsdauern der betrachteten Bauwerke wurden kritisiert. Diese Aspekte sollen nun nochmals aufgegriffen und um die Frage der Zurechenbarkeit von Zahlungsströmen auf die einzelnen Gebäude ergänzt werden. Gerechtfertigt wird dieses Vorgehen durch die gängige literarische Erörterung dieser Problematik, die im Grunde nur auf Zahlungen beruht.

---

[17] In der Literatur wird stattdessen häufig auch das Begriffspaar "Einzahlung und Auszahlung" verwendet, um sprachlich die für viele finanzwirtschaftlichen Fragestellungen störenden, weil zur Doppelerfassung von Zahlungen führenden Kreditierungsvorgänge aus der Betrachtung auszugrenzen. In der vorliegenden Untersuchung besteht diese Notwendigkeit nicht, da nicht die Höhe von Zahlungen beurteilt, sondern aus dem Wesen und der Zurechenbarkeit von Zahlungsströmen auf deren Eignung für die Lösung der behandelten Problematik geschlossen werden soll. Deshalb kann im Einklang mit einer Reihe betriebswirtschaftlicher Autoren am hier geübten allgemeinen Sprachgebrauch, der hier zu keiner Beeinträchtigung der Eindeutigkeit von Aussagen führt, festgehalten und von Ausgaben und Einnahmen geredet werden. Vgl. zur Verwendung dieser Begriffe Kleinebeckel, H., Finanz- und Liquiditätssteuerung, Freiburg i. Br. 1988, S. 25; *Lücke*, W.: Investitionsrechnungen auf der Grundlage von Ausgaben oder Kosten?, in: Zeitschrift für handelswissenschaftliche Forschung (neue Folge), 7. Jg., 1955, S. 310 ff.; *Schneider*, D.: Investition und Finanzierung, 5. Auflage, Wiesbaden 1980, S. 148 und S. 151 f.; *Witte*, E.: Finanzplanung der Unternehmung, 3. Auflage, Opladen 1983, S. 13 ff.

I. Die Wirtschaftlichkeit des Industriebaues

Zahlungsströme sind der Ansatzpunkt finanzwirtschaftlicher Analysen von Investitionsvorhaben. Durch die Gegenüberstellung von Einnahmen und Ausgaben wird die absolute oder relative Vorteilhaftigkeit eines Investitionsprojektes ermittelt. Unterscheiden sich zwei Projekte nicht in den Einnahmen, so reicht es, die mit den Investitionsalternativen einhergehenden Ausgaben miteinander zu vergleichen,[18] was im folgenden bezüglich der Fabrikgebäude als Investitionsobjekt zunächst diskutiert werden soll.

Eindeutig können auf das einzelne Bauwerk die Ausgaben für dessen Erwerb und Instandhaltung bezogen werden, die einmalig oder in regel- und unregelmäßigen Zeitabständen anfallen. Die unterschiedlichen Zeitpunkte der Zahlungen stellen bei der Beurteilung des Bauvorhabens kein Problem dar. Ausgaben in fernerer Zukunft besitzen zwar ein geringeres Gewicht für die Unternehmung als naheliegende, weil das entsprechende Kapital länger der Unternehmung zur Verfügung steht; sie sind deswegen nicht direkt miteinander vergleichbar; durch eine Diskontierung dieser Zahlungen auf einen einheitlichen Bezugszeitpunkt, der in der Regel unmittelbar vor dem Investitionszeitpunkt liegt, werden sie jedoch äquivalent gemacht.[19]

Problematisch ist vielmehr, daß die Höhe der im Laufe der Investitionsperiode zu leistenden Ausgaben mit der Konstellation von Vorgaben des einzelnen Projektes variiert. So wird sie beispielsweise davon bestimmt, ob die Planungen, die Bau- und Reparaturarbeiten von eigenen Mitarbeitern - man denke an die Bauabteilungen größerer Unternehmungen - oder von Fremdfirmen durchgeführt werden. Im Falle des Einsatzes eigener Mitarbeiter reduzieren sich die eigens für ein bestimmtes Gebäude anstehenden Ausgaben um den Anteil ohnehin fälliger Lohn- und Gehaltszahlungen. Fernerhin sind die Ausgaben im Falle einer Fremdfinanzierung höher, da Zinszahlungen an den Kapitalgeber geleistet werden müssen. Bei einer vollständigen Eigenfinanzierung entfallen solche Zahlungsströme. Die Höhe der Ausgaben beruht somit, wie die Beispiele zeigen, auf vorgelagerten Entscheidungen der Unternehmensführung. Solche Einflüsse, die nicht aus der Gestaltung des Gebäudes an sich resultieren, dürfen sich nicht auf die Beurteilung auswirken, da zwischen ihnen und der Bauweise kein kausaler Zusammenhang besteht. Das Ignorieren der Ausgaben, die nicht ursprünglich gestaltungsspezifisch sind, würde aber falsche Signale über die pagatorischen Konsequenzen des Projektes aussenden. So sollte beispielsweise die Tatsache, daß ein Fabrikgebäude fremdfinanziert wird und daher effektive

---

[18] Vgl. *Lücke*, Investitionsrechnungen, S. 311
[19] Vgl. *Haberstock*, L./*Dellmann*, K.: Kapitalwert und interner Zinsfuß als Kriterien zur Beurteilung der Vorteilhaftigkeit von Investitionsprojekten, in: Kostenrechnungs-Praxis, Nr. 5, o. Jg., 1971, S. 196 f.

Zinsen gezahlt werden müssen, nicht über die Zweckmäßigkeit des Bauwerkes entscheiden; zugleich darf auch die Zinsbelastung nicht außer acht gelassen werden. Die letztgenannte Aufgabe kann mit Hilfe der auf Zahlungsströmen basierenden Verfahren der Liquiditäts- und Investitionsplanung gelöst werden. Zur Bewältigung der anderen Aufgabenstellung müssen die nicht gestaltungsspezifischen Einflüsse neutralisiert werden, ohne sie zugleich aus der Rechnung herauszuhalten. Dies bedeutet, daß ihre Existenz erkennbar bleiben muß, ohne dabei das Ergebnis der Zweckmäßigkeitsbeurteilung zu verändern. Diese Aufgabe ist mit einem Ansatz, der auf Ausgaben beruht, nicht lösbar. Weder die diskontierten Anschaffungsausgaben noch die Summe *aller* abgezinsten Ausgaben - sollten sie überhaupt zum Planungszeitpunkt schon feststehen - sind daher als Grundlage für die betriebswirtschaftliche Beurteilung eines Fabrikgebäudes geeignet.

Darüber hinaus muß der Industriebau, der zu den niedrigsten Ausgaben führt, nicht der vorteilhafteste sein. Es kommt vielmehr auf die wirtschaftliche Ergiebigkeit des Bauwerkes, d.h. auf den zeitlichen Verlauf seiner Abnutzung[20] und den Umfang der von ihm mittelbar ausgelösten Werteverzehre an. Sonst sind zwei Gebäude mit unterschiedlichen Nutzungszeiten und Anschaffungsausgaben nicht ohne weiteres vergleichbar.[21] Um die beiden Alternativen dennoch mit Mitteln der Investitionsrechnung vergleichbar zu machen, muß die Annahme einer Ersatzinvestition getroffen werden, wobei man davon ausgeht, daß das Gebäude mit kürzerer Nutzungsdauer am Ende der Investitionsperiode durch ein neues ersetzt wird, das zusammen mit dem ersten Gebäude dieselbe Nutzungsdauer aufweist wie die zur Debatte stehende Alternative.[22] Auf diese Weise kann zumindest theoretisch, aber auch nur unter einschränkenden Voraussetzungen, die Vorteilhaftigkeit alternativer Bauprojekte ermittelt werden. Abgesehen davon, daß das Denken in Zahlungsgrößen eher praxisfremd ist[23] und daß bei diesem Verfahren die Mühen eines Umzuges, der dadurch bedingte Produktionsausfall, der Abriß oder Umbau des alten Gebäudes etc. nicht evaluiert werden, dürfte diese Vorgehensweise im betrieblichen Alltag wegen der für eine *Immobilie* unrealistischen Annahme einer kurzfristigen Ersatzinvestition jedoch nur eine geringe Perzeption erfahren. Ein aussagekräftiger Vorteilhaftigkeitsver-

---

[20] Zu denken ist vor allem an verwendungs- und umweltbedingten Verschleiß sowie Entwertung des Bauwerkes durch technischen Fortschritt.

[21] Beispiel: Bei einem Gebäude mit zehnjähriger Nutzungszeit und Anschaffungsausgaben von 1.500.000,- DM und einem solchen mit 15jähriger Nutzungszeit und 2.000.000,- DM Anschaffungsausgaben bringt erst die Periodisierung der Zahlungen, d.h. der jährliche Aufwand oder die Kosten, Klarheit.

[22] Vgl. hierzu auch *Lücke*, Investitionsrechnungen, S. 320

[23] Vgl. *Lücke*, Investitionsrechnungen, S. 315

I. Die Wirtschaftlichkeit des Industriebaues

gleich erfordert daher die Periodisierung der Ausgaben. Damit wird aber die Ebene der Zahlungsströme verlassen.

Auch die Einbeziehung von Einzahlungen in das Beurteilungskalkül ergibt keinen Erkenntnisgewinn hinsichtlich der Wirtschaftlichkeit eines Gebäudes. Nach solchen Überlegungen würde dem Wirtschaftlichkeitsprinzip Rechnung getragen werden, wenn die Einzahlungen die Auszahlungen möglichst stark überstiegen.[24] Wie schon bei der Zurechnung der Ausbringungsmenge auf das betreffende Industriebauwerk ergeben sich auch bei der Zurechnung der Einzahlungen Schwierigkeiten. Denn nur diejenigen Einzahlungen können eindeutig auf ein Fabrikgebäude zurückgeführt werden, die durch einen Verkaufserlös am Ende seiner Nutzungszeit erzielt werden. Solche Zahlungen dürfen nicht als Beurteilungsgrundlage für die Wirtschaftlichkeit eines Fabrikgebäudes herangezogen werden, da der Verkauf ihrer Gebäude nicht Zweck von Industriebetrieben ist und im Unterschied zum privaten Wohnhausbau keine Wertsteigerungen bei industriell genutzten Bauwerken zu erwarten sind, so daß die Vorteilhaftigkeit eines Fabrikgebäudes in einem möglichst geringen Wertverlust angezeigt wäre. Ein derartiges Eignungskriterium ist betriebswirtschaftlich vollkommen unsinnig, weil es zu Bautypen führte, die vielseitig verwendbar wären, um bei einem eventuellen Verkauf die Verkaufschance zu erhöhen. Diese Konsequenz würde in der Mehrzahl der Fälle einen optimalen Betriebsaufbau verhindern, wofür speziell auf einen Betrieb zugeschnittene Bauten notwendig sind.

Andere Einnahmen aber, die z.B. für den Verkauf der in dem Industriegebäude gefertigten Produkte anfallen, lassen sich nicht verursachungsgerecht auf das Bauwerk beziehen. Einflüsse des Marktes, der Unternehmungspolitik etc. auf Zeitpunkt und Höhe der Zahlungen haben ursächlich nichts mit der Gestaltung des Fabrikgebäudes zu tun, so daß es sich verbietet, solche Zahlungsströme als Maßstab für die betriebswirtschaftliche Zweckmäßigkeit eines Bauwerkes zu wählen.

Wegen der fehlenden eindeutigen Zurechenbarkeit weiterer Einnahmen auf das Fabrikgebäude scheiden auch die auf der Ermittlung von Einnahmenüberschüssen basierenden dynamischen Investitionsrechenverfahren[25] wie die Kapitalwert-, die Annuitäten- und die Interne-Zinsfuß-Methode zur Feststellung der wirtschaftlichen Vorteilhaftigkeit eines Industriegebäudes aus. Diese Verfahren der Investitionsrechnung untersuchen die Vorteilhaftigkeit einer Investition in ihrer Gesamtheit,[26] also z.B. einer kompletten

---

[24] Vgl. *Veit/Walz/Gramlich*, S. 25
[25] Vgl. *Veit/Walz/Gramlich*, S. 49 ff. insbesondere S. 53 ff., S. 69 ff. und S. 79 ff.; *Perridon/Steiner*, S. 48 ff.
[26] Vgl. auch *Aggteleky*, Band 2, S. 207

Werksanlage inklusive aller Gebäude, Maschinen etc. Eine derartige umfassende Beurteilung kann mit den Verfahren der Investitionsrechnung gelöst werden. Denn auf das *gesamte* Investitionsprojekt lassen sich Einnahmen und Ausgaben verursachungsgerecht beziehen, nicht dagegen - wie gesehen - auf gewisse Teilprojekte (z.B. auf das Gebäude).

Abgesehen von den Schwierigkeiten, die sich speziell bei der Beurteilung von Gebäudeinvestitionen ergeben, hängen die Ergebnisse allgemein von der Richtigkeit der Annahme über den Kalkulationszinsfuß und der Schätzung der Zahlungstermine und -höhe ab. Hierin liegt die Gefahr, daß aufgrund nicht zutreffender Daten falsche Beurteilungen getroffen werden. Die weiter oben angesprochenen Bedenken gegenüber der Verwendung finanzwirtschaftlicher Maßstäbe haben sich somit bestätigt. Die Probleme bei der Beurteilung verschiedener Bauweisen mittels Zahlungen beruhen letztlich darauf, daß diese Wertkategorien aus dem Nominalgüterbereich nicht zweckadäquat für anstehende Fragestellungen des Realgüterbereiches verwendet werden können. Lediglich die Ausgaben erlauben unter der besonderen Sichtweise des Investitions- und Finanzplaners, die sämtliche Fragen der Kapitalstruktur, des Kapitalvolumens und der Kapitalanlage umfaßt, die Evaluierung eines Bauprojektes, wobei letztlich nicht sichergestellt ist, daß die optimalen finanzwirtschaftlichen auch die bestmöglichen Lösungen hinsichtlich der wirtschaftlichen *Funktionserfüllung* sein müssen.

Aufwand ist eine Größe des externen Rechnungswesens und bezeichnet den zu Ausgaben bewerteten Güterverzehr. Direkt dem Fabrikgebäude zurechenbare Aufwendungen sind z.B. Abschreibungen, durch welche die Anschaffungsausgaben auf die Zeit der Nutzung verteilt, d.h. periodisiert werden, ferner Zinsen auf das im Bauwerk gebundene Fremdkapital sowie Aufwendungen für Instandhaltung. Obwohl die Abschreibungen ein Maß für die wirtschaftliche Ergiebigkeit des Fabrikgebäudes sind, dessen Existenz unter anderem Voraussetzung für die Beurteilung der Zweckmäßigkeit des Bauwerkes ist, eignen sich die Aufwendungen als Gradmesser für die Wirtschaftlichkeit und als gestaltungsbestimmender Faktor nur beschränkt. Denn die Zielsetzungen[27] des externen Rechnungswesens verlangen eine strikte Beachtung handelsrechtlicher Vorschriften, die dem verfolgten Ziel der Wirtschaftlichkeitskontrolle des Fabrikgebäudes entgegenstehen können. So werden im handelsrechtlichen Jahresabschluß nur Aufwendungen erfaßt, denen irgendwann Ausgaben vorangingen oder die noch zu Ausga-

---

[27] In erster Linie sind der Gläubiger- und Eigentümerschutz, dahinter auch Informationsbedürfnisse der Öffentlichkeit, der Arbeitnehmer etc. zu nennen. Vgl. *Wöhe*, G.: Bilanzierung und Bilanzpolitik, 7. Auflage, München 1987, S. 41 ff.

I. Die Wirtschaftlichkeit des Industriebaues

ben führen werden.[28] Beispielsweise dürfen nur Zinsen auf Fremd-, nicht aber auf Eigenkapital als Aufwand verrechnet werden, da letztgenannte nicht mit Ausgaben verbunden sind, woran die Aufwandsrechnung aber anknüpft. Unterschiedliche Finanzierungen gleicher Bauwerke bedeuten folglich wiederum eine verschiedene Beurteilung der Zweckmäßigkeit. Andererseits müssen alle entsprechenden Güterverzehre - auch sogenannte Zufallsverbräuche - in der Aufwandsrechnung berücksichtigt werden. Die Vernichtung einer Fabrikhalle durch Brand muß in der Periode des Schadenseintritts als Aufwand verrechnet werden, obwohl solche Zufälligkeiten nicht mit der betrieblichen Leistungserstellung zusammenhängen und deshalb in eine Wirtschaftlichkeitsbetrachtung nicht einfließen dürfen.

Schließlich unterliegt die Aufstellung des handelsrechtlichen Jahresabschlusses den Postulaten der Bilanzpolitik, die z.B. die Anwendung eines Abschreibungsverfahrens, dessen Ergebnisse nicht dem tatsächlichen Werteverzehr des Gebäudes entsprechen, oder die Schätzung einer in diesem Sinne falschen Nutzungsdauer erfordern. Aus den genannten Gründen ist von Aufwendungen, die im Zusammenhang zu dem betrachteten Fabrikgebäude stehen, als Wirtschaftlichkeitsindikator abzusehen.

Ertrag ist der dem Aufwand gegenüberstehende Habenposten. Er stellt den in der Finanzbuchhaltung (externes Rechnungswesen) in Geld bewerteten Wertzuwachs einer Periode dar.[29] Das begriffliche Pendant zum Ertrag im internen Rechnungswesen (Kostenrechnung) ist die Leistung.[30] Sie entspricht dem Wert des Ergebnisses der betrieblichen Tätigkeit. Sowohl Ertrag als auch Leistung lassen sich, wie schon die Ausbringungsmenge, nicht monokausal dem Produktionsfaktor Fabrikgebäude zurechnen. Deswegen

---

[28] Vgl. *Schmalenbach*, Kostenrechnung, S. 9. Dies ist eine Folge des im deutschen Handelsrecht geltenden Nominalwertprinzips, das eine Bewertung der Aufwendungen grundsätzlich nur zu den sog. Anschaffungs- oder Herstellungskosten (richtig wäre es, von Anschaffungs- und Herstellungsausgaben zu sprechen) zuläßt. Vgl. *Wöhe*, Bilanzierung, S. 375. Beispielsweise gehen den Abschreibungen Ausgaben für die Beschaffung eines Vermögensgegenstandes voraus. Die Bildung eines passiven Rechnungsabgrenzungspostens für die Dezembermiete, die erst im Januar zu zahlen ist, ist mit der Verbuchung eines Aufwandes verbunden, dem eine Ausgabe noch folgen wird.

[29] Vgl. *Wöhe*, Bilanzierung, S. 23

[30] In Anbetracht der "intra- und interdisziplinären Mehrdeutigkeit des Begriffs Leistung" (*Hummel*, S./*Männel*, W.: Kostenrechnung 1 - Grundlagen, Aufbau und Anwendung, 4. Auflage, Wiesbaden 1986, S. 84) wird in der einschlägigen Literatur zunehmend gefordert, hierfür eine andere und zweckmäßigere Bezeichnung zu wählen: "Hierfür bietet sich der Begriff *Erlös* an, zumal in der auf das interne Rechnungswesen ausgerichteten Fachsprache vor allem in letzter Zeit ohnedies immer häufiger Kostenrechnung und Erlösrechnung als miteinander korrespondierende Teilgebiete der innerbetrieblichen Rechnungslegung herausgestellt werden." (*Hummel/Männel*, S. 84)

kommen sie und alle Größen, für deren Ermittlung Ertrag oder Leistung notwendig sind, wie z.B. der Gewinn oder die Rentabilität, als Beurteilungsmaßstab für das Fabrikgebäude nicht in Betracht. Damit ist der Vorschlag des Bauökonomen *Campinge*[31] und auch anderer Autoren, unter anderem die Rentabilität als Indikator für die Wirtschaftlichkeit von Industriebauten heranzuziehen, als undurchführbar ausgewiesen.

Von den potentiellen Maßgrößen zur Beurteilung der Wirtschaftlichkeit von Industriebauten bleiben noch die Kosten zu besprechen. Die Betriebswirtschaftslehre definiert Kosten als bewerteten leistungsbezogenen Güterverzehr (wertmäßiger Kostenbegriff). Darin unterscheidet sie sich vom allgemeinen Sprachgebrauch, der an die Tatsache der Geldausgabe und nicht des Werteverzehrs anknüpft.[32] Der Erwerb eines Industriegebäudes läßt noch keine Kosten entstehen, sondern erst dessen Nutzung. Insbesondere Autoren technisch-wissenschaftlicher Werke schließen sich dem allgemeinen Sprachgebrauch an und verwenden Kosten im Sinne von Ausgaben.[33] Aus diesem Grunde sind die Aussagen des entsprechenden Schrifttums über Kosten von Gebäuden genau auf ihre betriebswirtschaftliche Geltung hin zu überprüfen.[34]

Da Kosten das Äquivalent für den betrieblichen Werteverzehr darstellen, sind sie ein Maß für die wirtschaftliche Ergiebigkeit eines Produktionsfaktors, wie z.B. des Industriegebäudes. Je geringer der Werteverzehr ist, der durch Zeitablauf, durch technischen Fortschritt und Verschleiß sowie durch umweltbedingten Verschleiß verursacht wird, desto ergiebiger ist der Produktionsfaktor, und desto geringer sind ceteris paribus die entstehenden Kosten. Im Vergleich zum Aufwand, der ebenfalls den Werteverzehr zum Ausdruck bringt, unterliegen Ermittlung und Verrechnung von Kosten keinen externen Vorschriften, sondern nur den speziellen mit der Kostenrechnung verfolgten Zielen, die sich der Einfachheit halber im vorliegenden Fall auf die Kontrolle der Wirtschaftlichkeit der betrieblichen Leistungserstellung im

---

[31] Vgl. *Campinge*, S. 206, der im übrigen nicht sagt, wie die Rentabilität eines Industriebaues zu errechnen ist.

[32] Vgl. *Schmalenbach*, Kostenrechnung, S.6 f. Abweichend hiervon wird von einem kleinen Teil betriebswirtschaftlicher Autoren der pagatorische Kostenbegriff vertreten, der sich darin auszeichnet, daß die Wertkomponente der Kosten sich streng an den Anschaffungsausgaben für ein Kostengut orientiert. Vgl. z.B. *Koch*, H.: Zur Diskussion über den Kostenbegriff, in: Zeitschrift für handelswissenschaftliche Forschung (neue Folge), 10. Jg., 1958, S. 361 ff. Der pagatorische Kostenbegriff hat sich jedoch weder in der betrieblichen Praxis noch in der wissenschaftlichen Diskussion durchgesetzt.

[33] Vgl. hierzu *Jendges*, W.: Kostenplanung für Hochbauten, Wiesbaden, Berlin 1978, S. 10

[34] So auch die Aussagen von *Campinge* und *Gößl*, die die Gebäudekosten ausdrücklich als Wirtschaftlichkeitsmaßstab betrachten. Vgl. *Campinge*, S. 206 und *Gößl*, N.: Gebäudebetriebskosten, in: Deutsches Architektenblatt, Nr. 9, 3. Jg., 1971, S. 323

allgemeinen und auf die Feststellung der Wirtschaftlichkeit von Industriegebäuden im besonderen beschränken sollen. Unterschiedliche Beurteilungen von Industriebauwerken aufgrund bilanzrechtlicher Bestimmungen oder aufgrund von Entscheidungen, die im Vorfeld der Bauplanung über Finanzierungsart, Eigen- oder Fremderrichtungen etc. getroffen werden, werden deshalb vermieden. Ferner können Werteverzehre, die zu keinen Ausgaben führen (z.B. Zinsen auf das Eigenkapital), in das Kalkül einbezogen werden. Der Ansatz von Kosten muß lediglich zweckentsprechend sein, so daß gleiche Sachverhalte, d.h. im konkreten Fall gleiche Industriebauten, auch gleich beurteilt werden. Dadurch wird gewährleistet, daß nicht irgendwelche Rahmendaten, die nichts über die Zweckmäßigkeit des Bauwerkes aussagen, gestaltungsbestimmenden Einfluß gewinnen. Die Kosten erfüllen somit die Voraussetzungen, die den anderen Wertkategorien fehlen, um sie als Wirtschaftlichkeitsmaßstab in Betracht zu ziehen.

Bei allen Überlegungen zu den Gebäudekosten als Wirtschaftlichkeitsmaßstab darf der Gesamtzusammenhang dieser Ausführungen nicht außer acht gelassen werden. Die Überprüfung der Wirtschaftlichkeit von Fabrikbauten an den Kosten, die sie verursachen, ist nicht Selbstzweck, sondern Teil eines größeren Mechanismus, der dazu beiträgt, die Stellung der Unternehmung am Markt zu sichern. Entscheidend hierfür sind die Herstellkosten der Erzeugnisse, in die die Kosten von Produktionsgebäuden unmittelbar einfließen. Daraus folgt zunächst, daß die Gebäudekosten zu minimieren sind, um unter sonst gleichen Umständen die Herstellkosten der Erzeugnisse zu optimieren, d.h. unter den von den Unternehmungszielen gesteckten Nebenbedingungen so gering wie möglich zu halten.

Die Einhaltung dieser Regel ist zwar eine notwendige, aber keine hinreichende Bedingung für die Optimierung der Herstellkosten. Denn Fabrikgebäude beeinflussen die Herstellkosten nicht nur unmittelbar durch den Gebäudekostenanteil, sondern zeigen auch mittelbare Wirkungen. Da Industriebauten die äußere Hülle für die Produktionsprozesse bilden, sind sie zugleich auch Rahmen für deren Gestaltung und Ablauf. So wird ein unorganischer Aufbau des Fabrikgebäudes, der zu einer ungünstigen Anordnung der Betriebsmittel und zu unnötigen Wegen beim Materialfluß zwingt, gegenüber einem optimal gestalteten Bauwerk Mehrkosten der Produktion verursachen, die sich in höheren Herstellkosten niederschlagen. Wenn beispielsweise Materialien und Halberzeugnisse auf Verkehrswegen mangels Lagerraum abgestellt und bei jedem Transportvorgang erst von Gabelstaplern beiseite geräumt werden müssen - so gesehen in einer Lackfabrik -, dann entstehen erhebliche Produktionsmehrkosten, die die Kostenersparnis eines kleineren Gebäudes aufzehren. Deshalb ist die obengenannte Regel zu modifizieren. Demnach muß ein Fabrikgebäude so gestaltet werden, daß die

Summe der Kosten, die mittelbar oder unmittelbar auf das Bauwerk zurückgeführt werden und die Herstellkosten der Erzeugnisse beeinflussen, ein Optimum wird. Dieses ist dann erreicht, wenn unter Berücksichtigung aller Ziele, die die Unternehmung verfolgt,[35] die aus der Existenz und Benutzung eines Industriegebäudes resultierenden Kosten ein Minimum werden. Das Kostenoptimum entspricht folglich einem relativen Kostenminimum.

Kosten sind gleichsam der kleinste gemeinsame Nenner, in dem sämtliche Einflüsse auf die Wirtschaftlichkeit der Leistungserstellung, die vom Fabrikgebäude ausgehen, sichtbar werden. Durch den Ansatz von Kosten als Eignungsmaßstab ist somit auch das Problem der Vergleichbarkeit dieser Auswirkungen gelöst. Ein Fabrikgebäude ist aus betriebswirtschaftlicher Sicht immer dann zweckmäßiger als ein anderes, wenn es unter sonst gleichen Umständen gelingt, die betriebliche Leistung mit geringeren Kosten zu erstellen.

II. Die Gebäudekosten als Maßgröße der Wirtschaftlichkeit

1. Zum Begriff der Gebäudekosten

Gebäudekosten zählen nicht zu den eigenständigen primären Kostenarten im betriebswirtschaftlichen Sinne[36] und sind deshalb erklärungsbedürftig. DIN 276 Teil 1 definiert Kosten von Hochbauten als "Aufwendungen für Güter, Leistungen und Abgaben einschließlich Umsatzsteuer, die für die Planung und Errichtung von Hochbauten erforderlich sind."[37] Abgesehen davon, daß in dieser Definition Kosten mit Aufwendungen gleichgesetzt werden, versteht diese Norm unter Kosten keinen bewerteten Güterverzehr, sondern Baupreise, wie die sogenannte

---

[35] Zu denken ist beispielsweise an eine für die Produktion nicht notwendige, gleichwohl für die Beschäftigten angenehme und zugleich umweltverträgliche Bauweise, die sich durch die Berücksichtigung von Blickverbindungen zur Außenwelt, durch eine entsprechende Farbgestaltung der Innenräume oder durch die Verwendung umweltfreundlicher Baumaterialien auszeichnen kann.

[36] Zu unterscheiden sind die primären Kostenarten Arbeits-, Werkstoff-, Betriebsmittel-, Kapital-, Fremdleistungs-, Wagniskosten und Abgaben an die öffentliche Hand, vgl. z.B. *Götzinger*, M./*Michael*, H.: Kosten- und Leistungsrechnung, Heidelberg 1988, S. 57

[37] DIN 276 Teil 1 "Kosten von Hochbauten - Begriffe", in: *DIN Deutsches Institut für Normung e.V.* (Hrsg.): Normen über Kosten von Hochbauten, Flächen, Rauminhalte, 3. Auflage, Berlin, Köln 1981, S. 11

II. Die Gebäudekosten als Maßgröße der Wirtschaftlichkeit

Kostengliederung in Teil 2 der Norm deutlich macht.[38] Sie folgt damit der weiter oben angesprochenen Übung in der technischen Literatur, Kosten und Ausgaben synonym zu gebrauchen. Dieser Sprachgebrauch hat sich durchgesetzt, so daß manche Autoren bewußt darauf verzichten, zwischen Kosten und Ausgaben zu unterscheiden, um unter den Lesern keine Verwirrung zu stiften.[39]

Dessenungeachtet gibt es eine Norm, in der augenscheinlich der betriebswirtschaftliche Kostenbegriff zugrunde gelegt wird. Dieser Sachverhalt zeigt die Unbestimmtheit des Kostenbegriffes im technischen Schrifttum. DIN 18960 Teil 1, die sich als "e i n e der Grundlagen zur Prüfung der Wirtschaftlichkeit von Hochbauten ..." ansieht, definiert die Baunutzungskosten als "alle bei Gebäuden, den dazugehörenden baulichen Anlagen und deren Grundstücken unmittelbar entstehenden regelmäßig oder unregelmäßig wiederkehrenden Kosten vom Beginn der Nutzbarkeit des Gebäudes bis zum Zeitpunkt seiner Beseitigung."[40] Nicht die Definition an sich, in der Kosten mit Kosten erklärt werden, sondern die Aufzählung der davon erfaßten Kostenarten verdeutlicht, daß tatsächlich Kosten im betriebswirtschaftlichen Sinne gemeint sind. In DIN 18960 werden z.B. Kapitalkosten, Abschreibungen, Verwaltungskosten und Steuern als eigenständige Kostenarten aufgeführt. Gerade die Kapitalkosten und Abschreibungen, die sich aus den Ausgaben gemäß DIN 276 - im Sinne dieser Norm aber als Kosten bezeichnet -, ableiten lassen, zeigen, daß in der technischen Terminologie mindestens zwei Kostenbegriffe nebeneinander bestehen. Aus betriebswirtschaftlicher Sicht ist die Definition der DIN 18960 zu eng angelegt, um alle Gebäudekosten zu erfassen. Denn Kosten entstehen nicht erst vom Beginn der Nutzbarkeit des Gebäudes an, sondern bereits in der Errichtungsphase (z.B. Zinsen auf das in dem Bau befindlichen Gebäude gebundene Kapital). Solche Kosten werden aber ex definitione von DIN 18960 aus der Betrachtung ausgeschlossen. Aber allein die Existenz dieser Norm ist ein Grund mehr, in dieser Arbeit am betriebswirtschaftlichen Kostenbegriff festzuhalten, um darauf eine umfassende Argumentation aufzubauen.

Wie sich zeigen wird, bilden die Gebäudekosten Schnittmengen mit den bekannten Betriebsmittel-, Kapital-, Arbeits-, Fremdleistungs- und Wagniskosten sowie mit den Abgaben an die öffentliche Hand. Dabei ist zu beach-

---

[38] Vgl. DIN 276 Teil 2 "Kosten von Hochbauten - Kostengliederung", in: *DIN Deutsches Institut für Normung e.V.* (Hrsg.): Normen über Kosten von Hochbauten, Flächen, Rauminhalte, 3. Auflage, Berlin, Köln 1981, S. 13-36
[39] Vgl. z.B. *Jendges*, S. 10
[40] DIN 18960 Teil 1, "Baunutzungskosten von Hochbauten - Begriff, Kostengliederung", in: *DIN Deutsches Institut für Normung e.V.* (Hrsg.): Normen über Kosten von Hochbauten, Flächen, Rauminhalte, 3. Auflage, Berlin, Köln 1981, S. 126

ten, daß die Gebäudekosten nicht nur aus Investitionen in Bauwerke resultieren, sondern auch Folgekosten in Form von Betriebs- und Unterhaltungskosten entstehen.[41] Demnach sind unter Gebäudekosten diejenigen betrieblich bedingten bewerteten Güterverzehre zu verstehen, die einer Investition in Bauwerke folgen sowie für deren Betrieb und Unterhaltung zu verzeichnen sind. Im Unterschied zu DIN 18960, die die Gebäudekosten nicht weiter nach den Quellen ihrer Entstehung einteilt, sollen die in dieser Definition enthaltenen Kostenkategorien beibehalten und ihnen die einzelnen Kostenarten zugeordnet werden, um so möglicherweise verschiedene Kosteneinflußgrößen feststellen zu können. Entsprechend werden im folgenden die Investitionsfolge-, die Gebäudebetriebs- und die Bauunterhaltungskosten als die drei Bestandteile unterschieden, aus denen sich die Gebäudekosten zusammensetzen. Abrechnungstechnisch werden Gebäudekosten meist auf einer besonderen Hilfskostenstelle gesammelt und im Rahmen der innerbetrieblichen Leistungsverrechnung nach Maßgabe der Inanspruchnahme von Raum auf die entsprechenden Kostenstellen verteilt.

2. Die Bestandteile der Gebäudekosten im einzelnen

Aufgrund der Tatsache, daß in der Literatur Gebäudekosten im betriebswirtschaftlichen Sinne so gut wie keinen Niederschlag gefunden haben und - soweit es sich überhaupt um rationale Ansätze handelt - im Grunde nur mit Ausgaben argumentiert wird, kann man es nicht allein mit obiger Definition des Gebäudekostenbegriffes bewenden lassen, sondern es ist eine erklärende Enumeration der Kostenbestandteile im Sinne der betriebswirtschaftlichen Auffassung erforderlich, auch um eine Abgrenzung von der technischen Terminologie herbeizuführen, was im folgenden geschehen soll. Des weiteren ist die Kenntnis der einzelnen Kostenbestandteile unabdingbar, wenn - wie im weiteren Verlauf dieses Kapitels - das Verhalten der Gebäudekosten in Abhängigkeit von der Variation bestimmter Kosteneinflußgrößen analysiert werden soll.

a) Die Investitionsfolgekosten

Unter Investitions*folge*kosten sind diejenigen Bestandteile der Gebäudekosten zu verstehen, die sich allein aus der Tatsache einer Investition in Bauwerke ableiten lassen. Nicht zu verwechseln ist der Begriff mit den sogenannten Investitionskosten, die vor allem in technisch ausgerichteter Litera-

---

[41] Vgl. *Gößl*, S. 323

tur zu finden sind und - wie bereits mehrfach erwähnt - Investitionsausgaben meinen. Zum überwiegenden Teil setzen sich die Investitionsfolgekosten aus Betriebsmittel- und Kapitalkosten, aber auch aus Abgaben an die öffentliche Hand sowie Wagnis- und Fremdleistungskosten zusammen. Der Betriebsmittel- und der Kapitalkostenanteil an den Investitionsfolgekosten lassen sich aus den Anschaffungsausgaben herleiten.

aa) Kalkulatorische Abschreibungen

Die kalkulatorischen Abschreibungen bilden den Betriebsmittelkostenanteil an den Investitionsfolgekosten. Sie sind das kostenmäßige Äquivalent für den Werteverzehr des langfristig nutzbaren Produktionsfaktors Fabrikgebäude.[42] Das Bauwerk ist kein monolithisches Gebilde, sondern setzt sich aus vielen Bauteilen zusammen, die für sich genommen bereits beachtliche Werte und auch unterschiedliche Verschleißzeiten besitzen, weshalb sie korrekterweise getrennt abgeschrieben werden müssen. In diesem Zusammenhang kann auf DIN 276 zurückgegriffen werden, da sie Anhaltspunkte über die verschiedenen Gebäudebestandteile liefert. Der Gesamtbetrag der Abschreibungen entspricht demnach dem Gegenwert für die Abnutzung der Baukonstruktion, der Installation, der zentralen Betriebstechnik, der betrieblichen Einbauten sowie der Periodisierung von Baunebenausgaben. In vielen Fällen kommen noch Abschreibungen auf bestimmte Geräte, auf Außenanlagen und auf zusätzliche Baumaßnahmen hinzu.[43] Diese einzelnen Gegenstände der Abschreibung bedürfen einer kurzen Erläuterung.

In den Wert der *Baukonstruktion* fließen nach DIN 276 Teil 2 alle Leistungen für den Roh- und Ausbau des Bauwerkes einschließlich der dazu notwendigen Baustelleneinrichtung ein,[44] soweit sie die anderen, nachfolgend erklärten Bauleistungen nicht betreffen. *Installationen* sind alle mit dem Gebäude fest verbundenen Rohrleitungen, Verteilungssysteme, Entnahme- und Anschlußstellen für Abwasser, Wasser, Wärme, Raumlufttechnik, Gase, elektrischen Strom, Fernmeldetechnik, Blitzschutz etc. Die *zentrale Betriebstechnik* umfaßt alle Anlagen, die zum Betrieb vorgenannter Installationen notwendig sind, wie z.B. Aufzüge, Hubvorrichtungen, eingebaute Krananlagen, Wärmepumpen, Rohrpostanlagen. *Betriebliche Einbauten* sind mit dem Gebäude fest verbunden und dienen seiner besonderen

---
[42] Zu Abschreibungen vgl. *Kilger*, W.: Einführung in die Kostenrechnung, 3. Auflage, Wiesbaden 1987, S. 112
[43] Vgl. hierzu DIN 276 Teil 2, S. 14 f.
[44] Zur Baukonstruktion zählen beispielsweise Gründungen, Tragekonstruktionen, Decken, Dächer, Fenster, Türen und Wände.

Zweckbestimmung. Dazu gehören beispielsweise Lagergerüste in Lagerbauten oder Arbeitsbühnen in Produktionshallen. Sogenannte *Baunebenkosten* sind periodisierte Ausgaben für die Vorbereitung, Planung, Durchführung des Baues, behördliche Prüfungen, Genehmigungen, Bauabnahmen etc. Unter *Gerät* werden von DIN 276 Teil 2 alle beweglichen oder zu befestigenden Sachen zusammengefaßt, die zur Benutzung des Gebäudes notwendig sind. Soweit diese als Gerät bezeichneten Gegenstände fest mit dem Gebäude verbunden sind, zählen die darauf entfallenden Abschreibungen zu den Gebäudekosten. Solche Gegenstände sind z.B. Rettungsleitern, Wegweiser und Orientierungstafeln. Einrichtungsgegenstände, wie beispielsweise Sitzmöbel, Tische, Regale und Schränke, können hingegen aus kostenrechnerischer Sicht nicht dem Gebäude zugerechnet werden, da sie Objekte eigenständiger Planungen und Entscheidungen sind. *Außenanlagen* gehören zum Bauwerk, wenn ihre Errichtung in unmittelbarem Zusammenhang mit der Errichtung des Gebäudes steht. Beispiele hierfür sind Grünanlagen rund um das Gebäude, Außen- und Anstrahlbeleuchtungen. Schließlich erhöht die Periodisierung der Ausgaben für *zusätzliche Maßnahmen* zum Schutz von Personen und Sachen und gegen die Behinderung des Baubetriebes die Kosten des Bauwerkes.

Durch Erwerb und Erschließung des Baugrundstückes entstehen keine Kosten, da Baugrund normalerweise keinem Werteverzehr unterliegt und die Erschließungsgebühren als Anschaffungsnebenausgaben den Wert des Grundstückes erhöhen. Wenn das Grundstück für die Zwecke der Bebauung hergerichtet werden muß, d.h. Bewuchs zu roden oder auch zu sichern ist, Bauwerke abzubrechen oder Erdbewegungen durchzuführen sind, werden die Anschaffungswerte für das auf dem Boden zu errichtende Gebäude erhöht, wodurch die Abschreibungen ebenfalls steigen.

Diese differenzierte Einteilung der Abschreibungsobjekte ist notwendig, um den Verlauf der Abnutzung des Gebäudes realistisch schätzen, die Nutzungszeiträume der einzelnen Gebäudeteile ermitteln und die zweckmäßige Abschreibungsmethode wählen zu können. Da Gebäude nicht aus einem Guß sind, sondern aus verschiedenen Teilen bestehen, die sich unterschiedlich schnell abnutzen, sind durch Festsetzung pauschaler Größen zur Ermittlung des Werteverzehrs des Gesamtgebäudes keine exakten Ergebnisse zu erwarten. Erfahrungen belegen, daß Fabrikbauten während einer Nutzungszeit von 70 Jahren wenigstens dreimal eine vollständig neue Grundinstallation erhalten.[45] Die Zugrundelegung der Nutzungsdauer der Baukonstruktion bei der Ermittlung der Abschreibungen würde zu einer zu gerin-

---

[45] Vgl. *Knocke*, S. 355

II. Die Gebäudekosten als Maßgröße der Wirtschaftlichkeit

gen Kostenverrechnung führen, weil die Anschaffungsausgaben[46] für die Installation auf einen zu langen Zeitraum verteilt würden, wie folgendes Beispiel zeigt. Ein Fabrikgebäude, dessen Konstruktion (Anschaffungswert 1.000.000,-- DM) 100 Jahre nutzbar ist, dessen Installation (Anschaffungswert 500.000,-- DM) aber bereits nach 20 Jahren ausgetauscht werden muß, würde bei linearer Abschreibung und unter Zugrundelegung einer Nutzungsdauer von 100 Jahren monatlich mit 1.250,-- DM, d.h. jährlich mit 15.000,--DM, abgeschrieben, nach 20 Jahren hätte die Summe der Abschreibungen den Betrag von 300.000,-- DM erreicht, d.h. der Werteverzehr der Installation wäre noch nicht einmal vollständig erfaßt - abgesehen vom Werteverzehr des restlichen Gebäudes. Selbst bei Abschreibung von einer alle 20 Jahre um die Ausgaben für eine Neuinstallation erhöhten Abschreibungsbasis könnte nicht der gesamte Werteverzehr des Gebäudes registriert werden. Umgekehrt würde die Annahme der kürzeren Nutzungsdauer für das Gesamtgebäude zu überhöhten Abschreibungen führen. Folglich bildet nur die getrennte kostenrechnerische Behandlung unterschiedlicher Gebäudeteile die Grundlage für eine exakte kostenrechnerische Erfassung der Gebäudekosten.[47]

Indes besteht kein Einwand dagegen, die Abschreibungsbasis für die Baukonstruktion um die sogenannten Nebenkosten, um die Ausgaben für zusätzliche Schutzmaßnahmen und um die Ausgaben für die Herrichtung des Baugrundstückes zu erweitern, weil sie in der Regel nur einmal pro Bauwerk entrichtet werden müssen, so daß diese Ausgaben auf die maximale Lebensdauer des Gebäudes - dies ist zugleich die Lebensdauer der Baukonstruktion - verteilt werden können. Neben der Baukonstruktion bleiben somit nach der hier gewählten Einteilung noch fünf Gebäudeteile (Installation, zentrale Betriebstechnik, betriebliche Einbauten, Gerät und Außenanlagen), die einer eigenen Abschreibung zu unterziehen sind, da hier mit von der Baukonstruktion erheblich abweichenden Nutzungsdauern gerechnet werden muß.

---

[46] Dabei ist es gleichgültig, ob man von historischen Anschaffungs- oder von Wiederbeschaffungswerten oder sonstigen zweckmäßigen Werten ausgeht. Zur Wertkomponente der Kosten vgl. *Schmalenbach*, Kostenrechnung, S. 141 und *Kosiol*, E.: Die Plankostenrechnung als Mittel zur Messung der technischen Ergiebigkeit des Betriebsgeschehens (Standardkostenrechnung), in: Plankostenrechnung als Instrument moderner Unternehmungsführung, hrsg. von E. Kosiol, Berlin 1956, S. 18, die zugleich Vertreter des wertmäßigen Kostenbegriffes sind, sowie *Koch*, S. 355 ff., als Vertreter des pagatorischen Kostenbegriffes.

[47] Es ist auch der verbreiteten Ansicht entgegenzutreten, stattdessen die Abschreibungsbasis für das Gesamtgebäude von vornherein um die Anschaffungswerte für die schneller verschleißenden und deshalb über die Gesamtnutzungsdauer des Bauwerkes wiederholt zu errichtenden Gebäudeteile zu erhöhen, da der zu große Planungshorizont von mehreren Jahrzehnten der Genauigkeit der zu ermittelnden Abschreibungsbeträge nicht dienlich ist.

Diese hier in Anlehnung an DIN 276 Teil 2 vorgestellte Einteilung des Fabrikgebäudes in einzelne Abschreibungsobjekte kann für die Zwecke der Kostenrechnung noch weitergeführt werden. Beispielsweise ließen sich das Bauwerksdach oder die Fenster als Abschreibungsgegenstände unterhalb der Ebene der Baukonstruktion definieren. Man muß sich jedoch stets die Frage der Zweckmäßigkeit solcher Maßnahmen stellen. Eine zu weitgehende Differenzierung birgt die Gefahr, daß die Kosten der Ermittlung den Nutzen zusätzlich gewonnener Informationen übersteigen. Generell sollten daher nur solche Bauwerksteile als eigene Abschreibungsobjekte betrachtet werden, deren Nutzungsdauer von der Nutzungsdauer der übergeordneten Einheit von Bauwerksteilen - für die Fenster ist dies die Baukonstruktion - sehr abweicht und deren Kosten besonders ins Gewicht fallen.

Als Abschreibungsursachen kommen beim Fabrikgebäude grundsätzlich der Zeit- und der Nutzungsverschleiß in Betracht. Der Zeitverschleiß kann auf Witterungseinflüsse, Baumaterialermüdung, den Fortfall bisheriger Verwendungsmöglichkeiten und auf technisch-wirtschaftliche Veralterung zurückzuführen sein. Da Bauwerke allen Witterungsverhältnissen ausgesetzt und Materialermüdungen aufgrund ihrer langen Nutzungsdauer nicht außergewöhnlich sind, sind die beiden zuerst genannten Ursachen des Zeitverschleißes einsichtig. Wegfallende Verwendungsmöglichkeiten bedeuten in erster Linie für diejenigen Fabrikgebäude einen Wertverlust, die auf einen speziellen Produktionszweck zugeschnitten sind, da sie nur unter großen Schwierigkeiten anderweitig genutzt werden können. Ursachen technisch-wirtschaftlichen Veraltens sind beispielsweise eine zu geringe Bodenbelastbarkeit für neue Maschinen oder zu geringe Leitungsquerschnitte für informationstechnische Anlagen. Der Zeitverschleiß ist folglich unstrittig. Er wird durch lineare oder degressive Abschreibungsverfahren erfaßt.[48] Unabhängig von der Ausbringungsmenge werden pro Periode je nach Art der gewählten Methode gleichbleibende oder sinkende Beträge als Kosten verrechnet. Bei dieser Art von Abschreibungen handelt es sich um beschäftigungsfixe Kosten.

Industriegebäude können aber auch einem Nutzungs- oder Gebrauchsverschleiß unterliegen. Zu denken ist an Bauwerke, in denen sich Produktionsprozesse vollziehen, von denen beispielsweise starke Erschütterungen ausgehen oder die baumaterialaggressive Substanzen freisetzen, welche letztlich zu einer Zerstörung des Gebäudes führen. Für eine beschäftigungs- oder leistungsabhängige Abschreibung, die den Nutzungsverschleiß erfassen würde, ist Voraussetzung, daß bei der Kostenberechnung der Leistungsumfang berücksichtigt wird.[49] Da aber Fabrikgebäude Produktionsfaktoren oh-

---

[48] Zu den Verfahren vgl. *Kilger*, Einführung, S. 119 ff. und S. 122 ff.
[49] Vgl. *Kilger*, S. 130

ne Abgabe von Werkverrichtungen sind, lassen sich ihnen - wie bereits gesehen - Leistungen nicht eindeutig zurechnen. Wollte man als Bemessungsgrundlage die Anzahl der im Gebäude verrichteten physikalischen Arbeitseinheiten, die bauwerksschädigend wirken (z.B. die Anzahl von Preß- oder Stanzvorgängen in blechverarbeitenden Fabriken), die physikalisch-technische Leistung (z.B. Preßvorgänge pro Stunde) oder die Anzahl ökonomischer Leistungseinheiten[50] (z.B. die Anzahl der Produkte je Zeiteinheit) heranziehen, müßte eine direkte Beziehung zwischen diesen Größen und der Bauwerksabnutzung bestehen, die sich in der Praxis nicht oder nur unter unverhältnismäßig hohen Kosten nachweisen läßt. Eine leistungsabhängige Abschreibung, die zu variablen Kosten führen würde, kommt daher bei Fabrikbauten nicht in Betracht.

bb) Kalkulatorische Zinsen

Die kalkulatorischen Zinsen ergeben sich geradezu zwangsläufig als eine Kostenart infolge von Investitionen, sofern man grundsätzlich den Kostencharakter von Zinsen anerkennt.[51] Da in der Kostenrechnung Finanzierungseinflüsse ausgeschaltet werden sollen, dürfen nicht nur die sich an pagatorischen Werten orientierenden Fremdkapitalzinsen, sondern müssen Zinsen auf das gesamte Kapital als Kosten verrechnet werden. Diese Ansicht vertritt die Mehrzahl der Autoren.[52] Sie wird von Mellerowicz damit begründet, daß auch mit Eigenkapitalnutzung ein "... Gutsverbrauch verbunden (ist; der Verf.), zwar nicht in der positiven Form der Ausgabe, aber wohl in der negativen Form des Nutzenentganges."[53] Die kalkulatorischen Zinsen auf das in den Industriegebäuden gebundene Kapital stellen somit den Anteil der Kapitalkosten an den Investitionsfolgekosten der Bauwerke dar.

Sie dürfen nach der herrschenden Meinung nur auf das betriebsnotwendige Kapital berechnet werden, das dem abstrakten Gegenwert der betrieblich genutzten Vermögensgegenstände entspricht. Folglich dürfen bei Ermittlung der Kapitalkosten der Gebäude alle nicht betrieblich genutzten Industriebauten nicht berücksichtigt werden. In der Praxis wird die Höhe des kalkulatorischen Zinssatzes entweder vom handelsüblichen Zinssatz für fest-

---

[50] Zur Unterscheidung von physikalischer Arbeit, technisch-physikalischer Leistung und ökonomischer Leistung vgl. *Heinen*, S. 68 ff., S. 219 ff., S. 250
[51] Zu den Ansichten über den Kostencharakter von Zinsen vgl. *Mellerowicz*, K.: Kosten und Kostenrechnung, Band 1, Theorie der Kosten, 4. Auflage, Berlin 1963, S. 78 ff.
[52] Vgl. *Kilger*, Einführung, S. 134 und die dort angegebene Literatur zur Problematik kalkulatorischer Zinsen.
[53] *Mellerowicz*, Kosten, S. 78

verzinsliche Wertpapiere oder vom Kalkulationszinsfuß der Investitionsrechnung abgeleitet.[54] Zur exakten Bestimmung und Verrechnung der kalkulatorischen Zinsen für *einzelne* Vermögenspositionen im allgemeinen wie für Industriegebäude im besonderen ist nicht das globale Verfahren, das von der Bilanz ausgehend das betriebsnotwendige Kapital - unter Umständen vermindert um das Abzugskapital[55] - en bloc errechnet, sondern das als positionsweise Erfassung und Verrechnung kalkulatorischer Zinsen bezeichnete Verfahren anzuwenden.[56] Hierbei kann das Abzugskapital vernachlässigt werden,[57] zumal es theoretisch nicht einwandfrei auf einzelne Vermögensgegenstände bezogen werden kann. Grundlage für dieses Verfahren ist die Anlagenkartei oder -datei, die erkennen läßt, welche Gebäude von welchen Kostenstellen benutzt werden. Gegenüber dem globalen Verfahren liegt hierin der Vorteil einer genaueren Zurechnung der kalkulatorischen Zinsen auf die Kostenstellen sowohl der Höhe als auch dem Grunde nach, was im übrigen eine wichtige Voraussetzung für die Planung der Kosten in der Plankostenrechnung ist.[58] Die Höhe der kalkulatorischen Zinsen richtet sich nicht nach der Beschäftigung, weil das betriebsnotwendige Vermögen in diesem Fall ebenfalls von der Beschäftigung abhängen müßte. Eine solche Abhängigkeit ist im allgemeinen nicht gegeben.[59] Die kalkulatorischen Zinsen gehören daher zu den fixen Kosten.

Die Höhe der kalkulatorischen Zinsen hängt eng mit den Abschreibungen auf die Anlagegüter zusammen, wenn sie auf die kalkulatorischen Restwerte der Vermögensgegenstände berechnet werden.[60] Je höher die Summe der bisherigen Abschreibungen ist, desto kleiner ist der Restwert, und desto geringer sind die zu verrechnenden kalkulatorischen Zinsen. Berechnet man die Zinsen vom durchschnittlich in den Gebäuden gebundenen Kapital, so bleiben die Kosten in jeder Periode konstant. Wie die Abschreibungen vari-

---

[54] Vgl. *Kilger*, Einführung, S. 134. Zur Ableitung des Kalkulationszinsfußes vgl. insbesondere *Hax*, H.: Investitionstheorie, Würzburg, Wien 1970, S. 55 ff. und S. 76 ff.

[55] Unter Abzugskapital wird die Summe von Beträgen verstanden, die dem Betrieb zinsfrei als Käuferanzahlungen und als Schulden aus Lieferungen und Leistungen zur Verfügung stehen. Vgl. *Lücke*, W.: Die kalkulatorischen Zinsen im betrieblichen Rechnungswesen, in: Zeitschrift für Betriebswirtschaft, 35. Jg., 1965, Ergänzungsheft, S. 8; vgl. auch *Henzel*, F.: Die Kostenrechnung, 4. Auflage, Essen 1964, S. 97 f. mit Beispiel.

[56] Vgl. *Kilger*, Einführung, S. 135

[57] Vgl. *Kilger*, W.: Flexible Plankostenrechnung, 3. Auflage, Wiesbaden 1967, S. 412. So auch *Lücke*, der den Ansatz von Abzugskapital wegen der damit in die Kostenrechnung eingehenden Finanzierungseinflüsse in Frage stellt. Vgl. *Lücke*, Die kalkulatorischen Zinsen, S. 10

[58] Vgl. zur Planung kalkulatorischer Zinsen *Kilger*, W.: Flexible Plankostenrechnung und Deckungsbeitragsrechnung, 8. Auflage, Wiesbaden 1981, S. 407 ff., insbesondere S. 410 f.

[59] Vgl. *Lücke*, Die kalkulatorischen Zinsen, S. 19, der exemplarisch auch Fälle konstruiert, bei denen die kalkulatorischen Zinsen als von der Beschäftigung abhängig anzusehen sind.

[60] Vgl. *Henzel*, S. 96 f.

ieren auch die kalkulatorischen Zinsen mit den Anschaffungswerten (historische Anschaffungsausgaben oder Wiederbeschaffungswerten) der Industriebauten.

cc) Steuern

Steuern, die einen betriebsbedingten Werteverzehr darstellen, werden zumeist als Kostensteuern bezeichnet. Davon sind die Steuerarten zu unterscheiden, die aus dem Gewinn - also der Differenz zwischen bewertetem Güterverzehr und Ertrag - zu entrichten sind. Hierzu gehören die Einkommen- und die Körperschaftsteuer. Die Gruppe der Kostensteuern umfaßt z.B. die Vermögen-, die Grund-, die Kraftfahrzeugsteuer und die Steuer auf das Gewerbekapital.[61] Steuern als spezieller Gebäudekostenbestandteil können nur dieser Gruppe entstammen. Um sie als solchen zu identifizieren, reicht die bloße Zugehörigkeit einer Steuerart zur Gruppe der Kostensteuern nicht aus, sie muß darüber hinaus eindeutig auf das Gebäude zu beziehen sein. Darin äußert sich wiederum die bereits mehrfach angesprochene Bezugsgrößenproblematik. Ferner müssen sie sich aus Investitionen in Bauwerke ableiten lassen, wenn es sich um Investitionsfolgekosten handeln soll. Steuern, die diese Merkmale in ihrem Namen tragen, gibt es nicht. Da Investitionen die Verwendung finanzieller Mittel zur Beschaffung von Vermögensgegenständen sind und untrennbar mit der Finanzierung, d.h. mit der Aufbringung dieser Mittel - oder anders ausgedrückt - mit der Beschaffung von Kapital, zusammenhängen, müssen die gesuchten Steuern das Vermögen, bestimmte Vermögensgegenstände oder das Kapital als Bemessungsgrundlage haben. In Betracht kommen deswegen die Vermögensteuer, die Grundsteuer, die Grunderwerbsteuer sowie die Steuer auf das Gewerbekapital.[62]

---

[61] Vgl. z.B. *Kilger*, Einführung, S. 146

[62] Die folgenden Ausführungen basieren auf der im Oktober 1991 geltenden Rechtslage. Es ist jedoch zu beachten, daß ein Steueränderungsgesetz geplant ist, das bislang in einem Referentenentwurf vorliegt. Dieser sieht unter anderem vor, die Gewerbekapitalsteuer abzuschaffen und die betriebliche Vermögensteuer durch eine Erhöhung des Bewertungsabschlages von 25 v.H. auf 50 v.H. abzusenken. Da die Beratungen und Anhörungen hierzu bei Fertigstellung dieser Arbeit noch andauern, wurde davon abgesehen, die Auswirkungen möglicher Neuregelungen aufzunehmen. Zu den beabsichtigten Gesetzesänderungen vgl. Art. 6 Ziffer 8 und Art. 11 Ziffer 24 des Entwurfes eines Gesetzes zur Entlastung der Familien und zur Verbesserung der Rahmenbedingungen für Investitionen und Arbeitsplätze (Steueränderungsgesetz 1992) in der Fassung des Rundschreibens des Bundesministers der Finanzen vom 08.07.1991; ferner *o.V.*: Entwurf des Steueränderungsgesetzes 1992, in: Fachnachrichten-IDW, Nr. 8, o. Jg., 1991, S. 279

Die Vermögensteuer belastet das Vermögen der natürlichen und juristischen Personen. Rechtsgrundlagen sind das Vermögensteuer- und das Bewertungsgesetz sowie die Vermögensteuer-Richtlinien und die Richtlinien für die Bewertung des Grundvermögens. Der Begriff des Vermögens ist in keiner Rechtsquelle definiert worden. Aus der Aufzählung der einzelnen Vermögensgüter im Bewertungsgesetz kann man jedoch entnehmen, daß das Steuerrecht von einem modifizierten bürgerlich-rechtlichen Vermögensbegriff ausgeht.[63] Nach § 4 VStG ist die Bemessungsgrundlage das Gesamtvermögen, das sich aus dem in § 18 BewG genannten land- und forstwirtschaftlichen Vermögen, dem Grund-, dem Betriebsvermögen sowie dem sonstigen Vermögen abzüglich der Schulden und sonstigen Abzüge (§ 118 BewG) zusammensetzt. Die Berücksichtigung der Freibeträge gemäß § 6 Abs. 1 VStG ergibt das steuerpflichtige Vermögen. Abbildung 22 verdeutlicht diesen Zusammenhang:

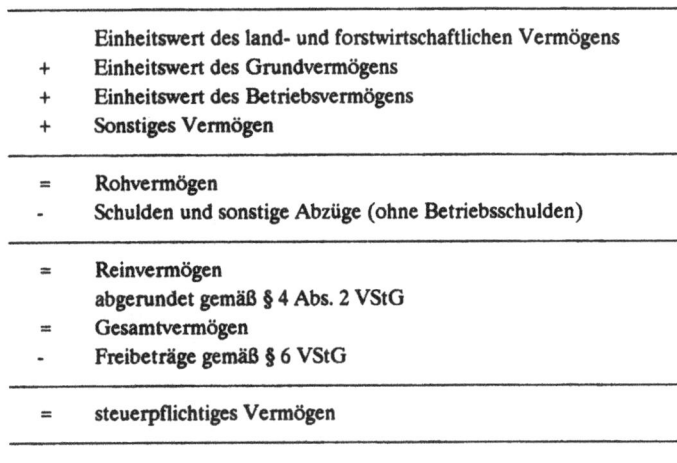

Abb. 22. Ermittlung des steuerpflichtigen Vermögens

Quelle: *Wöhe*, Steuerlehre I/1, S. 403

Industriebauten gehören zum Betriebsvermögen, das nach § 95 BewG alle Teile einer wirtschaftlichen Einheit umfaßt, die dem Betrieb eines Gewerbes zum Hauptzweck dienen. Der Einheitswert des Betriebsvermögens

---

[63] Vgl. *Wöhe*, G.: Betriebswirtschaftliche Steuerlehre, I/1, 6. Auflage, München 1988, S. 384

ergibt sich aus der Summe der Einzelwerte der einzelnen Wirtschaftsgüter, von der die Schulden des Betriebes abzuziehen sind (§ 98 a BewG).

Wenn es gelingt, den Anteil des Wertes von Industriebauten am Betriebsvermögen zu ermitteln, dann kann die darauf anteilig lastende Vermögensteuer eindeutig als Gebäudekostenbestandteil identifiziert werden. Zur Klärung dieser Problematik ist es notwendig, in gebotener Kürze das Verfahren zur Feststellung des Wertansatzes von Fabrikgebäuden in der Vermögensaufstellung darzustellen.

Industriebauten zählen steuerrechtlich bei der Ermittlung des Einheitswertes des Betriebsvermögens zu denjenigen Betriebsgrundstücken, die ohne Zugehörigkeit zu einem Gewerbebetrieb zum Grundvermögen zu rechnen wären.[64] Der Ansatz dieser Grundstücke in der Vermögensaufstellung erfolgt zum gemeinen Wert, d.h. zu dem Preis, "der im gewöhnlichen Geschäftsverkehr nach der Beschaffenheit des Wirtschaftsgutes bei seiner Veräußerung zu erzielen wäre." (§ 9 BewG). Die zweite Gruppe von Betriebsgrundstücken, die gemäß § 99 Abs. 1 Nr. 2 BewG ohne Zugehörigkeit zu einem Gewerbebetrieb einen land- oder forstwirtschaftlichen Betrieb bilden würden,[65] ist in diesem Zusammenhang ohne Belang. Der gemeine Wert von Betriebsgrundstücken wird mit Hilfe von Schätzverfahren ermittelt, da im allgemeinen Marktpreise für einzelne Grundstücke nicht vorliegen. Das Verfahren zur Feststellung des Wertes von Betriebsgrundstücken, die mit Fabrikgebäuden bebaut sind, ist das Sachwertverfahren (§§ 83 bis 90 BewG):[66]

Basierend auf dem Boden- und Gebäudewert sowie dem Wert der Außenanlagen wird ein Ausgangswert gebildet, der mit einer durch Rechtsverordnung festgelegten Wertzahl zwischen 0,5 und 0,85 an den gemeinen Wert angeglichen wird. Auf diese Weise soll verhindert werden, daß das Sachwertverfahren zu höheren Einheitswerten führt als das Ertragswertver-

---

[64] Vgl. *Wöhe*, G.: Betriebswirtschaftliche Steuerlehre I/2, 6. Auflage, München 1986, S. 491

[65] Dies sind land- oder forstwirtschaftlich genutzte Flächen zur Erfüllung des Nebenzweckes eines Gewerbes, wie z.B. eigener Obstanbau einer Konservenfabrik, vgl. hierzu Rössler, R./Troll, M.: Bewertungsgesetz und Vermögensteuergesetz, Kommentar, 15. Auflage, München 1989, S. 1051, Rd. Nr. 7 zu § 99

[66] Vgl. *Wöhe*, Steuerlehre I/2, S. 492 f. Zur detaillierten Erörterung des Sachwertverfahrens vgl. *ders.*, Steuerlehre I/2, S. 495 ff. und *Rössler*, R./Langner, J.: Schätzung und Ermittlung von Grundstückswerten, 3. Auflage, Neuwied, Darmstadt 1975, S. 139 ff. Das Ertragswertverfahren kann bei Fabrikgrundstücken und -gebäuden nicht angewendet werden, da normalerweise weder die dafür notwendige Jahresrohmiete noch die übliche Miete geschätzt werden kann.

fahren.[67] Für das an dieser Stelle zu behandelnde Problem - die Ermittlung des auf den Fabrikgebäuden lastenden Vermögensteueranteils - genügt die Berechnung des Gebäudewertes.

Ausgangspunkt des Gebäudewertes gemäß § 83 BewG sind die durchschnittlichen Herstellungskosten nach den Baupreisverhältnissen des Jahres 1958, die sich durch Multiplikation der Kubikmeter umbauten Raumes eines nach Nutzung und Bauweise bestimmten Gebäudes mit einem Durchschnittspreis ergeben.

Erfahrungswerte für Raummeterpreise von Fabrikgebäuden können der Abbildung 23 entnommen werden.

	Rahmenpreise je Kubikmeter (1958) in DM
I. Holzgebäude	
a) eingeschossig	21 - 30
b) mehrgeschossig	25 - 50
c) mit massivem Erdgeschoß	45 - 60
II. Massivgebäude	
a) eingeschossig	30 - 60
b) mehrgeschossig	50 - 80
III. Skelettbauten	
a) eingeschossig	35 - 65
b) mehrgeschossig	60 - 80
IV. Shedbauten	
a) mit Holzbindern	30 - 40
b) in Massivbauart	32 - 45
c) in Stahl- oder Stahlbetonkonstruktion	36 - 50
V. Hallenbauten	
a) Holzgebäude	15 - 25
b) Massivgebäude, Stahl- oder Stahlbetonkonstruktion	25 - 40

Abb. 23. Raummeterpreise für Fabrikgebäude, Baujahr 1958

Quelle: *Rössler/Langner*, S. 152

---

[67] Vgl. *Wöhe*, Steuerlehre I/2, S. 500

II. Die Gebäudekosten als Maßgröße der Wirtschaftlichkeit

Die Umrechnung des ermittelten Wertes auf die Baupreisverhältnisse am Hauptfeststellungszeitpunkt zum 01. 01. 1964 - für Industriebauten ist ein Baupreisindex von 135 % anzulegen[68] - führt zum Gebäudenormalherstellungswert.[69] Davon müssen Wertminderungen wegen Alters und baulicher Schäden abgesetzt werden. Der auf diese Weise ermittelte Gebäudesachwert wird noch nach oben oder unten korrigiert, "wenn Umstände tatsächlicher Art vorliegen, die bei seiner Ermittlung nicht berücksichtigt worden sind."[70] Beispiele, die den Wert des Gebäudes herabsetzen können, sind eine schlechte Lage des Grundstückes oder ein unorganischer Aufbau des Gebäudes, so daß aufgrund eines ungünstigen Materialflusses nennenswerte Mehrkosten entstehen.[71] Werterhöhend wirkt sich aus, wenn ein Grundstück gegen Entgelt für Reklamezwecke genutzt wird. Unter Berücksichtigung dieser wertbeeinflussenden Faktoren ergibt sich der Gebäudewert. Einen zusammenfassenden Überblick über die Ermittlung des gemeinen Wertes von Betriebsgrundstücken zeigt Abbildung 24 (siehe S. 166).

Die Schwierigkeit bei der Bestimmung des Anteils der Vermögensteuer, der auf den Fabrikgebäuden lastet, liegt weniger in der Ermittlung des Gebäudewertes, der nach obigem Schema festgestellt werden kann, als vielmehr in der Tatsache, daß nicht dieser Wert, sondern das Gesamtvermögen - zur Vereinfachung sei von Freibeträgen abstrahiert - Steuerbemessungsgrundlage ist. Das Gesamtvermögen ist aber eine Nettogröße, d.h. von der Summe der Werte der einzelnen Vermögensarten, die Rohvermögen genannt wird, sind die Schulden noch abzuziehen. Darüber hinaus sind bereits bei der Ermittlung des Betriebsvermögens, eines der Bestandteile des Rohvermögens, die betrieblich bedingten Lasten und Schulden von der Summe der Vermögensposten zu subtrahieren. Vermögens- und Schuldposten werden hierbei getrennt addiert, bevor der Saldo gebildet wird.[72] Die Vermögensteuer wird also pauschal auf das gesamte zu versteuernde Vermögen erhoben.

Diese Vorgehensweise ist gemessen an den Schwierigkeiten, Nettobeiträge einzelner Vermögensgegenstände zum Roh- oder Gesamtvermögen zu ermitteln, folgerichtig, daran muß jedoch auch der Versuch scheitern, den auf einzelnen Gebäuden oder anderer Besitzposten lastenden Anteil an der fälligen Vermögensteuer zu berechnen. Hierfür wäre nämlich gerade die Kenntnis der jeweiligen Nettoanteile am Betriebs- und am Roh- oder Ge-

---

[68] Vgl. Abschnitt 40 Abs. 2 BewRGr
[69] Vgl. *Wöhe*, Steuerlehre I/2, S. 497
[70] § 88 Abs. 1 BewG
[71] Vgl. Abschnitt 44 Abs. 8 BewRGr
[72] Vgl. *Wöhe*, Steuerlehre I/2, S. 477 sowie § 98 a BewG

	Bodenwert
+	**Gebäudewert**
	Durchschnittliche Herstellungskosten nach dem Baupreisverhältnis des Jahres 1958
	Umrechnung nach den Baupreisverhältnissen im Hauptfeststellungszeitpunkt (1958 = 100)
=	**Gebäudenormalherstellungswert**
−	Wertminderung wegen Alters
−	Wertminderung wegen baulicher Mängel und Schäden
=	**Gebäudesachwert**
−	Ermäßigung des Gebäudesachwertes, wenn Umstände tatsächlicher Art bisher keine Berücksichtigung gefunden haben (z.B. wegen der Lage des Grundstückes, unorganischen Aufbaues oder wirtschaftlicher Überalterung)
+	Erhöhung des Gebäudesachwertes, wenn Umstände tatsächlicher Art bisher keine Berücksichtigung gefunden haben (z.B. das Grundstück wird nachhaltig gegen Entgelt für Reklamezwecke genutzt)
=	**Gebäudewert**
+	**Wert der Außenanlagen**
	Durchschnittliche Herstellungskosten nach den Baupreisverhältnissen des Jahres 1958
	Umrechnung nach den Baupreisverhältnissen im Hauptfeststellungszeitpunkt (1958 = 100)
=	**Normalherstellungswert der Außenanlagen**
−	Wertminderung wegen Alters
−	Wertminderung wegen baulicher Mängel und Schäden
=	**Sachwert der Außenanlagen**
+	Erhöhung bzw. Ermäßigung des Sachwertes der Außenanlagen, wenn Umstände tatsächlicher Art bisher keine Berücksichtigung gefunden haben.
=	**Wert der Außenanlagen**
=	**Ausgangswert**
	$\dfrac{\text{Ausgangswert} \times \text{Wertzahl}}{100}$
=	**gemeiner Wert**

Abb. 24. Ermittlung des gemeinen Wertes von Betriebsgrundstücken

Quelle: *Wöhe*, Steuerlehre I/1, S. 416

II. Die Gebäudekosten als Maßgröße der Wirtschaftlichkeit

samtvermögen erforderlich. Da aber nicht geklärt werden kann, welche Kapitalteile - insbesondere ob und welche Schulden - auf den betrachteten Vermögensgegenstand bezogen werden können, ist dieses Problem so nicht zu lösen.

Einsichtig ist dies, wenn die Anschaffung eines Vermögensgegenstandes aus vorhandenem Kapital finanziert wird, d.h. also, wenn eine Vermögensumschichtung (z.B. liquide Mittel gegen Industriebauwerk) stattfindet. Denn es gibt keine Möglichkeit, Kapitalteile bestimmten Bilanzposten eindeutig zuzuordnen. Oberflächlich betrachtet kann diese Frage beantwortet werden, wenn eigens zur Finanzierung des Vermögensgegenstandes eine Eigenkapitalerhöhung durchgeführt oder Fremdkapital aufgenommen wird. Man könnte annehmen, in diesen Fällen sei das Kapital eindeutig dem Vermögensgegenstand zuordenbar. Hierbei wird aber nicht beachtet, daß sich die Kapitalstruktur und damit die Finanzierungsverhältnisse ständig ändern. Wie sollte die Frage entschieden werden, wenn das zur Finanzierung eines Besitzpostens aufgenommene Darlehen getilgt ist? Treten an seine Stelle Eigenkapitalanteile oder andere Verbindlichkeiten? Eine Lösung gibt es nach Kenntnisstand des Verfassers nicht. So steht das Kapital der Unternehmung in ihrer Gesamtheit und nicht einzelnen Unternehmensteilen - dargestellt in einzelnen Vermögensgegenständen - zur Verfügung.

Schließlich spricht aus kostenrechnerischer Sicht gegen die Zurechnung von Vermögensteueranteilen auf die Besitzposten nach dem Nettobeitrag, den sie zum Gesamtvermögen leisten, daß sich Einflüsse der Finanzierung auf die Ergebnisse der Kostenrechnung bemerkbar machten, denn insbesondere Industriebauten, deren Einheitswerte auf den Preisverhältnissen vom 01.01.1964 basieren,[73] können je nach Finanzierungsart per Saldo einen mehr oder minder großen positiven oder auch einen negativen Beitrag zum Betriebs- und Gesamtvermögen erbringen, was in der Kostenrechnung zur Folge hätte, daß Gebäude nur aufgrund der Finanzierung mit unterschiedlich hohen Kosten zu be- oder sogar von Kosten zu entlasten wären. Besonders die Umlage des Betrages der Steuerentlastung gestaltete sich schwierig. Denn es stellt sich die Frage, wie eine Steuerminderung zu verrechnen ist, die durch den Erwerb eines Vermögensgegenstandes hervorgerufen wird, der zur Senkung des steuerpflichtigen Vermögens führt. Beispielsweise wird das Gesamtvermögen abnehmen, wenn eine Vermögensumschichtung von liquiden Mitteln, die zum Nennwert anzusetzen sind, zu Betriebsgrundstücken (im steuerrechtlichen Sinne) erfolgt, für deren Wertansatz, wie ge-

---

[73] Gemäß § 121 a BewG sind diese Preise um 40 % nach oben zu korrigieren. Dennoch liegt der Einheitswert von Betriebsgrundstücken beträchtlich unter dem heutigen Wert.

schildert, die Preisverhältnisse des Jahres 1964 maßgebend sind. Den gleichen Effekt erzielt man, wenn zur Finanzierung des Betriebsgrundstückes Fremdkapital aufgenommen wird, das in der Vermögensaufstellung ebenfalls zum Nennwert anzusetzen ist, da der sich aus der Fremdfinanzierung ergebende abzugsfähige Schuldposten den zu alten Preisen bewerteten Vermögenszuwachs übersteigt. Dagegen bedeutet die Zuführung von Eigenkapital zur Finanzierung einen echten Vermögenszuwachs, der entsprechend zu versteuern ist.

Als Lösung des Problems der Ermittlung des auf einzelnen Besitzposten lastenden Vermögensanteils bleibt somit nur eine Verrechnung der Vermögensteuer nach dem Anteil der einzelnen Vermögensgegenstände am Betriebs*roh*vermögen (der Wert des Betriebsvermögens ohne Abzug der betriebsbedingten Schulden). Beträgt der Anteil eines Industriegebäudes beispielsweise 10 % des Betriebsrohvermögens, das seinerseits 90 % des Rohvermögens ausmacht, dann sind 10 % der durch das Betriebsvermögen bedingten Vermögensteuer - dies entspricht im Beispiel 9 % der zu zahlenden Steuer - dem Gebäude zu belasten. Maßstäbe für die Verteilung der Steuer sind nicht die Nettobeiträge, sondern die unsaldierten Bruttobeiträge der Besitzposten zum Betriebsvermögen. Auf diese Weise tritt auch die Schwierigkeit nicht auf, negative Beiträge umlegen zu müssen.

Das Gewerbekapital ist gemäß § 6 GewStG neben dem Gewerbeertrag Bemessungsgrundlage der Gewerbesteuer.[74] Der Begriff des Gewerbekapitals ist im Gewerbesteuergesetz nicht erschöpfend definiert. § 12 umschreibt ihn als Einheitswert des gewerblichen Betriebes im Sinne des Bewertungsgesetzes. Damit ergäbe sich die gleiche Bemessungsgrundlage wie für die Vermögensteuer. Da aber die Wirtschaftsgüter, die bereits einer anderen Objektsteuer als der Gewerbesteuer unterworfen sind, nicht nochmals besteuert werden sollen, ist die Summe der Einheitswerte der Betriebsgrundstücke vom Einheitswert des Betriebsvermögens zu subtrahieren, weil sie bereits der Grundsteuer unterliegt (§ 12 Abs. 3 Nr. 1 GewStG). Wie im vorangegangenen Abschnitt erläutert, bilden die Einheitswerte der Fabrikbauten einen Bestandteil des Einheitswertes von Betriebsgrundstücken (§ 76 Abs. 2 i.V. mit §§ 88 ff. BewG). Daher werden sie nicht der Besteuerung nach dem Gewerbekapital unterworfen. Diese Steuer ist somit kein Gebäudekostenbestandteil.

Steuerobjekt der Grundsteuer[75] ist unter anderem das aus Betriebsgrundstücken bestehende Betriebsvermögen im Sinne des Bewertungsgeset-

---

[74] Zur Besteuerung nach dem Gewerbekapital vgl. *Wöhe*, Steuerlehre I/1, S. 339 ff.
[75] Zur Grundsteuer vgl. *Wöhe*, Steuerlehre I/1, S. 448 ff.

zes einschließlich der Fabrikbauten. Da das Grundvermögen sowohl der Vermögen- als auch der Grundsteuer unterliegt, ergibt sich eine Doppelbelastung des Steuerpflichtigen. Die Grundsteuer zählt zu den Gebäudekosten und kann entsprechend dem Anteil des Gebäudewertes am Einheitswert des Grundbesitzes, der sich nach den oben erläuterten Vorschriften des Bewertungsgesetzes errechnet,[76] auf die einzelnen Bauwerke umgelegt werden.

Die Grunderwerbsteuer besteuert den Grundstückswechsel.[77] Bei der Bilanzierung wird sie zusammen mit dem Kaufpreis aktiviert und erhöht somit den Wert des Grundstückes, das im Normalfalle weder bilanziell noch kalkulatorisch abgeschrieben wird. Die Grunderwerbsteuer fließt somit nicht in die Kosten ein.

dd) Versicherungen

Anders als das allgemeine Unternehmerwagnis, das seine Vergütung im Unternehmergewinn findet, schlagen sich die besonderen Wagnisse, die auf der betrieblichen Tätigkeit im Zusammenhang mit der Beschaffung, der Lagerhaltung, den Anlagen, der Fertigung, dem Vertrieb etc. beruhen, in den Kosten nieder.[78] Für diese Wagnisse müssen im internen Rechnungswesen Kosten angesetzt werden. Wenn Versicherungen die Risiken abdecken, handelt es sich um Fremdleistungskosten. Zu verrechnen sind die jeweiligen Versicherungsprämien. Im Falle einer Selbstversicherung werden Wagnissätze aufgrund der Erfahrungswerte der Vergangenheit als Verhältnis der eingetretenen Schäden zu einer Bezugsgröße gebildet, die in Beziehung zur Höhe der Wagnisverluste steht. Wenn beispielsweise in den vergangenen 20 Jahren Feuerschäden an den Fabrikgebäuden in Höhe von 100.000,-- DM entstanden sind, werden in der Kostenrechnung monatlich kalkulatorische Wagniskosten in Höhe von rund 417,-- DM verrechnet. In diesem Beispiel ist die Zeit die Bezugsgröße. Die Verlustgefahr wird bei nicht versicherbaren und bei nicht versicherten Risiken von der Unternehmung selbst getragen und durch die kalkulatorischen Wagniskosten in Form einer Selbstversicherung in der Kostenrechnung berücksichtigt.

Gleichgültig ob sich die Unternehmung für die Fremd- oder die Selbstversicherung entscheidet, werden die Wertverluste aufgrund tatsächlich ein-

---

[76] Vgl. § 13 GrStG
[77] Zur Grunderwerbsteuer vgl. *Wöhe*, Steuerlehre I/1, S. 558 ff.
[78] Vgl. *Henzel*, S. 101 f.

tretender Schäden aus der Kostenrechnung ferngehalten, da die außerordentlichen und zufälligen Verbräuche von Kostengütern die mit der Kostenrechnung zu gewinnenden Erkenntnisse beeinträchtigen würden. Versicherungen sind sowohl als Fremdleistungs- als auch als kalkulatorische Wagniskosten nicht von der Ausbringungsmenge abhängig und daher beschäftigungsfix.

b) Die Gebäudebetriebskosten

Der zweite große Gebäudekostenblock wird von den Gebäudebetriebskosten gebildet. Der Begriff ist in DIN 18960 "Baunutzungskosten von Hochbauten" definiert. Die Norm subsumiert darunter alle Kosten, die für die "Sicherung der Bedingungen für die vorgesehene Nutzung der Gebäude und Außenanlagen"[79] anfallen. Auf den Industriebau übertragen handelt es sich folglich um diejenigen betriebsbedingten bewerteten Güterverzehre, die durch die Erfüllung der Funktionen von Fabrikgebäuden auftreten. Erfüllung der Funktionen bedeutet in diesem Zusammenhang konkret, daß die für Menschen notwendige hygienische Ver- und Entsorgung gesichert, das für Menschen und Produktion zuträgliche Raumklima gewährleistet, die für die Nutzung notwendige Beleuchtung vorhanden und das Gebäude leicht zu reinigen ist sowie die notwendigen gebäudeinternen Verkehrsbeziehungen gegeben sind.[80] Die hierfür entstehenden Betriebskosten werden zu einem großen Teil durch Anlagen und Einrichtungen verursacht, die für die Sicherstellung der Aufenthalts- und Nutzungsbedingungen unentbehrlich und die fest mit dem Gebäude verbunden sind.[81] Solche Anlagen sind z.B. die Lüftungs- und Heizungsanlage sowie elektrotechnische und sanitäre Anlagen. Darüber hinaus werden Betriebskosten durch das Personal herbeigeführt, das diese Anlagen bedient, wartet und das Gebäude reinigt. Produktionsbedingte Kosten, wie z.B. Werkstoffkosten und Fertigungslöhne, gehören nicht zu den Gebäudebetriebskosten.[82]

Im einzelnen lassen sich als Gebäudebetriebskostenarten Reinigungs-, Raumklima-, Bedienungs- und Wartungskosten, Kosten der elektrischen Energie, der Wasserversorgung und der Abwasserentsorgung sowie sonstige Kosten unterscheiden.

---

[79] DIN 18960, Teil 1, a.a.O., S. 127
[80] Vgl. *Muser*, B./*Drings*, H.-R.: Baunutzungskosten, DIN 18960, Braunschweig 1977, S. 25
[81] Vgl. *Gößl*, S. 323. Nicht darin enthalten sind Abschreibungen und kalkulatorische Zinsen auf diese Anlagen, da diese Kosten Teil der Investitionsfolgekosten sind.
[82] Vgl. *Muser/Drings*, S. 25

II. Die Gebäudekosten als Maßgröße der Wirtschaftlichkeit   171

Die einzelnen Kostenarten werden in der Literatur teilweise anders bezeichnet,[83] zum Teil ist die Liste auch umfangreicher.[84] Gegenüber dem technischen Schrifttum erscheint eine Modifikation angebracht, weil die dort vorliegende Kosteneinteilung im betriebswirtschaftlichen Sinne nicht eindeutig ist. Beispielsweise fallen unter die Rubrik Wärmekosten auch die Kosten für Lüftung und Kühlung.[85] Diese Sachverhalte gehen aus der Bezeichnung der Kosten nicht hervor, weshalb hier stattdessen die Kostenart "Raumklimakosten" eingeführt wird. Darüber hinaus muß gegenüber DIN 18960 auch der Umfang der einzelnen Kostenarten reduziert werden, die zu den industriebautypischen Gebäudebetriebskosten gezählt werden können, da in der Norm auch solche Kostenarten enthalten sind, die in der Hauptsache auf Wohnhäuser etc. zutreffen oder deren Entstehung nicht auf die Gebäudegestaltung zurückgeführt werden können (z.B. Kosten des Wasserverbrauchs) und deshalb aus der Betrachtung ausgeschlossen werden müssen.

Die Gebäudebetriebskosten setzen sich im wesentlichen aus Arbeits-, Fremdleistungs- und Werkstoffkosten zusammen. Zweckmäßig im Sinne dieser Arbeit sind Industriebauten, wenn sie bei einer bestimmten gegebenen Nutzung minimale Betriebskosten verursachen.[86]

aa) Reinigungskosten

Diese Kosten entstehen durch die Reinigung von Fußböden, Sanitäreinrichtungen, Fenstern, Sonnenschutzeinrichtungen, Fassaden etc. Gemeinsam ist den aufgezählten Reinigungsobjekten, daß sie feste Bestandteile des Bauwerkes sind. Entgegen der DIN 18960 dürfen Mobiliar, Vorhänge etc. nicht zu den Gegenständen der Gebäudereinigung gezählt werden, weil die Kosten ihrer Reinigung nicht bedeutsam für die Baugestaltung sind. Es han-

---

[83] Vgl. *Gößl*, S. 325 ff.
[84] Vgl. z.B. *Gottschalk*, O.: Flexible Verwaltungsbauten, Quickborn bei Hamburg 1963, S. 204, der zu den Gebäudebetriebskosten auch die im Abschnitt "Investitionsfolgekosten" behandelten Kostenarten zählt. Dies ist eine Auffassung, die Unterschiede in den Kostenarten zu verbergen droht. So zählt er auch Versicherungsprämien zu den Betriebskosten. Nach Meinung des Verfassers sind Versicherungen, ebenso wie Abschreibungen und Zinsen, jedoch nicht für die Sicherung der Bedingungen für die vorgesehene Nutzung der Gebäude erforderlich, weshalb eine derartige Einteilung der Kosten nicht sachgerecht, aber unter Zugrundelegung des "technischen" Kostenbegriffes zur Abgrenzung zu Ausgaben folgerichtig ist.
[85] Vgl. z.B. *Gößl*, S. 325
[86] Diese Anforderung an Industriebauten wird auch von technischer Seite gestellt. Vgl. *Meyer-Doberenz*, G.: Weitgespannte Konstruktionen im Industriebau, in: Wissenschaftliche Zeitschrift der TU Dresden, Nr. 5, 17. Jg., 1968, S. 1242

delt sich diesbezüglich um irrelevante Kosten,[87] d.h. um Werteverzehre, die durch eine bestimmte Gestaltung des Bauwerkes nicht veränderbar sind.

Reinigungskosten werden oft unterschätzt. Sie übersteigen in manchen Fällen sogar die Summe aller anderen Gebäudebetriebskosten. Etwa 90 % dieser Kosten sind Personalkosten.[88] Die restlichen 10 % entfallen auf Reinigungsmittel und -geräte.[89] Lohnerhöhungen und die Dauer der für die Reinigung erforderlichen Arbeitszeit beeinflussen infolgedessen die Höhe der Reinigungskosten am meisten. Industriebauten müssen daher aus Kostengründen reinigungsgerecht entworfen werden. Dies bedeutet, daß bereits bei der Gebäudeplanung auf die Möglichkeit des späteren Einsatzes zweckmäßiger Reinigungsgeräte geachtet wird. Beispielsweise bieten sich bei großflächigen Verglasungen Außenwandfahrkörbe für Fensterputzer an. Der Einsatz von Kehrmaschinen in den Produktionsräumen ist sinnvoll, wenn durch eine geschickte Anordnung der Betriebsmittel und durch ein weites Stützenraster große Flächen ohne Ecken entstehen, die von den Kehrmaschinen befahren werden können. Ferner ist bei der Planung auf die Wahl und den Einsatz von Baustoffen und Bauelementen zu achten, die von vornherein weniger schmutzempfindlich sind. Poröse Fußbodenbeläge und Wände sind bei spanabhebender Fertigung oder bei Prozessen, mit denen Staubentwicklung verbunden ist, nicht zweckmäßig, auch wenn sie in der Anschaffung billiger sind als geeignete Bauteile, die schmutzabweisende Eigenschaften aufweisen. Bereits der Anstrich eines Betonfußbodens oder einer Betonwand mit einer Farbe bringt Vorteile, da die Poren geschlossen werden, Schmutz nicht mehr eindringen und deshalb leicht abgewaschen werden kann. Auch die Farbgebung spielt in diesem Zusammenhang eine Rolle. Dunkle Farbtöne kaschieren Schmutz in der Regel besser als helle. Beispielsweise empfiehlt es sich, Verkehrswege, die von Flurfördermitteln, wie z.B. von Gabelstaplern, befahren werden, dunkel zu streichen, um den Gummiabrieb der Reifen zu verbergen, der auf dem Boden haften bleibt. Solche und andere bauliche Vorkehrungen lohnen sich, weil dadurch Reinigungskosten eingespart werden.[90] Voraussetzung hierfür ist jedoch, daß derartigen Maßnahmen keine Unfallverhütungs- und Hygienevorschriften entgegenstehen.

---

[87] Vgl. zu diesem Begriff *Hummel,/Männel*, S. 115 ff.
[88] Um Arbeitskosten handelt es sich bei eigenem Reinigungspersonal; bei Reinigung durch Fremdfirmen sind es auf Personaleinsatz zurückgehende Fremdleistungskosten.
[89] Vgl. *Muser/Drings*, S. 45
[90] Vgl. *Gößl*, S. 327

bb) Raumklimakosten

Fabrikgebäude sollen den menschlichen Organismus und die produktionsbedingten Vorgänge unter anderem gegen schädliche Wirkungen des Außen-, aber auch des prozeßbedingten Innenklimas schützen und auf diese Weise eine menschengerechte Arbeitsgestaltung und wirtschaftliche Leistungserstellung ermöglichen. Deshalb muß im Gebäude eine Klimaregelung vorgenommen werden, die die Gesunderhaltung des Menschen unterstützt und die Produktionsprozesse fördert. Die wichtigsten Klimafaktoren sind die Luftzusammensetzung, die Luftfeuchtigkeit, die Lufttemperatur und die Luftbewegung.[91] Raumklimakosten entstehen somit durch Heizung, Kühlung, Lüftung und Regulierung der Luftfeuchtigkeit der Räume und erlangen insbesondere in Zeiten hoher Energiepreise ein besonderes Gewicht. Es handelt sich hierbei um die wertmäßigen Äquivalente des Verbrauchs von Heizstoffen (Öl, Gas, Kohle), Fernwärme und Strom zur Erzeugung von Wärme sowie zum Antrieb von Klimaaggregaten. Kosten für den Verbrauch von Öl, Gas, Kohle und Strom, der nicht für die Erzeugung des Raumklimas benötigt wird, sind kein Bestandteil dieser Art von Gebäudebetriebskosten.[92]

Die Raumklimakosten werden durch das Außenklima als externe, durch den Betrieb nicht beeinflußbare Größe, durch die Produktion (z.B. Wärmeentwicklung bei Hochofenprozessen und bei spanabhebender Fertigung), durch die tägliche Nutzungszeit des Gebäudes sowie nicht zuletzt durch die Bauweise bestimmt. Ist beispielsweise aufgrund eines Einschichtbetriebes die Aufrechterhaltung einer behaglichen Raumtemperatur von 22° C nur acht Stunden pro Tag bei einer 5-Tage-Woche erforderlich, kann hiervon während der übrigen 16 Stunden am Tag und am Wochenende kostensparend abgewichen werden (z.B. im Winter durch eine Temperaturabsenkung, im Sommer durch eine Temperaturerhöhung infolge der Rücknahme der Heiz- bzw. der Kühlleistung), wohingegen bei Dreischichtbetrieben das notwendige Raumklima ständig garantiert sein muß. Die Dauer der täglichen oder wöchentlichen Nutzung des Gebäudes für Produktionszwecke ist somit eine Kosteneinflußgröße, so daß man Teile der Raumklimakosten als beschäftigungszeitabhängig bezeichnen kann. Dies genügt allerdings nicht, um von echten beschäftigungsvariablen Kosten im betriebswirtschaftlichen Sinne zu sprechen, da ein entsprechendes Raumklima auch während der Rüstzeiten, der Arbeitspausen und sonstiger Arbeitsunterbrechungen unabhängig von der Arbeitsintensität, dem Lastgrad und den dadurch bedingten Ausbringungsmengen aufrechterhalten werden muß.

---

[91] Vgl. *Schmidt*, K.: Kompakte Industriegebäude, Band I, Berlin (Ost) 1964, S. 68
[92] Vgl. *Muser/Drings*, S. 28

Die Bauweise beeinflußt die Raumklimakosten infolge der Wärmedämmwerte der raumabschließenden Bauteile (Außenwände inklusive der Fenster und Türen, Fußboden und Dach) sowie durch die Raumgröße. DIN 4108 Teil 2 "Wärmeschutz im Hochbau" verlangt einen Wärmeschutz, der ein hygienisch einwandfreies Innenraumklima garantiert und Bauschäden durch klimabedingte Feuchteeinwirkung vermeidet.[93] Sie wurde von den Baugenehmigungsbehörden der Länder für verbindlich erklärt. Gemäß den ergänzenden Bestimmungen zu dieser Norm darf der mittlere Wärmedurchgangskoeffizient für Außenwände von Gebäuden die dort festgelegten Obergrenzen nicht überschreiten.[94] Die Baustoffe und -elemente sind daher so zu wählen, daß der Verbrauch an Heizstoffen mit Hilfe einer entsprechenden Bauweise minimiert wird.

Eine Erhöhung des Wärmedurchgangswiderstandes der raumabschließenden Bauteile kann beispielsweise durch Isolierverglasung, Verwendung von Vorhängen und Jalousien, durch thermisch reflektierende Wandbeläge, Verringerung der Dachfläche durch Reduzierung der Dachneigung und durch Einsatz von Wärmeschleusen an den Toren erreicht werden. Wärmerückgewinnung aus den Produktionsprozessen und Zweitnutzung der anfallenden Wärme ist eine weitere Möglichkeit, Raumklimakosten zu senken.[95]

Nicht nur die Eigenschaften der Baustoffe und Bauteile, sondern auch die Raumvolumina sind kostenbestimmend. Je größer die Räume sind, desto höher sind auch die Kosten für Heizung, Lüftung etc. Insbesondere die Raumhöhe darf als Kosteneinflußfaktor nicht außer acht gelassen werden. Denn während Grundfläche für die Produktion selten eingespart werden kann - und sei es nur, weil für mögliche Erweiterungen Vorratsflächen gehalten werden -, ist eine übergroße Raumhöhe in vielen Produktionszweigen überflüssig. Überall dort, wo die dritte Dimension für Fertigungszwecke nicht in besonderem Maße genutzt wird, sollten daher keine zu großen Raumhöhen geplant und realisiert werden.

Schließlich bestimmen die Art und der Gegenstand der Fertigung die Raumklimakosten. In Hochofenbetrieben z.B. herrschen produktionsbedingt extreme Temperaturen vor, denen durch Lüftungseinrichtungen entgegenzuwirken ist, damit erträgliche Arbeitsbedingungen erzeugt werden.

---

[93] Vgl. DIN 4108 Teil 2 "Wärmeschutz im Hochbau", in: *DIN Deutsches Institut für Normung e.V.* (Hrsg.): Normen über Wärmeschutz - Planung, Berechnung, Prüfung, Berlin, Köln 1981, S. 16
[94] Vgl. *Muser/Drings*, S. 52
[95] Vgl. *Rockstroh*, W.: Die technologische Betriebsprojektierung, Band 3: Gestaltung von Fertigungswerkstätten, 2. Auflage, Berlin (Ost) 1983, S. 173 f.

II. Die Gebäudekosten als Maßgröße der Wirtschaftlichkeit   175

cc) Kosten der elektrischen Energie

Die Kosten der elektrischen Energie entstehen durch den Stromverbrauch, soweit er nicht durch Heizungs-, Lüftungs- oder Klimaanlagen veranlaßt wird[96] und deswegen zu den Raumklimakosten zählt oder zum Antrieb von Produktionsaggregaten benötigt wird. So verursachen die Beleuchtung des Gebäudes und die Nutzung der haustechnischen Anlagen, wie z.B. der Aufzüge, den größten Teil der zu den Gebäudebetriebskosten zu rechnenden Stromkosten. Denn sowohl die Beleuchtung als auch der Betrieb der haustechnischen Anlagen sind zur Erfüllung der Funktionen des Industriebaues erforderlich, was definitionsgemäß Voraussetzung für die Zurechnung eines Werteverzehrs zu den Gebäudebetriebskosten ist.

Die Kosten für die Beleuchtung hängen von der Brenndauer, der Beleuchtungsstärke und der Bauweise ab. Beispielsweise können Stromkosten für die Beleuchtung durch den Einbau von Oberlichtern durch beiderseitige Anordnung von Fensterbändern und durch geringe Gebäudetiefen[97] gesenkt werden. Generell gilt, daß die Beleuchtungskosten um so höher sind, je mehr auf den Einfall von Tageslicht verzichtet wird.

dd) Kosten der Wasserversorgung und der Abwasserentsorgung

Zur Sicherstellung der Bedingungen für die vorgesehene Nutzung des Gebäudes gehört auch der Anschluß des Bauwerkes an die öffentliche oder an die eigene Wasserversorgung, der die Anbindung an das Abwassernetz im Regelfalle einschließt. Aber nicht der Wasserverbrauch kann - wie einige Autoren sagen[98] - einem Gebäude zugerechnet werden, da er von anderen Faktoren, z.B. vom Wasserbedarf der im Bauwerk arbeitenden Menschen oder der Produktion, verursacht wird. Nur die *Möglichkeit* der Wasserentnahme und Abwasserentsorgung ist zur Sicherung der Gebäudenutzung von Bedeutung, weshalb auch nur die hierfür anfallenden Werteverzehre als Ge-

---

[96] *Gößl* zählt auch den Stromverbrauch lufttechnischer Anlagen zu den Kosten elektrischer Energie und nicht zu den Wärmekosten, wie er die Raumklimakosten nennt. Diese Verfahrensweise führt aber zu einer unsauberen Abgrenzung der Kostenart, weshalb in dieser Arbeit davon Abstand genommen wird. Vgl. *Gößl*, S. 326

[97] Der Tageslichtquotient als das Verhältnis der Lichtstärke an einer bestimmten Stelle des Innenraumes zur gleichzeitigen Lichtstärke im Freien nimmt mit wachsendem Abstand zum Fenster überproportional ab, so daß bei überwiegender Nutzung natürlichen Lichtes, das seitlich durch Fenster in den Raum einfällt, die Raumtiefe für die Arbeitsplätze höchstens doppelt so groß sein soll wie der Abstand zwischen Fenstersturz und Arbeitstischhöhe. Vgl. dazu *Schmidt*, K.: Kompakte Industriegebäude, Band II, Berlin (Ost) 1965, S. 108 f.

[98] Vgl. z.B. *Muser/Drings*, S. 27 und 48 ff.

bäudebetriebskosten angesetzt werden können. Beispiele für diese Kostenart sind etwaige Grundgebühren für den Anschluß an das öffentliche Versorgungsnetz, Kosten für den Betrieb von Druckerhöhungsanlagen und Abwasserhebepumpen. Diese Kostenart ist beschäftigungsfixer Natur.

ee) Wartungs- und Bedienungskosten

Das Bauwerk an sich sowie die haustechnischen Anlagen bedürfen einer ständigen Pflege (Wartung). Dazu gehören Tätigkeiten wie das Ein- und Nachstellen von Uhrenanlagen, Nachfüllen von Chemikalien für Wasseraufbereitungsanlagen, Auswechseln von Verschleißteilen wie Lampen, Dichtungen, Sicherungen, Filtern und Austauschen fehlerhafter Bauteile.[99] Die Wartungstätigkeiten können auch als Maßnahmen der Instand*haltung* bezeichnet werden.[100] Wenn diese Tätigkeiten von eigenem Personal ausgeführt werden, handelt es sich um Arbeits-, ansonsten um Fremdleistungskosten. Die Verschleißteile zählen zu der Gruppe der Werkstoffkosten.

Bedienung ist der Sammelbegriff für alle Tätigkeiten der Betreuung haustechnischer Anlagen. Beispiele hierfür sind Ein- und Ausschalten von Alarmanlagen sowie Beobachten und Beschicken der Heizungsanlage. Die Arbeitskosten für diese Tätigkeiten können, je nach Grad der Automation der Anlagen, von erheblicher Höhe sein.[101] Im allgemeinen sind sowohl die Bedienungs- als auch die Wartungskosten unabhängig von der Ausbringungsmenge.

ff) Sonstige Gebäudebetriebskosten

Die Kosten für den Hausmeisterdienst entstehen durch die sogenannten allgemeinen Hausdienste zur Aufrechterhaltung der Nutzungs- und Betriebsbereitschaft des Gebäudes, soweit sie nicht bereits einer anderen Kostenart (z.B. den Wartungs- und Bedienungskosten) entsprechen. Hierzu gehören z.B. Kosten für die Durchführung von Frost- und Wetterschutzmaßnahmen und für die Überwachung haustechnischer Anlagen. Sonstige Auf-

---

[99] Vgl. *Muser/Drings*, S. 32
[100] Vgl. *Henzel*, S. 105
[101] Zwei Extremfälle, die die unterschiedliche Höhe der Bedienungskosten verdeutlichen, sind eine Heizzentrale, die von Kesselwärtern rund um die Uhr bedient werden muß, im Vergleich zu einer automatischen Heizanlage ohne ständige Beaufsichtigung. Vgl. *Muser/Drings*, S. 31

gaben des Hausmeisters, die in DIN 18960 aufgezählt werden (Unterstützung der Hausverwaltung, Kontrolle der Einhaltung der Hausordnung etc.) sind untypisch für Industriebetriebe.[102]

c) Die Bauunterhaltungskosten

Der dritte Bestandteil der Gebäudekosten sind die Bauunterhaltungskosten. DIN 18960 versteht darunter die Kosten für die "Gesamtheit der Maßnahmen zur Bewahrung und Wiederherstellung des Sollzustandes von Gebäuden und dazugehörenden Anlagen, jedoch ohne Reinigung und Pflege der Verkehrs- und Grünflächen ... und ohne Wartung und Inspektion der haus- und betriebstechnischen Anlagen ...".[103] Die Wartungskosten werden zu den Gebäudebetriebskosten gerechnet, weil die entsprechenden Tätigkeiten organisatorisch mit der Bedienung zusammenhängen und anders als die Bauunterhaltungskosten in regelmäßigem Turnus anfallen.[104] Arbeiten der Bauunterhaltung hingegen werden nicht laufend wiederkehrend, sondern in unregelmäßigen Zeitabständen durchgeführt. Sie werden auch als Instand*setzungen* bezeichnet. Typisches Beispiel hierfür sind Dachreparaturen (aber nicht vollkommene Neueindeckung) oder das Entfernen bauwerksschädlicher Substanzen von der Fassade mittels Sandstrahlarbeiten. Kosten, die auf Umbaumaßnahmen zurückzuführen sind, durch die das Gebäude in seiner Substanz (z.B. in der Größe oder in qualitativen Merkmalen) geändert wird, sind ebenfalls keine Bauunterhaltungskosten, sondern gehören zu den Investitionsfolgekosten.

Da die Werteverzehre für Bauunterhaltungsmaßnahmen nicht nur eine Periode betreffen, wäre es falsch, die gesamten Kosten dem Rechnungsabschnitt zu belasten, in dem die Arbeiten durchgeführt werden. Sie müssen stattdessen auf die restlichen Perioden der Nutzung des instandgesetzten Gebäudeteiles (z.B. des Daches) verteilt werden, indem die kalkulatorischen Abschreibungen nach Vollendung der Reparatur erhöht werden. Der die bisherigen Abschreibungen übersteigende Betrag entspricht den Bauunterhaltungskosten. Insbesondere bei Anlagengegenständen wie den Gebäuden, deren Bestandteile unterschiedlich lange ohne etwaige Instandsetzungsmaßnahmen genutzt werden können, ist eine Unterteilung des Abschreibungsobjektes in Teile verschiedener Lebensdauern ratsam.[105]

---

[102] Vgl. *Muser/Drings*, S. 35
[103] DIN 18960 Teil 1, a.a.O., S. 128
[104] Vgl. *Muser/Drings*, S. 37
[105] Vgl. *Henzel*, S. 105 f.

Die Unterhaltungskosten für Produktionsgebäude sind zwar gegenüber denen der maschinellen Einrichtung nach Bekunden von Vertretern der Automobilindustrie verschwindend gering,[106] als Schwerpunkt der bauökonomischen Objektkontrolle, d.h. zur Prüfung der wirtschaftlichen Zweckmäßigkeit des Gebäudes, dürfen sie neben den Investitionsfolge- und Gebäudebetriebskosten keinesfalls vernachlässigt werden.[107] Ansonsten wäre ein Wirtschaftlichkeitsvergleich zwischen teuren und billigen Bauteilen, wie etwa zwischen Aluminium- und Holzrahmenfenstern, nicht durchzuführen, da die Preisunterschiede nur in den Investitionsfolgekosten, die umfangreicheren Unterhaltungsmaßnahmen für Anstriche der Holzrahmen aber nicht berücksichtigt würden. Für ein zweckmäßiges Industriegebäude gilt daher, daß auch die Bauunterhaltungskosten zu minimieren sind.[108] Ein besonderes Augenmerk ist auf unterhaltungsarme Ausbaukonstruktionen wie Fenster, Türen, Oberlichter, Fußböden etc. zu legen,[109] da diese gegenüber der Hauptkonstruktion (Gründung, Tragkonstruktion, Wände) reparaturanfälliger sind.

III. Das Verhalten der Gebäudekosten unter besonderer Berücksichtigung ausgewählter Kosteneinflußgrößen

Bauwerke werden - mit Ausnahme der in Fertigbauweise erstellten Typengebäude - individuell geplant und in Einzelfertigung errichtet. Der Industriebau ist ein Konglomerat vieler Einzelleistungen von Architekten, Statikern, Sonderfachleuten und verschiedener an der Baudurchführung beteiligter Unternehmungen. Jedes Gebäude entsteht als hochaggregiertes Gebilde mit unterschiedlichen Einzelbestandteilen, die sich nach dem jeweiligen Zweck richten, der mit dem Gebäude verfolgt wird. Bauwerke - nicht einzelne Bauteile - sind somit fast immer Unikate,[110] was naturgemäß die Vorkalkulation der Herstell- und der daraus abgeleiteten Gebäudekosten im Sinne dieser Arbeit erschwert. Dabei ist es äußerst wichtig, gerade die Investitionsfolge- und Gebäudebetriebskosten im voraus berechnen zu

---

[106] Vgl. *Jähne*, S. 2, der zwar von Instandhaltungskosten spricht, aber damit Bauunterhaltungskosten im Sinne der DIN 18960 und dieser Arbeit meint, wie der Kontext zeigt.
[107] Vgl. auch *Campinge*, S. 208
[108] Vgl. *Meyer-Doberenz*, S. 1242
[109] Vgl. *Guhl*, P.: Zur weiteren Entwicklung des Ausbaus der Industriegebäude, in: Bauplanung - Bautechnik, Nr. 12, 24. Jg., 1970, S. 573 f.
[110] Vgl. *Büttner*, O.: Kostenplanung von Gebäuden - Aspekte einer umfassenden Baukostenplanung mit Entwicklung und Anwendung eines Simulationsmodells, Diss., Stuttgart 1972, zugleich Zentralarchiv für Hochschulbau, Stuttgart 1972, S. 16

III. Das Verhalten der Gebäudekosten 179

können, weil in den frühen Phasen des Bauprozesses die bedeutendsten kostenverursachenden Entscheidungen getroffen werden.[111] Mit fortschreitendem Bauablauf werden die Möglichkeiten der Kostenbeeinflussung immer geringer, wie die Abbildung 25 zeigt.

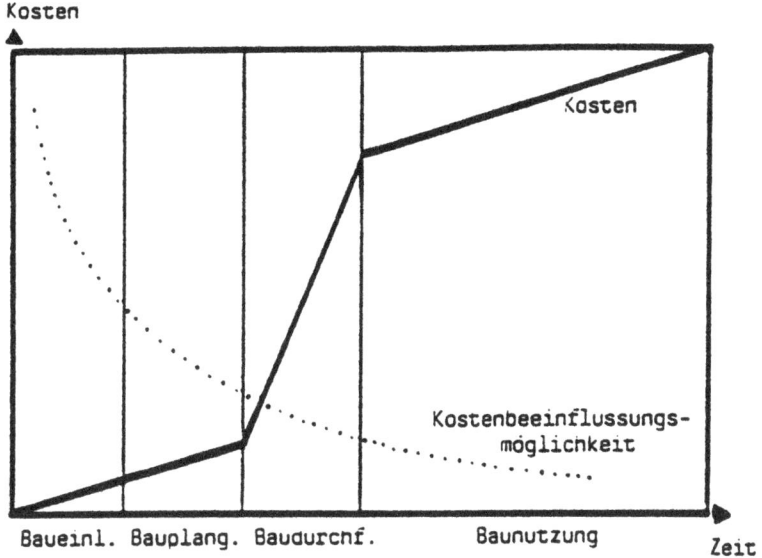

Abb. 25. Möglichkeit der Beeinflussung von Gebäudekosten im Zeitablauf

Quelle: Büttner, S. 21

Voraussetzung für die Ermittlung des Verhaltens von Gebäudekosten und für das Treffen diesbezüglich richtiger Gestaltungsentscheidungen ist die Kenntnis der Faktoren, die die Kosten des Bauwerkes bestimmen. Diese Faktoren werden Kosteneinflußgrößen genannt.

Berücksichtigt man zunächst nur die Investitionsfolgekosten, so stellt man fest, daß sich diese Kostenkategorie einzig aus dem Wert des Gebäudes ableiten läßt. Nicht für die Höhe der Kosten, wohl aber für die Ermittlung des Kostenverhaltens ist es gleichgültig, ob man wie bei den Steuern auf Bauwerke von (modifizierten) historischen Anschaffungswerten oder wie bei Abschreibungen von Wiederbeschaffungswerten auszugehen hat, weshalb

---

[111] Zur Kostenbeeinflussung vgl. *Büttner*, S. 21

diese Fragestellung hier ausgeklammert werden kann. Der Wert eines Gebäudes ist das Produkt aus dem Baupreis je Größeneinheit und der Bauwerksgröße. Der Baupreis variiert mit den qualitativen Eigenschaften des zugrundegelegten Gebäudes und dem Baupreisindex für Industriebauten. Je hochwertiger ein Bauwerk in qualitativer Hinsicht und je höher der Baupreisindex ist, desto höher ist letztlich der Preis für die Bauleistung. Als Einflußgrößen auf die Investitionsfolgekosten kommen somit die Gebäudegröße, die Gebäudequalität und der Baupreisindex für gewerbliche Betriebsgebäude in Betracht.

Abgesehen von der letztgenannten Kostendeterminante, die wertbestimmenden Charakter hat, besitzen diese Kosteneinflußgrößen auch für die Entwicklung der Kosten der beiden anderen Kategorien Gültigkeit, die bekanntlich nicht aus dem Wert des Gebäudes abgeleitet werden, wie sich aus den Ausführungen des vorangehenden Abschnittes entnehmen läßt. So bestehen beispielsweise Beziehungen zwischen der Gebäudegröße und der Wärmedämmung einerseits und den Raumklimakosten andererseits. Verbindungen zwischen Qualitätsniveau und Reparaturkosten lassen sich ebenfalls herstellen.

Mit der Gebäudegröße, der Gebäudequalität und dem Baupreisindex wurden drei Kosteneinflußgrößen gefunden, die eine namentliche Analogie in der betriebswirtschaftlichen Kostenlehre haben, wo die Einflüsse der Betriebsgröße, der Faktorqualitäten und der Faktorpreise auf die Kosten des Betriebes untersucht werden.[112] Da der vorangehende Abschnitt gezeigt hat, daß die Beschäftigung des Betriebes als weitere betriebswirtschaftlich fundierte Kostendeterminante nur eine untergeordnete Rolle bei der Verursachung der Gebäudekosten spielt - lediglich Teile der Abschreibungen, der bauwerksspezifischen Energiekosten und der Reinigungskosten werden durch sie ausgelöst -, soll der Versuch unternommen werden, in Analogie zum Beschäftigungsgrad im bekannten betriebswirtschaftlichen Sinne einen Gebäudebeschäftigungsgrad (Nutzgrad) als weitere und zugleich letzte Kosteneinflußgröße zu bilden, um daran Entwicklungen der Gebäudekosten zu erklären.

1. Die Baugröße als Kosteneinflußgröße

a) Theoretische Grundlagen der Baugrößenvariation

Der Einfluß der Baugröße auf die Gebäudekosten scheint auf den ersten Blick jedermann ersichtlich zu sein. Je größer das Bauwerk ist, desto teurer

---

[112] Vgl. *Gutenberg*, S. 394 ff., S. 415 ff., S. 421 ff.

III. Das Verhalten der Gebäudekosten

ist es und desto höher werden die Investitionsfolgekosten, die sich aus den Anschaffungsausgaben und dem Wert des Gebäudes ableiten. Aber auch die Gebäudebetriebskosten korrelieren mit der Baugröße positiv. Exemplarisch sind die Reinigungs- und die Raumklimakosten zu erwähnen. Dagegen kann die Frage nach der Steigungsrate der Gebäudekosten nicht sofort beantwortet werden. Es muß folglich untersucht werden, ob die Gebäudekosten sich im gleichen Verhältnis zu einer Baugrößenvariation ändern, ob ein überproportionaler Kostenanstieg vorliegt oder ob eine Baugrößendegression zu verzeichnen ist.

Die Größendegression technischer Produktionsmittel, insbesondere von Kraftmaschinen und Prozeßanlagen, gehört zu den gesicherten Erkenntnissen der Betriebswirtschaftslehre.[113] Darunter versteht man "*die Tatsache, daß mit fortschreitender Produktionsmittelgröße (Leistungszunahme) die gesamten Betriebskosten unterproportional anwachsen und demnach die Stückkosten fallen.*"[114] Industriebauten wurden in diese Untersuchungen nicht einbezogen,[115] so daß hierfür ein Nachholbedarf besteht.

Analog zur Produktionsmitteldegression kann die Baugrößendegression als Abnahme der Gebäudekosten pro Baugrößeneinheit bei zunehmender Bauwerksgröße definiert werden. Die Begriffsbestimmungen sind aber fast die einzigen Entsprechungen zwischen der Produktionsmittel- und der Baugrößendegression, weswegen aus der Zugehörigkeit des Produktionsfaktors Industriebau zu der Gruppe der Betriebs- oder Produktionsmittel nicht auf ein gleichgerichtetes Kostenverhalten, d.h. auf das Vorliegen einer Baugrößendegression, geschlossen werden kann.

Die Unterschiedlichkeit der Untersuchungen beginnt bereits bei der Feststellung der Größe der Untersuchungsobjekte sichtbar zu werden. Die Leistungsfähigkeit eines technischen Betriebsmittels, die Ludwig für die Messung der Produktionsmittelgröße heranzieht,[116] ist als Maßstab für die Baugröße ungeeignet. Da der Faktor Industriebau keine Werkverrichtungen versieht, können ihm keine Produktmengen je Zeiteinheit (z.B. Tonnen Durchsatzgewicht je Schicht) als Ausdruck seiner technischen Kapazität zugeordnet werden. Ein solcher Umweg zur Messung der Baugröße ist auch

---

[113] Vgl. *Schäfer*, E.: Der Industriebetrieb, 2. Auflage, Wiesbaden 1978, S. 148

[114] *Ludwig*, H.: Die Größendegression der technischen Produktionsmittel, Köln, Opladen 1962, S. 67. Allgemein formuliert liegt eine Degression vor, wenn zwei in funktionaler Beziehung stehende Variablen sich so verhalten, daß bei positiver Veränderung der unabhängigen der Wert der abhängigen Variablen nur unterproportional steigt oder sogar fällt. Mathematisch ausgedrückt muß das Verhältnis der Wertänderungen von abhängiger und unabhängiger Variabler kleiner als eins sein.

[115] Vgl. hierzu *Ludwig*, S. 8

[116] Vgl. *Ludwig*, S. 9

nicht nötig. Denn letztlich ist Aufgabe des Industriebaues die Gewährung von Produktionsflächen oder -raum, woran sich die Baugröße direkt ablesen läßt.[117]

Tatsächlich bilden Rauminhalte und Bauwerksflächen die Grundlage für die Kostenermittlung und -planung von Bauten.[118] So schreibt DIN 276 Teil 3 vor, daß bei der Ermittlung der Kosten der Baukonstruktion, der Installation, der zentralen Betriebstechnik, der betrieblichen Einbauten sowie der Baunutzungskosten als Bezugseinheiten vorzugsweise Grundflächen oder Rauminhalte nach DIN 277 Teil 1 zu berücksichtigen sind.[119] Für Zwecke der Kalkulation von Bauwerken werden daher Richtwerte pro Größeneinheit mit der jeweiligen Baugröße multipliziert. Im Beispiel der Abbildung 26, die einen Ausschnitt aus einer Kostenschätzung nach DIN 276 Teil 3 darstellt, sind dies 420,-- DM je Kubikmeter Brutto-Rauminhalt und 1.700,-- DM je Quadratmeter Netto-Grundfläche.

3	Kosten des Bauwerkes		
	Siehe Anlage 5500 m^3 x 420		
3.1	Siehe Anlage		
bis	5500 m^3	=	2 310 000 DM
3.4	1400 m^2	=	2 380 000 DM
			4 690 000 DM
	davon Mittelwert	=	2 345 000 DM
	Zwischensumme 3.1 bis 3.4		2 345 000

Abb. 26. Ausschnitt aus der Gebäudekostenschätzung nach DIN 276 Teil 3

Quelle: *Winkler*, S. 144

---

[117] Beim Messen der Baugröße müssen auch die erforderlichen Nebenräume (z.B. für sanitäre, betriebs- und haustechnische Anlagen) berücksichtigt werden.
[118] Vgl. *Winkler*, W.: Hochbaukosten, Flächen, Rauminhalte, 7. Auflage, Braunschweig, Wiesbaden 1988, S. 158 f.
[119] Vgl. DIN 276 Teil 3 "Kosten von Hochbauten - Kostenermittlungen", in: *DIN Deutsches Institut für Normung e.V.* (Hrsg.): Normen über Kosten von Hochbauten, Flächen, Rauminhalte, 3. Auflage, Berlin, Köln 1981, S. 37; DIN 277 Teil 1 "Grundflächen und Rauminhalte von Bauwerken im Hochbau - Begriffe, Berechnungsgrundlagen", in: *Winkler*, S. 161-165

III. Das Verhalten der Gebäudekosten

Hinter dieser Kalkulationsmethode steht die Annahme, daß sich die Kosten für die Herstellung eines Bauwerkes bestimmter Beschaffenheit proportional zur Baugröße verhalten, die in Flächenmaßen oder in Rauminhalten ausgedrückt wird. Abgesehen von der Frage, ob diese Annahme zutrifft, führt die Verwendung von Grundflächeneinheiten als Kalkulationsbasis nach Ansicht des Verfassers zu vergleichsweise ungenauen Ergebnissen, da hierin der Einfluß der Raumhöhe auf die Gebäudekosten nicht zum Ausdruck kommt, obwohl große Geschoßhöhen wegen der notwendigen Wandaussteifungen verteuernd auf die Herstellung[120] und die daraus abzuleitenden Investitionsfolgekosten sowie auf die Gebäudebetriebskosten wirken. Als Kalkulationsbasis und als Maßstab für die Baugröße sollte demnach in erster Linie der Rauminhalt eines Gebäudes in Frage kommen.[121]

Die Verfahren der Kostenermittlung von Hochbauten nach DIN 276 Teil 3, die auf der Proportionalitätsprämisse beruhen, haben sich in der Praxis für die Vorkalkulation von Bauwerken durchgesetzt,[122] was nicht heißen muß, daß die Annahme auch theoretisch zu rechtfertigen ist. Man denke nur an die in Industriebetrieben verbreiteten Systeme der Vollkostenrechnung, in denen bei der Kalkulation die beschäftigungsfixen nicht von den beschäftigungsproportionalen Kosten unterschieden werden, obwohl dies aus theoretischer Sicht falsch ist. Vielmehr verweisen einige Autoren betriebswirtschaftlicher wie ingenieurwissenschaftlicher Herkunft auf die Existenz einer Baugrößendegression. So ist Schäfer der Ansicht, daß die Kosten pro Raumeinheit mit zunehmender Größe des Bauwerkes erheblich abnehmen.[123] Dolezalek und Warnecke sprechen davon, daß die Baukosten von Mehrgeschoßbauten mit zunehmender Grundfläche sinken.[124] Gemeint sind hier von den Autoren die Baukosten je Flächeneinheit, denn eine absolute Kostenverringerung mit zunehmender Baugröße ist nicht realistisch. Nicht zuletzt deutet bereits Buff auf eine Degression der Baukosten in Abhängigkeit von der Gebäudelänge und Gebäudeweite und auf eine in eine Progression umschlagende Degression der Kosten in Abhängigkeit von der Geschoßzahl hin, wie folgende Abbildung zeigt.[125]

---

[120] Vgl. hierzu *Sommer*, H.R.: Kostensteuerung von Hochbauten, Wiesbaden, Berlin 1983, S. 65

[121] Zu den möglichen Bezugsgrößen für die Kostenschätzung von Industriebauten vgl. *Brunner*, K.: Möglichkeiten der Kostenvergleiche von Industriebauten und Aufbau eines Baukostenplanes (BKP), in: Industrielle Organisation, Nr. 12, 33. Jg., 1964, S. 523 f.

[122] Verfahren der Vorkalkulation sind nach DIN 276 Teil 3 die Kostenschätzung, die Kostenberechnung und der Kostenanschlag. Die Kostenfeststellung dient dem Nachweis der tatsächlich entstandenen Kosten. Vgl. hierzu auch *Jendges*, S. 52 ff. und *Winkler*, S. 140 ff.

[123] Vgl. *Schäfer*, Der Industriebetrieb, S.149

[124] Vgl. *Dolezalek/Warnecke*, S. 72

[125] Vgl. *Buff*, S. 140 f.

184 C. Zur Beurteilung der Zweckmäßigkeit von Industriebauten

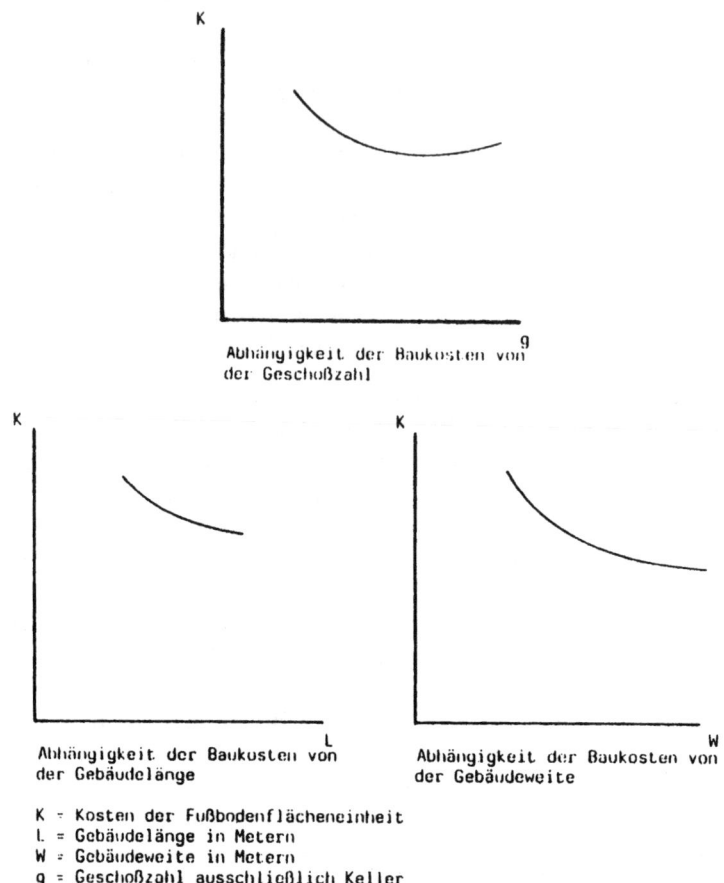

Abb. 27. Gebäudekosten in Abhängigkeit von Gebäudelänge, -weite und Geschoßzahl

Quelle: *Buff*, S. 140

Leider werden in keinem Fall die Behauptungen begründet. Der Nachweis hierfür ist auch schwierig zu führen, weil fast jedes Industriegebäude individuell gestaltet ist, so daß Kostenvergleiche zwischen verschiedenen Fabrikbauten auf unterschiedlichen Ausgangslagen beruhen. Ein Kostenvergleich kann somit den Besonderheiten der einzelnen Baukonstruktionen nicht Rechnung tragen und ist daher als Basis für die Analyse des Gebäudekostenverhaltens ungeeignet. Deshalb wird in dieser Arbeit eine deduktive Vorgehensweise gewählt, um Hinweise auf das Gebäudekostenverhalten zu ermitteln; ausgehend von den Voraussetzungen, die theoretisch für die Existenz einer Größendegression der Gebäudekosten vorhanden sein

III. Das Verhalten der Gebäudekosten

müssen, soll anhand von Beispielen diskutiert werden, ob solche Fälle in der Realität auftreten können. So wird im folgenden das Verhalten von Kosten wichtiger Konstruktionsteile[126] eines Bauwerkes - sie bilden vor allem in Form von Abschreibungen und Zinsen die aus den Ausgaben abgeleiteten Investitionsfolgekosten - und das Verhalten von Gebäudebetriebs- und Bauunterhaltungskosten bei Baugrößenvariation untersucht. Die Frage nach dem funktionalen Verlauf der *Gesamt*kosten eines Industriegebäudes kann nicht Gegenstand allgemeiner Erörterung sein, weil sie nur unter Berücksichtigung konkreter Rahmenbedingungen und Gestaltungsanforderungen im Einzelfall zu klären ist. Denn das Verhalten der Gesamtkosten ist das Resultat zu erwartender gegenläufiger Effekte der einzelnen Kostengruppen. Angaben über die Stärke der verschiedenen Kostenprogressionen und -degressionen können nur am konkreten Zahlenbeispiel gemacht werden, so daß sich die Frage nach dem Verlauf der Gesamtkosten einer allgemeinen Beantwortung entzieht. Allgemeingültige Aussagen zum Kostenverhalten betreffen daher in dieser Arbeit nur die einzelnen Kostengruppen (Kosten der Konstruktionsteile, Gebäudebetriebs- und Bauunterhaltungskosten). Um die Auswirkungen der anderen Kostendeterminanten aus der Untersuchung herauszuhalten, muß im Sinne einer analytischen Vorgehensweise unterstellt werden, daß bei Baugrößenvariationen die Gebäudequalitäten, die Baupreise und sonstige mögliche Kosteneinflußgrößen konstant bleiben.

Voraussetzung für die Größendegression der Gebäudekosten ist entweder das Vorliegen eines absolut oder in gewissen Schranken baugrößenunabhängigen Kostenblocks - man könnte von größenfixen oder größenintervallfixen Gebäudekosten sprechen - oder die Existenz zwar baugrößenvariabler, aber unterproportional zunehmender Gebäudekosten. Im ersten Fall verteilen sich die größenunabhängigen Kosten mit steigender Baugröße auf eine größere Grundfläche oder auf einen größeren Rauminhalt, so daß die Kosten je Größeneinheit abnehmen. Im zweiten Fall ist die Steigungsrate der Gebäudekosten negativ, so daß ebenfalls Degressionseffekte entstehen. Je größer die baugrößenunabhängigen Kostenblöcke sind, desto größer sind die Degressionswirkungen und desto eher verhalten sich die gesamten Gebäudekosten degressiv.

Bevor untersucht wird, ob diese Voraussetzungen bei Industriebauten gegeben sind, muß noch erörtert werden, wie die Baugröße variiert werden kann, um auch das hiervon abhängige Kostenverhalten in die Analyse einbeziehen zu können. Grundsätzlich zeichnen sich zwei Gruppen von Baugrößenvariationen ab, die sich in der Art unterscheiden, das Bauvolumen eines

---

[126] Zu den wichtigen Konstruktionsteilen zählen unter anderem die Fundamente, das Dach, die Geschoßdecken, die Tragkonstruktion und die Fassade, vgl. *Henn/Voss/Kettner*, Eignung (Teil II), S. 221

Industriebetriebes zu verändern. In Anlehnung an Schäfer, der die Größendifferenzierung von Fertigungsanlagen erörtert, soll von multiplikativer und dimensionierender Baugrößenvariation gesprochen werden.[127]

b) Multiplikative Baugrößenvariation

Das Bauvolumen eines Industriebetriebes kann durch Erhöhung oder Verminderung der Anzahl seiner Gebäude verändert werden. Dies ist die multiplikative Baugrößenvariation. Sie liegt - vereinfachend ausgedrückt - vor, wenn zusätzlich zu einem Gebäude ein zweites, ein drittes usw. gleicher Art errichtet wird. Da es sich bei dieser Art von Baugrößenvariation um eine Vervielfachung einer Bauaufgabe handelt, treten nur in geringem Maße Degressionseffekte in Erscheinung. So können z.B. die Baupläne für mehrere Gebäude verwendet werden, so daß die umfangreichen Planungsarbeiten nur einmal durchgeführt werden müssen. Die Ausgaben hierfür verringern sich, wodurch auch die sich hieraus ableitenden Investitionsfolgekosten sinken. Dieser Effekt ist anschaulich bei Reihenhäusern im privaten Hausbau und bei Bauwerken in Fertigbauweise (Typengebäuden) zu erkennen. Des weiteren werden Teile der Kosten sinken, die die Baustelleneinrichtung (Krane, Baumaschinen, Absperrungen, Aufenthaltscontainer) verursacht, wenn die Bauten zeitlich und örtlich direkt nacheinander errichtet werden. Baumaterial und Arbeitszeit[128] werden aufgrund der schlichten Vervielfachung von Bauwerken nicht eingespart, so daß keine weiteren Degressionen im Bereich der Investitionsfolgekosten erkennbar sind. Aus dem gleichen Grunde verringert sich auch die Steigungsrate der Gebäudebetriebskosten nicht mit einer multiplikativen Baugrößenerhöhung. Bei einer exakten Verdoppelung des Raumvolumens durch Errichtung eines zweiten Gebäudes fallen unter sonst gleichen Voraussetzungen - eventuell mit Ausnahme der Hausmeisterkosten - Gebäudebetriebskosten in doppelter Höhe an. Ein proportionaler Anstieg der Gebäudeunterhaltungskosten ist ebenfalls zu erwarten.

Die multiplikative Baugrößenvariation führt somit nahezu zu einer Vervielfachung der Gebäudekosten um einen Faktor, der der Anzahl der betrachteten Bauwerke entspricht. Ansatzweise macht sich die Größendegression nur bei den Investitionsfolgekosten bemerkbar. Auf einem Kosten-Baugrößen-Diagramm sind die Kostenpunkte diskret verteilt, weil eine stetige

---

[127] Vgl. hierzu *Schäfer*, Der Industriebetrieb, S. 145 f.
[128] Einzig die bei mehrfacher Wiederholung der gleichen Bauaufgabe sich einstellende Erfahrung der mit der Errichtung des Gebäudes betrauten Personen könnte zu einer Verminderung der hierfür benötigten Zeit führen.

III. Das Verhalten der Gebäudekosten

Differenzierung der Baugröße durch die Errichtung zusätzlicher gleichartiger Bauwerke nicht möglich ist.

c) Dimensionierende Baugrößenvariation

Steht nur das Raumvolumen *eines einzigen* Gebäudes zur Disposition an, handelt es sich um Fragen der dimensionierenden Baugrößenvariation. Der Rauminhalt eines Gebäudes wird durch die Bauwerkshöhe und die Grundfläche bestimmt,[129] deren Veränderung die Kosten pro Kubikmeter umbauten Raumes beeinflussen.[130] Um die Kosteneinflüsse genau analysieren zu können, sollen die Auswirkungen der Veränderungen dieser beiden Größendeterminanten auf die Investitionsfolgekosten, die durch bestimmte Bau- oder Konstruktionsteile (z.B. Außenwand, Baugrube, Gründung, Dach) hervorgerufen werden, zunächst getrennt betrachtet werden. Bei der anschließenden Erörterung des Verhaltens der Gebäudebetriebs- und Bauunterhaltungskosten muß diese Unterscheidung nicht mehr getroffen werden.

aa) Investitionsfolgekosten bei dimensionierender Baugrößenvariation

Vergrößert man die Grundfläche eines Gebäudes unter Konstanthaltung der Gebäudehöhe, verschieben sich die mengenmäßigen Relationen einiger der in der Baukonstruktion vorhandenen Bauwerksteile. Dies hat zur Folge, daß die Kosten der Bauteile, deren Menge unterproportional zur Bauwerksgröße zunimmt, einen degressiven Kurvenverlauf in Abhängigkeit des Raumvolumens zeigen. Handelt es sich zudem um Bauwerksteile, die in bedeutendem Maße zu den Gebäudegesamtkosten beitragen, ist die Wahrscheinlichkeit groß, daß deren Degression zu einer sinkenden Zuwachsrate der *Gesamt*kosten in Abhängigkeit der Baugröße führt, da mögliche Progressionseffekte aufgrund anderer Kosteneinflüsse überkompensiert werden. Diese These soll im folgenden anhand eines erläuternden Beispieles untermauert werden.

Empirische Untersuchungen haben gezeigt, daß die Ausgaben und mutatis mutandis die Kosten für die Außenwandflächen von den betrachteten Gebäuden mit 22 % bis 39 % den größten Anteil an den Gesamtausgaben

---

[129] Zur Berechnung des Rauminhalts vgl. DIN 277 Teil 1, S. 163 f.
[130] Vgl. *Brunner*, S. 524

bzw. -kosten der Baukonstruktion ausmachen.[131] Die Entwicklung dieser Kosten in Abhängigkeit der Baugröße ist deshalb für das Auftreten einer Degression der gesamten Gebäudekosten von besonderer Bedeutung.[132] Um das Verhalten der Außenwandkosten zu ermitteln, sollen nun verschiedene Gebäudetypen miteinander verglichen werden, die sich zunächst lediglich in der Größe der Grundfläche und damit im Raumvolumen unterscheiden.[133] Abbildung 28 verdeutlicht diesen Sachverhalt.

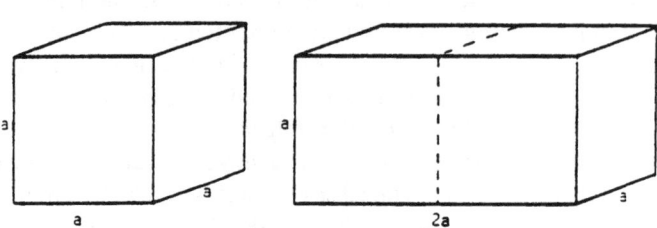

Abb. 28. Gebäudetypen bei bloßer Grundflächenvergrößerung

Alle Gebäude haben die Bauwerkshöhe H_i von 1a. Ausgegangen wird vom Gebäudetyp 1 (Würfel mit der Kantenlänge 1a). Für diesen Gebäudetyp ergibt sich eine Grundfläche F_1 von $1a^2$. Das Raumvolumen V_1 beträgt $1a^3$, und die Außenwandfläche AWF_1 umfaßt $4a^2$. Das Verhältnis von Außenwandfläche zu Raumvolumen AWF_1/V_1 beläuft sich auf 4. Die Außenwandfläche dieses Gebäudetyps ist also betragsmäßig viermal größer als das Volumen.

Erweitert man den Gebäudetyp 1 schrittweise in Längs- oder in Querrichtung um jeweils *einen* Anbau gleicher Größe (Würfel mit der Kanten-

---

[131] Vgl. *Sommer*, S. 57. Diese Untersuchung hatte Verwaltungs- und Wohngebäude zum Gegenstand. Mögliche andere Zahlenwerte für Industriebauten relativieren die Bedeutung der Kosten für Außenwandflächen, ändern aber nichts an derem grundsätzlichen Verhalten bei einer Baugrößenvariation. Die Kosten für Baugruben, Gründungen und Dächer lagen in den untersuchten Fällen bei weitem unter den Außenwandkosten, die auch durch die Innenwand- und Deckenkosten nur annähernd erreicht wurden und können daher zunächst vernachlässigt werden; vgl. zu den Kostenrelationen *Sommer*, S. 52, 55, 74, 64 und 68

[132] Auf die Bedeutung der Außenwandflächen für die Baukosten wird in der Literatur verschiedentlich hingewiesen; vgl. z.B. *Zeh*, Kostenvergleich, S. 523

[133] In diesem Zusammenhang vgl. auch *Kühl, J.*: Der Einfluß der Gebäudeform auf den baulichen Aufwand, in: Wissenschaftliche Zeitschrift der TU Dresden, Nr. 5, 17. Jg., 1968, S. 1235

III. Das Verhalten der Gebäudekosten

länge 1a) unter Konstanthaltung der Höhe, so ergibt sich für den Gebäudetyp 2 (Quader mit den Kantenlängen 2a und 1a sowie mit der Höhe 1a) die doppelte Grundfläche F_2 von $2a^2$ und das doppelte Raumvolumen V_2 von $2a^3$, aber nur eine um 50 % gestiegene Außenwandfläche AWF_2 von $6a^2$, so daß in diesem Falle das Verhältnis von Außenwandfläche zu Raumvolumen AWF_2/V_2 nur 3 beträgt. Setzt man die Erweiterungen entsprechend fort, so erkennt man, daß dieses Verhältnis weiter abnimmt. Diese und die entsprechenden Daten für weitere Gebäudetypen sind zur Veranschaulichung folgender Tabelle zu entnehmen, wobei darauf verzichtet werden kann, den Einheitswert a einzutragen:

Gebäudetyp i	H_i	F_i	V_i	AWF_i	AWF_i/V_i
1	1	1	1	4	4,00
2	1	2	2	6	3,00
3	1	3	3	8	2,67
4	1	4	4	10	2,50
5	1	5	5	12	2,40
6	1	6	6	14	2,33
7	1	7	7	16	2,29
8	1	8	8	18	2,25
9	1	9	9	20	2,22
10	1	10	10	22	2,20
⋮					
20	1	20	20	42	2,10
30	1	30	30	62	2,07
40	1	40	40	82	2,05
50	1	50	40	102	2,04

Abb. 29. Entwicklung der Gebäudemaße bei einseitiger Variation der Grundfläche unter Konstanz der Höhe

Dieses Beispiel verdeutlicht, daß mit steigender Baugröße, die annahmegemäß durch Veränderung der Grundfläche variiert wird, die Außenwandflächen absolut größer, ihr relativer Anteil am Bauwerk - gemessen am Raumvolumen V - aber kleiner wird. Das Verhältnis AWF_i/V_i, in dem die Baugrößendegression zum Ausdruck kommt, folgt der mathematischen Funktion $\frac{2(x+1)}{x}$, wobei x die Anzahl der Würfel ist, aus dem sich der jeweilige Gebäudetyp zusammensetzt. Man erkennt aus Abbildung 30, daß die Degressionsrate mit steigender Bauwerksgröße abnimmt und das Verhältnis AWF_i/V_i den Grenzwert 2 hat. Die Degressionskurve besitzt folglich in der Parallelen mit dem Abstand 2 zur x-Achse eine Asymptote.

190   C. Zur Beurteilung der Zweckmäßigkeit von Industriebauten

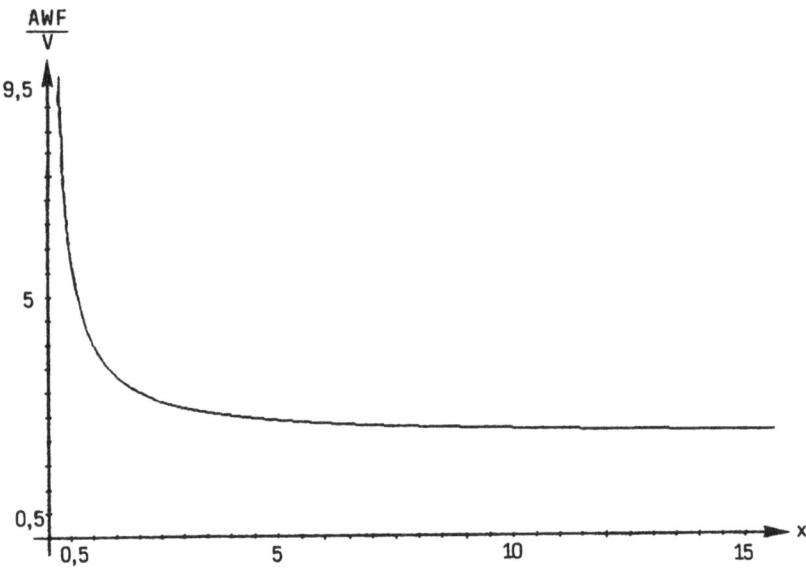

Abb. 30. Verlauf der Größendegression eines Bauwerkes am Beispiel der Außenwandflächen bei einseitiger Flächenvergrößerung

Bewertet man die Außenwandfläche mit ihrem Preis,[134] so erhält man aufgrund der Tatsache, daß sie nicht in dem Maße der Baugröße zunimmt, eine auf das Raumvolumen bezogene degressiv steigende Reihe der Ausgaben sowie der daraus abgeleiteten Kosten, womit die Existenz einer Baugrößendegression für die Außenwand grundsätzlich nachgewiesen ist. Aus ökonomischer Sicht ist es daher in Anbetracht einer fehlenden oder kaum merklichen Größendegression im Falle der multiplikativen Baugrößenvariation ceteris paribus besser, ein großes statt mehrerer kleiner Gebäude zu errichten. Zu beachten ist jedoch, daß die Vorteile einer einseitigen horizontalen Längs- *oder* Quererweiterung mit fortschreitender Grundflächenvergrößerung immer geringer werden, was in dem Asymptotenwert der Degressionskurve zum Ausdruck kommt. Das Ergebnis dieser Ausführungen besitzt Gültigkeit für alle Gebäude, die durch eine gedankliche oder tatsächliche Vergrößerung des betrachteten Gebäudetyps um jeweils nur *eine* Größeneinheit entstehen (einseitige horizontale Erweiterung). Dabei spielt die Grundrißform des ursprünglichen Bauwerkes keine Rolle, solange keine

---

[134] Zu den Preisunterschieden bei verschiedenen Außenwandtypen vgl. *Sommer*, S. 60

III. Das Verhalten der Gebäudekosten

Baulücken, wie sie z.B. bei E-förmigen Grundrissen bestehen, durch den Anbau geschlossen werden.

Ein derartiger Sachverhalt führt nämlich zu stärkeren Degressionen und stellt bereits den Übergang zu dem anderen Extremfall dar, den es zu erörtern gilt. Es handelt sich um die Variation der Baugröße durch eine gleichzeitige, umfassende Längen- und Tiefenerweiterung des Ursprungsbauwerkes (Einheitswürfel), so daß sich stets eine quadratische Grundrißfläche ergibt. Wie aus der folgenden Tabelle zu entnehmen ist, tritt auch hier eine Größendegression auf, die sogar noch stärker als bei der einseitigen Horizontalvergrößerung ist.

Gebäudetyp i	H_i	F_i	V_i	AWF_i	AWF_i/V_i
1	1	1	1	4	4,00
2	1	4	4	8	2,00
3	1	9	9	12	1,33
4	1	16	16	16	1,00
5	1	25	25	20	0,80
6	1	36	36	24	0,67
7	1	49	49	28	0,57
8	1	64	64	32	0,50
9	1	81	81	36	0,44
10	1	100	100	30	0,40
⋮					
20	1	400	400	80	0,20
30	1	900	900	120	0,13
40	1	1600	1600	160	0,10
50	1	2500	2500	200	0,08

Abb. 31. Entwicklung der Gebäudemaße bei zweiseitiger Variation der Grundfläche unter Konstanz der Höhe

Das Verhältnis Außenwandfläche zu Raumvolumen kommt in der Funktion $\frac{4}{x}$ zum Ausdruck, wobei x wiederum die Anzahl der Einheitswürfel darstellt. Auch in diesem Fall nimmt die Degression mit steigendem Bauvolumen ab; die Relation AWF_i/V_i nähert sich indessen dem Grenzwert 0. Die Degressionskurve, die in Abbildung 32 dargestellt wird, verläuft asymptotisch zur x-Achse.

192   C. Zur Beurteilung der Zweckmäßigkeit von Industriebauten

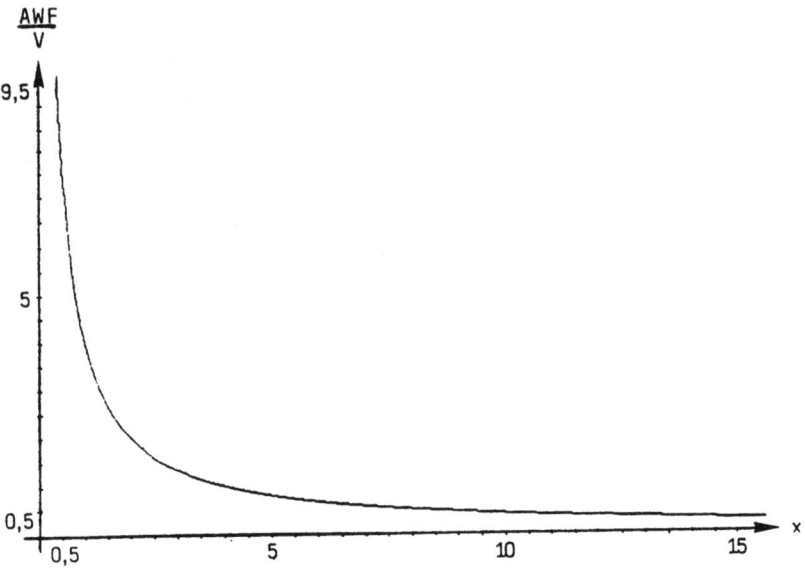

Abb. 32. Verlauf der Größendegression eines Bauwerkes am Beispiel der Außenwandflächen bei zweiseitiger Variation der Grundfläche unter Konstanz der Höhe

Die vergleichsweise stärkere Degression ist auf die Form des Grundrisses zurückzuführen, da das Quadrat mit Ausnahme des Kreises diejenige geometrische Figur ist, die bei gleichem Flächeninhalt den geringsten Umfang aufweist.

Die ökonomische Interpretation des Sachverhaltes ist die gleiche wie im Falle der einseitigen Größenvariation. Die dimensionierende Baugrößenveränderung ist aus den gleichen Gründen ceteris paribus günstiger als die multiplikative. Ob die festgestellte Degression ausreicht, die gesamten Gebäudekosten oder wenigstens die Investitionsfolgekosten mit sinkenden Zuwächsen steigen zu lassen, hängt vom Verhalten der Mengenrelationen weiterer Bauwerksteile und ihrer wertmäßigen Bedeutung ab, wodurch der am Beispiel der Außenwandfläche gezeigte Effekt verstärkt oder aufgezehrt werden kann. Generell ist bei einer Baugrößenvariation durch reine Grundflächenerweiterung für die Baugrube, für die Gründung und für das Dach eine flächenproportionale und somit auch volumenproportionale Vergrößerung festzustellen, so daß durch diese Bau- und Konstruktionsteile keine weiteren Degressionen, aber auch keine Progressionen entstehen. Deshalb

III. Das Verhalten der Gebäudekosten 193

können diese Bauteile im hier gegebenen Zusammenhang außer Betracht bleiben.[135]

Ergänzt wird der durch die relative Abnahme der Außenwandfläche ausgelöste Degressionseffekt durch das Vorhandensein absolut oder in gewissen Grenzen größenunabhängiger Gebäudekosten. Sie werden im Bereich der Baukonstruktion durch solche Gebäudeteile verursacht, die pro Gebäude, gleich welcher Größe, nur in einer festen Anzahl Verwendung finden oder deren Menge nur bei Überschreitung einer bestimmten Baugröße ansteigt. Beispiele für solche Gebäudeteile sind teilunterkellerte Fabrikbauten, deren Untergeschosse unabhängig vom Volumen des restlichen Bauwerkes eine festgelegte Größe einnehmen. Ferner zählen hierzu sogenannte Kernbereiche, wie die Räumlichkeiten für haus- und betriebstechnische Anlagen, Schornsteine und Treppenhäuser, die bis zu einem gewissen Grad unabhängig von der Baugröße sind. So ist es ceteris paribus egal, ob ein Gebäude 20 m oder 30 m lang ist; an der Größe und Anzahl der Treppenhäuser ändert dies nichts. Die Kosten, die durch diese Kernbereiche verursacht werden, verteilen sich aber auf ein größeres Bauvolumen. Ebenso verhält es sich mit Brandwänden, die wie die Treppenhäuser in einem Höchstabstand von 40 m errichtet werden müssen.[136] Übersteigt die Größe des Bauwerkes die Grenzen, ab denen aus Sicherheitsgründen zusätzliche Baumaßnahmen (z.B. Brandwände, Treppenhäuser) erforderlich werden, steigen auch die Ausgaben und Kosten für die Baukonstruktion pro Größeneinheit sprunghaft an, um dann wieder mit zunehmender Baugröße bis zu der Grenze zu sinken, die erneut zusätzliche Baumaßnahmen notwendig macht.

Folgende Abbildung zeigt beispielhaft den Verlauf der Kosten pro Quadratmeter Nutzfläche in Abhängigkeit von der Gebäudelänge und der damit verbundenen Anzahl an Treppenhäusern.

---

[135] Die Einbeziehung sämtlicher raumabschließender Bauteile - also auch des Daches und des Fußbodens - kann ferner nur unter der realitätsfremden Prämisse der Gleichwertigkeit dieser Bauteile erfolgen, die - wie gezeigt wurde - gerade nicht gegeben ist. Vgl. in diesem Zusammenhang *Kühl*, S. 1234 f.

[136] Vgl. § 9 Abs. 1 LBOAVO, § 4 Abs. 2 LBOAVO

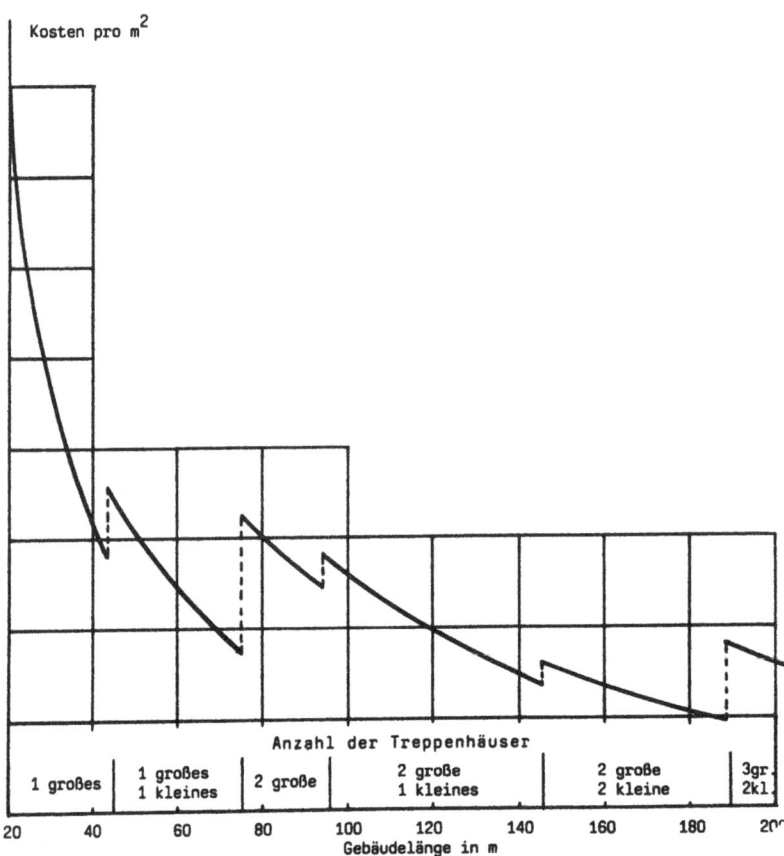

Abb. 33. Abhängigkeit der Kosten pro Quadratmeter Nutzfläche von der Gebäudelänge und der Anzahl der Treppenhäuser

Quelle: In Anlehnung an *Heideck/Leppin*, S. 23

Dennoch dürfen die Hinweise auf eine Progression der Gebäudekosten ab einer bestimmten Größenordnung des Bauwerkes nicht übersehen werden. So müssen bei großen Raumlängen und -tiefen die Decken mit Stützen gehalten werden, die die Lasten aufnehmen.[137] Aus produktionstechnischen Gründen sollten die Stützenabstände möglichst groß sein, um ein geeignetes Betriebslayout bilden und spätere Produktionsumstellungen vornehmen zu können. Da die Tragfähigkeit bei gleicher Deckenkonstruktion mit größerer

---

[137] Vgl. *Henn*, Bauten, S. 101 f.

Stützenweite abnimmt,[138] muß die gesamte Tragkonstruktion verstärkt werden, wenn die Deckenbelastbarkeit gleichbleiben soll. Mit der Größe der Stützenabstände nehmen die Kosten für die Tragkonstruktion folglich zu.[139] Auf diese Weise erhalten die von der Tragkonstruktion verursachten Kosten und die damit einhergehenden Progressionseffekte ein besonderes Gewicht. Für Hallen der leichten und mittelschweren Industrie haben sich als große Spannweiten in der Längsrichtung Stützenteilungen von 4 - 6 m und quer zum Hallenschiff von 18 - 24 m bewährt. Mit Mehrkosten sind größere Spannweiten verbunden, die ab einer Stützenteilung von 32 m in Querrichtung stark ansteigen[140] und dadurch Größenprogressionen auslösen. Stützenabstände von mehr als 30 m sind daher aufgrund wirtschaftlicher Erwägungen unüblich.

Zusammenfassend kann festgehalten werden, daß sich mit zunehmender Baugröße durch Variation der Grundfläche sowohl Progressionen als auch Degressionen einzelner Gebäudekosten nachweisen lassen. Welche Wirkung insgesamt überwiegt, hängt von der Stärke dieser antagonistischen Effekte ab und kann wegen der üblichen individuellen Gestaltung von Fabrikbauten nur im Einzelfall ermittelt werden. Dem Wesen von Größendegressionen und Größenprogressionen ist immanent, daß ihre Wirkungen, d.h. im vorliegenden Fall das Verhältnis der Außenwandfläche oder der Anzahl anderer Bauwerksteile zu der Gebäudegröße und die davon ausgehenden Einflüsse auf das Kostenverhalten, mit zunehmender Baugröße immer schwächer bzw. stärker werden. Ab einer bestimmten Baugröße, die sich nach der Stärke dieser Wirkungen richtet, kann deshalb mit einem Umschlagen des zunächst gegebenen degressiven Gesamtkostenverhaltens in eine Progression gerechnet werden. Diesen Punkt zu berechnen ist eine Aufgabe, die bei Existenz der notwendigen Daten - insbesondere der mit ihren Kosten gewichteten relevanten Bauwerksteile - nur im Einzelfall gelöst werden kann.

Nachdem aus der bisherigen Betrachtung die Variation der Bauwerkshöhe ausgeschlossen war, soll diese nun als variabel und die Grundfläche als konstant angesehen werden (vgl. Abbildung 34).

---

[138] Vgl. *Henn*, W./*Voss*, W./*Kettner*, H.: Untersuchung über die Eignung von Industriebetrieben zur Unterbringung in Geschoßbauten unter Berücksichtigung der Wirtschaftlichkeit (Teil I), in: Zentralblatt für Industriebau, Nr. 5, 20. Jg., 1974, S. 182
[139] Vgl. *Dolezalek/Warnecke*, S. 75
[140] Vgl. *Aggteleky*, Band 2, S. 604 f.

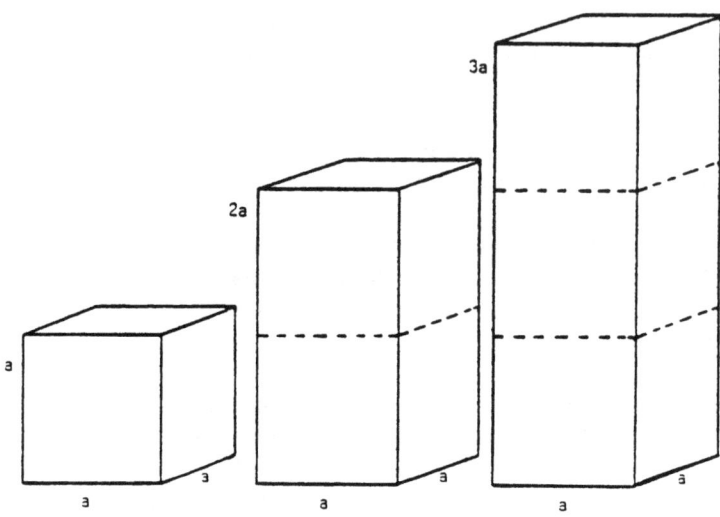

Abb. 34. Gebäudetypen bei bloßer Höhenerweiterung

Wiederum wird die Außenwandfläche in Bezug zum Raumvolumen gesetzt, um einen Indikator für das Verhalten der Investitionsfolgekosten bei Veränderung der Baugröße zu haben. Ausgangspunkt der Überlegungen bildet erneut das würfelförmige Gebäude, das diesmal schrittweise um die Einheit einer Kantenlänge in der Höhe vergrößert wird. Abbildung 35 zeigt die hierbei entstehenden Gebäudemaße im Überblick (siehe S. 197).

Es ist ersichtlich, daß die Außenwandfläche im gleichen Maße wie das Raumvolumen steigt. Eine Größendegression dieses Konstruktionsteiles und der diesbezüglichen Kosten ist deshalb nicht gegeben. Das Verhältnis AWF_i/V_i beträgt konstant 4.

Anders als bei Bauvolumenvergrößerung durch reine Grundflächenerweiterung nimmt jedoch jetzt die Größe des Daches nicht zu, da dessen Ausmaß sich nach der konstanten Grundfläche des Bauwerkes richtet, die es zu überdecken gilt. Ebenso ist nun auch die Baugrube weitgehend größenunabhängig. Die beiden genannten Konstruktionsteile erbringen somit einen Beitrag zur Größendegression, der allerdings wegen ihres geringen Anteils an den gesamten Investitionsfolgekosten von 1 % bis 4 % bei der Baugrube

Gebäudetyp i	H_i	F_i	V_i	AWF_i	AWF_i/V_i
1	1	1	1	4	4,00
2	2	1	2	8	4,00
3	3	1	3	12	4,00
4	4	1	4	16	4,00
5	5	1	5	20	4,00
6	6	1	6	24	4,00
7	7	1	7	28	4,00
8	8	1	8	32	4,00
9	9	1	9	36	4,00
10	10	1	10	40	4,00
⋮					
20	20	1	20	80	4,00
30	30	1	30	120	4,00
40	40	1	40	160	4,00
50	50	1	40	200	4,00

Abb. 35. Entwicklung der Gebäudemaße bei Variation der Höhe unter Konstanz der Grundfläche

und von 6 % bis 20 % beim Dach[141] ein geringeres Gewicht besitzt als die auf die Außenwände zurückführbare Degression.

Erhöht man die Baugröße durch *gleichzeitige* Höhen- und Flächenerweiterung, so daß aus dem Würfel des Gebäudetyps 1 ein würfelförmiges Bauwerk größeren Volumens entsteht, entfallen die baugruben- und dachbedingten Degressionseffekte; stattdessen verringert sich das Verhältnis von Außenwandfläche zu Volumen in demselben Maße wie im Falle der reinen horizontalen Erweiterung unter Beibehaltung des quadratischen Grundrisses. Einen Überblick über die entsprechenden Gebäudemaße gibt die folgende Tabelle.

---

[141] Vgl. *Sommer*, S. 52 und S. 74

C. Zur Beurteilung der Zweckmäßigkeit von Industriebauten

Gebäudetyp i	H_i	F_i	V_i	AWF_i	AWF_i/V_i
1	1	1	1	4	4,00
2	2	4	8	16	2,00
3	3	9	27	36	1,33
4	4	16	64	64	1,00
5	5	25	125	100	0,80
6	6	36	216	144	0,67
7	7	49	343	196	0,57
8	8	64	512	256	0,50
9	9	81	729	324	0,44
10	10	100	1000	400	0,40
⋮					
20	20	400	8000	1600	0,20
30	30	900	27000	3600	0,13
40	40	1600	64000	6400	0,10
50	40	2500	125000	10000	0,08

Abb. 36. Entwicklung der Gebäudemaße bei gleichzeitiger Variation der Höhe und der Grundfläche

AWF_i/V_i folgt also wiederum der Formel $\frac{4}{x}$. Die Höhenerweiterung hat zunächst und insoweit überhaupt keinen Einfluß auf das Verhalten der Gebäudekosten. Der Degressionseffekt ist allein auf die Flächenvergrößerung zurückzuführen. Verständlich ist dies, wenn man die gleichzeitige Höhen- und Grundflächenvariation gedanklich in ihre Bestandteile zerlegt. Dann erweist sie sich hinsichtlich der Gebäudemaße als Summe der Erweiterungen mehrerer (übereinanderliegender) Grundflächen bei konstanter Höhe; die Lage der Flächen aber spielt bei der Berechnung der Werte keine Rolle. Als Fazit muß man aus den bisherigen Überlegungen ziehen, daß eine Baugrößenvariation durch eine Höhenerweiterung nur bei gleichzeitiger Flächenvergrößerung die Ausnutzung spürbarer Degressionseffekte gestattet.

Unabhängig von der Flächenvariation sind mit zunehmender Bauwerkshöhe Progressionswirkungen aufgrund der Ausgestaltung des Gebäudetragsystems zu erwarten, das aus der Gründung, den Unterzügen und den Stützen besteht. Denn mit steigender Gebäudehöhe müssen vom Tragsystem zusätzliche Eigen- und Nutzlasten aufgenommen werden,[142] weil mit jedem weiteren Stockwerk auch die Tragsysteme der darunter befindlichen Etagen für höhere Lasten auszulegen sind; je höher ein Gebäude ist, desto mehr

---

[142] Vgl. *Henn/Voss/Kettner*, Eignung (Teil II), S. 218

III. Das Verhalten der Gebäudekosten

schlagen folglich die hierfür anfallenden Kosten zu Buche. Größenvariationen durch Vertikalerweiterungen von Bauwerken äußern sich also nicht nur in den zusätzlichen Kosten für die weiteren Stockwerke, sondern auch in zusätzlichen konstruktiven Maßnahmen und den hieraus entstehenden Kosten tiefer liegender Etagen.

Vertikale Verkehrsverbindungen wie Aufzugsanlagen und Treppenhäuser lösen bei der Vergrößerung eines erdgeschossigen Gebäudes auf ein zweistöckiges Bauwerk Kostenprogressionen aus, da sie zuvor nicht benötigt werden und folglich nicht vorhanden sind. Bei jeder weiteren Größenvariation spricht nichts gegen einen in gewissen Schranken proportionalen Kostenanstieg. Da jedoch um so mehr Vertikaltransporte durchzuführen sind, je mehr Stockwerke existieren, muß die Leistungsfähigkeit der vertikalen Verkehrsverbindungen (Breite der Treppenhäuser, Größe und Tragkraft der Aufzugsanlagen) mit der Bauwerkshöhe zunehmen. Bei Überschreiten bestimmter Bauwerkshöhen, die die Grenzen für die Kapazitäten der nächst kleineren Verkehrsverbindungen darstellen, müssen breitere Treppenhäuser und größere Aufzugsanlagen gebaut werden mit der Konsequenz eines gegenüber kleineren Bauten höheren Kostenanstieges. Kostensteigernd wirken sich im Falle der Höhenvariation mehrgeschossiger Bauwerke auch die im Vergleich zu eingeschossigen Bauten zusätzlichen raumabschließenden vertikalen Bauelemente (Geschoßdecken) aus.

Schließlich tragen die Sicherheitsbestimmungen der Landesbauordnungen zu Kostenprogressionen ab einer bestimmten Bauwerkshöhe bei. So sind beispielsweise Aufzugsanlagen brandsicher zu gestalten, wobei pro Fahrschacht höchstens drei Aufzüge eingebaut werden dürfen. Ab sechs Obergeschossen sind eigene Fahrschächte obligatorisch.[143] In Gebäuden mit mehr als fünf Vollgeschossen muß die Möglichkeit zum Transport von Krankenbahren bestehen.[144] Tragende Wände von Bauwerken mit mehr als zwei Vollgeschossen sind feuerbeständig, d.h. in wesentlichen Teilen aus nicht brennbaren Baustoffen, zu erstellen.[145] Bauwerke, in denen Fußböden mehr als 22 m über Terrain liegen, gelten als Hochhäuser, für die besondere Sicherheitsbestimmungen eingehalten werden müssen, die zu wesentlichen Kostensteigerungen führen können.[146]

Aus diesen Beispielen kann mit zunehmender Bauwerkshöhe die Tendenz zu einem Kostenanstieg je Kubikmeter umbauten Raumes abgelesen

---

[143] Vgl. § 30 Abs. 1 LBO für Baden-Württemberg i.V. mit § 11 Abs. 1 LBOAVO
[144] Vgl. § 30 Abs. 2 LBO
[145] Vgl. § 5 Abs. 4 LBOAVO
[146] Vgl. *Henn/Voss/Kettner*, Eignung (Teil II), S. 218

werden, der mit den besonderen konstruktiven Vorkehrungen und Sicherheitsbestimmungen für mehrgeschossige Bauten zu begründen ist. Diese Tendenz wird belegt durch eine empirische Untersuchung der Kosten von Büro- und Verwaltungsbauten, die einen moderaten, aber doch deutlich erkennbaren Kostenanstieg mit zunehmender Geschoßzahl und Bauwerkshöhe für Bauten unterhalb der Hochhausgrenze und einen starken Anstieg für höhere Bauten ergab.[147]

Technische Berechnungen einer weiteren Untersuchung, die auf der Entwicklung der Material- und Lohnkosten basiert, führen im Ergebnis ebenfalls zu der Aussage, daß die Kosten je Kubikmeter umbauten Raumes und je Quadratmeter Geschoßfläche mit zunehmender Gebäudehöhe oder Anzahl von Geschossen steigen. Begründet wird dieses Kostenverhalten mit einem auf die Anzahl der Stockwerke bezogenen überproportionalen Materialverbrauch und mit ebenso anwachsenden Lohnkosten. Bei Vergrößerung der Geschoßanzahl von 6 auf 14 Stockwerke beträgt nach dieser Untersuchung die Verteuerung des Kubikmeters umbauten Raumes je nach Baustoffgüte und Nutzlast 15 - 20 %.[148]

Ein ähnliches Ergebnis zeigt der Vergleich eingeschossiger und mehrgeschossiger Industriebauten gleicher Größe. So ist beispielsweise ein Gebäude mit fünf Geschossen um über 26 % teurer als ein ebenerdiges Bauwerk gleicher Größenordnung; ein zweistöckiges Gebäude erzeugt dagegen nur knapp 13 % Mehrkosten.[149] Abbildung 37 zeigt die Untersuchungsergebnisse.

---

[147] Vgl. *Siegel*, C./*Wonneberg*, R.: Bau- und Betriebskosten von Büro- und Verwaltungsbauten, 2. Auflage, Wiesbaden, Berlin 1979, S. 47

[148] Vgl. hierzu *Schulz*, H.-J.: Vergleichende Untersuchung von Stahlbeton-Geschoßbauten hinsichtlich ihrer Wirtschaftlichkeit, Diss., Braunschweig 1958, insbesondere S. 23, 27, 58 f. und 87. Während die progressive Lohnkostenentwicklung nach dieser Untersuchung vor allem durch den aufwendigen Materialtransport bei zunehmender Geschoßanzahl verursacht wird, ist für den überproportionalen Materialverbrauch keine Begründung zu finden.

[149] Vgl. *Henn/Voss/Kettner*, Eignung (Teil II), S. 222

III. Das Verhalten der Gebäudekosten

	Mehrkosten der Geschoßbauten je m^2 Nutzfläche gegenüber einem Flachbau mit gleich großer Nutzfläche in %
2000 m^2 Nutzfläche 40 Arbeitsplätze 1000 kp/m^2 Nutzlast	
1 Geschoß	-
2 Geschosse	11,3
3 Geschosse	18,9
5000 m^2 Nutzfläche 200 Arbeitsplätze 1000 kp/m^2 Nutzlast	
1 Geschoß	-
2 Geschosse	11,9
3 Geschosse	18,6
4 Geschosse	20,2
5 Geschosse	25,8
5000 m^2 Nutzfläche 200 Arbeitsplätze 1500 kp/m^2 Nutzlast	
1 Geschoß	-
2 Geschosse	12,5
3 Geschosse	19,2
4 Geschosse	20,6
5 Geschosse	26,2

Abb. 37. Mehrkosten von Industriebauten in Abhängigkeit der Geschoßzahl

Quelle: In Anlehnung an *Henn,/Voss/Kettner*, Eignung (Teil II), S. 222

bb) Gebäudebetriebs- und Bauunterhaltungskosten bei dimensionierender Baugrößenvariation

Aus dem Bereich der Gebäudebetriebskosten sind die Raumklimakosten, die Kosten der Wasserversorgung und Abwasserentsorgung, die Bedienungs- und Wartungs- sowie sonstige Gebäudebetriebskosten zu nennen, die zu einem degressiven Anstieg der Gebäudekosten beitragen können, wobei sich nicht immer eindeutig kostenoptimale Bauweisen herausstellen, wie gerade das Beispiel der Raumklimakosten verdeutlicht.

Weiter oben wurde bereits erläutert, daß die Raumklimakosten unter anderem vom Wärmedämmwert der raumabschließenden Bauteile abhängig sind.[150] Im vorangehenden Abschnitt 2. konnte gezeigt werden, daß mit steigender Grundfläche unter Konstanz der Höhe die Außenwandfläche relativ zur Baugröße abnimmt. Infolgedessen steigt auch der durch die Außenwandfläche verursachte Wärmebedarf unterproportional zur Baugröße an, während der Wärmeaustausch, der sich durch das Dach vollzieht, unter anderem von der Dachfläche abhängig ist, deren Größe mit der Gebäudegrundfläche einhergeht, weshalb für diesen Teil der Raumklimakosten ceteris paribus Proportionalität unterstellt werden kann.

Im Falle einer Baugrößenvariation durch Veränderung der Bauwerkshöhe unter Konstanz der Grundfläche steigt der Teil der Heizungskosten, der durch den Wärmeaustausch über die Außenwand verursacht wird, proportional zur Größe des Bauwerkes; der durch das Dach bedingte Wärmeaustausch bleibt mit Veränderung der Baugröße konstant, so daß sich dieser Teil der Heizungskosten degressiv in bezug auf die Baugröße verhält. Da die Wärmedämmwerte von Dächern im allgemeinen höher als diejenigen von Fassaden sind und die Außenwandfläche sich im Falle der horizontalen Gebäudeerweiterung degressiv zur Baugröße verhält, ist es unter dem Aspekt der Minimierung von Wärmeverlusten günstiger, die Baugröße durch Flächenvariation zu verändern. Auf diese Weise sind bei gleicher Größe weniger wärmeaustauschintensive Flächen vorhanden als im Falle höherer Gebäude.

Genau umgekehrt liegen die Verhältnisse bei Kühlung der Räume. Trotz besserer Wärmedämmung der Dächer wirken sich die großen Dachflächen eingeschossiger Bauten nachteilig auf die Kühllast aus, weil sie längere Zeit der Sonne ausgesetzt sind als die Außenwände. Vom Umfang her betrachtet sind daher die bei horizontaler Baugrößenvariation proportional zur Baugröße ansteigenden, durch die Aufheizung des Daches bedingten Kosten für die Kühlung bedeutsamer als die Kühlungskosten, die durch die Aufheizung der sich degressiv zur Baugröße verhaltenden Außenwände verursacht werden.[151] So ist es unter dem Gesichtspunkt der Kühlungskostenminimierung vorteilhaft, die Dachfläche möglichst gering zu halten; dies aber erfolgt bei

---

[150] Vgl. S. 174 dieser Arbeit.
[151] Vgl. hierzu *Henn/Voss/Kettner*, Eignung (Teil II), S. 221

einer Größenvariation durch Ausdehnung der Bauwerkshöhe unter Konstanthaltung der Grundfläche.

Innerhalb der Kosten der Wasserversorgung und der Abwasserentsorgung tragen die von den Druckerhöhungsanlagen und Abwasserhebepumpen ausgehenden Kosten in gewissen Grenzen zu einem degressiven Kostenverlauf bei. Diese Anlagen sind für bestimmte Leistungen ausgelegt. Übersteigen die Anforderungen, z.B. wegen der Größe des Gebäudes, diese Leistungen, müssen zusätzliche oder stärkere Anlagen installiert werden. Ab einer Baugröße, die größere Leistungen erfordert, als die nächst kleinere Anlage zu liefern imstande ist, steigen die daraus resultierenden Kosten sprunghaft an und verhalten sich bezogen auf die Baugröße konstant bis zur nächsten Sprungstelle. Pro Größeneinheit verlaufen diese Kosten daher in den erwähnten Intervallen degressiv fallend.

Soweit es sich bei den Bedienungs- und Wartungskosten um Arbeitskosten handelt, ist ein entsprechender, in bestimmten Schranken degressiver Kostenverlauf zu erwarten, da die Leistungsgrenze des Personals für Bedienung und Wartung der haustechnischen Anlagen und des Gebäudes bis zu einer Baugröße reicht, ab der zusätzliche Mitarbeiter eingestellt werden müssen. Werden fremde Unternehmungen fallweise zur Wartung von haustechnischen Anlagen hinzugezogen, kann diese Beziehung zwischen Baugröße und Kosten nicht mehr unterstellt werden, da hier vor allem andere Kosteneinflüsse, wie z.B. die Störanfälligkeit der Anlagen, und nicht die Baugröße wirksam werden. Für die Kosten der Hausmeisterdienste als Teil der sonstigen Gebäudebetriebskosten gilt das zu den Wartungskosten Gesagte. Die Kosten für die Schornsteinreinigung hängen von der Anzahl der Schornsteine ab, die nicht mit der Baugröße korreliert, wodurch ebenfalls Degressionseffekte entstehen.

Die Bauunterhaltungskosten können je nach Art der Größenvariation proportional oder unterproportional zur Baugröße ansteigen, sich aber auch baugrößenfix verhalten. Denn ihr Verlauf korreliert mit der quantitativen Entwicklung der einzelnen zu reparierenden Gebäudeteile im Verhältnis zur Baugröße, so daß sich für alle drei genannten Möglichkeiten Beispiele finden lassen. Die Größe eines typischen Flachdaches wächst im Maße der Grundflächenerweiterung an. Die Unterhaltungskosten (z.B. für die Erneuerung des Daches) sind in diesem Fall proportional zur Baugröße. Die Renovierung der Fassade verursacht unterproportionale Kosten, da der Anteil der Außenwandflächen im Verhältnis zum Raumvolumen mit steigender Baugröße abnimmt. Genau umgekehrt verhalten sich die Kosten in den genannten Beispielen bei Größenvariation durch eine Vertikalerweiterung des Gebäudes. Reparaturen an baugrößenunabhängigen Gebäudeteilen wie dem Schornstein verursachen in jedem Fall größenfixe Kosten.

2. Die Gebäudequalität als Kosteneinflußgröße

Die Qualität ihrer Produkte stellt für viele Industrieunternehmungen einen der wichtigsten Wettbewerbsfaktoren dar, der häufig als bedeutsamer als der Preis oder der Liefertermin eingeschätzt wird. Infolgedessen hat die Qualitätssicherung in der industriellen Praxis an Bedeutung gewonnen.[152] Nicht zuletzt äußert sich diese Entwicklung auch in der betriebswirtschaftlichen Auseinandersetzung mit dieser Problematik.[153]

Eng mit der Produktqualität ist die Qualität der Einsatzfaktoren verbunden.[154] Schlechte Verarbeitung der Werkstoffe aufgrund mangelnder Ausbildung und Erfahrung der Arbeitskräfte oder aufgrund von Betriebsmitteln, die die geforderten Toleranzen nicht einhalten können, führen zu minderwertigen Produkten. Deshalb darf sich die Qualitätssicherung nicht nur auf die Qualitätsprüfung der Erzeugnisse und die Durchführung von Korrekturmaßnahmen bei Qualitätsabweichungen beschränken, sondern muß im Rahmen der Qualitätsplanung Vorgaben für geeignete Produktionsfaktoren machen.[155] Entscheidungsgrundlage für den Einsatz von Produktionsfaktoren bestimmter Güte sind unter anderem deren Kosten, die auf den unterschiedlichen Qualitäten beruhen.

Die Bedeutung der Faktorqualitäten als Kosteneinflußgröße wird in der betriebswirtschaftlichen Kostentheorie erkannt. Gutenberg und nachfolgend andere Autoren legen den Schwerpunkt ihrer Untersuchungen auf die Kostenkonsequenzen unterschiedlicher Qualitäten menschlicher Arbeit, von Werkstoffen und von Betriebsmitteln mit Abgabe von Werkverrichtungen.[156] Gebäude werden nicht ausdrücklich berücksichtigt, so daß im folgenden zu den diesbezüglichen Besonderheiten der Bauwerke gegenüber anderen Betriebsmitteln Stellung zu nehmen ist.

Gutenberg verzichtet in seinen Ausführungen auf eine allgemeine Definition des Begriffes "Faktorqualität".[157] Folglich muß versucht werden, den ansonsten daraus ableitbaren Begriff "Gebäudequalität" auf andere Weise

---

[152] Vgl. *Kaluza*, B.: Erzeugniswechsel als unternehmenspolitische Aufgabe, Berlin 1989, S. 214 f.

[153] Vgl. z.B. *Link*, E.: Betriebsdatenerfassung - Grundlegende Kennzeichnung und Gestaltungsmerkmale im Rahmen der zeitlichen und qualitativen Lenkung der industriellen Produktion, Diss., Mannheim 1989, zugleich Pfaffenweiler 1990, S. 317 ff.

[154] Vgl. hierzu *Heinen*, S. 523 f.

[155] Zu den Aufgabenbereichen der Qualitätssicherung vgl. *Kaluza*, S. 214 ff.

[156] Für das Maß an qualitativem Niveau von Betriebsmitteln ohne Abgabe von Werkverrichtungen führt *Gutenberg* keine Beispiele an, woraus geschlossen werden kann, daß diese nicht explizit Gegenstand seiner Ausführungen sind. Vgl. hierzu *Gutenberg*, S. 402

[157] Vgl. *Heinen*, S. 523

III. Das Verhalten der Gebäudekosten   205

zu ergründen. Weder die Etymologie - das Wort Qualität entstammt dem Lateinischen und bedeutet Beschaffenheit - noch der allgemeine Sprachgebrauch, der es häufig im Sinne von Sorte, Vortrefflichkeit oder Anspruchsniveau verwendet,[158] ermöglichen alleine eine hinreichend genaue und praktikable Festlegung des Begriffes "Gebäudequalität" für die Zwecke dieser Untersuchung. Denn diesen Übersetzungen fehlt der Maßstab, anhand dessen verschiedene Qualitätsstufen definiert werden können, die Voraussetzung für Aussagen über das Kostenverhalten in Abhängigkeit der Qualitätsänderungen sind. Deshalb soll auf die Begriffsauffassung des Ausschusses Qualitätssicherung und angewandte Statistik (AQS) im Deutschen Institut für Normung e.V. zurückgegriffen werden, die leicht modifiziert eine operationale Definition des gesuchten Begriffes ergibt. Qualität wird dort definiert als "Beschaffenheit einer Einheit bezüglich ihrer Eignung, festgelegte und vorausgesetzte Erfordernisse zu erfüllen."[159] Einheiten können z.B. materielle und immaterielle Produkte oder Tätigkeiten sein.[160] Ersetzt man Einheit durch Gebäude, erhält man auf diese Weise die Definition der Gebäudequalität, die entsprechend als Beschaffenheit eines Gebäudes bezüglich seiner Eignung, festgelegte und vorausgesetzte Erfordernisse zu erfüllen, umschrieben werden kann. Es handelt sich also um die Gesamtheit der Merkmale eines Bauwerkes, die dazu dienen, die an das Gebäude gestellten Anforderungen zu erfüllen. Maßstab für die Gebäudequalität sind die konkreten Anforderungen an ein Bauwerk; die Qualitätsstufe ergibt sich aus dem Grad der Erfüllung dieser Anforderungen. "Die q.K. (qualitative Kapazität; d. Verf.) eines Werksgebäudes ist optimal, sofern die gesamte Anlage auf die betrieblichen Notwendigkeiten abgestimmt ist, ..."[161] Qualitäten von Gebäuden unterschiedlicher Anforderungen können folglich nicht ohne weiteres miteinander verglichen werden. Erst die Festlegung eines einheitlichen Bezugsrahmens ermöglicht einen solchen Vergleich. So kann nicht gesagt werden, der seitlich offene Holzbau eines Sägewerkes sei qualitativ schlechter als der allseits geschlossene, Reinraumbedingungen gewährende Bau einer Mikrochip-Fabrikation. Bezogen auf die jeweils anderen Aufgaben sind beide Bauwerke untauglich und daher qualitativ schlecht. Ein objektiver Qualitätsvergleich zwischen verschiedenen Bauwerken ist also nur dann möglich, wenn die betrachteten Bauten dem gleichen oder einem vergleichbaren Zweck dienen, wie es jeweils in etwa bei unterschiedlichen Wohnhäusern oder bei Verwaltungsbauten der Fall ist. Dieser Sachverhalt

---

[158] Zum allgemeinen sprachlichen Gebrauch des Wortes "Qualität" vgl. *Geiger*, W.: Qualitätslehre: Einführung, Systematik, Terminologie, Braunschweig, Wiesbaden 1986, S. 32 ff.
[159] DIN 55350 Teil 11 "Grundbegriffe der Qualitätssicherung", zitiert nach: *Link*, S. 326
[160] Vgl. hierzu auch *Link*, S. 326
[161] *Gablers Wirtschafts-Lexikon*, Stichwort: Qualitative Kapazität, 11. Auflage, Wiesbaden 1983, Sp. 911

muß bei der folgenden Analyse des Gebäudekostenverhaltens in Abhängigkeit von Qualitätsänderungen bedacht werden.

Unter Zugrundelegung obiger Definition des Begriffes "Gebäudequalität" ergibt sich, wie nicht anders zu erwarten, die Konsequenz, daß Bauwerke mit steigendem Qualitätsniveau - bezogen auf einen konkreten Bauzweck - um so kostspieliger werden, je mehr Anforderungen insgesamt zu erfüllen und je schwieriger diese zu realisieren sind. Mit zunehmender Gebäudequalität steigen also die Investitionsfolgekosten.[162] Dieser Zusammenhang zwischen Gebäudequalität und -kosten muß dagegen nicht für die Gebäudebetriebs- und Bauunterhaltungskosten gelten. Es steht zu erwarten, daß zumindest ein Teil dieser Kosten mit zunehmender Qualität sinken wird. An anderer Stelle[163] wurden die *Reinigungskosten* genannt, die durch eine reinigungsgerechte Baugestaltung niedrig gehalten werden können. Reinigungsgerecht bedeutet beispielsweise die Verwendung schmutzunempfindlicher und leicht zu säubernder Materialien für die Fußbodenbeläge, für Wandverkleidungen etc. und große Stützenabstände für den Einsatz von Kehrmaschinen. Solche und andere Maßnahmen reduzieren den Zeitbedarf für die Reinigung der Industriebauten und die hierfür entstehenden Kosten. *Raumklimakosten* lassen sich durch die Verwendung spezieller wärmedämmender Baumaterialien und den Einbau zusätzlicher Dämmschichten senken. Auch im Bereich der *Bauunterhaltungskosten* ist ein derartiges Kostenverhalten zu erwarten. Der Einsatz langlebiger witterungs- und uv-strahlungsresistenter Flachdachabdeckungen aus speziellen Kunststoffen reduziert die Reparaturanfälligkeit des Daches gegenüber einfachen Abdeckungen aus Dachpappe.

Alle diese Maßnahmen zur Realisierung der exemplarisch genannten Anforderungen bewirken zugleich eine Verbesserung der Gebäudequalität, eine vergleichsweise Erhöhung der Investitionsfolge- und eine Senkung der Gebäudebetriebs- und Bauunterhaltungskosten. Somit ergeben sich gegenläufige Kostenentwicklungen bei Variation der Gebäudequalität. Es erhebt sich daher bei der Entscheidung über die qualitative Bauweise aus betriebswirtschaftlicher Sicht die Frage, welcher Qualitätsstufe der Vorzug zu geben ist, sofern nicht aus produktionstechnischen oder anderen Gründen[164] ein bestimmtes Niveau festgeschrieben ist. Eine Antwort auf diese Frage ist unter Berücksichtigung des Zeitaspektes zu finden. Hochwertig ausgeführte Industriebauten sind demnach als wirtschaftlich vorteilhaft zu bezeichnen,

---

[162] Beispielsweise sinken die Investitionsfolgekosten pro Baugrößeneinheit bei Verringerung der Nutzlast von 1 t/m^2 auf 0,5 t/m^2 je nach Baumaterial um ca. 14 % - 25 %. Vgl. *Schulz*, a.a.O., S. 87

[163] Vgl. S. 171 f. dieser Arbeit.

[164] Zu den anderen Gründen vgl. *Gutenberg*, S. 403; *Heinen*, S. 528 f.

III. Das Verhalten der Gebäudekosten

wenn sie über einen längeren Zeitraum hinweg genutzt werden, so daß die hohen Anschaffungsausgaben - verteilt auf die Perioden der Nutzung - nur zu geringen Abschreibungen führen und die Ersparnisse an Gebäudebetriebs- und Bauunterhaltungskosten gegenüber minderwertigen Ausführungen zum Tragen kommen. "Dagegen werden minder kostspielige Ausführungen den Vorzug verdienen, wenn mit der Möglichkeit zu rechnen ist, daß die Gebäude vor Ablauf ihrer mutmaßlichen Lebensdauer wieder abgebrochen werden müssen..."[165] Denn ein qualitativ überdimensioniertes Gebäude weist ein Qualitätspotential auf, das während des Nutzungszeitraumes nicht verbraucht werden kann. Auf diese Weise entstehen qualitative Leerkosten,[166] das sind Kosten der ungenutzten Qualität, wie sie die Differenz der Abschreibungen eines hochwertigen, aber qualitativ nicht ausgenutzten und eines in dieser Hinsicht gerade ausreichenden Gebäudes darstellt. Ein typischer Fall für eine gewollte qualitative Überdimensionierung eines Fabrikgebäudes sind bauliche Vorleistungen für spätere Erweiterungen. Hierbei kann es sich z.B. um stärkere Fundamente, Stützen und Unterzüge handeln, deren ganze Tragkraft erst dann benötigt wird, wenn das Gebäude zu einem späteren Zeitpunkt aufgestockt wird. Obwohl in 90 % aller Fälle ein Industriebau irgendwann einmal erweitert wird, verursachen die baulichen Vorleistungen überwiegend qualitative Leerkosten, weil die Erweiterung in der Regel ganz anders als geplant ausgeführt wird und deswegen das ehedem eigens hierfür aufgebaute Qualitätspotential nicht genutzt werden kann.[167]

Nicht nur die qualitative Unter-, sondern auch die Überbeanspruchung stellt eine Fehlnutzung des Gebäudes dar und führt zu überhöhten Gebäudekosten. Dazu tragen jetzt weniger die Investitionsfolge- als vielmehr die Gebäudebetriebs- und Bauunterhaltungskosten bei. Geht man wieder davon aus, daß die Investitionsausgaben positiv mit der Gebäudequalität korrelieren, dann sind im Falle minderer Gebäudequalität ceteris paribus geringere Abschreibungen zu verzeichnen. Aber bereits die Reinigungskosten und vor allem die Reparaturkosten können bei qualitativ ungeeigneter Bauweise besonders ins Gewicht fallen, wie folgende Beispiele zeigen. So werden in manchen Industriezweigen durch die Produktion Erschütterungen oder aggressive Dämpfe verursacht, die Schäden an der dagegen ungeschützten Bausubstanz hervorrufen. Ferner setzt eine über die normale Lebensdauer eines bestimmten Gebäudes hinausgehende Nutzung gewöhnlich umfangrei-

---

[165] *Buff*, S. 121
[166] Zum Begriff der qualitativen Leerkosten vgl. *Gutenberg*, S. 402 f.
[167] Vgl. *Seidlein*, P.C. von: Architektur und/oder Ökonomie?, Anmerkungen zum Industriebau, in: Industriebau vor Ort, Neuplanung einer Niederlassung der BMW AG in Saarlouis, hrsg. vom Kulturkreis im Bundesverband der Deutschen Industrie e.V., Köln 1990, S. 20

che Reparaturarbeiten voraus, die den Nutzungszeitraum verlängern. Die Kosten hierfür würden im Falle eines qualitativ geeigneten, d.h. entsprechend langlebigen Bauwerkes nicht oder in geringerer Höhe auftreten.

3. Der Baupreisindex als Kosteneinflußgröße

Die Baupreise beeinflussen die Wertkomponente der Gebäudekosten. Steigende Preise erhöhen die Investitionsausgaben und somit die Investitionsfolgekosten. Da die Baupreise nur die Herstellung der Gebäude betreffen, bleiben die Gebäudebetriebskosten von einer Veränderung dieser Kosteneinflußgröße unberührt. Soweit Reparaturen an Bauwerken vorgenommen werden, korreliert der darauf entfallende Anteil der Gebäudeunterhaltungskosten ebenfalls positiv mit den Baupreisen, da die Instandsetzungsmaßnahmen in der Regel von den Unternehmungen ausgeführt werden, die auch Gebäude errichten, so daß eine Preisdifferenzierung zwischen Herstellung und Instandsetzung von Bauten seitens der Handwerker nicht zu erwarten ist. Die Preise für Bauwerksreparaturen folgen somit den Preisen für die Herstellung der Gebäude.

Die Entwicklung der Preise seit 1982 für gewerbliche Betriebsgebäude ist aus der Abbildung 38 zu ersehen (siehe S. 209).

Die Preisindizes in dieser Abbildung sind Mittelwerte der einzelnen Jahre. Unterteilt man die Zeitachse in kürzere Zeiträume - beispielsweise in Monate -, so erkennt man, daß die Baupreise auch innerhalb eines Jahres Schwankungen unterliegen, die die Preise von der langanhaltenden Grundtendenz, dem Trend, in positiver oder negativer Richtung abweichen lassen. Ursachen hierfür sind mittelfristige Konjunkturschwankungen, kurzfristige saisonale Schwankungen sowie unregelmäßige Zufallseinflüsse, wie z.B. die Ölpreisentwicklung oder politische Veränderungen. Aufgrund dieser auch kurzfristig wirksam werdenden Preiseinflüsse hängen die Gebäudekosten nicht unwesentlich auch vom Zeitpunkt der Herstellung des betreffenden Bauwerkes ab.[168]

---

[168] Vgl. *Sommer*, S. 37 ff.

III. Das Verhalten der Gebäudekosten

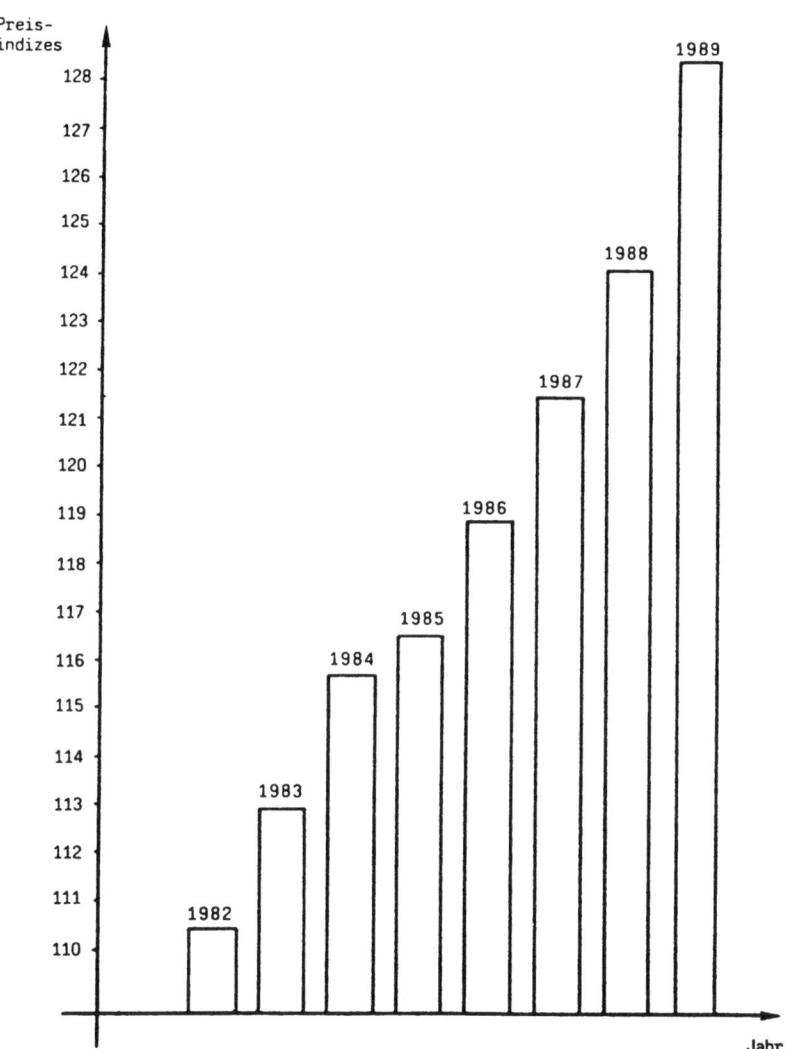

Abb. 38. Entwicklung der Preisindizes für gewerbliche Betriebsgebäude

Quelle: Statistisches Bundesamt (Hrsg.), Statistisches Jahrbuch 1990
für die Bundesrepublik Deutschland, Wiesbaden 1990, S. 537

4. Der Nutzgrad als Kosteneinflußgröße

Wie die Ausführungen in Abschnitt 2.2 dieses Kapitels gezeigt haben, ist die Abhängigkeit der Gebäudekosten vom Beschäftigungsgrad des Betriebes - etwa beim produktionsbedingten Verschleiß des Bauwerkes - von derart untergeordneter Größenordnung, daß man die Gebäudekosten im großen als beschäftigungsfix bezeichnen kann, was auch den betrieblichen und theoretischen Gepflogenheiten entspricht. Diesem Ergebnis liegt aber eine im Vergleich zu den drei bisher behandelten Einflußgrößen auf die Gebäudekosten modifizierte Betrachtungsweise zugrunde. Während sich der Beschäftigungsgrad auf die Beschäftigung des Betriebes bezieht, steht bei der Untersuchung der Einflüsse von *Bau*größe, *Gebäude*qualität und *Bau*preisen das Gebäude als Bezugsobjekt im Mittelpunkt der Erörterung - ansonsten müßte man von Betriebsgröße, Faktorqualität und Faktorpreisen sprechen. Diese Diskrepanz in der Sichtweise fordert dazu heraus, es nicht mit der Feststellung, Gebäudekosten seien beschäftigungsfix, bewenden zu lassen, sondern weitergehende Überlegungen anzustellen und den Blick vom gesamten Betrieb wieder auf das Gebäude zu lenken. Es wird daher im folgenden versucht werden, einen speziellen Gebäudebeschäftigungsgrad - den Nutzgrad - zu bilden und die damit im Zusammenhang stehenden Kosteneinflüsse zu ermitteln.

Der Beschäftigungsgrad im allgemeinen ist seit jeher Gegenstand betriebswirtschaftlicher Diskussion. Davon zeugt eine Reihe von Monographien, die sich damit eingehend beschäftigt hat.[169] Schließt man sich der Auffassung Vormbaums an, versteht man unter Beschäftigung "jede Tätigkeit körperlicher oder geistiger bzw. und geistiger Art mit dem Willen zur Erfüllung eines festgelegten Zieles."[170] Nach dieser Definition ist also die Leistung des Betriebes Kriterium der Beschäftigung. Der Beschäftigungsgrad im Sinne Vormbaums ist "ein gradueller Ausdruck des Vergleichs zweier Leistungen, und zwar der kapazitiv möglichen Leistung mit der effektiv erreichten, ..."[171]

Voraussetzung für die Messung des Beschäftigungsgrades ist folglich die Durchführung von Tätigkeiten, die irgendwie erfaßbar sein müssen. Diese Prämisse ist nun gerade bei Gebäuden nicht gegeben, da sie als Produk-

---

[169] Vgl. z.B. *Vormbaum*, H.: Die Messung von Kapazitäten und Beschäftigungsgraden industrieller Betriebe, Diss., Hamburg 1951, insbesondere S. 20 ff.; *Textor*, H.: Der Beschäftigungsgrad als betriebswirtschaftliches Problem, Berlin, Wien, Zürich 1939, S. 5 ff.; *Werle*, K.: Das betriebswirtschaftliche Beschäftigungsproblem, Diss., Mannheim 1933, insbesondere S. 22 ff. und die jeweils dort angegebene Literatur.
[170] *Vormbaum*, S. 20
[171] *Vormbaum*, S. 21

III. Das Verhalten der Gebäudekosten

tionsfaktoren ohne Abgabe von Werkverrichtungen keine Tätigkeit im aktiven Sinne versehen. Industriebauten stellen für den Produktionsprozeß ein Nutzungspotential zur Verfügung, das im Rahmen der obengenannten Funktionen in der Gewährung von Produktionsraum oder -fläche liegt. Sieht man von der strengen Voraussetzung der aktiven Erfüllung einer Tätigkeit ab,[172] könnte man den Beschäftigungsgrad eines Fabrikgebäudes als den Grad der Inanspruchnahme seines Nutzungspotentials definieren. Das Maß hierfür wäre das Verhältnis des für die Leistungserstellung benötigten zum vorhandenen Raumvolumen. Um Mißverständnisse und einen Widerspruch zu herrschenden Ansichten im betriebswirtschaftlichen Schrifttum zu vermeiden, soll diese Kennzahl statt Gebäudebeschäftigungsgrad Nutzgrad genannt werden. Das Nutzungspotential eines Industriegebäudes wird in Anspruch genommen, solange sich im Bauwerk materielle Produktionsfaktoren befinden, unabhängig davon, ob die anderen betrieblichen Potentialfaktoren gerade beschäftigt sind oder nicht. Die Aussagen über die Abhängigkeit der Gebäudekosten vom Nutzgrad des Bauwerkes sind somit losgelöst von dem jeweiligen Beschäftigungsgrad des *Betriebes* zu treffen.

Die Messung des Nutzgrades bereitet in der Praxis zwar Probleme,[173] dessenungeachtet können aber theoretische Überlegungen zu den Gebäudekostenverläufen bei Nutzgradänderungen angestellt werden. Der Nutzgrad wird variiert, wenn bei gleicher Fläche oder Volumen ceteris paribus die Anzahl der im Gebäude befindlichen Arbeitsplätze oder Betriebsmittel geändert wird. Je mehr Arbeitsplätze etc. unter sonst gleichen Umständen in einem Fabrikgebäude untergebracht sind, desto höher ist der Nutzgrad und umgekehrt. Die Frage, ob mit einer Nutzgradänderung eine Betriebsgrößenvariation verbunden ist, kann unberücksichtigt bleiben, da sich daraus keine Einflüsse auf die Gebäudekosten ergeben.

---

[172] So z.B. auch *Schäfer*, der Beschäftigung als "Inanspruchnahme der ... (einem Betrieb, der Verf.) zur Verfügung stehenden Zeit und Kräfte durch die Gesamtwirtschaft ..." versteht; *Schäfer*, E.: Beschäftigung und Beschäftigungsmessung in Unternehmung und Betrieb, Nürnberg 1931, S. 11

[173] Eine Möglichkeit, den Nutzgrad näherungsweise zu ermitteln, besteht darin, mittels Kennzahlen den für die spezielle Fabrik bestehenden Flächen- oder Raumbedarf zu errechnen, der sich aus der Multiplikation des Kennzahlenwertes mit der jeweiligen Bezugsgröße (z.B. 25 m^2 je Arbeitsplatz x Anzahl der Arbeitsplätze) ergibt. Der Nutzgrad entspricht dem Verhältnis aus Bedarf an Fläche oder Raumvolumen zur vorhandenen Fläche oder Rauminhalt. Zur Methodik der Bildung von Kennzahlen vgl. *Podolsky*, J.P.: Methodik der Ermittlung und Anwendung von Flächenkennzahlen für die Grobplanung von Fabrikanlagen, Diss., Hannover 1975; Kennzahlen können entnommen werden aus *Podolsky*, J.P: Flächenkennzahlen für die Fabrikplanung, Berlin, Köln 1977, z.B. S. 197 ff. sowie aus *Rockstroh*, W.: Die technologische Betriebsprojektierung, Band 2: Projektierung von Fertigungswerkstätten, Berlin (Ost) 1978, S. 168 f.

Unter der Bedingung, daß am Bauwerk keine Nachrüstungen (z.B. Erhöhung der Deckentragfähigkeit) vorgenommen werden müssen, hat die Variation des Nutzgrades keinen Einfluß auf die Höhe der Investitionsfolgekosten. Bauliche Änderungen aber betreffen die Qualität des Gebäudes, deren Einflüsse auf das Kostenverhalten bereits betrachtet wurden. Die Bauunterhaltungskosten sind ebenfalls größtenteils fix bezüglich der Nutzgradänderung. Zwischen erforderlichen Fassaden- oder Dachinstandsetzungen und dem Grad der Bauwerksnutzung ist z.B. kein Zusammenhang zu erkennen. Die Kosten für Reparaturen der Fußbodenbeläge, der Abwasseranlagen und anderer Bauwerksteile, die ab einer gewissen Belegungsdichte eines Gebäudes ursächlich auf den hohen Nutzgrad zu beziehen wären, fallen dagegen nicht ins Gewicht. Unter den Gebäudebetriebskosten korrelieren in erster Linie die Reinigungskosten mit dem Nutzgrad positiv. Denn je dichter ein Raum mit Betriebsmitteln und Gegenständen anderer Art gefüllt ist, desto schwieriger gestaltet sich die Reinigung, weil zeitsparende Reinigungsinstrumente wie Kehrmaschinen, elektrische Bohnerbesen etc. nicht oder nicht wirtschaftlich einsetzbar sind und weil die Einrichtungsgegenstände selbst auch gereinigt werden müssen und zudem als Betriebsmittel Schmutz verursachen. Tritt neben die Allgemeinbeleuchtung der Räume noch eine spezielle Arbeitsplatzbeleuchtung, so steigen die Kosten der elektrischen Energie mit zunehmendem Nutzgrad. Dieses Verhalten ist auch bei den Kosten festzustellen, die durch die Raumlüftung ausgelöst werden, weil der Luftumsatz mit zunehmender Belegdichte steigt.

Da die Gebäudekosten im großen hinsichtlich des Beschäftigungsgrades des *Betriebes* fix sind, werden mit höherem Nutzgrad - unabhängig vom Einfluß dieses Kostenbestimmungsfaktors auf das Verhalten der Gebäudekosten - quantitative Leerkosten der Gebäudekapazitäten unter der Bedingung in Nutzkosten umgewandelt, daß die zusätzlichen Potentialfaktoren beschäftigt werden. Beachtlich sind auch die indirekten Auswirkungen des Nutzgrades auf die Herstellkosten der Produkte. Denn eine zu hohe Belegungsdichte führt in der Regel zu ungünstiger Betriebsmittelaufstellung und Arbeitsplatzeinrichtung, verbunden mit mangelhaftem Materialfluß und langen innerbetrieblichen Transportzeiten, wie auch das Beispiel der Lackfabrik zeigt.[174]

---

[174] Vgl. S. 151 dieser Arbeit

D. Gestaltungsgrundsätze unter Berücksichtigung bauwirtschaftlicher und ökonomisch-funktionaler Anforderungen

Mit den Gebäudekosten wurde ein betriebswirtschaftlicher Maßstab für die Beurteilung der Zweckmäßigkeit von Industriebauten gefunden. Aufgrund dieses Maßstabes können Aussagen über die Wirtschaftlichkeit des Bauvorganges sowie des Bauwerkes als solchen getroffen werden; konkrete Angaben zu Bauweisen, die dem ökonomischen Prinzip entsprechen, fehlen bislang noch. Aufgabe dieses Kapitels wird es daher sein, Gestaltungsgrundsätze zu erarbeiten, deren Realisierung der Forderung nach wirtschaftlichen Industriebauten standhält. In einem ersten Schritt wird dazu auf den Vorgang der Planung und Errichtung von Bauwerken eingegangen. Es werden bauwirtschaftliche Anforderungen formuliert, woraus sich Erkenntnisse über eine wirtschaftliche Bauplanung und einen ebensolchen Bauverlauf gewinnen lassen. Auf diese Weise soll gewährleistet werden, daß die Kosten für die Herstellung eines bestimmten Gebäudes angemessen bleiben.

Die Minimierung der Gebäudekosten kann jedoch nicht alleiniges Ziel aller Bestrebungen des Fabrikplaners sein. Sein Leitsatz müßte ansonsten lauten: Das beste Gebäude ist gar kein Gebäude. Über der Verwirklichung dieser Maxime würde er aber vergessen, daß Industriebauwerke eine Voraussetzung für die Sachgüterproduktion sind und somit im industriellen Leistungsprozeß unabdingbare Funktionen erfüllen. Im Zweifel stiegen deshalb bei Verzicht auf die Bauwerke die Opportunitätskosten entgangener Gewinne gegen unendlich.

Abgesehen von dieser extrem anmutenden Konsequenz einer ausschließlichen Gebäudekostenminimierung wird hierbei ferner das Problem mittelbarer Kosteneinflüsse ignoriert. Denn nicht die Gebäudekosten allein, sondern auch die mittelbar aus der Existenz und Nutzung eines Industriegebäudes resultierenden Kosten müssen minimiert werden. Die Realisierung dieser Forderung setzt voraus, daß die einwandfreie Erfüllung der Gebäudefunktionen gewährleistet ist, die ihrerseits dazu führen kann, daß die Bauwerke größer, qualitativ hochwertiger und somit teurer ausgeführt werden als bei Ignorierung der mittelbaren Kosteneinflüsse.

Daher müssen in einem zweiten gedanklichen Schritt die Überlegungen zur Gestaltung von Industriebauten bei den funktionalen Anforderungen ansetzen, die im folgenden genauer "ökonomisch-funktional" genannt werden sollen, wodurch ihre wirtschaftliche Bedeutung und Tragweite besser zum Ausdruck kommen. Der wichtigste betriebliche Teilbereich, aus dem sich derartige Anforderungen für einen Produktionsstättenbau ableiten lassen, ist die Fertigung. Die speziellen Anforderungen, die sich hieraus herleiten, werden in der Terminologie der vorliegenden Arbeit als produktionswirtschaftliche Anforderungen bezeichnet. Wegen des besonderen Stellenwertes der menschlichen Arbeit im Industriebetrieb werden die auf den Einsatz von Arbeitskräften zurückzuführenden Besonderheiten bei der Industriebaugestaltung, die in produktionstheoretischer Hinsicht auch dem Fertigungsbereich hinzugerechnet werden könnten, als personalwirtschaftliche Anforderungen in einem eigenen Kapitel behandelt.

I. Bauwirtschaftliche Anforderungen

Die Umsetzung bauwirtschaftlicher Anforderungen soll sicherstellen, daß sowohl die Bauplanung als auch die Bauausführung sich in ökonomischer Weise vollziehen können. In diesem Zusammenhang hat die Beachtung von Baunormen von Beginn der Entwurfsphase an allergrößte Bedeutung. Denn dadurch wird der Planungsvorgang vereinfacht und zeitlich verkürzt, das Bauwerk selbst kann mit geringerem Aufwand an Arbeitskraft, Baustoffen und Betriebsmitteln errichtet werden als im Falle der Ignorierung der Normen, wie im einzelnen noch zu erläutern sein wird. Aus dem gleichen Grunde spielt eine zweite Form der Standardisierung im Bauwesen - die Typung von Bauwerken - eine wichtige Rolle. Hierauf wird im Anschluß an die Erörterung der Normung eingegangen werden.

1. Die Normung im Bauwesen als Ausgangspunkt bauwirtschaftlicher Anforderungen

a) Gegenstände der Normung in der Bauwirtschaft

Unter Normung ist allgemein "die Vereinheitlichung (Standardisierung) von vielfach benötigten Gegenständen (Sachen und Methoden) irgendwelcher Art" zu verstehen.[1] Speziell auf Sachgüter bezogen bedeutet Normung

---

[1] *Berger*, K.-H., Normung und Typung, in: Handwörterbuch der Produktionswirtschaft, hrsg. von W. Kern, Stuttgart 1979, Sp. 1353

die Standardisierung einzelner Teile eines Produktes.² Normen zu Industriegebäuden können folglich nur Bauelemente oder Bauteile und nie das Bauwerk als Ganzes betreffen.³

Im Bauwesen sind die konventionalen Fachnormen von größter Wichtigkeit, die auf nationaler Ebene vom Deutschen Institut für Normung e.V. (DIN) herausgegeben werden. Die Anfänge der Normung im Bausektor reichen bis ins 18. Jahrhundert zurück, als in Preußen auf Kosten des Staates Siedlungen geschaffen wurden. Damals hatte man zum Zwecke der Rationalisierung dieser Bauvorhaben einheitliche Ziegelmaße vorgeschrieben. In letzter Konsequenz aus diesem Umstand werden seit 1870 überwiegend genormte Ziegel hergestellt. Bereits 1927 - zehn Jahre nach Gründung des Normenausschusses der Deutschen Industrie - gab es auf dem Gebiet der Baunormung 300, 1942 über 600 und Anfang der fünfziger Jahre unseres Jahrhunderts mehr als 800 Baunormen.⁴ Derzeit existieren im Bauwesen über 1000 DIN-Normen.⁵

Hierbei handelt es sich vor allem um Maß-, Qualitäts-, Planungs-, Sicherheits-, Stoff-, Verständigungs- und Verfahrensnormen, wovon insbesondere die fünf zuerst genannten Normenarten für die Gestaltung von Bauelementen und Bauteilen und somit indirekt von Gebäuden Bedeutung erlangen.

Maßnormen legen Abmessungen, Gewichte und Formen von Bauteilen fest. Durch Aufnahme von Mindestanforderungen an die Güte der genormten Gegenstände und von Bestimmungen über einheitliche Prüfbedingungen werden sie zu *Qualitätsnormen* erweitert. Als Beispiele für solche Maß- und

---

² Vgl. *Berger*, Sp. 1353; *Mellerowicz*, Industrie, Band I, S. 444
³ Für die Beschreibung der einzelnen Bestandteile eines Bauwerkes wird teilweise zwischen Bauelementen und Bauteilen differenziert. Unter Bauelementen werden demnach kleinste, fertige Baueinheiten verstanden, aus denen sich ein Bauteil oder ein Bauwerk zusammensetzt. Sie können nicht weiter zerlegt werden, ohne ihre spezifischen Eigenschaften als Bauelement zu verlieren. Beispiele für Bauelemente sind Mauersteine oder Dachziegel. Bauteile sind aus verschiedenen Bauelementen zusammengesetzt. Das Bauteil Fenster ist beispielsweise eine Kombination der Elemente Rahmen, Beschläge, Glas usw. Weitere Bauteile sind Treppen, Wände, Decken etc. Vgl. hierzu *Keller*, M., Die Bestrebungen zur Senkung der Baukosten durch Normung der Bauteile, unveröffentlichte Diplomarbeit, angefertigt im Seminar für Allgemeine und Industrielle Betriebswirtschaftslehre an der Universität zu Köln, 1954, S. 6 f.; *o.V.*, Begriffsbestimmungen aus dem Bereich des industrialisierten Bauens, in: Das Baugewerbe, Nr. 10, o. Jg., 1973, S. 33 f.
⁴ Vgl. *Wedler*, B., Normung als Grundlage des Bauens, in: Amtlicher Katalog der Constructa Bauausstellung 1951 Hannover, Wiesbaden 1951, S. 164
⁵ In dieser Zahl sind die verschiedenen Teile einer Norm nicht berücksichtigt. Hinzu kommen ferner ca. 60 DIN VDE-Normen. Eine Übersicht über die wichtigsten Baunormen enthält *DIN Deutsches Institut für Normung e.V.* (Hrsg.), Führer durch die Baunormung 1989, Berlin, Köln 1989

Qualitätsnormen über Bauteile können DIN 105 "Mauerziegel"[6] und DIN 4103 "Leichte Trennwände"[7] angeführt werden. *Stoffnormen* definieren die physikalischen und chemischen Eigenschaften von Baumaterialien, indem sie deren exakte stoffliche Zusammensetzung vorschreiben. DIN 1045 "Beton und Stahlbeton"[8] bestimmt unter anderem die Bestandteile (Bindemittel, Betonzuschlag, Betonzusätze, Zugabewasser), die in den verschiedenen Betonarten enthalten sind. *Planungsnormen* des Bauwesens sorgen für einheitliche Grundlagen bei Berechnung und Entwurf von Bauwerken. DIN 4172 "Maßordnung im Hochbau"[9] ist ein Beispiel für eine Planungsnorm, auf die im folgenden noch näher einzugehen sein wird. Sicherheitsnormen, wie die Vornorm DIN V 18230 Teil 1 "Baulicher Brandschutz im Industriebau",[10] vereinheitlichen bauliche Maßnahmen, die die öffentliche Sicherheit und Ordnung, insbesondere Leben und Gesundheit, gewährleisten sollen.

Angesichts der großen Anzahl von Baunormen kann an dieser Stelle nicht der Einfluß jeder Norm auf die Baukonzeption im einzelnen erläutert werden. Für die Zwecke dieser Untersuchung genügt es, die Bedeutung der konventionalen Normung im allgemeinen anhand zweier exemplarisch ausgewählter DIN-Normen aufzuzeigen.

Bei der Planung und Herstellung von Bauwerken ist ein Bezugssystem unerläßlich, mit dessen Hilfe die Abmessungen der einzelnen Bauelemente und -teile aufeinander abgestimmt werden können. Mauersteine und -ziegel, Wand- und Deckenplatten, Fenster, Türen usw. müssen paßfähig verarbeitet und Abmessungen von Maschinen mit den Gebäudemaßen in Einklang gebracht werden. Um diese Forderungen bei der Vielzahl einzelner miteinander zu verbindender Bauteile zu erfüllen, sind im Bauwesen verschiedene Maßordnungen geschaffen worden, nach denen die Abmessungen der Bauteile, aber auch die der Bauelemente ausgerichtet werden können.[11] Auf diese Weise wird eine maßgenaue Verknüpfung gewährleistet. Grundlage

---

[6] DIN 105 ist veröffentlicht in: *DIN Deutsches Institut für Normung e.V.* (Hrsg.), Baustoffe 1 - Normen über Bindemittel, Zuschlagstoffe, Mauersteine, Bauplatten, Glas und Dämmstoffe, 4. Auflage, Berlin, Köln 1981, S. 11-27

[7] DIN 4103 ist veröffentlicht in: *DIN, Deutsches Institut für Normung e.V.* (Hrsg.) Normen über Mauerwerkbau, 2. Auflage, Berlin, Köln 1980, S. 168-171

[8] DIN 1045 ist veröffentlicht in: *DIN, Deutsches Institut für Normung e.V.* (Hrsg.), Normen über Beton- und Stahlbetonbau, 5. Auflage, Berlin, Köln 1980, S. 45-105

[9] DIN 4172 ist veröffentlicht in: *DIN, Deutsches Institut für Normung e.V.* (Hrsg.), Bauplanung, 6. Auflage, Berlin, Köln 1987, S. 177

[10] DIN V 18230 Teil 1 ist veröffentlicht in: *DIN, Deutsches Institut für Normung e.V.* (Hrsg.), Brandschutzmaßnahmen, 5. Auflage, Berlin, Köln 1988, S. 240-258. Eine Vornorm ist das Ergebnis einer Normungsarbeit, gegen das noch Vorbehalte bestehen; vgl. ebenda, S. 9

[11] Vgl. *Nagel*, S./*Linke*, S., Industriebauten, Gütersloh 1969, S. 20 f.

I. Bauwirtschaftliche Anforderungen

der einheitlichen Maßordnung für den Hochbau in der Bundesrepublik Deutschland ist DIN 4172. Die Abmessungen obengenannter und weiterer Bauelemente und Bauteile richten sich nach dieser Ordnung. DIN 4172 ist in diesem Sinne eine sogenannte Mutternorm für andere Normen.[12]

Ihr Kern sind die Baunormzahlen, die aus Abbildung 39 ersichtlich sind. Es handelt sich hierbei um Zahlenreihen, aus denen sich Baumaße ableiten lassen, wie z.b. das Baurichtmaß und das Nennmaß.[13] Die Spalten a bis d in Abbildung 39 verdeutlichen, wie die Abmessungen im Rohbau aufeinander abgestimmt sind. Ausgehend von der Normzahl 25 sind Teilungen der Baumaße in den zweiten, dritten oder vierten Teil von 25 oder ein ganzzahliges Vielfaches davon erlaubt. Die additive Verknüpfung zweier Normzahlen ergibt stets wieder eine Normzahl. Beispielsweise ergeben die Baurichtmaße zweier nebeneinander gesetzter Mauerziegel zu je 12,5 cm Tiefe das Baurichtmaß der Breite eines Mauerziegels. Das Richtmaß für die Höhe eines Mauerziegels beträgt 6,25 cm, dies entspricht exakt einem Viertel der Länge dieses Bauelementes.[14] Entsprechendes gilt für die Einzel- und Ausbaumaße gemäß Spalten e bis i in Abbildung 39.

Die Maßzahlen der DIN 4172 erscheinen in den Normen zu anderen Rohbauteilen als roter Faden wieder. So sind die Maße der Betonsteine, Fenster-, Türöffnungen, Geschoßhöhen usw. an der DIN 4172 ausgerichtet.[15]

Als zweites Beispiel sei DIN 4171 angeführt. Sie regelt die einheitlichen Achsenabstände für Industriebauten. Der Achsenabstand ist das Maß zwischen den Systemachsen der unterstützenden Bauteile (z.B. Träger und Stützen).[16] Für Industriebauten gilt als Grundmaß ein Achsenabstand von 2,5 m (vgl. Baunormzahl 25). Darauf aufbauend sind Achsenabstände von 5,0 m, 7,5 m, 10,0 m usw. und in Sonderfällen von 1,25 m zulässig.[17]

---

[12] Vgl. *Neufert*, Bauentwurfslehre, S. 52
[13] Das Baurichtmaß ist nötig, um alle Bauelemente und -teile planmäßig zu verbinden. Es ist Grundlage für die Einzel-, Rohbau- und Ausbaumaße. das Nennmaß entspricht dem Baurichtmaß bei fugenloser Bauweise; bei Bauarten mit Fugen errechnet sich das Nennmaß aus dem Baurichtmaß abzüglich der Fugenbreite. Beispiel: Das Baurichtmaß für die Breite des Mauerziegels (25 cm) abzüglich der Dicke der Stoßfuge (1 cm) ergibt das Nennmaß für die Breite des Mauerziegels. Das Baurichtmaß für die Dicke geschütteter Betonwände beträgt 25 cm, ebenso wie das Nennmaß für diese Bauteile. Vgl. hierzu *Neufert*, Bauentwurfslehre, S. 52 f.
[14] Vgl. hierzu Abb. 40
[15] Vgl. *Neufert*, Bauentwurfslehre, S. 53
[16] Vgl. *Henn*, Bauten, S. 136
[17] Vgl. DIN 4171 "Einheitliche Achsenabstände für Werksbauten, Industrie- und Unterkunftsbauten", zitiert nach: *Neufert*, Bauentwurfslehre, S. 54

218   D. Gestaltungsgrundsätze

	Reihen vorzugsweise für den Rohbau			Reihe vorzugsweise für Einzelmaße	Reihen vorzugsweise für den Ausbau			
a	b	c	d	e	f	g	h	i
25	25/2	25/3	25/4	25/10 = 25/2	5	2x5	4x5	5x5
				2,5				
			$6^1/4$	5	5			
		$8^1/3$		7,5				
				10	10	10		
	$12^1/2$		$12^1/2$	12,5				
		$16^2/3$		15	15			
			$18^3/4$	17,5				
				20	20	20	20	
				22,5				
25	25	25	25	25				25
			$31^1/4$	27,5				
				30	30	30		
		$33^1/2$		32,5				
				35	35			
	$37^1/2$		$37^1/2$	37,5				
		$41^2/3$		40	40	40	40	
			$43^2/4$	42,5				
				45	45			
				47,5				
50	50	50	50	50	50	50		50
			$56^1/4$	52,2				
				55	55			
		$58^1/3$		57,2				
				60	60	60	60	
	$62^1/2$		$62^1/2$	62,5				
				65	65			
		$66^2/3$	$68^2/4$	67,5				
				70	70	70		
				72,5				
75	75	75	75	75	75			75
				77,5				
			$81^1/4$	80	80	80	80	
		$83^1/3$		82,5				
				85	85			
	$87^1/2$		$87^1/2$	87,5				
		$91^2/3$		90	90	90		
			$93^3/4$	92,5				
				95	95			
				97,5				
100	100	100	100	100	100	100	100	100

Abb. 39. Baunormzahlen gemäß DIN 4172

I. Bauwirtschaftliche Anforderungen

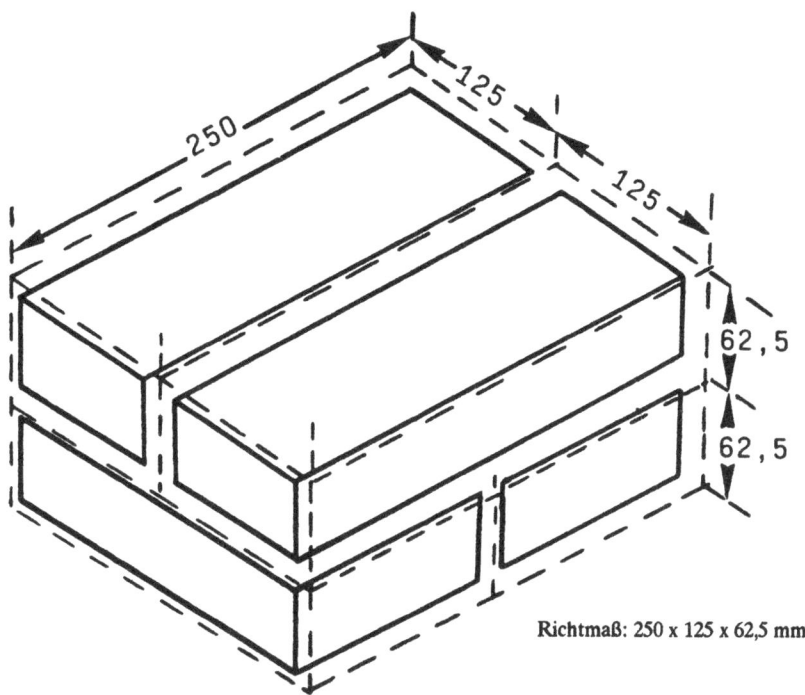

Abb. 40. Richtmaße eines DIN-Mauerziegels

Quelle: In Anlehnung an *Neufert*, Bauentwurfslehre, S. 53

Die einheitlich festgelegten Achsenabstände bestimmen die Lage und begrenzen die Größe der Stützen, Wände, Fenster, Glasbänder, Türen, Tore, Kranbahnen etc., weil diese Bauteile die Konstruktionsachsen nicht durchbrechen dürfen. DIN 4171 beeinflußt somit über die Regelung der Achsenabstände auch die Anordnung vieler Bauteile.[18] Beispielhaft zeigt Abbildung 41 den Einfluß eines einheitlichen Achsenabstandes auf die Lage und die Größe von Fenstern und Türen.

---

[18] Vgl. *Neufert*, Bauentwurfslehre, S. 54

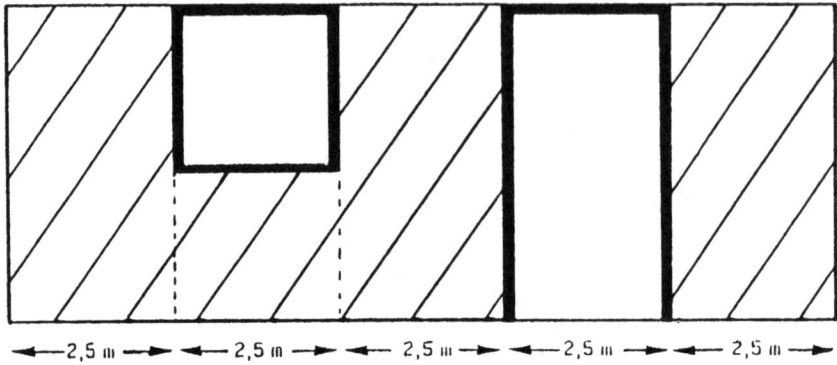

Abb. 41. Einfluß des Achsenabstandes auf die Größe und Anordnung von Bauteilen (Fenster und Türen)

b) Bedeutung der Normung in der Bauwirtschaft

Normen werden im allgemeinen eingehalten, weil ansonsten nachteilige Konsequenzen drohen. Verstöße gegen Gesellschafts- oder Sprachnormen isolieren den einzelnen. Die Mißachtung von Rechtsnormen ist mit Strafen der Obrigkeit belegt; speziell im Baurecht kann sie zur Versagung der Baugenehmigung führen. Analoges gilt für die Ignorierung bautechnischer Normen. Insbesondere bautechnische, betriebswirtschaftliche und rechtliche Gründe sprechen für die Beachtung vorhandener Baunormen, wie im folgenden gezeigt wird.

aa) Bautechnische Bedeutung der Normung

Baumaßnahmen unter Mißachtung der Baunormen sind technisch vergleichsweise aufwendiger durchzuführen. Denn die Abweichung von einer Baunorm führt häufig zu Durchbrechungen weiterer Normen und somit zu zusätzlichen Berechnungen, zur Verwendung zusätzlicher Baustoffe und zu zusätzlichen Arbeiten. Durch die Abstimmung der Abmessungen aller Bauteile auf die Maßordnung der DIN 4172 ist die paßfähige Verarbeitung der Bauelemente ohne weiteres gewährleistet, wie oben bereits erläutert wurde. Bei einem normgerechten Achsenabstand von 2,5 m gemäß DIN 4171 kann eine zwischen den Achsen zu errichtende Wand aus mehreren übereinanderliegenden Reihen von je zehn Normmauerziegeln erbaut werden, deren Baurichtmaß 0,25 m beträgt. Soll in dieser Wand eine Toröffnung geschaf-

I. Bauwirtschaftliche Anforderungen

fen werden, ist nach DIN 18223 "Türen und Tore im Industriebau" zu verfahren.[19] Nach dieser Norm sind Toröffnungen sowohl der Breite als auch der Höhe nach auf das Grundmaß 12,5 cm (vgl. DIN 4172) abgestellt. Sie sollen daher immer ein Vielfaches dieses Grundmaßes betragen. Um eine Toröffnung von 1,50 m Breite in der erwähnten Wand zu erzeugen, müssen folglich sechs Ziegelsteine pro Reihe entfernt werden. Soll die Toröffnung jedoch nicht normgerechte 1,60 m Breite betragen, sind exakt 6,4 Ziegelsteine pro Reihe zu beseitigen, d.h. ein siebenter Stein pro Reihe muß im Verhältnis 0,6 zu 0,4 geteilt, und der kleinere Teil muß aus der Wand gebrochen werden. Ebenso wäre es möglich, sieben Steine zu entfernen - die Öffnung auf 1,75 m zu erweitern - und den verbleibenden Spalt von 0,15 m mit anderen Materialien zu füllen. Eine völlig andere Alternative, dieses Bauproblem zu lösen, ist die Vergrößerung des Achsmaßes auf nicht normgerechte 2,60 m,[20] was zu einer Kette schwer absehbarer Folgen führen würde. Dieses einfache Beispiel zeigt, daß Normabweichungen zwar keineswegs technisch undurchführbar sind, es zeigt aber auch, daß bereits im kleinen mit vergleichsweise mehr Durchführungsschritten zu rechnen ist, die die Bau ausführungen im großen betrachtet erschweren.

Auch die Vorfabrikation und der spätere Zusammenbau nicht standardisierter Bauteile verlagern die zusätzlichen Arbeiten lediglich von der Baustelle in die Fabriken; der erhebliche technische Vorbereitungsgrad und der Planungsaufwand werden dadurch nicht gemindert. Die Tatsache, daß Industriebauten vielfach aus vorfabrizierten Fertigteilen hergestellt werden,[21] gebietet geradezu die Einhaltung der technischen Normen. Denn *vereinheitlichte* Fertigteile weisen im Vergleich zu spezialangefertigten Bauteilen aufgrund ihrer rationellen Herstellung und schnellen Lieferbarkeit erhebliche Vorteile auf. So sind sie wegen der Vereinheitlichung von Abmessungen, Formen und Qualitätsanforderungen vielseitig verwendbar und können grundsätzlich auf Vorrat produziert werden. Voraussetzung dafür ist ein gewisser Grad konstruktiver Reife des genormten Gegenstandes, der es gestattet, größere Serien davon ohne besondere Risiken aufzulegen.[22] Von fertigungstechnischer Seite erheben sich gegen eine Lagerproduktion keine Bedenken. Allerdings ist die Eignung vorfabrizierter Bauteile für jedes einzelne zu errichtende Bauwerk zu prüfen, da aus der jeweiligen speziellen Situation heraus (z.B. wegen bestimmter Baugrundverhältnisse) Schwierig-

---

[19] Vgl. DIN 18223, zitiert nach: *Henn*, Bauten, S. 78 und S. 220
[20] In diesem Fall kann eine Wand von einem Meter Länge aus Normmauerziegeln gemauert werden; es verbleibt eine Wandöffnung von 1,60 m.
[21] Vgl. *Nagel/Linke*, Industriebauten, 1969, S. 20
[22] Vgl. *Keller*, S. 3

keiten erwachsen können, die der Verwendung eines standardisierten vorfabrizierten Bauteiles entgegenstehen.[23]

Die Betonfertigteilindustrie hat schon früh diese Bedeutung der Normung für ihre Erzeugnisse erkannt. Bereits zwei Jahre nach Gründung des Normenausschusses der Deutschen Industrie im Jahre 1917, des Vorläufers des heutigen Deutschen Instituts für Normung e.V., wurden die ersten Normen über Betonfertigteile verabschiedet.[24] Inzwischen ist die konventionale Normung zu einem Ordnungsinstrument des technisch-wissenschaftlichen Lebens im allgemeinen sowie der Bautechnik im besonderen geworden.[25]

bb) Betriebswirtschaftliche Bedeutung der Normung

Die konventionale Normung von Bauteilen, die in technischer Hinsicht aufgrund der mit ihr verbundenen Arbeits-, Baustoff- und Zeitersparnisse zu einer vereinfachten Durchführung des Bauprojektes führt, ist auch unter betriebswirtschaftlichen Aspekten zu fordern, weil sie eine Senkung der Herstellkosten des Gebäudes und der davon abhängigen Investitionsausgaben und -folgekosten,[26] kürzere Bauzeiten und einen gewissen Qualitätsstandard bewirkt. Die Verwendung genormter Bauteile ist somit Basis einer vernunftgemäßen Gestaltung (Rationalisierung) des Industriebaues.

Da Kosten das mathematische Produkt aus einer Mengen- und einer Wertkomponente sind, sinken sie, wenn sich eine der beiden Komponenten bei Konstanz der anderen verringert. Sinkende Herstellkosten beruhen somit zunächst auf den erwähnten Arbeits-, Baustoff- und Zeitersparnissen, die die Mengenkomponente der Kosten verkleinern. Diese Einsparungen entstehen, weil durch eine Norm eine bestimmte Aufgabe einheitlich für alle

---

[23] Vgl. dazu *Rettig*, H./*Heinicke*, G./*Hempel*, H., Verlauf und Grenzen der Kostensenkung bei verschiedenen Bauteilen des Roh- und Ausbaus durch Normung und Massenfertigung, in: Wissenschaftliche Zeitschrift der TH Dresden, Nr. 4/5, 2. Jg., 1952/53, S. 593 ff.

[24] Vgl. *DIN Deutsches Institut für Normung e.V.* (Hrsg.), Beton- und Stahlbetonfertigteile, 7. Auflage, Berlin, Köln 1988, S. 7

[25] Vgl.*DIN, Deutsches Institut für Normung e.V.* (Hrsg.), Beton- und Stahlbetonfertigteile, S. 6

[26] Mit einer Reduzierung der Herstellkosten sinken die Investitionsausgaben, die für den Erwerb des Fabrikgebäudes aufzubringen sind, sowie die damit bei der erwerbenden Unternehmung einhergehenden Kosten (z.B. kalkulatorische Zinsen, kalkulatorische Abschreibungen). Im folgenden wird darauf verzichtet, immer wieder erneut diese Kette von Auswirkungen darzustellen; es wird sich darauf beschränkt, mit den Herstellkosten des Gebäudes zu argumentieren, deren Veränderung das auslösende Moment für die Entwicklung der Investitionsausgaben etc. ist.

I. Bauwirtschaftliche Anforderungen

späteren Fälle gelöst wird.[27] Beispielsweise wird bei Verwendung genormter Bauteile die Entwurfsarbeit für das Gebäude reduziert, weil von Architekten auf durchkonstruierte, fertige Bauwerksbestandteile zurückgegriffen werden kann; Paßfähigkeit der Bauteile und Einhaltung der an sie gerichteten Qualitätsanforderungen stellen bei richtiger Anwendung der entsprechenden Normen für den Bauplaner kein Problem dar. Er kann vielfach bewährte Standardlösungen verwenden, was die Planungsphase verkürzt. "Es liegt darum nahe, die in den Normen von Bauteilen niedergelegten Erkenntnisse und Erfahrungen bei Planung und Entwurf heranzuziehen, und so auch in diesem Stadium des Baugeschehens zu einer Kostensenkung beizutragen. Nur dadurch, daß man bei gleichen oder ähnlichen Bauaufgaben auf Normen ... zurückgreift, ..., kann man die Fehler und Schwächen von Einzelentwürfen ausschalten und dadurch wesentlich an Kosten sparen."[28] Ferner wird die Verständigung zwischen den an der Bauausführung beteiligten Parteien gefördert. "Bei Bestellung von Baustoffen nach den Normen weiß also der Hersteller, was er zu liefern hat, der Besteller, was er zu erwarten hat, der Entwerfende und Statiker, mit welchen Eigenschaften er rechnen kann, und der Materialprüfer, wie er die Eigenschaften feststellen muß."[29] Mißverständnisse und zeitraubende Rückfragen werden vermindert.

Nicht nur im Planungsstadium, sondern auch in der Herstellung sind genormte Bauteile betriebswirtschaftlich gesehen günstiger. Denn aufgrund ihrer vielseitigen Verwendbarkeit, ihrer Paßfähigkeit zu anderen genormten Bauteilen etc. konzentriert sich die Nachfrage auf *vereinheitlichte* Bauteile und läßt daran einen großen Bedarf entstehen. Die Fertigung wird unabhängig von den individuellen Bestellungen einzelner Kunden. Das Tor zur Mehrfachfertigung von Bauteilen für den anonymen Markt wird erst durch die Standardisierung geöffnet. "In dem allgemeinen Bestreben, die Kosten immer mehr zu senken, treiben sich Normung und Massenanfertigung gegenseitig an."[30] Denn die Erzeugung großer Stückzahlen ist Voraussetzung für die Entstehung von Degressionseffekten.

Betrachtet man das Verhalten von Stückkosten bei steigender Beschäftigung, so bemerkt man unter der Voraussetzung eines Fixkostenblocks und linearer Gesamtkostenverläufe eine Stückkostendegression. Dies ist das in der betriebswirtschaftlichen Kostenlehre am häufigsten zitierte Beispiel einer Kostendegression. Sie beruht auf dem im Bücherschen Gesetz der Massenproduktion ausgedrückten Sachverhalt, daß sich die fixen Kosten der Betriebsbereitschaft mit steigender Beschäftigung auf eine größere Ausbrin-

---

[27] Vgl. *Mellerowicz*, Industrie, Band I, S. 444
[28] *Keller*, S. 70
[29] *Wedler*, S. 165
[30] *Rettig/Heinicke/Hempel*, S. 583

gungsmenge verteilen, wodurch die Kosten pro Erzeugniseinheit sinken.[31] Die Stückkosten nähern sich mit zunehmender Ausbringung asymptotisch den fixen Kosten.

In den Worten Gutenbergs gesprochen, bewirkt die steigende Beschäftigung eine Umwandlung der kapazitativen Leerkosten in Nutzkosten.[32] Um die Stückkostendegression weitgehend auszunutzen, ist es ceteris paribus erforderlich, die Kapazitätsauslastung so weit zu erhöhen,[33] wie die Erzeugnisse auch abgesetzt werden können; von einem großen Absatz ist aber gerade bei Normteilen aus obengenannten Gründen auszugehen.

Kostendegressionen können auch technisch bedingt sein. Schmalenbach spricht in diesem Zusammenhang unter anderem von einer Größendegression.[34] Er unterstellt, daß bei Produktionsanlagen gleicher Art, aber unterschiedlicher Leistungsfähigkeit die leistungsstarken Maschinen pro physikalischer Leistungseinheit einen geringeren Faktorverzehr auslösen als die leistungsschwächeren. Dies bedeutet, daß die Kosten, die durch solche Anlagen entstehen, nicht linear zur Anlagengröße steigen. Soweit die Größendegression in der Bauteileproduktion zu verzeichnen ist, besteht dort die Tendenz zum Einsatz größerer Anlagen und somit zu höherem Ausstoß, der nur dann sicher wirtschaftlich zu verwerten ist, wenn es sich um genormte Bauteile handelt.

Die gleiche Wirkung auf die Menge der Ausbringung zeigt die technisch bedingte Beschäftigungsdegression. Sie besagt, daß eine Maschine bestimmter Leistungsfähigkeit bei voller Beanspruchung zwar absolut mehr, jedoch pro physikalischer Leistungseinheit weniger Hilfs- und Betriebsstoffe verbraucht als bei geringerer Beanspruchung.[35] Die Kosten pro Stück sinken also auch hier mit zunehmender Ausbringung der betreffenden Produktionsanlage. Ob und inwieweit solche Degressionen auftreten, ist im Einzelfall meist anhand technischer Beschreibungen der Anlagen zu prüfen. Da sie technische Ursachen haben, werden die Größen- und die Beschäftigungsdegression nur dann wirksam, wenn die Produktion der Bauteile weitgehend mechanisiert oder automatisiert ist. Bei einem in Handarbeit hergestellten, aber gleichwohl genormten und mehrfachgefertigten Bauteil des Innenausbaues beispielsweise treten diese Degressionseffekte nicht in Erscheinung.

---

[31] Vgl. *Bücher*, S. 440
[32] Vgl. *Gutenberg*, S. 348 ff.
[33] *Schmalenbach* beschreibt diesen Sachverhalt mit den Worten: "Die Degression schreit nach Sättigung." *Schmalenbach*, Kostenrechnung, S. 64
[34] Vgl. *Schmalenbach*, Kostenrechnung, S. 103
[35] Vgl. *Schmalenbach*, Kostenrechnung, S. 104

I. Bauwirtschaftliche Anforderungen

Unabhängig von der Art des Produktionsverfahrens ergibt sich die Auflagendegression, die immer dann zu konstatieren ist, wenn statt weniger Einheiten vieler verschiedener Sorten eines Bauteiles viele Einheiten weniger Sorten hergestellt werden. Die Vereinheitlichung führt zu einer Verringerung der Erzeugnisvielfalt,[36] wodurch in der Fertigung der Bauteile weniger Erzeugniswechsel[37] nötig werden und damit einhergehend auch (absolut) geringere Erzeugniswechselkosten entstehen. Diese Art von Kosten wird in erster Linie im Zusammenhang mit der Mehrfachfertigung - insbesondere bei Serien- und Sortenfertigung - diskutiert. Es handelt sich um auflagenfixe Kosten, die unabhängig von der Auflagengröße für die besondere Serien- oder Sortenbereitschaft, d.h. gemeinsam für alle Erzeugnisse der Serie oder Sorte, zu verbuchen sind.[38] Aber auch bei wechselnder Einzelfertigung treten diese Kosten auf, wenn ein neues Fabrikat hergestellt werden soll. In diesem Fall sind sie fix für ein Stück. Die Erzeugniswechselkosten werden durch Maßnahmen zur Vorbereitung von Mensch und Maschine auf die neue Produktionsaufgabe sowie durch die währenddessen erforderlichen Produktionsunterbrechungen verursacht.[39] Selbst geringfügige Veränderungen des Produktes, wie die Größenvariation eines ansonsten identischen Bauteiles, verlangen solche Operationen. Für die Höhe der Kosten pro Erzeugniswechsel ist die Größe der Auflage praktisch belanglos. Durch große Auflagen können aber die Anzahl der Wechsel und somit Material, Arbeitszeit, Organisations- und Kontrolltätigkeiten eingespart werden.[40] Beachtet werden muß allerdings, daß mit zunehmender Losgröße die Zinskosten steigen, falls die Lagerdauer von der Auflagengröße abhängig ist. Es ist daher diejenige Losgröße herauszufinden, bei der die Summe aus Erzeugniswechsel- und Zinskosten am kleinsten ist.[41]

---

[36] Vgl. *Beste*, Th., Rationalisierung durch Vereinheitlichung, in: Zeitschrift für handelswissenschaftliche Forschung (neue Folge), 8. Jg., 1956, S. 303

[37] Zum Terminus Erzeugniswechsel siehe *Kaluza*, S. 99: Ein Erzeugniswechsel liegt vor, "wenn die Produktion eines Erzeugnisses auf der Fertigungsstufe einer Fertigungseinrichtung beendet ist und mit der konkreten technischen Fertigung eines anderen Erzeugnisses begonnen wird (im Original Hervorhebungen, der Verf.)." *Kaluza* unterscheidet die vier Erzeugniswechseltypen programmierter, geplanter, ungeplanter, innovativer Erzeugniswechsel. Vgl. *Kaluza*, S. 100 f.

[38] Vgl. *Bergner*, Filmwirtschaftslehre, Band 1/II, S. 128 f.

[39] *Bergner* spricht in diesem Zusammenhang von Rüstoperationen. Er unterscheidet Vorsorge-, Auslauf-, Umstellungs-, Reinigungs- und Anlaufoperationen. Vgl. *Bergner*, H., Vorbereitung der Produktion, physische, in: Handwörterbuch der Produktionswirtschaft, hrsg. von W. Kern, Stuttgart 1979, Sp. 2173 ff.

[40] Vgl. *Keller*, S. 56

[41] Vgl. hierzu *Gutenberg*, S. 201 ff., insbesondere S. 207. Zu den Kosten der Lagerung bei Vereinheitlichung im allgemeinen vgl. *Beste*, Rationalisierung, S. 312 und S. 315

Potentiale zur Einsparung von Erzeugniswechselkosten, zur Ausnutzung von technisch bedingten Degressionen und schließlich zur Verringerung der Herstellkosten von Gebäuden ergeben sich im Bauwesen insbesondere bei der Erzeugung standardisierter Fertigbauteile. Zur Erläuterung der Degressionen soll daher ein Beispiel aus der Betonfertigteileproduktion dienen.

Betonfertigteile werden hergestellt, indem im Werk flüssiger Beton in Schalungen gegossen wird, die dem zu produzierenden Bauteil die Form geben. Dieser Vorgang wird als Schütten bezeichnet. Im einzelnen werden hierbei zwölf Arbeitsgänge unterschieden:[42]

(1) herstellen der Form;
(2) zusammenstellen der Form;
(3) ölen der Form;
(4) Beton mischen;
(5) Stahl schneiden, biegen, flechten;
(6) Geflecht in die Form einbauen;
(7) Beton einbringen;
(8) verdichten und rütteln;
(9) obere Seite glätten;
(10) entschalen;
(11) Form reinigen;
(12) Form abstellen.

Wie bereits erläutert wurde, trägt die Normung dazu bei, die Herstellkosten von Bauteilen zu senken, wenn sie die Erzeugung hoher Stückzahlen - also Massen- oder Sortenfertigung - ermöglicht. Deshalb ist es interessant, die kostenreduzierende Wirkung der Normung bei Großserien-, Sorten- oder Massenfertigung, für die die Standardisierung faktisch Voraussetzung ist, gegenüber der Einzel- und Kleinserienfertigung zu analysieren, die für die Herstellung von Individualbauteilen kennzeichnend sind. Einer Untersuchung zufolge,[43] die die Kostenunterschiede zwischen Einzel-, Serien- und Massenfertigung eines DIN-Betondeckenbalkens zeigt, sinken die Kosten für die Form von der Einzel- zur Massenfertigung um über 92 %. Der Anteil dieser Kosten an den Herstellkosten des Deckenbalkens beträgt bei Massenfertigung 6 %, bei Serienfertigung 17 % und bei Einzelfertigung 40 %. Dieses Ergebnis überrascht nicht, wenn man weiß, daß jede Form im Falle der Mehrfachfertigung mehrmals benutzt wird. Denn wenn die gleichartigen Bauteile zeitlich direkt nacheinander gefertigt werden, müssen die Schalungen nicht ausgetauscht und neu eingerichtet werden. Nachdem der

---

[42] Vgl. *Rettig/Heinicke/Hempel*, S. 591 f.
[43] Vgl. *Rettig/Heinicke/Hempel*, S. 592

Beton erhärtet ist, werden die wiederverwendbaren Schalungen geöffnet, das fertige Bauteil kann entnommen und der Vorgang wiederholt werden. Je seltener Erzeugniswechsel stattfinden, desto größer sind die Kosteneinsparungen. So reduzieren sich die Kosten für den Zusammenbau der Formen von der Serien- zur Massenfertigung um 27 %. Das Zusammenstellen der Formen benötigt in der Massenfertigung nur 80 % der für diese Tätigkeit benötigten Zeit in der Serienfertigung, wohingegen das Ölen der Formen in allen drei Fällen die gleiche Zeit beansprucht.[44] In erster Linie sind diese Wirkungen auf die Auflagendegression zurückzuführen. Die hauptsächlichen Einsparungen in den Arbeitsgängen vier und acht werden dagegen durch die Wirkungen der Größen- und der technischen Beschäftigungsdegression verursacht, weil sich hier bei der Serien- und noch mehr bei der Massenfertigung der Einsatz leistungsfähiger Maschinen und die bessere Ausnutzung der mechanischen Hilfsmittel bemerkbar machen. Die Kosten dafür sinken gegenüber der Einzelfertigung um 20 % bzw. 50 % pro Stück.

Diese Ausführungen zeigen, daß - gleich um welche Art der Degression es sich handelt, die zur Stückkostensenkung führt - Voraussetzung für ihr Auftreten die Herstellung großer Stückzahlen ist. Die Massenfabrikation ist in der Bauwirtschaft aber nur möglich, wenn die Bauteile standardisiert sind. Unfertige Bauwerke sind für den Bauunternehmer und den Bauherren (auftraggebende Unternehmung) gleichermaßen unproduktiv gebundenes Kapital. Denn der Bauunternehmer muß die Ausgaben für die Errichtung des Gebäudes in der Regel bis zur Fertigstellung eines Bauabschnittes vorfinanzieren und der Bauherr muß Ausgaben entrichten, bevor er das Gebäude nutzen kann. Ferner dürfen die Erlöse nicht außer acht gelassen werden, die ihm entgehen, solange das Gebäude nicht fertiggestellt ist, um dort die Erzeugnisse zu produzieren, die alsbald veräußert werden sollen. Dieser Gesichtspunkt ist insbesondere in innovativen Branchen (z.B. in der Elektronikindustrie) von großer Bedeutung, wo häufig die Reihenfolge des Markteintritts einzelner Anbieter über deren Gewinnerzielungschancen entscheidet. Beide Seiten haben daher Interesse, die Bauzeit zu verkürzen. Die Einhaltung der Baunormen ist auch unter diesem Gesichtspunkt naheliegend, da die durch Vorratshaltung bedingte schnelle Verfügbarkeit genormter Bauteile, die vereinfachte Entwurfsarbeit etc. die Fertigstellung des Bauvorhabens beschleunigen.[45]

DIN-Normen sind eine Erkenntnisquelle für die einwandfreie technische Ausführung eines Bauteiles. Sie bilden einen Maßstab für dessen einwand-

---

[44] Neuerdings werden in der Betonfertigteileindustrie anstelle der alten Holz- beschichtete Metallschalungen verwendet, die häufiger eingesetzt werden können und deshalb noch mehr zur Reduzierung der Rüstoperationen beitragen.
[45] Vgl. *Wedler*, S. 167

freies Verhalten.[46] Diese Aussage gilt vor allem für Qualitätsnormen. Durch die Anwendung bautechnischer Normen hat der Bauherr die Gewähr, daß das Gebäude entsprechend dem Stand der Technik entworfen wurde. Die Gefahr von Fehlinvestitionen in bautechnisch nicht einwandfreie Gebäude ist damit zwar nicht gebannt, aber doch eingedämmt. Der Forderung nach Qualitätssicherung wird dadurch Rechnung getragen.

Ähnlich wie die bautechnischen Gründe, die für eine Anwendung der Baunormen im Industriebau ins Feld zu führen sind, erzeugen die Argumente aus betriebswirtschaftlicher Sicht keine allgemein verbindliche Pflicht zur Beachtung der Normen. Jedoch ist es faktisch erforderlich, sie anzuwenden, da im allgemeinen kein vernünftiger Grund erkennbar ist, die mit einer Ignorierung der DIN-Normen verbundenen Nachteile in Kauf zu nehmen. "Die wirtschaftliche Bedeutung der Normen ist so einleuchtend, daß man sich ihrer Vorteile stets bedienen und den großen Erfahrungsschatz bei jeder Gelegenheit nutzen sollte, der in den Baunormen niedergelegt ist, zumal sie jedem, der sie anwendet, Arbeit und Kosten sparen."[47]

cc) Rechtliche Bedeutung der Normung

Schließlich erlangen DIN-Normen im Rahmen des Bauordnungsrechts Bedeutung. Rechtsgrundlagen für die Anwendungspflicht können Gesetze, Verordnungen, Verwaltungsvorschriften und auf zivilrechtlichem Gebiet Verträge sein. Beispielsweise verlangt § 3 Abs. 1 LBO für Baden-Württemberg, daß bei der Errichtung von Bauwerken die allgemein anerkannten Regeln der Technik zu beachten sind. Als solche werden aus juristischer Sicht DIN-Normen anerkannt.[48] Unter Berücksichtigung der Zielsetzung des Bauordnungsrechts[49] ergibt sich eine Anwendungspflicht für DIN-Normen stets dann, wenn sie sicherheitstechnische Festlegungen[50] treffen.

---

[46] Vgl. z.B. *DIN Deutsches Institut für Normung e.V.*, Stahlbau, Ingenieurbau, Berlin, Köln 1986, S. 9
[47] *Wedler*, S. 167
[48] Vgl. *Sauter,/Krohn*, Bemerkung 4 zu § 3, S. 40
[49] An erster Stelle steht die Gefahrenabwehr.
[50] Darunter fallen z.B. Brandschutzvorkehrungen. Maßgebend für die Beurteilung des Brandverhaltens von Baustoffen und Bauteilen ist DIN 4102. Sie legt Anforderungen an das Brandverhalten von Baustoffen fest und teilt sie in verschiedene Brandklassen ein. Nach dieser Einteilung richtet sich die Zulässigkeit von Baustoffen zur Verwendung als Baumaterial z.B. bei feuergefährlichen Produktionsprozessen. Vgl. dazu *Achilles*, S. 450 f.

I. Bauwirtschaftliche Anforderungen

2. Die Typung im Bauwesen als weitere potentielle Anforderungsquelle

Während man von Normung im Zusammenhang mit der Standardisierung von Produkteinzelteilen spricht, stellt die Typung die Vereinheitlichung von Endprodukten dar.[51] Die Grenze zwischen beiden Erscheinungsformen der Vereinheitlichung ist jedoch nicht in jedem Fall klar zu ziehen, da auch Zwischenprodukte marktfähige Güter sein können. Bausteine, Wandverkleidungen etc. sind gängige Artikel, die in Baufachmärkten zum Verkauf angeboten werden. Dennoch bezeichnet man sie als genormte und nicht als typisierte Produkte (Bauteile). Zur Vermeidung von Unklarheiten soll daher immer dann von Typung im Unterschied zur Normung geredet werden, wenn eine Abgrenzung der Vereinheitlichung größerer Gesamtheiten gegenüber Einzelteilen gemeint ist.[52] Anders als bei Standardisierung durch Normung werden durch Typung folglich nicht einzelne Bauelemente oder Bauteile (z.B. Bausteine, Treppen), sondern komplette Gebäude - also die Gesamtheit aller miteinander verbundenen Bauteile - vereinheitlicht.

Neben dieser materialen Verschiedenheit unterscheidet sich die Typung von der Normung auch formal. Im Industriebau spielen vor allem die konventionalen Normen eine Rolle, über die sich die Projektverantwortlichen schwerlich hinwegsetzen können. Die Typung der Fabrikgebäude hingegen erfolgt autonom aufgrund eigenen Entschlusses der Unternehmung, die die Bauwerke anbietet.

Die Bedeutung der Typung ist wie bei Vereinheitlichung durch Normung vor allem in wirtschaftlicher Hinsicht zu suchen. Sie führt ceteris paribus zur Senkung der Herstellkosten der Gebäude, somit auch zur Reduzierung der Investitionsausgaben und der daraus resultierenden Investitionsfolgekosten und kann die Aktivierung einer latenten Nachfrage nach Fabrikbauten bewirken.[53] Die Kostensenkung ist vor allem - analog zur Normung - auf verminderte Entwurfs- und einfachere Konstruktionsarbeiten sowie auf die Herstellung einer größeren Stückzahl von Gebäuden der gleichen Sorte zurückzuführen. Schließlich ist die kürzere Bauzeit ein Grund, weshalb sich Industrieunternehmungen häufig für typisierte Fabrikgebäude entscheiden.

Aus der gleichgearteten wirtschaftlichen Bedeutung der Typung bereits zu schließen, sie sei ähnlich wie die Normung eine ökonomische Conditio sine qua non für die Gestaltung von Industriebauten, ist falsch. Gegen diese Folgerung spricht der Umstand, daß es sich bei Typung um eine vom Her-

---

[51] Vgl. *Berger*, Sp. 1367
[52] Vgl. *Mellerowicz*, Industrie, Band I, S. 444
[53] Vgl. dazu *Mellerowicz*, Industrie, Band I, S. 445

steller[54] betriebene Standardisierung des ganzen Fabrikgebäudes handelt, die Bauproduktion aber extrem absatzorientiert ist.[55] Im Baugewerbe entscheiden die Bauherren als Kunden in Verbindung mit den Baufachleuten üblicherweise über die Gestaltung des zu errichtenden Gebäudes. Insbesondere Fabrikbauten sind Bauwerke, deren Aussehen vom jeweiligen Zweck und selbst von individuellen Geschmacksunterschieden bestimmt wird, so daß die Berücksichtigung besonderer Kundenwünsche unbedingt erforderlich ist.[56] Eine autonom durchgeführte Vereinheitlichung ganzer Produkte, wie sie in anderen Wirtschaftszweigen - z.B. in der Universalmaschinenindustrie - üblich ist, ist im Industriebau aufgrund der speziellen betrieblichen Anforderungen, die meist einzelfallspezifisch sind, unzweckmäßig. In der Marktwirtschaft würde aus diesem Grund eine zu weit geführte Typung auf Ablehnung stoßen,[57] in zentral gelenkten Wirtschaftssystemen hingegen stellt eine strikte Typenbeschränkung mangels Alternativen eine echte Rahmenbedingung für die Gestaltung von Industriebauten dar.

Die Realität scheint jedoch diese Argumentation zu widerlegen. Nach Auskunft führender Hersteller von Industriebauten sind fast alle neu zu errichtenden Fabrikgebäude standardisiert. Die vollkommen individuell gestalteten Industriebauwerke werden zur Ausnahme. Zu erklären ist der hohe Anteil vereinheitlichter Bauten mit der Anwendung des Baukastensystems, das im Bauwesen bereits im Jahre 300 v. Chr. in Kleinasien bekannt war.[58] Es ermöglicht eine individuelle Baugestaltung bei gleichzeitiger Wahrung der Vorteile der Typung.

Die so errichteten Bauten können auf einen Grundtyp zurückgeführt werden. Aus einem fest vorgegebenen Vorrat vereinheitlichter Bauelemente lassen sich verschiedenartige Gebäude dadurch herstellen, daß die Bauteile in unterschiedlicher Weise miteinander kombiniert werden. Beispielsweise sind die Bauelemente so konstruiert, daß sich die Grundtypen in der Längs- und in der Querachse durch Hinzufügen weiterer Träger, Stützen und raumabschließender Bauteile beliebig erweitern lassen. Ebenso ist eine Variation der Bauwerkshöhe möglich. Durch Einziehen von Bühnen werden beispiels-

---

[54] Gemeint sind Bauunternehmungen, Architekten, Bauingenieure, Generalunternehmungen, je nachdem, wer die Entwurfsarbeit leistet und diese anbietet.

[55] Vgl. *Refisch*, B., Bauwirtschaft, Produktion in der, in: Handwörterbuch der Produktionswirtschaft, hrsg. von W. Kern, Stuttgart 1979, Sp. 302

[56] Vgl. *Beste*, Rationalisierung, S. 308

[57] Ein solcher Einwand war gegen die Vereinheitlichung durch Normung nicht vorzubringen, da trotz standardisierter Bauteile vollkommen individuelle *Gebäude* errichtet werden können.

[58] Vgl. *Ropohl*, G., Baukastensysteme, in: Handwörterbuch der Produktionswirtschaft, hrsg. von W. Kern, Stuttgart 1979, Sp. 293

weise Stockwerke gebildet. Die auf diese Weise konzipierten Typenbauten geben dem Nachfrager die Möglichkeit, in einem bestimmten Rahmen aus einer großen Anzahl von Mustern das gewünschte Fabrikgebäude nach individuellen Gesichtspunkten aussuchen zu können. Der Anschaffungsakt ähnelt dem Kauf mobiler Investitionsgüter, wie z.B. von Werkzeugmaschinen, weil dem Käufer oft fertige Gestaltungsvorschläge per Katalog vorgelegt werden können. Die individuelle Gestaltung hat dort ihre Grenzen, wo die Kombinationsfähigkeit der Bauelemente endet.

Urteilt man nur unter Wirtschaftlichkeitsgesichtspunkten, so muß den Typenbauten der Vorzug vor vollkommen individuell gestalteten Industriebauwerken gegeben werden, sofern die mit dem Gebäude verfolgten Zwecke in gleichem Maße erreicht werden können. Die Gründe hierfür liegen vor allem in den vergleichsweise niedrigeren Investitionsfolgekosten und in der kürzeren Bauzeit. Es sind somit die gleichen Argumente, die auch für die Normung der Bauteile sprechen und diese sogar unabdingbar machen. Ferner wird durch Anwendung des Baukastensystems auch der Forderung nach Individualität der Bauwerke in gewissen Grenzen Rechnung getragen. Dennoch gibt es Gründe, wie z.B. die Verfolgung von Prestige-, Repräsentations-, Image- und Werbezwecken, die standörtlichen Gegebenheiten oder spezielle produktionstechnische Erfordernisse, die die Errichtung nicht standardisierter Gebäude verlangen, ohne daß hiermit die gleichen Schwierigkeiten und Nachteile wie im Falle der Mißachtung der konventionalen Normung von Bauteilen verbunden wären.

Denn während DIN-Normen in Fachkreisen beachtete Konventionen darstellen und dadurch zu Vorgaben für alle davon erfaßten Bauteile werden, wird die Vereinheitlichung ganzer Bauwerke autonom durch den jeweiligen Hersteller vorgenommen. Sie präjudiziert daher nicht die Entscheidung anderer über die Gestaltung von Industriebauwerken. So erweisen sich Typenbauten als wirtschaftliche Alternative zu vollkommen individuell geplanten und errichteten Industriebauten, ohne zugleich unerläßliche Voraussetzung für eine wirtschaftliche Bauweise zu sein.

II. Produktionswirtschaftliche Anforderungen

Als Ursprung für die wichtigsten produktionswirtschaftlichen Gestaltungsanforderungen werden im betriebswirtschaftlichen und im ingenieurwissenschaftlichen Schrifttum Produktionsänderungen (29,3%), Materialfluß (20,3%), Betriebsmittel (12,7%), Produktionsprozeß (10,5%), innerbetriebliche Standorte (9%), Produkte (6%), Automatisierungsgrad (3,8%) und sonstige Quellen (8,4%) genannt.[59]

Wie man aus obiger Aufzählung leicht erkennt, ist die bloße Aneinanderreihung der Angaben einer Vielzahl von Autoren problematisch, da zwischen den einzelnen Nennungen nicht nur begriffliche Überschneidungen, sondern auch inhaltliche Interdependenzen bestehen. So hängt beispielsweise der Automatisierungsgrad von der Art der verwendeten Betriebsmittel ab, diese gehen einher mit dem Produktionsverfahren, das schließlich von den Erzeugnissen bestimmt wird. Erstellt man eine Hierarchie der produktionswirtschaftlichen Anforderungen, wird deutlich, daß der Ausgangspunkt für Überlegungen zur Fabrikbaugestaltung nicht etwa die in der Literatur am häufigsten genannten Anforderungen sind, sondern dies nur der Betriebszweck sein kann, der sich in den zu erzeugenden Gütern manifestiert.[60] Denn danach richten sich der Produktionsprozeß, die Herstellungsverfahren, die eingesetzten Betriebsmittel etc.[61] Die Gesamtheit der Erzeugnisse - im folgenden Produktionssortiment genannt - kann man daher als originäre, die anderen Einflußgrößen als derivative Anforderungsquellen bezeichnen. Als solche werden in diesem Kapitel der Materialfluß, die Betriebsmittel und die Häufigkeit von Fertigungsänderungen behandelt. Unter diese Faktoren können auch die anderen im Schrifttum genannten und hier nicht separat aufgeführten Anforderungsquellen subsumiert werden - so auch der Produktionsprozeß und das Produktionsverfahren,[62] die als eigen-

---

[59] Auf mögliche Anforderungen wurden über 70 Werke verschiedener Autoren untersucht. Die Prozentzahlen in Klammern beziehen sich auf die Häufigkeit der Nennungen im Verhältnis zur Gesamtzahl aller in der Literaturauswahl angeführten Anforderungen. Mehrfachnennungen sind die Regel.

[60] Vgl. Beste, Fertigungswirtschaft, S. 161

[61] Vgl. *Kettner*, H.; *Schmidt*, J., Fabrikplanung, in: Handwörterbuch der Produktionswirtschaft, hrsg. von W. Kern, Stuttgart 1979, Sp. 535

[62] Das Produktionsverfahren ist die Art und Weise des technischen Einwirkens auf ein Werkstück (z.B. drehen, fräsen) oder der produktspezifischen Zustandsänderung der Einsatzstoffe, vgl. *Weber*, H.-J., Produktionstechnik und -verfahren, in: Handwörterbuch der Produktionswirtschaft, hrsg. von W. Kern, Stuttgart 1979, Sp. 1610; vgl. auch *Riebel*, S. 12 f. Unter Produktionsprozeß wird die Kombination der zur Erzeugung erforderlichen Verfahren verstanden, vgl. *Riebel*, S. 16

ständige Anforderungsquellen zu undifferenziert sind, um eine eindeutige Kausalität zu der Baugestaltung herstellen zu können.

1. Anforderungen des Produktionssortimentes

"Das Produktionssortiment einer industriellen Unternehmung enthält alle diejenigen marktfähigen Güter, die in ihren eigenen Betrieben erzeugt werden sollen. Dazu gehören demnach auch die Zwischenerzeugnisse,..."[63] Es handelt sich hierbei um das Produkt*arten*programm i.S. eines mengenunabhängigen Leistungsangebotes einer Unternehmung.[64] Unter der Annahme, daß für unterschiedliche Fertigungsaufgaben keine separaten Baulichkeiten errichtet werden sollen, konkretisieren sich die Anforderungen, die das Produktionssortiment an den Industriebau richtet, somit in den Einflüssen der einzelnen potentiell erzeugbaren, d.h. dem Produktionssortiment entstammenden Produkte sowie in der Produktvielfalt (Fertigungstiefe und Fertigungsbreite). Trifft man diese Annahme nicht, so äußern sich die Einflüsse des Produktionssortimentes darüber hinaus in der Vielzahl verschiedener Industriebauten, auf die jeweils die Einflüsse der darin erzeugten Produkte einwirken.

Die Produktvielfalt wird in der Anzahl der im Produktionssortiment enthaltenen Erzeugnisarten sowie in der Veränderlichkeit des Sortimentes offenkundig. Einen Extremfall bilden Einproduktbetriebe mit gleichbleibender Massenfertigung,[65] wozu beispielsweise Kraftwerke gehören. Da hier die Produktionsaufgabe nicht wechselt, können die Bauten speziell für einen einzigen Betriebszweck geplant und errichtet werden. Metaphorisch kann man von einem Maßanzug für die Fertigungsstätte sprechen; der Fachausdruck für derartige Bauten ist Einzweckbauwerk. Diese Industriebauten finden auch für Betriebe Verwendung, deren Zweck die Herstellung verschiedener Sorten *einer* Produktart ist. Als Beispiele dienen Blechwalzwerke und

---

[63] *Kortzfleisch*, G. von, Betriebswirtschaftliche Arbeitsvorbereitung, Berlin 1961, S. 30 f.
[64] Vgl. *Kaluza*, S. 33; einige Autoren unterscheiden hiervon das Produktionsprogramm als eine aus dem Produktionssortiment abgeleitete mengen- und zeitbezogene Leistungsvorgabe, andere wiederum verwenden beide Begriffe synonym. Vgl. hierzu *Kern*, W., Produktionsprogramm, in: Handwörterbuch der Produktionswirtschaft, hrsg. von W. Kern, Stuttgart 1979, Sp. 1564 ff. Die begriffliche Differenzierung erscheint gerechtfertigt, "weil mit dem Wort 'Programm' immer die Vorstellung einer Ordnung im Zeitablauf, einer Reihenfolge, verbunden ist." (von *Kortzfleisch*, Arbeitsvorbereitung, S. 30). Die Reihenfolgeproblematik kann bei der vorliegenden Untersuchung außer acht gelassen werden.
[65] Vgl. hierzu *Mellerowicz*, K., Betriebswirtschaftslehre der Industrie, Band II, 7. Auflage, Freiburg 1981, S. 326 f.; *Schäfer*, Der Industriebetrieb, S. 63 f.

Zuckerfabriken. Die einzelnen Sortenprodukte[66] und daraus folgend alle anderen Anforderungsquellen unterscheiden sich nur so wenig, daß daraus keine gravierend verschiedenen Erfordernisse für das Fabrikgebäude resultieren, weshalb Bauten solcher Fertigungstypen ebenfalls als Einzweckbauten erstellt werden können.

Das andere Extrem stellen Mehrproduktbetriebe mit ständig oder häufig wechselnder Produktionsaufgabe dar, für die vor allem die Produktionstypen der einmaligen oder beschränkt wiederholbaren Einzelfertigung und der Kleinserienfertigung charakteristisch sind.[67] Das veränderliche Produktionssortiment läßt einen speziellen Zuschnitt des Fabrikgebäudes auf die Fertigungsaufgaben nicht zu. Denn das Bauwerk muß unterschiedlichen und im voraus nicht immer planbaren Anforderungen standhalten, die aus den wechselnden Erzeugnissen resultieren. In solchen Fällen kommen als Bauwerke für die Produktionsstätten nur Mehrzweckgebäude in Betracht.[68]

Je umfangreicher und variabler das Produktionssortiment ist und je mehr sich die Anforderungen der darin enthaltenen Erzeugnisse an die Herstellung unterscheiden, desto weniger erfüllen Einzweckgebäude ihren Dienst, weil sich ihr Umrüsten von einer Produktionsaufgabe zur anderen - zumal innerhalb eines kurzen Zeitraumes - als schwierig oder unmöglich erweist. So können und sollen Einzweckgebäude auch aus betriebswirtschaftlicher Sicht nur in den obengenannten Fällen der gleichbleibenden Massen- und der Sortenfertigung eingesetzt werden, da bei Veränderung der Produktionsaufgabe entweder Umbaumaßnahmen notwendig werden oder wegen des unharmonischen Betriebsaufbaues erhöhte Produktionskosten in Kauf zu nehmen sind, gegenüber denen die zeitweise entstehenden qualitativen Leerkosten eines Mehrzweckgebäudes nicht bedeutsam sind. Einzige denkbare Ausnahme zu diesem Grundsatz bildet die externe Baustellenfertigung. Dort erscheint es vorstellbar, daß ein Einzweckgebäude nur zum Schutz der Arbeitskräfte und des noch herzustellenden Erzeugnisses errichtet wird, um hernach wieder abgerissen zu werden. In diesem Fall würde ein Einzweckgebäude den Anforderungen der Einzelfertigung genügen.

Der erste gedankliche Schritt zur Ermittlung der konkreten Anforderungen an die bauliche Hülle einer Fertigungsstätte ist die Überprüfung, ob für die Bewältigung der konkreten Fertigungsaufgabe überhaupt ein Gebäude notwendig ist. Die Antwort auf die Frage nach der Zweckdienlichkeit eines Industriebaues geben die im Produktionssortiment enthaltenen Erzeugnisar-

---

[66] Zur Sortenproduktion vgl. *Mellerowicz*, Industrie, Band II, S. 327 f.
[67] Vgl. hierzu *Mellerowicz*, Industrie, Band II, S. 329 ff.; zur Einzelfertigung vgl. insbesondere *Ellinger*, Th., Ablaufplanung, Stuttgart 1959, S. 71 ff.
[68] Vgl. auch *Zeh*, Planungsgrundlagen, S. 434

II. Produktionswirtschaftliche Anforderungen

ten. So sind in vielen Gewinnungsbetrieben der Urerzeugung (z.B. im Bergbau) Bauten für die Produktionsstätten von untergeordneter Bedeutung und vielfach vollkommen überflüssig. Beispielsweise werden Braunkohle in den Revieren im Osten Deutschlands und Porphyr aus Steinbrüchen im Tagebau gewonnen. Bauwerke sind in diesen Fällen nicht erforderlich, ja sogar hinderlich. Anders verhält es sich beim Steinkohlenabbau im Ruhrgebiet, dessen Zechen unter anderem durch die Architektur der Fördertürme und Maschinenhäuser bekannt geworden sind.[69]

Erfordert die Herstellung der im Sortiment enthaltenen Erzeugnisarten die Umhüllung durch ein Fabrikgebäude, so können die wichtigsten daraus resultierenden Anforderungen aus der Gestalt, dem Volumen, dem Gewicht, der Emp-findlichkeit und der Aggressivität der zu verarbeitenden Rohstoffe und der Erzeugnisse abgeleitet werden.[70]

Die *Gestalt* der Einsatzstoffe und Erzeugnisse entscheidet im wesentlichen über den Charakter des zu erstellenden Industriebaues als Behältnis für Güter oder als Gebäude im Sinne der Definition auf den Seiten 20 f. Man unterscheidet grundsätzlich geformte und ungeformte Güter. Eine Übersicht über deren Einteilung gibt Abbildung 42.

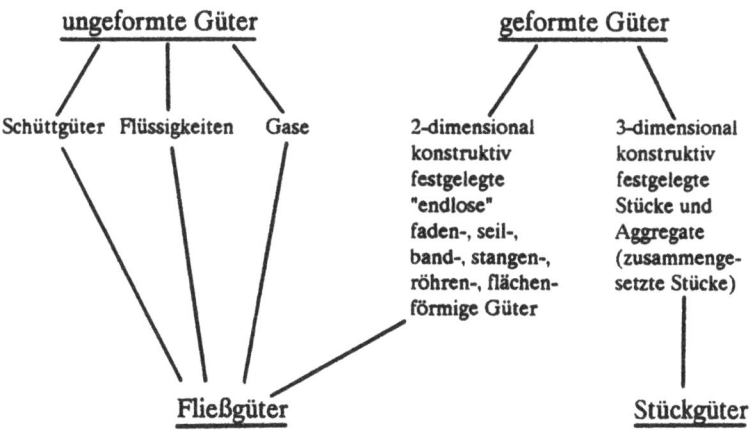

Abb. 42. Einteilung der Güter nach ihrer Gestalt

Quelle: In Anlehnung an *Riebel*, S. 49

---

[69] Vgl. *Becher*, B.; u.a., Zeche Zollern 2, München 1977; einen historischen Überblick über die Bauweisen auf den Zechen des Ruhrgebietes gibt *Koschwitz*, C., Die Hochbauten auf den Steinkohlenzechen des Ruhrgebiets, in: Beiträge zur Landeskunde des Ruhrgebiets, Nr. 4, Essen 1930, insbesondere S. 8 ff.

[70] In diesem Zusammenhang vgl. auch *Schäfer*, Der Industriebetrieb, S. 133; *Utz*, S. 2

Gase, Flüssigkeiten und Schüttgüter bestehen aus ungeordneten Stoffteilchen, die - im Falle der Gase und Flüssigkeiten - auseinanderstreben. Diese Güter müssen deshalb größtenteils während aller Transport-, Lager- und Produktionsvorgänge durch ein umschließendes Behältnis zusammengehalten werden, um sie vor Verlust und Verunreinigungen zu bewahren und um die Umwelt vor möglichen Schädigungen zu schützen.[71] Die Behältnisse, die sich aus Rohren, Kesseln, Düsen etc. zusammensetzen, trifft man vor allem in der chemischen Industrie an; sie sind Produktionsanlage und bauliche Hülle zugleich. Der Industriebau entfernt sich in diesen Fällen von herkömmlichen Formen und wird vollkommen auf die besondere Produktionsaufgabe abgestellt.[72] Eine zusätzliche bauliche Hülle ist überflüssig, weshalb derartige Freiluftanlagen, wie z.B. Destillationskolonnen, Wärmeaustauscher, Neutralisationsanlagen, Röhrenreaktoren, Sammler etc., unter Wirtschaftlichkeitsgesichtspunkten zu präferieren sind, wenn die Produktion in einem geschlossenen System ohne ständige menschliche Aufsicht erfolgen kann. Im folgenden werden solche Industriebauwerke als Sonderbauten bezeichnet.

Stückgüter und geformte Fließgüter sind Erzeugnisse, die üblicherweise in Industriegebäuden i.S. der Musterbauordnung - d.h. in selbständig nutzbaren, überdachten baulichen Anlagen, die von Menschen betreten werden können - gefertigt werden. Stückgüter, deren Form nach allen drei Dimensionen eindeutig konstruktiv festgelegt ist, können grundsätzlich nur mit Hilfe intermittierender Verfahren erzeugt werden; das typische Betriebsmittel ist die Werkzeugmaschine, in der die Güter nacheinander bearbeitet werden. Geformte Fließgüter wie Garne, Draht, Kabel, die nur in zwei Dimensionen bestimmt sind, werden in kontinuierlicher oder intermittierender Produktion erzeugt. Düsen, Wannen, Walzen etc. sind die vorherrschende Produktionsapparatur.[73] Der Herstellung beider Arten von Gütern ist gemeinsam, daß der Prozeß sich nicht wie im Falle der meisten ungeformten Güter in geschlossenen Behältern vollzieht. Aus diesem Grunde sind zur Herstellung von geformten Gütern Fabrik*gebäude* notwendig, die die arbeitenden Menschen, die Produktionsapparaturen, die Stoffe und die Erzeugnisse umgeben und gegen schädliche Einwirkungen schützen.

Der Einfluß des *Volumens* und des Gewichts der Stoffe und Erzeugnisse auf die Baugestaltung ist evident. Betriebe der Schwerindustrie, wie z.B. zur Herstellung von Großtransformatoren, von Lokomotiven oder von Kraftwerksturbinen, müssen wegen der Größe und des Gewichts ihrer Produkte in eingeschossigen Bauten untergebracht werden, da die nötige Deckentrag-

---

[71] Vgl. *Riebel*, S. 48 ff.
[72] Vgl. *Henn*, Bauten, S. 17
[73] Vgl. hierzu *Riebel*, S. 53 f.

fähigkeit in Mehrgeschoßbauten bautechnisch nicht oder nur unter wirtschaftlich nicht vertretbaren Kosten zu verwirklichen wäre. Abgesehen davon ist das Problem des Transports derartiger Erzeugnisse innerhalb des Gebäudes nicht zu bewältigen. Mehrgeschoßbauten findet man hingegen in "leichteren" Industrien, wie z.b. der feinmechanischen und feinoptischen Industrie, deren Produkte (Ferngläser, Mikroskope, Brillengläser etc.) keine besonderen Anforderungen an die Deckentragfähigkeit der Geschoßebenen, an die Raumgröße und an den innerbetrieblichen Transport stellen. Die Abmessungen der Werkstücke bestimmen schließlich den Platzbedarf der Produktion und somit die Maße des Gebäudes, wie z.b. die erforderliche Nutzfläche, das Raumvolumen oder die Größe der Tore und Durchfahrten.

Die *Empfindlichkeit* der Erzeugnisse gegenüber Beschädigungen oder Zerstörung durch Umgebungseinflüsse spielt bei der Konstruktion von Fabrikgebäuden eine bedeutende Rolle. So können Bleche zwar in nahezu jedem Raum gewalzt und gestanzt werden, ohne daß besondere bauliche Maßnahmen zum Schutz des Produktes ergriffen werden müssen. Ganz anders verhält es sich aber beispielsweise in der Mikrochip-Fabrikation. Sie kann nur in speziell errichteten Gebäuden erfolgen. Diese Bauwerke müssen wegen der im Produktionsprozeß zu beherrschenden Präzision im Submikron-Bereich erschütterungsfrei konstruiert sein. Um Umgebungseinflüsse wie die Auswirkungen des Schwerlastverkehrs auszuschalten, werden solche Fabrikgebäude schwimmend, d.h. ohne direkte Verbindung zur Umgebung, erbaut.[74] Neben der Erschütterungsarmut sind bei der Konstruktion von Bauten für die Chip-Produktion Reinraumbedingungen zu beachten. Enthalten Steilräume der konventionellen Technik noch ca. 1.000 Teilchen pro Kubikmeter Luft, erlauben die Anforderungen der Mikroelektronik-Produktion höchstens noch ein Teilchen.[75] Für die Herstellung hochempfindlicher Erzeugnisse, wie z.B. der Mikrochips, müssen daher besondere technische Vorkehrungen getroffen werden, die sich auch in der Ausrüstung und Gestaltung der Fabrikbauten niederschlagen: So muß in das Gebäude geleitete Außenluft durch Luftfilter gesäubert werden; ein leichter Luftüberdruck in den Produktionshallen verhindert das Einströmen nichtgereinigter Luft; Abzugsanlagen über den Maschinen machen die bei der Herstellung auftretenden Emissionen unschädlich für die Mikrochips; ein konstantes Raumklima muß durch Klimaanlagen gewährleistet werden.[76] Die Nebenflächen für die lufttechnischen Anlagen, für die Versorgung der Produktion mit hochreinen Gasen und Reinstwasser beanspruchen den weitaus größten

---

[74] Vgl. *Doll*, G., Fortschritte in der Mikroelektronik - Technische und ökonomische Implikationen, Diss., Mannheim 1989, zugleich München 1990, S. 57
[75] Vgl. *Knocke*, S. 356 f.
[76] Vgl. *Doll*, S. 57 f.

Teil des Bauvolumens. Sie werden in Ebenen über und unter der eigentlichen Produktionsfläche angeordnet. So entstehen Bauwerke, die Geschoßbauten ähneln, aber mit herkömmlichen Fabrikgebäuden nichts mehr gemein haben.[77]

Bauliche Vorkehrungen müssen nicht nur zum Schutz empfindlicher Güter gegen Umwelteinflüsse, sondern auch zum Schutz des Bauwerkes selbst gegen aggressive Produkte getroffen werden. So werden explosions- und feuergefährliche Erzeugnisse am günstigsten in mehreren kleinen statt in einem großen Gebäude gefertigt, die zudem einen genügenden Abstand zueinander aufweisen sollen, so daß die Rettungs- und Löscharbeiten nicht durch die Enge der Bebauung behindert und die Risiken der Zerstörung des gesamten Bauvolumens in einem Katastrophenfall möglichst gering gehalten werden. Durch die Verteilung der Produktionsmenge auf mehrere Gebäude wird dem Prinzip der Gefahrenbeschränkung Rechnung getragen.[78] Bei diesen Bauwerken, die nicht alle Produktionsstufen eines Fertigungsprozesses oder, wie im Falle der Gefahrenreduzierung, nur einen von mehreren parallelen (Partial)prozessen beherbergen, handelt es sich um Industriebauten in sogenannter Trennbauweise. Schäden am Bauwerk können auch durch Substanzen hervorgerufen werden, die als Kuppelprodukte zwangsläufig anfallen. Solche Substanzen sind vielgestaltig; sie können z.B. als Chemikalien in flüssiger, als Luftfeuchtigkeit in gasförmiger oder als Ruß in fester Form auftreten. In diesen Fällen werden Bauunterhaltungskosten eingespart, wenn für geeignete Schutzvorkehrungen am Gebäude (Wahl resistenter Baustoffe, Einbau von Lüftungsanlagen, Kanalisation der Schadsubstanzen etc.) gesorgt wird.

Bei der Einwirkung von Chemikalien (Säuren, Lösungsmitteln etc.) auf das Gebäude spielt z.B. die Wahl der Baumaterialien hinsichtlich der Schadensanfälligkeit des Bauwerkes eine bedeutende Rolle. So sollten in diesen Fällen wegen der geringeren Korrosionsgefahr grundsätzlich Bauten aus Stahlbeton statt Stahlbauten errichtet werden. Für den Schutz von Wand- und Bodenflächen stehen Ein- und Zweikomponenten-Anstrichsysteme, Fliesen, Bodenplatten sowie Streichmassen auf Keramik-, Bitumen- und Kunststoffbasis zur Verfügung.[79] Die Luftfeuchtigkeit ist vor allem in Warm-Feucht-Betrieben der Verfahrenstechnik ein Problem. Dort kommt es häufig zu Kondenswasserbildung an Bauteilen; je nach Beschaffenheit der Fläche tropft das Kondenswasser ab oder wird von ihr aufgesogen. Kondenswasserschäden an unzugänglichen Stellen sind nur unter großen

---

[77] Vgl. *Knocke*, S. 357
[78] Vgl. hierzu *Hundhausen*, S. 40 ff.
[79] Vgl. *Reichert*, O., Systematische Planung von Anlagen der Verfahrenstechnik, München, Wien 1979, S. 50 f.

II. Produktionswirtschaftliche Anforderungen

Schwierigkeiten zu beheben. So ist es am besten, der Kondenswasserbildung durch Belüftung der Räume mit angewärmter Luft und Absaugvorrichtungen entgegenzuwirken.[80] Nicht bauwerksaggressive, aber für Menschen giftige Gase und Dämpfe müssen ebenfalls durch Belüftungseinrichtungen unschädlich gemacht werden.

2. Anforderungen des Materialflusses

Der Produktionsfluß - auch als Fertigungsfluß oder Produktionsablauf bezeichnet - entspricht der technologisch bedingten Abfolge der Arbeitsschritte zur Bewältigung einer Produktionsaufgabe. Er umfaßt den Material-, den Personal-, den Energie- und den Informationsfluß bei Herstellung von Gütern i.w.S.[81] Naturgemäß steht bei der *Sachgut*erzeugung der *Material*fluß als Planungsgrundlage im Vordergrund, während beispielsweise der Informations- und Personalfluß in Dienstleistungsbetrieben und Verwaltungen die planerischen Überlegungen dominieren.[82] Dementsprechend ist bei der Planung und Errichtung von Industriegebäuden vorrangig der Materialfluß als eine Einflußgröße auf die Baugestaltung zu berücksichtigen. Vielfach wird er als eines der Kernstücke und Hauptkriterien der Fabrikplanung im allgemeinen[83] und der Bauplanung im besonderen angesehen.[84] Dies ist nicht verwunderlich, wenn man bedenkt, daß der Materialfluß vor allem in stoffintensiven Industriezweigen, wie z.B. dem Bergbau, dem Schwermaschinenbau und der chemischen Industrie, den Produktionsablauf prägt. Wegen seiner engen Verzahnung mit der Fertigung führt die Unterbrechung des Materialflusses häufig auch zu Produktionsausfällen.[85]

Materialfluß wurde oben[86] als Bewegung stofflicher Güter innerhalb eines vorgegebenen räumlichen Bereiches definiert. Es handelt sich mit anderen Worten um "die Verkettung aller Vorgänge beim Gewinnen, Be- und

---

[80] Vgl. *Reichert*, S. 50
[81] Vgl. *Kettner*, H., Einige Probleme des Zusammenhangs zwischen Fertigungsfluß und Fabrikanlage, in: Werkstatttechnik, Nr. 5, 55. Jg., 1965, S. 209
[82] Vgl. *Kettner/Schmidt/Greim*, S. 3
[83] Vgl. z.B. *Engel/Luy*, S. 945; *Muther*, R., Fabrikplanung, in: Handbuch des Industrial Engineering, hrsg. von H.B. Maynard, Teil VII, Gestaltung von Fabrikanlagen, Betriebsmitteln und Erzeugnissen, Berlin, Köln, Frankfurt/M. 1956, S. 56
[84] Vgl. z.B. *Beste*, Fertigungswirtschaft, S. 157; *Henn*, Bauten, S. 14; *Mellerowicz*, Industrie, Band I, S. 363
[85] Vgl. *Bezdecka*, H., Die Materialbewegung im Industriebetrieb unter dem Gesichtspunkt ihrer kostenoptimalen Gestaltung, Diss., Frankfurt/M. 1960, S. 39 f.
[86] Vgl. Fußnote 123, Seite 108 dieser Arbeit.

Verarbeiten sowie beim Lagern und Verteilen von Stoffen ..."[87] Objekte der Materialflußplanung sind somit in erster Linie der Transport, die Lagerung und die Verteilung von Gütern. Grundsätzlich sind hierbei folgende vier Betrachtungsebenen zu unterscheiden:

(1) der Materialfluß zwischen verschiedenen Werken;
(2) der Materialfluß zwischen Werkseinheiten desselben Werkes;
(3) der Materialfluß innerhalb einer Werkseinheit;
(4) der Materialfluß am Arbeitsplatz.

Für die Gestaltung des Fabrikgebäudes ist vor allem die dritte Betrachtungsebene bedeutsam, da sie die Formulierung von Thesen über die Ausführung der Bauwerke erlaubt. Die zweite Ebene ist für die gegenseitige Anordnung verschiedener Industriebauten eine wichtige Erkenntnisquelle. Hierauf wird an dieser Stelle nur am Rande eingegangen, da diese Problematik in anderem Zusammenhang bereits erörtert wurde.[88] Die anderen Ebenen interessieren innerhalb dieser Arbeit nicht.

Aufgrund der angesprochenen Bedeutung der Materialflußplanung im Rahmen der Fabrikplanung sollte die Baugestaltung an die im voraus festgelegten Materialbewegungen angepaßt werden. Wegen der engen Verzahnung beider Planungsbereiche können in der Praxis Einflüsse des Bauwerkes auf die Materialflußgestaltung jedoch nicht ausgeschlossen werden. So muß der Materialfluß beispielsweise bei Umbauten oder Umwidmungen vorhandener Bauwerke die baulichen Gegebenheiten beachten.[89] Die Dimensionen des Fabrikgebäudes bestimmen ferner die Länge der Transportwege. Im Idealfall steht aus betriebswirtschaftlicher Sicht der Gestaltung des Materialflusses das Primat zu, wonach das Industriebauwerk zu bemessen ist. Denn je reibungsloser dieser sich entfaltet, um so größer wird die Wirtschaftlichkeit des Betriebes und des Industriebaues.[90] Ein ungeordneter und schlecht gelenkter Materialfluß führt zu einem erhöhten Flächen- und Raumbedarf für die Fertigung und zu steigenden qualitativen Ansprüchen an das Gebäude.[91] Beispielsweise erfordern eine einseitige Verteilung schwerer Maschinen im Gebäude oder die Bildung von Zwischenlagern auf-

---

[87] *Harms*, S. 24
[88] Vgl. S. 105 ff. dieser Arbeit.
[89] Vgl. *Fackelmeyer*, A., Materialfluß - Planung und Gestaltung, Düsseldorf 1966, S. 17
[90] Vgl. *Rationalisierungs-Kuratorium der Deutschen Wirtschaft*, RKW-Auslandsdienst, Heft 79, Planungsmethoden im amerikanischen Industriebau, München 1959, S. 13. Die Bedeutung des Materialflusses für die Wirtschaftlichkeit des Betriebes zeigen anhand eines praktischen Beispieles: *Tully*, H./*Rossel*, A., Der Fertigungsfluß als Grundlage der Werksplanung einer Werkzeugmaschinenfabrik, in: Werkstatt und Betrieb, Nr. 1, 97. Jg., 1964, S. 5-11
[91] Vgl. *Fackelmeyer*, S. 17

II. Produktionswirtschaftliche Anforderungen

grund ungeordneter Materialbewegungen vergleichsweise höhere Bodentragfähigkeiten als im Falle eines vernünftig geplanten Materialflusses. Auf diese Weise entstehen höhere Investitionsfolge- und Bauunterhaltungskosten sowie darüber hinaus unangemessene Produktionskosten infolge größerer Transportzeiten.[92] Infolgedessen muß zumindest bei Neuplanung von Fabrikgebäuden der beste Weg des Materials von dessen Eintritt in das Bauwerk bis zum Verlassen zugrunde gelegt werden. Dies muß nicht immer der kürzeste sein, wie irrtümlich mehrfach in der Literatur zu lesen ist.[93] Optimal bedeutet vielmehr, daß die vom Materialfluß abhängigen Kosten minimiert werden, wobei ausdrücklich die Gebäudekosten (vor allem die Investitionsfolgekosten) *und* die Produktionskosten gemeint sind.[94] Im betriebswirtschaftlichen Schrifttum wird dieser Sachverhalt als Grundsatz der relativ kürzesten Transport- und Verkehrswege umschrieben.[95]

Es ist nicht Aufgabe dieser Arbeit, über Prinzipien der Materialflußgestaltung zu schreiben. Dazu sei auf das vorhandene Schrifttum verwiesen.[96] Jedoch ist es erforderlich, den Zusammenhang zwischen Materialfluß und Industriebauwerk zu erörtern. Ein solcher besteht in zweifacher Hinsicht. So wirkt zunächst die Art des Materialflusses auf die Baugestaltung ein, und zweitens gehen von den verwendeten Transportmitteln hierauf Einflüsse aus. Da die Fördermittel zu den Betriebsmitteln zählen, sollen deren Einflüsse vorerst zurückgestellt und im folgenden Abschnitt behandelt werden.

Die Art des Materialflusses wird in erster Linie durch seine räumliche Grundstruktur festgelegt. Er kann horizontal und/oder vertikal verlaufen. Die Richtung ist entscheidend für die Wahl des Gebäudetyps.[97] Darüber hinaus beeinflußt die Weise, wie der Materialfluß seinen Gang durch die Produktion nimmt, die Gestaltung des Gebäudegrundrisses und des Stützenrasters, die Anordnung der Tore, Türen und Rampen sowie die Aufstellung der Gebäude auf dem Werksgelände.

---

[92] In der Literatur gibt es Hinweise auf in diesem Zusammenhang progressiv steigende Kosten. Vgl. *Scheffler*, M., Einige Beziehungen zwischen Industriebauwerk und Materialfluß, in: Wissenschaftliche Zeitschrift der TU Dresden, Nr. 5, 17. Jg., 1968, S. 1186

[93] Vgl. hierzu *Ferber*, B., Industrieplanung, in: Deutsche Bauzeitschrift, Nr. 9, 100. Jg., 1966, S. 1641; *Nagel/Linke*, Industriebauten, 1969, S. 13

[94] Vgl. *Kastl*, U., Materialflußgerechte Industrieplanung, in: Materialfluß im Betrieb, hrsg. von der VDI-Fachgruppe Materialfluß und Fördertechnik, Band 23, Düsseldorf 1974, S. 15

[95] Vgl. *Hundhausen*, S. 29 ff.; *Mellerowicz*, Industrie, Band I, S. 299

[96] Vgl. über die bereits angeführte Literatur hinaus z.B. *Heiner*, H.-A., Die Rationalisierung des Förderwesens in Industriebetrieben, Berlin 1961; *Jünemann*, R. (Hrsg.), Integrierte Materialflußsysteme, Köln 1988

[97] Vgl. *Kastl*, S. 37

Aus betriebswirtschaftlicher Sicht erweist sich ein in der dritten Dimension erstreckender Materialfluß als sinnvoll, wenn er die Nutzung der Schwerkraft für den Gütertransport gestattet. Sie macht Fördermittel weitgehend überflüssig. Im Idealfall müssen die Stoffe zu Beginn der Fertigung so weit in die Höhe transportiert werden, daß die Länge des bis zum Erdniveau zurückzulegenden Weges ausreicht, alle Fertigungsstationen aufzunehmen, um Rücktransporte vermeiden zu können. Bei Ausnutzung der Schwerkraft gelangen die Güter über Rutschen, Gleitbahnen oder im freien Fall von den oberen Ebenen in die unteren. Voraussetzung hierfür ist aber die Existenz eines mehrgeschossigen Fabrikgebäudes. Üblich sind der senkrechte Materialfluß und entsprechende Industriebauwerke beispielsweise bei der Zuckerherstellung. Dort werden die Zuckerrüben mittels eines Förderbandes auf das höchste Niveau des Produktionsprozesses gebracht, wo sie zunächst gewaschen, nachfolgend auf einer tieferen Ebene zerkleinert und schließlich auf den weiteren nach unten folgenden Höhenstufen der Raffination unterzogen werden, bis auf Bodenniveau die Raffinade anfällt. Die Schwerkraftförderung, durch die Hundhausens Prinzip der schiefen Ebene realisiert wird,[98] findet ferner typischerweise in Mühlenanlagen, Erzwäschen und anderen Betrieben der Schüttgutfertigung Anwendung. Historisch ist sie auch in der Automobilproduktion belegt, wie sich der Autobiographie Henry Fords entnehmen läßt.[99] Der Materialfluß in einem mehrgeschossigen Fabrikgebäude ist schematisch in Abbildung 43 wiedergegeben.

In den Fällen, in denen ein vertikaler Materialfluß wirtschaftlich nicht vorteilhaft ist, besteht ceteris paribus ein Trend zu ebenerdigen Industriebauwerken, weil so gebäudekostenerhöhende Einrichtungen für die vertikale Förderung (Aufzugsanlagen, Treppen etc.) eingespart werden können.[100]

---

[98] Vgl. *Hundhausen*, a.a.O., S. 33 f.
[99] Vgl. *Ford*, H., Mein Leben und Werk, 19. Auflage, Leipzig 1923, S. 93
[100] Vgl. *Henckel*, u.a., S. 137; *Kastl*, S. 38

II. Produktionswirtschaftliche Anforderungen 243

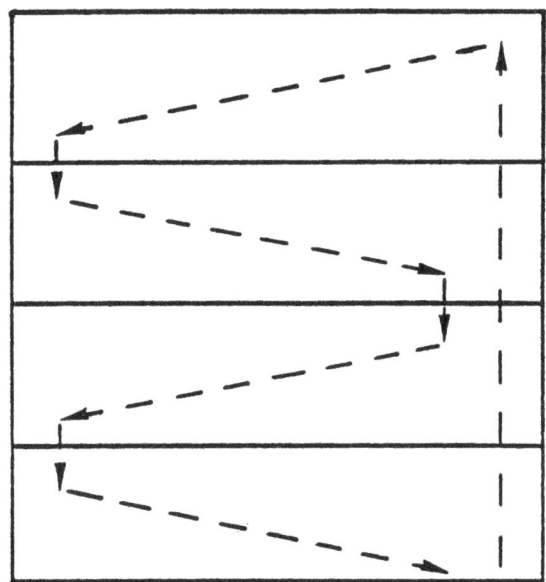

Abb. 43. Schema des Materialflusses in einem Mehrgeschoßgebäude

Quelle: *Fackelmeyer*, S. 16

Sofern der Fertigungsablauf gerichtet ist, können auf horizontaler Ebene grundsätzlich geradlinige, L-förmige, U-förmige und daraus abgeleitete Materialflußformen unterschieden werden,[101] die für sich betrachtet, jeweils verschiedene Grundrißtypen nach sich ziehen.[102] Um keine quantitativen Überkapazitäten aufzubauen - von dem Erfordernis zur Erweiterung abgesehen -, sollte sich die Gebäudeform dem Verlauf des Materialflusses anpassen, so daß entsprechende Grundrisse entstehen, wie die Abbildung 44 zeigt.[103]

---

[101] Vgl. *Kastl*, S. 20
[102] Vgl. *Lahnert*, H., Grundlagen des Industriebaues, Berlin (Ost) 1964, S. 120
[103] Ein Beispiel für einen Industriebau, dessen Grundriß durch den Produktionsablauf dominiert wurde, findet sich bei *Seeler*, S. 69 ff.

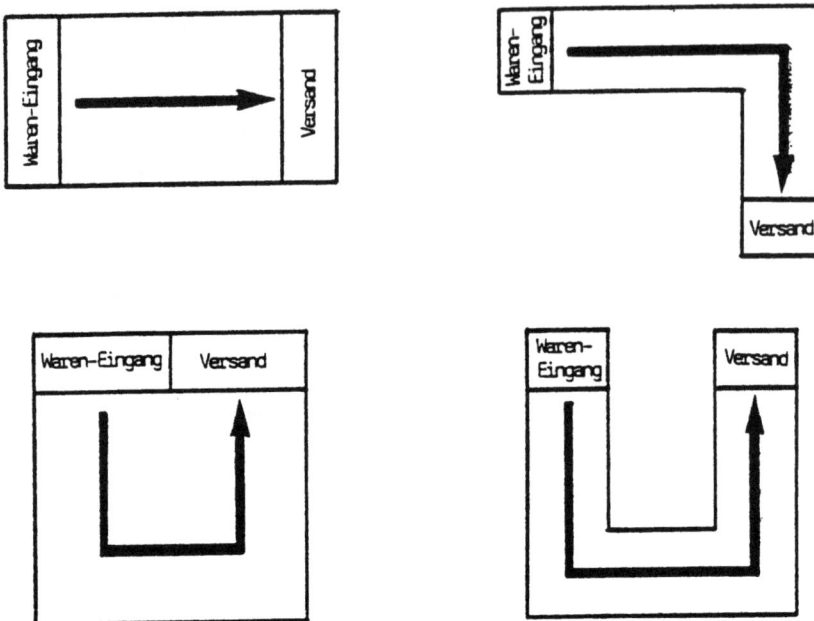

Abb. 44. Zusammenhang zwischen Materialfluß und Gebäudegrundriß

Die Stärke des Zusammenhanges zwischen Bauwerksgestaltung und Materialfluß[104] wird von der zugrundeliegenden Organisationsform der Fertigung beeinflußt. Bei der Fließfertigung ist er am engsten, da die Transportwege für Material und Werkstücke auf längere Zeit feststehen, so daß das Gebäude genau auf den Verlauf des Materialflusses zugeschnitten werden kann. In der Regel ergeben sich langgestreckte, rechteckige Grundrißformen. Die Berücksichtigung der Frequentierung der Transportwege ist hierbei um so wichtiger, je mehr Fertigungsnebenstraßen in den Hauptfluß einmünden, da Rückläufe und Kreuzungen im Materialfluß dann nur bei entsprechender Gestaltung der Baulichkeiten (z.B. durch genügende Längen- oder Breitenausdehnung) vermieden werden können.

Viel loser ist der dargestellte Zusammenhang, wenn die Organisationsform der Werkstattfertigung vorliegt, da hier im allgemeinen kein vorherrschender Materialfluß feststellbar ist. Der Gebäudegrundriß sollte dann

---

[104] Zum Zusammenhang zwischen Materialfluß und Bauwerksform vgl. auch *Beste*, Fertigungswirtschaft, S. 161 f.

II. Produktionswirtschaftliche Anforderungen

möglichst die Form eines Quadrates einnehmen, um die Transportwege gering zu halten. Im Idealfall verlaufen diese Strecken in den Diagonalen, von wo aus Querverbindungen parallel zu den Außenwänden abzweigen.[105] Darüber hinaus erweist sich die quadratische Grundrißform als günstig, weil damit unter wirklichkeitsnahen Umständen eine gegebene Grundfläche mit den geringsten Außenwandflächen umschlossen wird und im Falle der Erweiterung des Gebäudes durch Niederreißen von nur einer Seitenwand und Anbauen eines gleichgroßen Gebäudes ein Bauwerk mit einer Längen-Tiefen-Relation von 2 : 1 entsteht, die die kürzesten innerbetrieblichen Transportwege aller baulichen Lösungen garantiert.[106]

In Fachkreisen wurde eine gewisse Zeit die Möglichkeit diskutiert, Industriegebäude als Rundbauten zu gestalten. Runde Grundrisse sollten dazu beitragen, den Materialfluß zu optimieren, da auf diese Weise nur ein Minimum an Transportwegen bei größtmöglichen Verflechtungen der einzelnen Betriebsbereiche erforderlich sei. Doch gravierende Nachteile (z.B. die fehlende Erweiterungsfähigkeit) verhinderten die Verbreitung solcher Bauformen für industrielle Fertigungsstätten.[107] Die Abbildung 44 zeigt das Schema einer solchen Rundanlage.

Weiterhin beeinflußt der Materialfluß die Gestaltung des Stützenrasters von Industriebauten. Dieses wird definiert durch seine Feldweite (Stützenabstand längs des Bauwerkes) und durch seine Spannweite (Stützenabstand quer zum Bauwerk). Soll der Materialfluß nicht nur in Längs- oder in Querrichtung, sondern in beiden Richtungen gleichermaßen gut verlaufen, empfiehlt es sich, ein quadratisches Stützenraster anzulegen, da in diesem Fall die Stützenabstände in allen Richtungen gleich sind und dadurch der Materialfluß in keiner Richtung stärker behindert wird. Ansonsten ist ein rechteckiges Stützenraster üblich.[108]

Tore und Türen müssen entsprechend dem Verlauf des Materialflusses in die Außen- und Innenwände des Fabrikgebäudes eingebaut werden. Im Falle eines senkrechten Verlaufes sind Deckenöffnungen für die vertikalen Fördermittel vorzusehen. Ausschlaggebend für die Anbringung der Türen ist die Richtung, in der sie geöffnet werden sollen. Dies ist regelmäßig die Richtung der meisten Materialbewegungen.

---

[105] Vgl. *Bezdecka*, S. 40 f.
[106] Vgl. *Bezdecka*, S. 41
[107] Vgl. *Ferber*, S. 1642; *Meyer-Doberenz*, S. 1241 f.
[108] Vgl. hierzu *Meyer-Doberenz*, S. 1240 f.

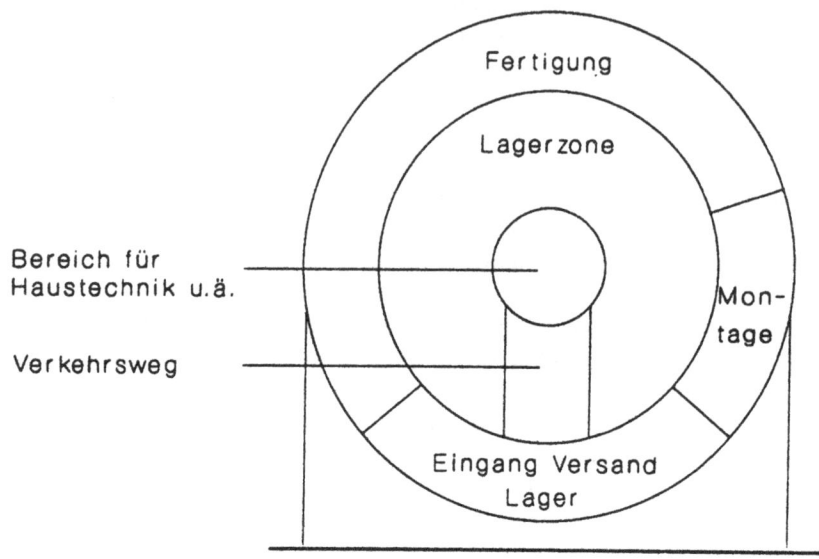

Abb. 45. Schema einer Rundanlage

Quelle: *Ferber*, S. 1642

An der Nahtstelle von Umgebung und Betriebsgebäude, wo die jeweilige Übergabe der Rohmaterialien und der Erzeugnisse stattfindet - der Materialfluß also beginnt oder endet -, sind Rampen am Bauwerk anzubringen, wenn Stückgüter vor allem auf Lastkraftwagen oder Eisenbahnwaggons transportiert werden. Im Falle eines palettierten Warenein- und Warenausganges mit Hilfe von Gabelstaplern erweisen sich Rampen jedoch als hinderlich.[109]

Erstreckt sich die Produktion und somit der Materialfluß über mehrere Gebäude hinweg, sollen diese so angeordnet werden, daß das Prinzip des kürzesten Produktionsweges realisiert werden kann.

---

[109] Vgl. *Bezdecka*, S. 42 ff.

II. Produktionswirtschaftliche Anforderungen

3. Anforderungen der technischen Ausrüstung des Betriebes, insbesondere der Maschinen, der Fördermittel und ihrer technischen Infrastruktur

Die industrielle Leistungserstellung ist durch eine Umwegproduktion höchsten Grades gekennzeichnet, die nicht zuletzt dank des angemessenen Einsatzes technischer Produktions- oder Betriebsmittel die Leistungs- und Konkurrenzfähigkeit von Betrieben gewährleistet. Die Gesamtheit aller vorhandenen technischen Produktionsmittel bildet die technische Betriebsausrüstung. Hierzu zählen unter anderem Werkzeuge, Gebäude, Maschinen, Transportmittel und insbesondere in der Verfahrensindustrie auch die großen Freiluftanlagen, wie z.B. Destillationskolonnen und ähnliche Einrichtungen. Da man diese prozeßtechnischen Anlagen als eigenständige Bauwerke auffassen kann - man bezeichnet sie als Sonderbauten -, sind es vor allem die Maschinen und Transportmittel sowie die zu ihrer Betreibung notwendige technische Infrastruktur, die von den genannten Gegenständen der technischen Betriebsausrüstung den nachhaltigsten Einfluß auf die Gestaltung der Fabrik*gebäude* ausüben, wie nachfolgend im einzelnen gezeigt werden soll.

Maschinen unterteilt man in Kraft- und Arbeitsmaschinen. Jene (z.B. Motoren und Dampfturbinen) dienen der Umwandlung einer bestimmten Energieform in eine andere; diese sind definiert als "mechanisierte und mehr oder weniger automatisierte Fertigungseinrichtungen, die durch relative Bewegungen zwischen Werkzeug und Werkstück eine vorgegebene Form oder Veränderung am Werkstück erzeugen."[110] Sie werden auch als Werkzeugmaschinen bezeichnet. Ihnen gelten in erster Linie die folgenden Ausführungen. Besondere Einflüsse der Kraftmaschinen auf die Baugestaltung werden ausgeklammert, da diese Maschinengattung aufgrund der ausgebauten Netze der öffentlichen Energieversorger eine nachrangige Bedeutung in der Industrie hat. Betriebseigene Kraft*werke*, über die Großunternehmungen verfügen und die deshalb durchaus von praktischer Relevanz sind, erfordern ebenfalls wie die Anlagen der Verfahrensindustrie (Brennöfen, Destillationskolonnen etc.) spezielle, auf diesen einen Zweck abgestellte Bauten und entziehen sich einer allgemeinen Betrachtung, weshalb sie in der vorliegenden Untersuchung keine weitere Beachtung finden.

Wie im Falle der Erzeugnisse sind auch die Abmessungen und das Gewicht der Werkzeugmaschinen, die in das Bauwerk eingegliedert werden sollen, von baugestaltendem Einfluß. Sie sind mitentscheidend für den Platzbedarf der Fertigungsstellen, mithin also für die Größe des Gebäudes

---

[110] DIN 69651 "Werkzeugmaschinen für die Metallbearbeitung", zitiert nach: *Weck*, M., Werkzeugmaschinen, Band 1, Düsseldorf 1988, S. 21

und den Bautyp. Aus technischen Gründen und Kostenüberlegungen heraus können leichte Maschinen in ein- oder mehrgeschossigen Fabrikgebäuden untergebracht werden; schwere Maschinen sollten hingegen nur in ebenerdigen Bauwerken verwendet werden;[111] anderenfalls verstieße die Höhe der Kosten des auf die besonderen Lasten auszulegenden Tragsystems gegen das Wirtschaftlichkeitsprinzip, weil eingeschossige Bauten derartige Maschinen auch ohne besondere, d.h. kostenintensive Verstärkungen des Tragsystems aufnehmen können. Da die Größe der Maschinen positiv mit dem Gewicht korreliert, gilt diese Aussage im Grundsatz auch für die Abmessungen. Denn ab einer bestimmten Größe von Maschinen erweisen sich die vertikalen Verkehrswege im Gebäude als zu klein, um einen Transport zur Auf- oder Umstellung der maschinellen Anlagen bewältigen zu können. Deshalb werden voluminöse Maschinen vorwiegend in eingeschossigen Bauten oder wenigstens in den Erdgeschossen mehrstöckiger Gebäude untergebracht, sofern die Tragkraft der dort befindlichen Kellerdecken ausreicht. Vereinzelt wird dieses Transportproblem auch gelöst, indem in den Außenwänden und Dächern der betreffenden mehrstöckigen Industriegebäude verschließbare Öffnungen vorgesehen werden, durch die im Bedarfsfalle Maschinen und Anlagen ausgetauscht werden können, ohne sie in Einzelteile zerlegen zu müssen. Beispielsweise findet man ein mehrgeschossiges Gebäude mit entsprechenden verschließbaren Außenwandöffnungen in den oberen Etagen im Werk eines Kaffeeherstellers, dessen Röstöfen dort hindurch ausgewechselt werden können.

Die Abmessungen einer Werkzeugmaschine werden definiert durch die Maschinenbreite (Länge der Bedienseite) und durch die Maschinentiefe, die sich senkrecht zur Bedienseite erstreckt, wobei die möglichen Extremstellungen der zum Zwecke der Bearbeitung bewegten Maschinenelemente (z.B. Schlitten) berücksichtigt werden müssen, um Gefährdung von Menschen, Versperrung von Durchgängen und Beschädigung des Gebäudes oder anderer Betriebsmittel zu verhindern. Nicht zur Grundfläche rechnen bewegliche Maschinenteile, die nur zu Wartungszwecken in Extremstellungen verharren.[112] Durch Addition des Flächenbedarfes für den Maschinenbediener, für den An- und Abtransport der Werkstücke, für die produktionsbedingte Lagerfläche, für die Wartung, für die Bereitstellung von Werkzeugen und Verrichtungen sowie für Spänekästen zur Maschinengrundfläche ergibt sich der Gesamtflächenbedarf der Maschine.[113]

---

[111] Vgl. auch *Hölling*, K., Die Berücksichtigung der Fertigungseinflüsse bei der Planung von Industriebauten, insbesondere in der Metallindustrie, Diss., Köln 1949, S. 46 f.
[112] Vgl. *Podolsky*, Flächenkennzahlen, S. 214 f.
[113] Vgl. *Podolsky*, Flächenkennzahlen, S. 207; *Ferber*, B., a.a.O., S. 1643

II. Produktionswirtschaftliche Anforderungen

Die Zusammenfassung von Werkzeugmaschinen mit Paletten- und Werkzeugspeichern, Zu- und Abführbahnen für Werkstükke, Industrierobotern etc. zu einer Fertigungseinheit erhöht den Platzbedarf gegenüber konventionellen Maschinen zum Teil um das Zwei- bis Dreifache. Damit wird unter anderem die Forderung nach einer großen Stützenweite im Industriebau begründet, deren Realisierung die Aufstellung großer Maschinen ermöglicht.[114] Die Disposition der Maschinen im Gebäude steht schließlich - soweit sie nicht schon durch den Verlauf des Materialflusses fest vorgegeben ist - in engstem Zusammenhang zur Form des Gebäudegrundrisses.[115]

Nicht nur die Aufstellung, sondern auch der Einsatz von Maschinen richtet besondere Anforderungen an die Konstruktion von Industriebauten. Denn während des Einsatzes von Maschinen werden nach außen wirkende Kräfte frei, die sich in Form von Schwingungen oder Erschütterungen der Umgebung mitteilen. Zu unterscheiden sind stoßende, aperiodisch auftretende Kräfte (z.B. bei Pressen und Stanzen) und periodische Kräfte, die durch sich in regelmäßiger Zeitfolge bewegende Maschinenteile entstehen (z.B. Kolben- und Tischbewegungen).[116] Diese Erscheinungen können die Produktion beeinträchtigen und Schäden an der technischen Betriebsausrüstung hervorrufen. Neben konstruktiven Maßnahmen an der Maschine selbst müssen daher bauliche Vorkehrungen getroffen werden, die die Schwingungen und Erschütterungen reduzieren oder unschädlich machen.[117] Zur schrittweisen Lösung dieser Problematik ergibt sich gedanklich eine dreistufige Vorgehensweise. Zuerst müssen Maschinen, von denen Störungen der beschriebenen Art ausgehen, vorrangig ebenerdig untergebracht werden. Von Mehrgeschoßbauten ist im Grundsatz abzusehen, weil sie die Schwingungsübertragung in andere Gebäudebereiche begünstigen.[118] Zweitens sind an den Maschinenstandorten Erschütterungsisolierungen zu installieren. Solche Isolierungen können aus elastischen Unterlagen oder aus einem entsprechenden Fußbodenbelag bestehen. Als Materialien eignen sich hierfür z.B. Kork, Gummi und Holz.[119] In der Regel aber werden vom Maschinenhersteller Schwingungsdämpfer - sogenannte Maschinenschuhe - mitgeliefert, auf die die Maschinen gestellt werden. Die Vorkehrungen müssen, um wirkungsvoll zu sein, so bemessen werden, daß der Zwischenkörper

---

[114] Vgl. *Warnecke*, H.-J./*Nuding*, A., Die Fabrik der Zukunft - Automation der Produktion, in: Industriebau, hrsg. von K. Ackermann, Stuttgart 1984, S. 225; *Henckel*, u.a., S. 137; auf den Zusammenhang zwischen Maschinengröße und Säulenstellung verweist schon *Utz*, S. 38

[115] Vgl. auch *Heideck/Leppin*, S. 15

[116] Vgl. *Rockstroh*, W., Maschinen- und Handarbeitsplätze, in: Handbuch Industrieprojektierung, hrsg. von H.-J. Papke, 2. Auflage, Berlin (Ost), 1983, S. 83

[117] Vgl. hierzu auch *Buff*, S. 128 ff. und *Heideck/Leppin*, S. 42 ff.

[118] Vgl. *Hölling*, S. 47

[119] Eine Übersicht ist enthalten in: *Rockstroh*, Maschinen- und Handarbeitsplätze, S. 84

(Maschinenschuh) die Schwingungen aufnehmen kann, ohne sie zu übertragen. Ist dies technisch nicht möglich, müssen die Maschinen (z.B. große Pressen) in einem dritten Schritt eigene Fundamente erhalten, die die Erschütterungen direkt in das Erdreich abgeben, ohne sie über das Gebäudefundament zu leiten. Dadurch wird die Übertragung der Schwingungen auf das Gebäude unterbunden, und Schäden am Bauwerk, wie z.B. Risse, Brüche und Materialermüdungen, sowie Beeinträchtigungen anderer Fertigungsstellen werden verhindert.

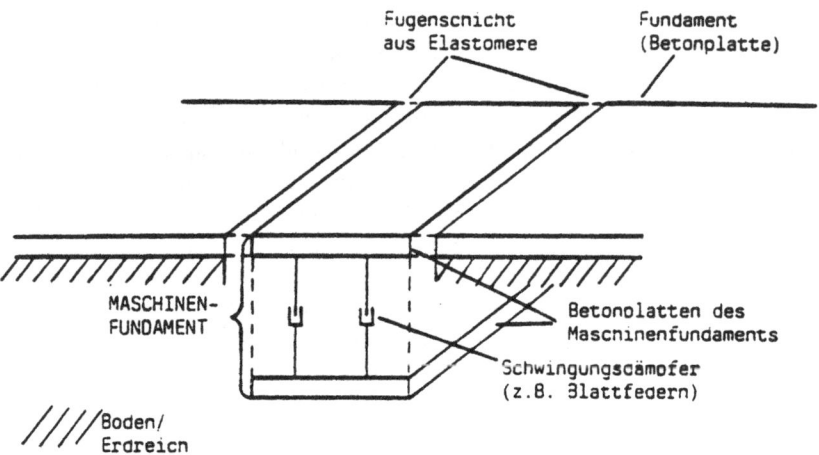

Abb. 46. Konstruktiver Aufbau eines Maschinenfundaments

Die Abbildung 46 verdeutlicht den konstruktiven Aufbau eines Maschinenfundaments, das durch Fugen von der Bauwerksgründung getrennt ist. Lediglich eine Schicht aus Elastomeren, die die horizontal sich ausbreitenden Schwingungen schluckt, stellt die Verbindung zum Gebäudefundament her. Schwingungsdämpfer (z.B. Blattfedern) nehmen die vertikalen Schwingungen auf und reduzieren sie, bevor sie ins Erdreich abgeleitet werden. Nach Möglichkeit sollen Maschinenfundamente tiefer als die Bauwerksgründungen in den Boden reichen, um die Übertragung des Bodenschalls auf das Gebäude zu verhindern. Die Qualität des Baugrundes bestimmt die Art der Fundamentierung. Als Baustoffe kommen grundsätzlich Beton oder Stahlbeton in Betracht, da sie leichter als andere Materialien mit komplizierten Aussparungen für die Maschinenmontage versehen werden können. Darüber hinaus hat Stahlbeton eine hohe Zugfestigkeit, die ihn gegen dynamische Belastungen unempfindlich macht. Das hohe spezifische

II. Produktionswirtschaftliche Anforderungen

Gewicht des Betons bedeutet gegenüber einem gemauerten Maschinenfundament zugleich eine Massenersparnis.

Um die Kosten für die Maschinenfundamente gering zu halten, empfiehlt sich gleichfalls eine Aufstellung der Maschinen im Erdgeschoß. Bautechnisch ist es jedoch möglich und in manchen Fällen zwingend notwendig, Maschinen mit eigener Gründung auch in oberen Geschossen unterzubringen. So befindet sich beispielsweise die Kesselspeisepumpe in einem der oberen Stockwerke des sogenannten Versorgungsturmes eines Großkraftwerkes. Sie wird von einer Plattform gehalten, die auf den ersten Blick Bestandteil des Gebäudes, tatsächlich von ihm aber vollkommen losgelöst ist, so daß keine Schwingungen übertragen werden können. Über die Konstruktion der Plattform ist die Kesselspeisepumpe mit einem eigenen Fundament verbunden.

Anders als zu Zeiten, in denen Maschinen über Transmissionsriemen angetrieben wurden, spielt der heutige Einzelantrieb bei der Baugestaltung keine entscheidende Rolle. Da die Energiezuführung an jeder beliebigen Stelle erfolgen kann, sind die Maschinen nicht ortsgebunden. Um diesen Vorteil ausnutzen zu können, müssen in den in Frage kommenden Produktionsräumen überall die gleiche Tragkraft und eine gleichmäßige Säulenstellung vorgesehen werden. Eine Zusammenfassung ortsfester Maschinen mit der notwendigen Konsequenz einer erhöhten Bodentragfähigkeit an den Maschinenstandorten erübrigt sich.[120] In den Fabrikgebäuden sind Anschlüsse für elektrische, pneumatische und hydraulische Energie sowie für Kühlmittel einzuplanen. Die Zuführung muß so erfolgen, daß weder die Maschinenaufstellung und -bedienung noch die Verkehrswege behindert werden. Eine Zuführung in einem doppelten Boden, die sich im Falle von Bürogebäuden als vorteilhaft erweist,[121] scheidet in den meisten Industriebauten aus, da dessen Tragfähigkeit für Maschinen in der Regel nicht ausreicht, so daß die Leitungen üblicherweise von der Decke kommend herangeführt werden.

Je mehr Automatisierung und Automation[122] in den Betrieben fortschreiten, desto mehr rücken bei der Gestaltung von Industriebauten neue Anforderungen der technischen Betriebseinrichtung in den Mittelpunkt der Über-

---

[120] Zu den baulichen Folgen des Riemenantriebs vgl. *Hölling*, S. 137 ff.; vgl. ferner *Seeler*, S. 33

[121] Vgl. *Praetorius*, R., Intelligente Gebäude - Kästen mit Köpfchen, in: Wirtschaftswoche-Special-Supplement, Nr. 6/88 vom 21.10.1988, S. 57

[122] Unter Automatisierung wird die Übertragung von Ausführung, Steuerung und Kontrolle von Arbeitsprozessen auf Aggregate verstanden. Automation ist die Verkettung automatisierter Aggregate. Vgl. *Drumm*, H.J., Automatisierung und Mechanisierung, in: Handwörterbuch der Produktionswirtschaft, hrsg. von W. Kern, Stuttgart 1979, Sp. 286

legungen. Die Weiterentwicklung mikroelektronischer Bauteile und höhere Rechnergeschwindigkeiten erlauben den Einsatz flexibel programmierbarer Automaten. Der unbemannte Betrieb von Einzelmaschinen und von Werkstattbereichen ist bereits Realität;[123] als Fluchtpunkt der Entwicklung flexibler Fertigungs- und Montagesysteme, fahrerloser Transportsysteme und computerunterstützter Techniken (CAD, CAE, CAM etc.) wird die automatische, rechnergesteuerte und verkettete Fließfertigung gesehen; ob die Fabrik der Zukunft mit einem Minimum an menschlichen Eingriffen auskommen wird oder ob gerade der Mensch in der industriellen Fertigung an Bedeutung gewinnt, sei für die Zwecke dieser Untersuchung dahingestellt.[124] Mit Sicherheit wird sich der beschriebene hohe Automatisierungsgrad nicht in allen Betrieben verwirklichen lassen. Er läßt aber erahnen, daß der Veränderung der Produktionstechnik[125] neue technische Anforderungen an Industriebauten folgen werden.

Auf den vergleichsweise größeren Platzbedarf automatisierter Einzelmaschinen wurde bereits hingewiesen.[126] Im Zuge der Automation des Betriebes, also der Verkettung automatisierter Maschinen, erweitert sich das Bearbeitungsspektrum bei geringerer Anzahl von Maschinen, so daß kein eindeutiges Urteil über den Flächenbedarf solcher Produktionen zu fällen ist.[127] Auf alle Fälle ist auf ein großes Stützenraster zu achten, um unnötige Transportumwege aufgrund ungünstiger Säulenstellung zu vermeiden. Denn die automatische Förderung von Werkstücken zwischen zwei miteinander verketteten Fertigungseinrichtungen ist technisch aufwendiger, wenn der Transportweg Kurven beschreibt. Da automatisierte Einzelmaschinen nicht nur größere Grundflächen einnehmen, sondern durch Hinzufügen von Werkstück- und Werkzeugspeichern auch höher werden, steigen tendenziell auch die Stockwerkshöhen.

---

[123] Vgl. *Warnecke/Nuding*, S. 222

[124] Wie unterschiedlich die Meinungen zu dieser Entwicklung sind, zeigen beispielhaft folgende Literaturbeiträge: *Karsten*, G., Industriebau - Logistik und Automation, in: Zentralblatt für Industriebau, Nr. 6, 31. Jg., 1985, S. 446; *Karsten*, G., Die Fabrikhalle muß als Produktionsmittel wie eine Maschine sicher "funktionieren", in: Handelsblatt, Nr. 124 vom 03.07.1985, S. 17; *Karsten*, G., Industriearchitektur: Phönix aus der Asche, CIM und die Folgen für Menschen und Industriebau, in: VDI-Zeitung, Nr. 8, 131. Jg., 1989, S. 13 ff.; *Kanitz*, D./*Stemmer*, G., Baukonzepte für hochautomatisierte Produktionssysteme, in: f + h - fördern und heben, Nr. 4, 36. Jg., 1986, S. 223 f.

[125] Vgl. hierzu auch *Warnecke*, H.-J., Entwicklungen in der Produktion - Fertigungs- und Transporttechnik, in: Industriebau vor Ort, Symposion 13. - 15. Juli 1987, hrsg. vom Kulturkreis im Bundesverband der Deutschen Industrie e.V., 2. Auflage, Köln 1990, S. 37 ff.

[126] Vgl. S. 249 dieser Arbeit.

[127] Vgl. *Nuding*, A., Das Rückgrat stärken - Zukunftstrends im Industriebau, in: Industriebau, Nr. 6, 36. Jg., 1990, S. 432

II. Produktionswirtschaftliche Anforderungen

Wichtig für die Gestaltung von Fabrikgebäuden ist die Tatsache, daß automatische Handhabungsgeräte einen räumlich exakt definierten Arbeitsbereich haben. Der Einsatz von Industrierobotern beispielsweise kann aufgrund von Gebäudeschwingungen, baukonstruktiven Trennungen (Dehnungsfugen) und starken elastischen Bauwerksverformungen beeinträchtigt werden, wenn Definitions- und Arbeitsbereich nicht mehr übereinstimmen. Durch geeignete Baumaßnahmen müssen derartige Beeinträchtigungen ausgeschlossen werden.[128]

Vor dem Hintergrund der Automation, die stets auch in Verbindung mit der informationstechnischen Durchdringung des Fertigungsbereiches zu sehen ist, wird für den Aufbau eines Fabrikgebäudes ein zentrales Ordnungsprinzip diskutiert, das Spine-Konzept genannt wird.[129] Spine, zu deutsch Rückgrat, ist der Bereich eines Fabrikgebäudes, in dem im wesentlichen der Material-, Personen-, Informations- und Medienfluß abgewickelt werden und der sämtliche Kernbereiche eines Industriebaues aufnimmt, wie z.B. Sozialräume, Toiletten, Aufzüge, Treppenhäuser und Räume der Gebäudetechnik. Dieser Gebäudeteil gleicht einer zentralen Ader, an die ein- oder beidseitig die Räume des Fertigungsbereiches angeschlossen werden, die nach Bedarf erweitert werden können. Die Abbildung 47 verdeutlicht diesen Sachverhalt.

Für die Integration informationstechnischer Komponenten in das Bauwerk soll sich dieses Konzept als vorteilhaft erweisen, weil Datenflüsse und Netzwerkstrukturen transparent gemacht werden können. Die räumlichen und physischen Voraussetzungen für die informationstechnische Durchdringung entsprechen nach Ansicht der Befürworter des Spine-Konzeptes der Logik, die für CIM-Konzepte gefordert wird.[130]

Die Entwicklung der Informations- und Kommunikationstechnik beschränkt sich keineswegs auf den Produktionsbereich, sondern macht sich auch in der Gebäudetechnik bemerkbar. Eine moderne informationstechnische Infrastruktur muß heute bei jedem Neubau berücksichtigt werden. Ziel ist es, Betriebsgebäude mit universellen Kommunikationseinrichtungen auszustatten. Für Bauwerke, die diesen Anforderungen gerecht werden, wurde das Schlagwort "Intelligente Gebäude" geprägt. Es handelt sich um Gebäude, die ihren Nutzern eine funktionsfähige Kommunikations- und Haustechnik bieten, so daß Daten, Sprache und Bilder sich schnell und weltweit übermitteln lassen. Derartige Bauwerke enthalten Hardware für Empfang, Sendung und Verarbeitung von Signalen, wie Stimme, Daten und Bild, und für

---

[128] Vgl. *Nuding*, S. 432 f.
[129] Vgl. *Nuding*. S. 433; *Warnecke/Nuding*, S. 225
[130] Vgl. *Nuding*, S. 433

254 D. Gestaltungsgrundsätze

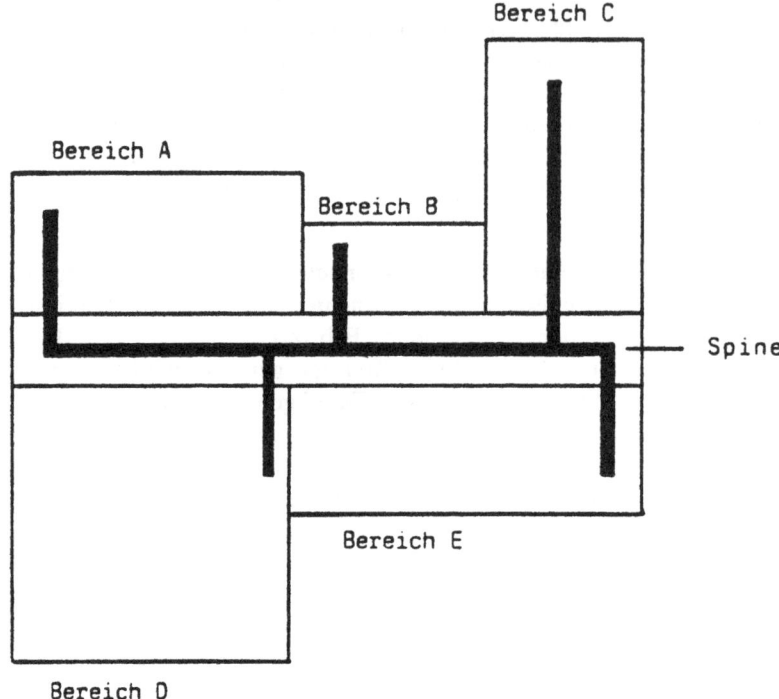

Abb. 47. Zuschnitt eines Fabrikgebäudes nach dem Spine-Konzept

Quelle: *Nuding*, S. 434

Energieanschlüsse.[131] Aus bereits bestehenden "intelligenten Gebäuden" lassen sich diesbezüglich unter anderem folgende vier Charakteristika ableiten:[132]

(1) Einbindung von elektronischen Feuerwarn-, Energiemanagement- und Sicherheitssystemen in die Gebäudetechnik;
(2) leicht zugängliche Verbindung der vertikalen und horizontalen Verkabelung mit dem Gebäudetragwerk;

---

[131] Vgl. *Hartkopf*, V., Japan führt als einziges Land national wie global orientierte Untersuchungen durch, in: Handelsblatt, Nr. 68 vom 07./08.04.1989, S. 35

[132] Vgl. *Hartkopf*, V., Ein regelrechter Wettlauf um den fortschrittlichsten Bau, in: Handelsblatt, Nr. 73 vom 14./15.04.1989, S. 33

II. Produktionswirtschaftliche Anforderungen

(3) Verbindung des Gebäudes mit einem weltweiten Kommunikationssystem;
(4) Einrichtung von Klimaanlagen mit möglichst kleinen raumklimatischen Bereichen zur Regelung durch die Nutzer.

Ob und inwieweit diese Merkmale tatsächlich *neue* Anforderungen und Kennzeichen von Gebäuden sind, die erst aufgrund des derzeitigen informations- und kommunikationstechnischen Fortschritts entstehen, darf bezweifelt werden. Der Verdacht liegt nahe, daß mit der Bezeichnung "intelligente Gebäude" altbekannte Sachverhalte in vermeintlich wohlklingende Schlagworte verpackt werden. Denn keines der Kennzeichen von "intelligenten Gebäuden" - weder die Einbindung von Kommunikations- und Sicherheitssystemen noch die dezentralen Klimaanlagen noch die sonstigen Punkte - ist ein Merkmal, das ein "nicht-intelligentes" Bauwerk nicht ebenfalls aufweisen könnte. Allein die Tatsache, daß die Technik zur Datenübertragung sich geändert hat, gestattet es nach Ansicht des Verfassers zumindest so lange nicht, von neuartigen Gebäuden zu sprechen, wie diese keine Auswirkungen auf die Baukonstruktion oder Gebäudeform zeigt. Besser wäre es in diesem Zusammenhang, die Veränderung der *gebäudetechnischen Infrastruktur* im Zuge der Weiterentwicklung von Informations- und Kommunikationstechniken hervorzuheben.

Beispielsweise müssen die Trassen für elektrische Leitungen mit dem Wandel der Produktionstechnik von der Elektromechanik über die Elektronik hin zur Mikroelektronik und mit der Ausstattung von Industriebauten mit informationstechnischen Systemen verstärkt werden, weil mit dieser Entwicklung der Verbrauch von elektrischer Energie in den Fabriken mit hohen Zuwachsraten steigt. So wurden ein annähernd dreifacher Leistungsbedarf (Watt pro Quadratmeter Fertigungsfläche) und Energieverbrauch (Kilowattstunden pro Quadratmeter Fertigungsfläche und Jahr) bei Einsatz modernster Mikroelektronik gegenüber traditioneller Technik im Fertigungsbereich ermittelt.[133] Allein der Leistungsbedarf von Rechnersystemen zur Prozeßsteuerung in Höhe von 15 bis 50 kW oder eines mittleren Hochregallagers mit vier Regalförderzeugen in Höhe von über 200 kW ist nicht außergewöhnlich.[134] Für derartige Anforderungen müssen die Leitungstrassen ausgelegt werden, deren Endausbaugrenze bei der Bauplanung aus Kostengründen bereits Berücksichtigung finden sollte.

---

[133] Vgl. *Klingan*, F., Produktionsstätten und Automation, in: Industriebau vor Ort, hrsg. vom Kulturkreis im Bundesverband der Deutschen Industrie e.V., Symposion 13. - 15. Juli 1987, 2. Auflage, Köln 1990, S. 66 ff.
[134] Vgl. *Warnecke*, S. 45

Die Leitungen, durch die die Elektronenrechner untereinander verbunden sind, werden in Bürogebäuden und Bauwerken der Leichtindustrie vorwiegend in den Fußböden und - wo dies wegen einer größeren Bodenbelastung nicht möglich ist - in den Raumdecken oder im Inneren hohler Stützen verlegt. Sowohl bei der ursprünglichen Installation als auch bei einer späteren Veränderung erweisen sich diese Arten der Kabelführungen als problematisch. Bereits die räumliche Umstellung *eines* vernetzten Computers kann - wie Untersuchungen zeigen - je nach Alter und Konstruktion des Bauwerkes mehrere tausend Deutsche Mark kosten, wenn Fußböden beispielsweise höher oder Decken niedriger gelegt werden müssen. Amerikanische Unternehmungen haben neuerdings Geräte entwickelt, mit deren Hilfe eine drahtlose Übermittlung von Daten zwischen Computern ermöglicht wird. Diese Apparate können ungefähr 15 Millionen Bits pro Sekunde übertragen und sollen künftig Kabelverbindungen im Nahbereich ersetzen. Sie bedienen sich stattdessen ultrahochfrequenter Radio- oder Mikrowellen, die Türen, dünne Wände und menschliche Körper durchdringen können.[135] Sofern sich diese Technik durchsetzt, muß in baugestalterischer Hinsicht sichergestellt sein, daß die Datenübertragung nicht durch die Gebäudekonstruktion (z.B. durch bestimmte Baustoffe oder Wandstärken) behindert wird.

Neben den Maschinen und ihrer technischen Infrastruktur stehen vor allem die Fördermittel und die baulichen Verhältnisse in einer wechselseitigen Beziehung. Unter Fördermitteln sind alle technischen Einrichtungen zu verstehen, die der Ortsveränderung von Gütern aktiv dienen.[136] Man unterscheidet Stetigförderer, Hebezeuge, Flurförderzeuge und Aufzüge.[137] Eine detaillierte Übersicht über die Fördermittel enthält die Abbildung 48.

Der Einfluß der Fördermittel erstreckt sich auf Gebäudeform, Gebäudegröße und Gebäudebeschaffenheit,[138] wobei die Fördermittel, die eine Trennung der Transport- von der Produktionsebene erlauben (Überflurtransport), sich vor allem auf die Bauwerkshöhe und die statische Auslegung der Tragkonstruktion auswirken. So sind bei Installation eines Laufkrans[139]

---

[135] Vgl. o.V., Drahtloser Datentransport - Ende des Kabelgewirrs, in: Welt am Sonntag vom 02.12.1990, S.40. Voraussetzung für die Anwendung dieser Technik ist, daß hierin keine Gesundheitsrisiken bestehen.

[136] Vgl. *Heiner*, H.-A., Fördereinrichtungen, in: Handwörterbuch der Produktionswirtschaft, hrsg. von W. Kern, Stuttgart 1979, Sp. 621

[137] Vgl. *Kettner/Schmidt/Greim*, S. 177; *Heiner* differenziert zwischen schienengebundenen und -ungebundenen Fördermitteln; vgl. *Heiner*, Fördereinrichtungen, Sp. 622

[138] Vgl. hierzu und zu den folgenden Ausführungen insbesondere auch *Fackelmeyer*, S. 30 ff.

[139] In DIN 15001 "Krane - Benennungen der Bauarten" sind die verschiedenen Kranarten festgelegt, vgl. DIN 15001, zitiert nach *Fackelmeyer*, S. 188

Förder-prinzip	Fördermittelart		Fördermittel
stetig	Stetigförderer		Wandertische
Rollenbahnen
Röllchenbahnen
Scheibenrollenbahnen
Gurtförderer
Stapelförderer
Kreisförderer
Unterflurförderanlagen
Kettenförderer
Rutschen
Wendelrutschen
Wendelförderer
Becherwerke
unstetig	Hebezeuge		Brückenkrane
Hängekrane
Fahrzeugkrane
Drehkrane
Portalkrane
Laufkrane
Stapelkrane
	Flurförderzeuge	gleislos	Hubwagen
Schlepper
Stapler
Kommissionierfahrzeuge
		spurgeführt	induktiv gesteuerte Transport-systeme
Unterflur-Schleppkettenförderer
		gleisgebunden	Plattformwagen
Lokomobile
Kipploren
Regalförderzeuge
(schienengebunden)
	Aufzüge		Personenaufzüge
Lastenaufzüge
Fahrtreppen

Abb. 48. Übersicht über die Fördermittel

Quelle: *Kettner/Schmidt/Greim*, S. 177

die Gebäudestützen für die Aufnahme der zusätzlichen Last auszulegen, die sich aus dem Eigengewicht des Krans und des Fördergutes ergibt. Ferner müssen die Stützenkonsolen den Einbau der Kranlaufbahnen gestatten (Abbildung 49, rechts). Bei schweren Lasten und zur Vermeidung der Übertragung von Schwingungen auf das Gebäude, die während des Transportes entstehen, erhalten Krananlagen eigene, vom Bauwerk unabhängige Stützkonstruktionen (Abbildung 49, links). Die bei der Verwendung eines Hängekrans entstehenden Lasten hingegen müssen zusätzlich von der Deckenkonstruktion des Fabrikgebäudes aufgenommen und übertragen werden, die entsprechend zu gestalten ist (Abbildung 49, Mitte).

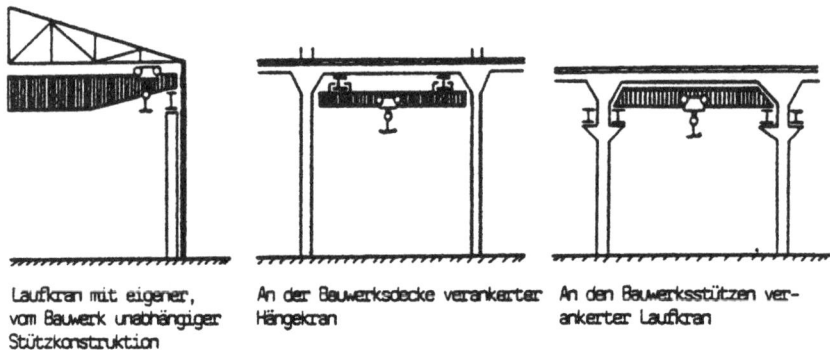

Abb. 49. Möglichkeiten der Verankerung von Kranen

Quelle: *Buff*, S. 17

Schließlich bestimmt die Höhenlage der Kranlaufbahn die Bauwerkshöhe. Der Kran muß so installiert werden, daß auch die größten in Frage kommenden Güter weit genug über dem Boden transportiert werden können. Die Raumhöhe ergibt sich aus der gewünschten Hubhöhe, der Bauhöhe des Krans und dem Sicherheitsabstand zwischen Kranträgerlaufbühne und den darüber befindlichen festen Gebäudeteilen (z.B. Rohrleitungen, Decke) sowie den höchsten bewegten Kran- und den festen Gebäudeteilen. Genauere Bestimmungen hierzu sind in den Unfallverhütungsvorschriften der gewerblichen Berufsgenossenschaften "Brückenkrane" enthalten.

Fördermittel, die eine Trennung der Produktions- und Transportebene nicht zulassen, wirken sich auch auf die Baustatik, insbesondere aber auf den Flächenbedarf für die Verkehrswege im Gebäude aus. Hierzu gehören alle Flurfördermittel. Ungenügende Deckentragfähigkeit verhindert den

II. Produktionswirtschaftliche Anforderungen

Einsatz von schweren Gabelstaplern. Stockwerksbauten erlauben den Einsatz dieses Fördermittels nur dann, wenn die Tragfähigkeit der Geschoßdecken mindestens 2 t/m^2 beträgt.[140] Wichtig ist in diesem Zusammenhang, die Belastung der Geschoßdecken durch die dort aufgestellten Aggregate zu beachten, weil die Vollausnutzung der Dekkentragfähigkeit durch die Maschinen die Sperrung dieser Gebäudebereiche für den Förderverkehr bewirken würde.[141] Die Raumhöhe bemißt sich nach der maximalen Hubhöhe des Staplers bis zur Oberkante der Last zuzüglich eines Sicherheitsabstandes, weshalb dem Einsatz von großen Gabelstaplern in oberen Stockwerken ebenfalls Grenzen gesetzt sind.[142]

Bevorzugtes Fördermittel in mehrstöckigen Gebäuden ist der Aufzug, für dessen Fahrschacht innerhalb des Gebäudes genügend Raum ausgespart werden muß. Hierbei besteht die Gefahr, daß dadurch zusammengehörige Flächen getrennt werden. Im Falle von Produktionsumstellungen sind die Aufzugsanlagen als unveränderliche Kernpunkte zu beachten und schränken die Anpassungsfähigkeit des Bauwerkes ein. Aus diesen Gründen ist es besser, Aufzugsanlagen am Gebäude außen anliegend zu installieren, um eine Aufteilung der Gebäudefläche in Kernbereiche und Nutzflächen weitgehend zu vermeiden. Versuche, vertikale Transportvorgänge mittels automatischer Flurfördermittel (fahrerloser Transportsysteme) ähnlich wie in einem Parkhaus über schiefe Ebenen durchzuführen, waren nicht erfolgreich.[143] In jüngerer Vergangenheit wurden unter anderem deshalb Ansätze diskutiert, wie Geschoßbauten mit automatisierter Transporttechnik ausgestattet werden können. Ein Denkansatz, der von einem führenden Hersteller von Transportmitteln hinsichtlich der technischen Machbarkeit positiv aufgenommen wurde, ist die Abwicklung des vertikalen Transports zwischen den Geschoßebenen mit Hilfe von elektronisch programmierten Schnelläufern, die außerhalb des Bauwerkes entlang der Längswand ihren eigenen Bewegungsraum haben. Von diesen Fördereinrichtungen wird der Transport zwischen den Ebenen und die Übergabe des Transportgutes von einem Geschoß zum anderen übernommen. Das Außenfördermittel kann, wie aus Abbildung 50 ersichtlich ist, nach der Technik von Regalbediengeräten auf dem Boden eines oberen Stockwerkes und einer Zwischenplattform des darunterliegenden Geschosses Paletten aufnehmen und absetzen.[144]

---

[140] Vgl. *Knocke*, S. 354
[141] Vgl. *Bezdecka*, S. 42
[142] Vgl. *Fackelmeyer*, S. 32
[143] Vgl. *Knocke*, a.a.O., S. 354
[144] Vgl. *Fischer*, G., Industriebau und Automationstechnik, in: Industriebau, Nr.3, 34. Jg., 1988, S. 175 f.

260   D. Gestaltungsgrundsätze

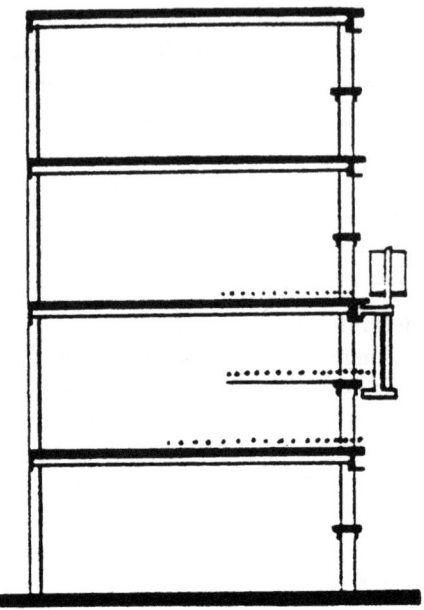

Abb. 50. Beispiel für ein Außenfördermittel

Quelle: *Fischer*, Industriebau, S. 175

4. Anforderungen aufgrund potentieller Veränderungen im Produktionsbereich

In den vorangegangenen Abschnitten wurden Anforderungen an Industriebauten untersucht, die sich durch die Existenz bestimmter Merkmale im Produktionsbereich eines Industriebetriebes ergaben. Im Mittelpunkt der Ausführungen standen insbesondere die baugestaltenden Einflüsse des Produktionssortimentes, des Materialflusses sowie der Produktions- und Fördertechnik. Es wurde darauf Wert gelegt, im Rahmen von Wenn-Dann-Aussagen die Interdependenzen zwischen einer *bestimmten* Merkmalsausprägung und der entsprechenden Baugestaltung zu erläutern. Diesen Ausführungen lag gleichsam eine statische Betrachtungsweise zugrunde. Der Produktionsbereich unterliegt aber im Zeitablauf Veränderungen. Deshalb soll nun der dynamische Aspekt in die Analyse einbezogen werden, um so die

II. Produktionswirtschaftliche Anforderungen

Folgen der Antizipation potentieller *Veränderungen* im Produktionsbereich für die Gestaltung von Industriebauten zu ermitteln.

Industriebauten gehören zu den unbeweglichsten betrieblichen Gegenständen überhaupt. Durchschnittlich kann für ein Industriebauwerk eine Lebensdauer von 50 bis 80 Jahren veranschlagt werden. In dieser Zeitspanne unterliegt der Produktionsprozeß einem mehrfachen Änderungsrhythmus.[145] So kann sich ein Industriebetrieb der technischen Entwicklung, veränderten Produktionsmethoden und wechselnden Bedürfnissen nicht verschließen und muß Maschinen, deren Anordnung im Betrieb, Produktionsverfahren etc. den geänderten Erfordernissen anpassen.[146] Anderenfalls droht ihm das Ausscheiden aus dem Markt. Ein großer deutscher Elektro- und Elektronikkonzern beispielsweise erzielt die Hälfte seines Umsatzes mit Produkten, die nicht älter als fünf Jahre sind. Die durchschnittliche Lebensdauer der Erzeugnisse, die um die Jahrhundertwende noch zehn bis dreißig Jahre betrug, verkürzt sich heute auf drei bis fünf Jahre. War früher die Umstellung der Fertigung die Ausnahme, so ist heute der Änderungsprozeß zu einem festen Bestandteil der betrieblichen Planungen geworden.[147] Aufgrund der Langlebigkeit und Immobilität von Industriebauten sind bautechnische Entscheidungen langfristig wirksam. Höchstens in der Zeit der Planung und zu Beginn der Errichtung der Gebäude ist es möglich, das Bauwerk den betrieblichen Erfordernissen anzupassen. In manchen Fällen aber stehen noch nicht einmal dann genaue Angaben über die Einrichtung des Fabrikgebäudes und das spätere Produktionsgeschehen zur Verfügung. Denn mit zunehmender Automatisierung verändern sich die Zeiträume bis zur Inbetriebnahme eines Bauwerkes. Während die Errichtung des Gebäudes ein bis zwei Jahre in Anspruch nimmt, können sich die Realisierungszeiträume für automatische Fertigungs-, Produktionsplanungs- und Produktionssteuerungssysteme auf sechs und mehr Jahre erstrecken, so daß bei frühzeitigem Abschluß der Bauplanung die endgültigen Anforderungen an das Bauwerk noch nicht bekannt sind.[148] Nach Realisierung des Bauvorhabens setzt das Fabrikgebäude der Gestaltung der Produktion - z.B. dem Materialfluß, der Auswahl und Anordnung von Maschinen und Fördermitteln, aber auch dem Produktionssortiment - endgültige Rahmenbedingungen. Um die negativen Auswirkungen dieser Restriktionen bei späteren Änderungen des Produktionsgeschehens so gering wie möglich zu halten, genießt

---

[145] Vgl. *Scheffler*, S. 1190
[146] Vgl. hierzu auch *Maier*, K., Die Flexibilität betrieblicher Leistungsprozesse, Diss., Mannheim, zugleich Thun, Frankfurt/M. 1982, S. 1
[147] Vgl. *Knocke*, S. 354; *Klingan*, Automation, S. 63
[148] Vgl. *Klingan*, Automation, S. 64

unter Betriebswirten, Fabrikplanern und unter Baufachleuten die Erfüllung der Forderung nach flexibler Baugestaltung höchste Priorität.[149]

Eine flexible Bauweise läßt sich durch zwei Merkmale kennzeichnen. Das Bauwerk muß sich erstens von der augenblicklichen Zweckerfüllung lösen und neuen technischen Entwicklungen und sonstigen Erfordernissen geeigneten Raum gewähren.[150] In diesem Sinne kann man flexibel als nutzungsoffen oder nutzungsunabhängig verstehen. Das zweite Merkmal der Flexibilität ist die dem allgemeinen Wortsinn entsprechende Anpassungsfähigkeit des Gebäudes an veränderte Situationen. Es muß also leicht und schnell umgebaut werden können. Dieses Kennzeichen schließt die Erfüllung der Forderung nach Erweiterungsfähigkeit des Bauwerkes ein. Unter dem Gesichtspunkt der Flexibilität können zwei Grenzfälle definiert werden: das *Einzweckgebäude*, in dem Bauwerk und Produktionseinrichtungen ohne Spielraum für eine Anpassung an neue Aufgaben verschmelzen, und das *Mehrzweckgebäude* mit weitgehender Trennung von Bauwerk und Fertigungs- sowie Fördereinrichtungen.[151]

Das Maß für die Flexibilität des Produktionsapparates im allgemeinen wie der Industriebauten im besonderen sind die Kosten, die bei der Anpassung entstehen. Eine mit entsprechenden Kosten realisierte hohe Flexibilität bewirkt niedrige Kosten der Anpassung an veränderte Situationen und umgekehrt.[152] In dem obengenannten ersten Grenzfall sind alle Änderungen mit Umbaumaßnahmen und demzufolge hohen Kosten verbunden. In wirtschaftlicher Hinsicht ist die ideale Nutzung eines derartigen Industriebaues so lange gegeben, wie die ursprünglichen Produktionsgegebenheiten, die der Planung und Errichtung zugrunde lagen, sich nicht ändern. Im zweiten Grenzfall wird der wirtschaftliche Idealzustand nie erreicht, Änderungen des Produktionsgeschehens und daraus resultierende Anpassungsmaßnahmen verursachen hingegen keine hohen Kosten, weil das Bauwerk nutzungs-

---

[149] Vgl. *Fäßler*, K./*Reichwald*, R., Fertigungswirtschaft, in: Industriebetriebslehre, hrsg. von E. Heinen, 1. Auflage, Wiesbaden 1972, S. 252; *Henckel*, u.a., S. 136; *Henn*, W., Unterschiedliche Einflüsse auf die Planung von Industriebauten in den USA und Europa, in: Zentralblatt für Industriebau, Nr. 12, 20. Jg., 1974, S. 451; *Jong*, H. *de/Karsten*, G., Fabrik der Zukunft: Das hohe C ist nicht das einzige Vitamin für gesunde Entwicklung, in: Handelsblatt, Nr. 66 vom 05.04.1989, S. B 8; *Kraemer*, F.W., Bauten der Wirtschaft und Verwaltung, in: Handbuch der modernen Architektur, Berlin 1957, S. 398; *Mellerowicz*, Industrie, Band I, S. 377; *Schmidt*, K. S. 174; *Schmidt*, D., Industrie- und Gewerbebau: Keinen häßlichen Klotz auf die "grüne Wiese" setzen, in: Handelsblatt, Nr. 127 vom 05.07. 1989, S. 20

[150] Vgl. *Henn*, Einflüsse, S. 451

[151] Vgl. *Scheffler*, S. 1190

[152] Vgl. *Altrogge*, G., Flexibilität der Produktion, in: Handwörterbuch der Produktionswirtschaft, hrsg. von W. Kern, Stuttgart 1979, Sp. 609

II. Produktionswirtschaftliche Anforderungen

unabhängig konstruiert ist und Umbauten auf ein Minimum beschränkt werden können.[153]

Der Grad der zu fordernden Flexibilität eines Industriebauwerkes richtet sich nach der Variationstendenz der Produktion und der Erzeugnisse. Es werden diesbezüglich drei Kategorien unterschieden:[154]

(1) Unveränderliche Produktion unveränderlicher Erzeugnisse, wie z.B. in Zuckerfabriken und in Sägewerken. Die Fertigung unterliegt in diesem Fall nur den Einflüssen der technischen Entwicklung. Der Prototyp für derartige Situationen ist das Einzweckgebäude.

(2) Unveränderliche Produktion veränderlicher Erzeugnisse, wie z.B. in Möbel- und Automobilfabriken. Hier bewirken zusätzlich Markteinflüsse Änderungen im Produktionsgeschehen. Das Gebäude muß eine höhere Flexibilität als im ersten Fall aufweisen.

(3) Veränderliche Produktion veränderlicher Erzeugnisse, wie z.B. in vielen Fällen der Einzelfertigung. Ständig wechselnde Produktionsverfahren und Erzeugnisse erfordern ein sehr flexibles Mehrzweckgebäude.

Flexibilität wird bei der Errichtung von Industriebauten durch die nachstehend genannten konstruktiven Maßnahmen erzielt: Der Grundriß des Gebäudes muß variabel gestaltet sein, indem er große zusammenhängende Produktionsflächen gewährleistet. Am besten eignen sich hierfür rechteckige oder quadratische Grundrißformen. Winkel- oder Kammbauten und dergleichen weisen leicht unliebsame Bindungen an bestimmte Maschinenanordnungen und Produktionsverläufe auf. Einschnitte im Grundriß und feste Einbauten sind zu vermeiden. Festpunkte oder Kernbereiche, wie z.B. Aufzugsanlagen, Treppenhäuser und Sozialräume, sollen in den Randzonen des Gebäudes untergebracht werden, die nicht in Erweiterungsrichtung liegen.[155] Besonders bedeutend für die Anpassungsfähigkeit des Gebäudes ist die Trennung von Tragkonstruktion und Raumabschluß (Außen- und Innenwände). Zwischenwände und Fassaden können dadurch fast beliebig versetzt werden.[156] Die Spannweite ist so groß zu bemessen, daß sie wirtschaftlich vertretbar ist. Dadurch verringert sich die Anzahl störender Stützen, die die Arbeitsfläche aufteilen und z.B. Maschinenumstellungen erschweren.[157]

---

[153] Vgl. *Scheffler*, S. 1190
[154] Vgl. *Scheffler*, S. 1190
[155] Vgl. *Henn*, Bauten, S. 98; *Schmidt*, K., Band I, S. 93; *Zeh*, Planungsgrundlagen, S. 475
[156] Vgl. *Henn*, Bauten, S. 40; *Praetorius*, S. 56
[157] Vgl. *Lahnert*, S. 15; *Schmidt*, K., Band I, S. 93

264   D. Gestaltungsgrundsätze

Der optimale Stützenabstand ist dann erreicht, wenn die Mehrkosten für die Baukonstruktion bei zunehmender Spannweite durch die Einsparungen in betriebstechnologischer Hinsicht (auch bei künftigen Produktionsumstellungen) gerade ausgeglichen werden.

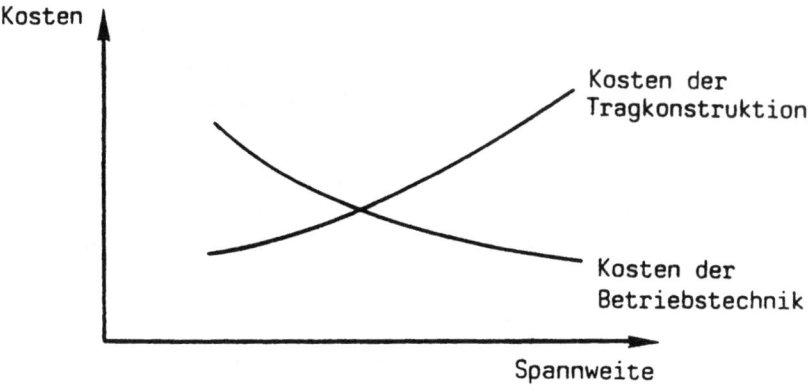

Abb. 51. Tendenzieller Verlauf der Kosten der Tragkonstruktion und der Betriebstechnik
in Abhängigkeit von der Spannweite

Quelle: *Meyer-Doberenz*, S. 1240

Die aus Abbildung 51 ersichtlichen gegenläufigen Kostenentwicklungen beruhen darauf, daß mit zunehmender Spannweite eine gleichbleibende Deckentragfähigkeit nur mit höherem technischen Aufwand zu realisieren ist, gleichzeitig aber der Gestaltung des Produktionsgeschehens mehr Freiräume eingeräumt werden, die zu Kostensenkungen bei der Betriebstechnik führen. Beispielsweise ist ein geradliniger Materialfluß um so eher zu verwirklichen, je weniger Hindernisse - in Gestalt von Stützen - im Wege stehen.

Flexibilität erfordert ferner breitere Transportwege, um das Umstellen und den nachträglichen Ein- und Abbau von Maschinen zu erleichtern, sowie eine Deckenhöhe und Dekkentragfähigkeit, die nicht nur den momentanen Anforderungen genügen, sondern auch das Aufstellen größerer Produktionseinrichtungen in Zukunft gestatten.[158] Anpassungsfähige Industriebauten müssen leicht und ohne große Störungen der Produktion auf neue Erfordernisse umzurüsten sein. Im Extremfall wird eine nachträgliche Monta-

---

[158] Vgl. *Mellerowicz*, Industrie, Band I, S. 377

ge- und Demontagefähigkeit des Gebäudes zu einem wichtigen Qualitätsmerkmal. In diesem Zusammenhang erlangen kleinere haustechnische Versorgungseinheiten eine Bedeutung. Es stehen leistungsfähige kleine und mittlere Anlagen zur Energieerzeugung und -rückgewinnung, Heizung, Lüftung etc. zur Verfügung, die bei einem Umbau partiell stillgelegt werden können, ohne die Funktion der anderen zu beeinträchtigen.[159] Schließlich müssen bei einem flexiblen Industriegebäude beliebige Anschlußmöglichkeiten für die Maschinen gegeben sein. Die Verwendung des Dach- oder eines Zwischengeschosses als Installationsgeschoß schafft günstige Voraussetzungen für eine beliebige Maschinenaufstellung, da der Boden frei von bau- und produktionstechnischer Infrastruktur bleibt, die die Möglichkeiten der Anordnung von Produktionseinrichtungen einschränken würde.

Der große Anwendungsbereich flexibler Industriebauten beruht auf ihrer quantitativen und qualitativen Überdimensionierung gegenüber den Anforderungen zum Zeitpunkt ihrer Einrichtung. Diese Überdimensionierung ist mit vergleichsweise höheren Gebäudekosten verbunden. Zu rechtfertigen sind die Mehrkosten mit der Unmöglichkeit, bei zu engen Stützenstellungen, zu geringen Nutzhöhen, unzusammenhängenden Flächen, unveränderlichen Konstruktionen etc. Produktionsumstellungen wirtschaftlich vertretbar vorzunehmen. Sinkende Qualität und Leistung sowie steigende Produktionskosten sind zumeist die Folge.[160]

Bei alldem darf jedoch nicht übersehen werden, daß nicht in allen Bereichen der Industrie unbedingt vielseitig nutzbare Industriebauten vorhanden sein müssen. Nicht nur wenn Bauwerke als Einzweckbauten errichtet werden müssen - z.B. in Zuckerfabriken -, sondern auch wenn Bauinvestitionen gegenüber anderen Investitionen eine untergeordnete Rolle spielen, ist es aus wirtschaftlicher Sicht überlegenswert, bei Produktionsänderungen das vorhandene Gebäude abzureißen und einen neuen Maßanzug für die Produktionsstätte zu erstellen, statt Leerkosten der Überdimensionierung in Kauf zu nehmen.[161]

---

[159] Vgl. *Jong, de/Karsten*, S. 38
[160] Vgl. *Karsten*, Industriebau, S. 447
[161] Vgl. *Jähne*, S. 4

III. Personalwirtschaftliche Anforderungen

1. Industriebaugestaltung und menschliche Arbeitsleistung

Der Faktor Arbeit ist sicher der bedeutendste, vielleicht auch der am meisten problematische Produktionsfaktor, weshalb ihm eine separate Beachtung hinsichtlich seiner Einflüsse auf die Industriebaugestaltung gebührt. Mit dieser Aussage wird nicht auf den Umfang des Einsatzes von Arbeitskräften in der industriellen Produktion, die Arbeitsproduktivität oder die Arbeitskosten Bezug genommen. Diese Feststellung spricht vielmehr die Tatsache an, daß der Mensch Voraussetzung für die Existenz von Betrieben ist, da menschliche Bedürfnisse erst den Aufbau bedarfsdeckender Unternehmungen auslösen. Nicht selten wird ein erheblicher Teil des Umsatzes mit eigenen Arbeitskräften erzielt, wie Beispiele aus der Automobilindustrie zeigen. Vor allem aber erlangt der Faktor Arbeit seine herausragende Bedeutung, weil er von der menschlichen Person mit ihren individuellen Eigenschaften nicht zu trennen ist. Der Betrieb muß stets den *ganzen* Menschen in den Leistungserstellungsprozeß einbeziehen und kann nicht nur auf die *erforderlichen* Eigenschaften des Mitarbeiters zurückgreifen. So muß er dafür Sorge tragen, daß die gewünschten Attribute - z.B. Leistungsfähigkeit und -bereitschaft - gefördert werden. Schließlich ist der Mensch ein eigenständiges Rechtssubjekt, das in einer freiheitlichen Gesellschaftsordnung nicht zu einer bestimmten Arbeit gezwungen werden kann, weshalb seitens der Unternehmung ein Bedarf zur Werbung und Motivierung der Mitarbeiter besteht.[162] Aus diesen Gründen erwächst dem Arbeitgeber in ethischer, moralischer, rechtlicher und wirtschaftlicher Hinsicht eine besondere Aufgabe gegenüber seinen Mitarbeitern.

Sichtbares Zeichen der Wahrnehmung seiner Aufgabe beim zielbezogenen Einsatz menschlicher Arbeit sind betriebliche Funktionen, die mit Personalwesen zu bezeichnen sind. Darunter versteht man "... die für die Erfüllung der betrieblichen Aufgaben erforderliche Gesamtheit von Maßnahmen, die zur Behandlung der im Betrieb tätigen Menschen erforderlich sind."[163] Die wirtschaftliche Bedeutung des Personalwesens liegt in der Gewinnung, Erhaltung und Steigerung der Leistungsbereitschaft und Leistungsfähigkeit des Mitarbeiters als wichtigstem produktivem Faktor.[164] Ziele der Personalwirtschaft sind demnach die Bereitstellung personeller Kapazität in quantitativer und zeitlicher Übereinstimmung mit den betrieblichen Erfordernis-

---

[162] Vgl. *Gaugler*, E., Personalwesen, betriebliches, in: Handwörterbuch der Betriebswirtschaft, Band 2, hrsg. von E. Grochla und W. Wittmann, 4. Auflage, Stuttgart 1975, Sp. 2956 f.
[163] *Potthoff*, E., Betriebliches Personalwesen, Berlin, New York 1974, S. 9
[164] Vgl. *Hentze*, J., Personalwirtschaftslehre 1, Bern, Stuttgart 1977, S. 26

III. Personalwirtschaftliche Anforderungen

sen unter Beachtung der Wirtschaftlichkeit *und* der menschlichen Erwartungen.[165] Die aus dieser Aufgabenstellung resultierenden Anforderungen an Industriebauten werden im folgenden personalwirtschaftliche Anforderungen genannt.

Einen Industriebau nur als Ort zur Beherbergung einer *Produktions*stätte zu verstehen, wird der besonderen Stellung des Menschen im Arbeitsprozeß nicht gerecht, weil die menschlichen Belange in dieser Bezeichnung eine zu geringe Betonung erfahren und so bereits sprachlich die Bedeutung des Fabrikgebäudes als *Arbeits*stätte in den Hintergrund tritt. Dabei ist es für den Arbeitnehmer ein Lebensraum, in dem er einen Gutteil seines wachen Lebens - etwa 80.000 Stunden in 45 Arbeitsjahren[166] - verbringt. Daß die Mitarbeiter andere als die vom Streben nach Wirtschaftlichkeit bestimmten produktionswirtschaftlichen Anforderungen an das Gebäude richten, ist natürlich, wobei sie sich derer nicht immer bewußt sind.[167] Die Verwirklichung dieser Ansprüche ist in den meisten Fällen mit höheren Kosten verbunden. Dies muß aber nicht dem Postulat nach wirtschaftlichen Industriegebäuden widersprechen, wie noch zu zeigen sein wird. Allein die Tatsache, daß das Betriebsgebäude die Arbeitsplatzqualität nicht nur beeinflußt, sondern weitgehend bestimmt,[168] rechtfertigt für diejenigen Besitzer von Fabrikbauten eine dem Menschen angemessene Gestaltung, die den Arbeitnehmer als wichtigsten Produktionsfaktor erkennen und auch im Gebäude für die Arbeitsstätte ihre Wertschätzung gegenüber dem Menschen zum Ausdruck bringen.

Eine dem Menschen angemessene Baugestaltung bedeutet zuerst, daß sein Leben und seine Gesundheit nicht gefährdet werden. Dies ist selbstverständlich, gleichwohl müssen alle Bauteile - z.B. die Steilheit der Treppen, Größe der Trittstufen, Dimensionierung der Heizungsanlage, Möglichkeit der Lüftung - daraufhin überprüft werden. Rechtliche Grundnorm hierfür ist § 120a der Gewerbeordnung, der den Gewerbeunternehmer dazu verpflichtet, Arbeitsräume so einzurichten, daß die Arbeiter gegen Gefahren für Leben und Gesundheit soweit geschützt sind, wie es die Natur des Betriebes gestattet. Die genaue Umsetzung der Forderung ist - soweit quantifizierbar - in zahlreichen weiteren Normen, z.B. in der Arbeitsstättenverord-

---

[165] Vgl. *Hackstein*, R./*Nüssgens*, K.-H./*Uphus*, P.H., Personalwesen in systemorientierter Sicht, in: Fortschrittliche Betriebsführung, Nr. 1, 20. Jg., 1971, S. 33

[166] Dies ist mehr als die in der nach eigenem Geschmack eingerichteten Wohnung verbrachten wachen Zeit, vgl. *o.V.*, Druck braucht Kreativität, in: Innovatio, Nr. 1, 7. Jg., 1991, S. 20 f.

[167] Vgl. *Polak*, N., Gestaltungsoptionen des Industriebaus, in: Industriearchitektur an der Wende zum 21. Jahrhundert, hrsg. von D. Sommer, Wien 1987, S. 175 f.

[168] Vgl. *Seidlein von*, S. 16

nung, geregelt. Über den Lebens- und Gesundheitsschutz hinaus soll sich der Arbeitnehmer in dem Lebensraum "Industriegebäude" auch wohlfühlen. Hierfür genügt es nicht, lediglich Sozialräume einzurichten oder auch Sozialbauten zu errichten; der Arbeitsplatz selbst, der wesentlich von dem ihn umgebenden Gebäude geprägt wird, muß ansprechend sein. Nur dann kann das personalwirtschaftliche Ziel, die Leistungsfähigkeit und -bereitschaft des Menschen zu erhalten und zu steigern, auch wirklich erreicht werden.

Um den Zusammenhang zwischen der Gestaltung von Industriebauten und den personalwirtschaftlichen Zielen zu erläutern, müssen im folgenden kurz die verschiedenen Einflußgrößen menschlicher Arbeitsleistung beschrieben werden.[169] Von den bereits angesprochenen intrapersonellen Determinanten der Leistungsfähigkeit und der Leistungsbereitschaft unterscheidet man extrapersonelle, d.h. außerhalb des Menschen begründete Einflußgrößen. Es handelt sich hierbei um die organisatorischen und technischen Vorbedingungen, die vom Betrieb für die Erbringung menschlicher Arbeit erfüllt sein müssen. Industriebauten gehören zu den technischen Prämissen.

Mit der Gestaltung von Bauwerken kann weniger auf die Leistungsfähigkeit, die von den angeborenen Anlagen der Menschen und deren Entfaltung abhängig ist, als auf die Leistungsbereitschaft Einfluß genommen werden. Auf diese wirkt zuerst die körperliche Disposition des jeweiligen Arbeitnehmers ein. Sie wird von dem Gesundheitszustand, dem Ermüdungsgrad und der Tagesrhythmik bestimmt. Neben diesen physiologischen Komponenten ist für die Leistungsbereitschaft auch eine psychische Komponente, der Leistungswille, verantwortlich. Ein fehlender Leistungswille drückt sich im Nachlassen des Interesses an der Arbeit, im Auftreten von Überdruß und Langeweile, in der Neigung zur Ablenkung, in Verstimmung etc. aus. Der Industriebau als eine der technischen Vorbedingungen menschlicher Arbeitsleistung muß in Kenntnis der genannten Leistungskomponenten so gestaltet werden, daß die räumlichen Arbeitsbedingungen die Verrichtung der Arbeit nicht nur im Grundsatz ermöglichen, sondern darüber hinaus den Leistungswillen fördern und die Raumverhältnisse einer körperfunktionsgerechten Arbeitsumgebung entsprechen.[170] Grundlage hierfür sind, wie bei jedem anderen für den Aufenthalt von Menschen bestimmten Gebäude, die

---

[169] Ausführlich sind die Einflußgrößen menschlicher Arbeitsleistung beschrieben in *Pfeiffer, W./Dörrie, U./Stoll, E.*, Menschliche Arbeit in der industriellen Produktion, Göttingen 1977, S. 19 ff.
[170] Zu den Einflüssen der räumlichen Arbeitsbedingungen auf die Arbeitsleistung vgl. *Pfeiffer/Dörrie/Stoll*, insbesondere S. 48 und S. 125

III. Personalwirtschaftliche Anforderungen 269

physischen und psychischen Lebensvorgänge des Menschen.[171] Diese Zusammenhänge verdeutlicht die Abbildung 52.

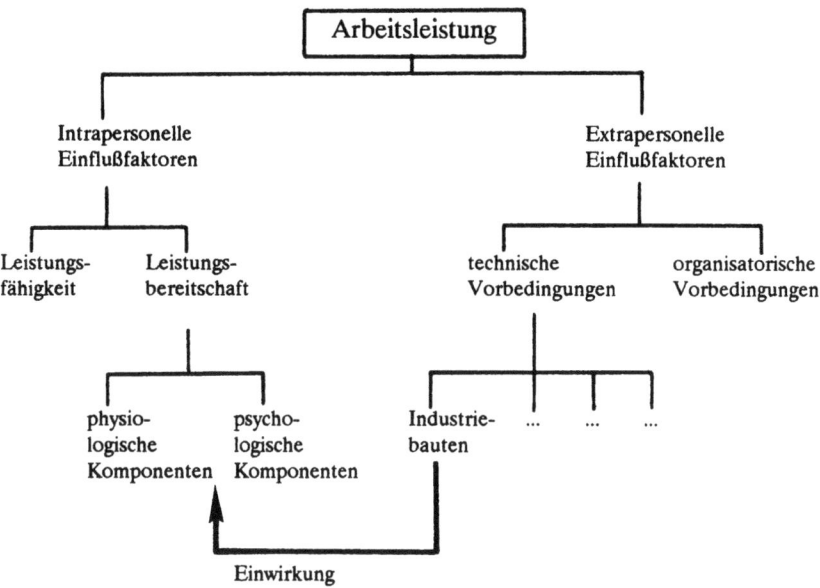

Abb. 52. Zusammenhang zwischen menschlicher Arbeitsleistung und der Gestaltung von Industriebauten

Im einzelnen muß deshalb vor Errichtung des Bauwerkes herausgefunden werden, welche räumlichen Bedingungen den Menschen in seinem organischen Geschehen begünstigend oder störend beeinflussen (z.B. Lärm, Klima, Licht), in seiner Arbeit unterstützen oder behindern (z.B. rauher oder rutschiger Fußboden), zu Arbeitshandlungen herausfordern, diese verstärken oder abschwächen und in seinem Erleben angenehm oder unangenehm stimmen.[172] Soweit der Produktionsprozeß es nicht unausweichlich macht - z.B. beim Hochofenprozeß oder bei Gefriertrocknung von Kaffee - darf in einem menschengerechten Gebäude der Organismus des Menschen sich nicht gegen Hitze, Kälte, Feuchtigkeit etc. wehren müssen. Aber auch

---

[171] Vgl. *Laage*, G., Weder Traum noch Trauma, Beiträge zu einer menschenfreundlichen Architektur, Stuttgart 1978, S. 10 f.
[172] Vgl. *Frieling*, E./*Sonntag*, K., Lehrbuch Arbeitspsychologie, Bern, Stuttgart, Toronto 1987, S. 88

das vegetative Nervensystem, das unter anderem für die Einhaltung der Tagesrhythmik verantwortlich ist, soll keinen erhöhten Streßeinflüssen unterliegen, die als Folge Leistungsabfall, Unfälle, Kopfschmerzen usw. hervorrufen können. Das Bauwerk ist daher so zu konstruieren, daß nicht aufgabenspezifische Störungen, die über Auge, Ohr oder andere Sinnesorgane aufgenommen werden und von der Arbeit ablenken, neutralisiert oder ferngehalten werden, um dem Arbeitnehmer das Ankämpfen dagegen und die daraus resultierende Belastung zu ersparen, die als Ursache oben erwähnter sympathikotoner Streßeinflüsse angesehen wird. Beispielsweise kann bereits ein ästhetisches und sympathisches Raumbild zur seelischen Verarbeitung von Störungen, wie z.B. Geräuschkulissen, beitragen.[173]

Neben dem vegetativen ist auch das zentrale Nervensystem für das Wohlbefinden des Menschen von Bedeutung. Sogenannte Retikulärinformationen, hervorgerufen durch wechselnde, nicht als Störungen empfundene Reize - wie z.B. durch den Blick in die Landschaft -, sorgen für ergotrope, d.h. leistungssteigernde Stimmungen und verbessern somit die Aufmerksamkeit, die Kreativität und die Konzentrationsfähigkeit, während das Ausbleiben dieser Stimulierung zur Dämpfung der Aktivität des Zentralnervensystems und des gesamten Organismus führt.[174] Ein den personalwirtschaftlichen Zielen genügendes Industriegebäude trägt infolgedessen zur Stimulierung des Zentralnervensystems bei.

Bei allen baugestaltenden Maßnahmen darf die doppelte Zielrichtung personalwirtschaftlicher Anforderungen nicht übersehen werden. So sollen stets das Wohlbefinden der Mitarbeiter *und* die Effizienz der Arbeit gesteigert werden, wobei Zielkonformität beider Anliegen unterstellt wird. Dies muß nachgewiesen werden. Nur dann lassen sich höhere Investitionsausgaben und Kosten auch rein wirtschaftlich rechtfertigen. Auswirkungen einer entsprechenden Gebäudegestaltung auf den Menschen und dessen Arbeitsleistung aufzudecken ist äußerst schwierig, weil Bauwerke nicht beliebig und nicht kurzfristig variiert werden können. Ferner ist die Arbeitsleistung nie das alleinige Ergebnis einer bestimmten Gestaltung von Industriebauten, so daß Veränderungen der Arbeitsleistung kaum monokausal auf bauliche Vorkehrungen zurückgeführt werden können. Deshalb müssen Indikatoren herangezogen werden, die ersatzweise Rückschlüsse auf die Effizienz der Arbeit erlauben. Es bleibt nur die Möglichkeit, Verhaltensweisen in bestimmten Gebäuden zu analysieren und daraus Schlußfolgerungen über den

---

[173] Vgl. *Görsdorf*, K., Arbeitsumweltgestaltung, Bedeutung und Gestaltung der Umwelt im industriellen Arbeitsbereich, Münster 1962, S. 124
[174] Vgl. *Guggenbühl*, H., Organisatorisch-integrierte Arbeitsplatzgestaltung, Büroraum- und Bürobauplanung, Diss., St. Gallen, zugleich Bern 1976, S. 185

III. Personalwirtschaftliche Anforderungen

Zusammenhang zu spezifischen Gestaltungsvarianten zu ziehen.[175] Solche Indikatoren können die Absentismusquote, die Personalrekrutierungschancen der Unternehmung, der Grad der Identifizierung der Mitarbeiter mit der Unternehmung, die Attraktivität des Arbeitsplatzes und das Monotonieempfinden in der Arbeitsumwelt sein.

Noch nicht überall hat sich die Verpflichtung im Bewußtsein der Bauverantwortlichen durchgesetzt, für den arbeitenden Menschen qualitativ gute Bauten zu errichten. In gut 80 % aller Fälle wird diese Forderung als nicht notwendig erachtet.[176] Die technischen Sachzwänge dominieren die personalwirtschaftlichen Anliegen eindeutig. Beispielsweise orientiert sich die Einhaltung bestimmter Temperaturgrenzen in den Arbeitsräumen weniger am menschlichen Leistungsvermögen als an technischen Erfordernissen. So werden Raumtemperaturen häufig nur zur Vermeidung von Meß- und Bearbeitungsfehlern konstant gehalten, und die Raumluftfeuchtigkeit richtet sich nach den prozeßtechnischen Gegebenheiten. Der Mensch muß sich eben in einer Umwelt bewegen, die nicht für ihn, sondern für die Herstellung von Gütern geschaffen wird.[177] Nichtsdestoweniger kann sich die vorliegende Untersuchung auf Erfahrungen von Unternehmungen stützen, die bewußt die personalwirtschaftlichen Anliegen zur Gestaltungsanforderung für Industriebauten erhoben haben, und versuchen, zu plausiblen Hypothesen zu gelangen.

Die Vermutung, daß die Berücksichtigung menschlicher Belange bei der Gestaltung von Industriebauten die Leistung der Arbeitnehmer steigere, ist nicht neu. Gropius schreibt 1913 beispielsweise: "Aber auch vom sozialen Standpunkt aus ist es nicht gleichgültig, ob der moderne Fabrikarbeiter in öden, häßlichen Industriekasernen oder in wohlproportionierten Räumen seine Arbeit verrichtet. Er wird dort freudiger am Mitschaffen großer gemeinsamer Werte arbeiten, wo seine vom Künstler durchgebildete Arbeitsstätte dem einen jeden eingeborenen Schönheitsgefühl entgegenkommt und auf die Eintönigkeit der mechanischen Arbeit belebend einwirkt. So wird mit der zunehmenden Zufriedenheit Arbeitsgeist und Leistungsfähigkeit des Betriebes wachsen."[178] Kurz zuvor fordert Mannheimer helle und weite Räume in Fabrikbauten, die die Arbeiter und Beamten "an Freudigkeit und

---

[175] Vgl. *Frieling/Sonntag*, S. 88
[176] Vgl. *Heene*, G., Industriebau: Eine gestalterische Aufgabe für Architekten (form follows function?), in: Zentralblatt für Industriebau, Nr. 4, 31. Jg., 1985, S. 246
[177] Vgl. *Frieling/Sonntag*, S. 87 f.
[178] *Gropius*, W., Die Entwicklung moderner Industriebaukunst, in: Jahrbuch des deutschen Werkbundes 1913, Jena 1913, S. 20

Lebensfähigkeit und damit auch an Tüchtigkeit"[179] gewinnen ließen. Ford betrachtet saubere, helle und gut gelüftete Fabrikräume als absolute Voraussetzung für hohe Leistungsfähigkeit und ein humanes Produktionsverfahren.[180]

Tatsächlich gibt es in der Psychologie Erkenntnisse, daß sich menschliches Leben nur in der Bindung an ein heimatliches Gebiet - an ein sogenanntes Territorium - entfalten kann.[181] Besondere Bindungen des Menschen bestehen zur eigenen Wohnung und zum Arbeitsplatz. Die dazugehörigen Bauwerke sind Ausdruck des Territoriums familiärer Gruppen bzw. größerer Gruppierungen wie die der Unternehmung.[182] Dort, wo aufgrund geeigneter baulicher Verhältnisse Arbeitnehmer sich wohl und geborgen fühlen, können sie sich entfalten und werden die erwähnte Bindung zum Arbeitsplatz eingehen oder aufrechterhalten. Physisches und psychisches Wohlbefinden ist somit eine Determinante menschlicher Leistungsbereitschaft, das sich immer nach Befriedigung bestimmter Bedürfnisse einstellt, die auf ein Verhalten motivierend wirken. Der Arbeitnehmer wird versuchen, sich so zu verhalten, daß er Wohlbefinden erlangen kann. Da nach der Befriedigung niedrigerer Bedürfnisse zunehmend die Umgebung des Arbeitsplatzes bei der Motivation eine Rolle spielt,[183] wird der Arbeitnehmer dort lieber tätig sein, wo er in dieser Hinsicht zufriedengestellt wird.

Auch aus Herzbergs Zweifaktorentheorie können Erkenntnisse über den Stellenwert der Gestaltung der Arbeitsumgebung, wie sie der Industriebau letztlich darstellt, für das Wohlbefinden und die Zufriedenheit des Arbeitnehmers gewonnen werden. Er unterscheidet zwei Ebenen von Faktoren, die sich darin unterscheiden, daß die Existenz der einen die Arbeitszufriedenheit fördert und das Fehlen der anderen Unzufriedenheit mit der Arbeit erzeugt. Die erste Gruppe nennt er Motivatoren, die zweite Gruppe Hygienefaktoren in Anlehnung an die medizinische Hygiene, die Krankheiten zwar nicht heilen, deren Ausbreitung aber einschränken kann.[184] Einen dieser Hygienefaktoren bilden die physischen Arbeitsbedingungen (physical working conditions), zu denen das Fabrikgebäude als äußere Hülle des Ar-

---

[179] *Mannheimer*, F., Fabrikenkunst, in: Die Hilfe, Wochenschrift für Politik, Literatur und Kunst, hrsg. von F. Naumann, Nr. 18, 16. Jg., 1910, S. 289

[180] Vgl. *Ford*, S. 131

[181] Vgl. *Bollnow*, O.F., Mensch und Raum, Stuttgart 1963, S. 296

[182] Vgl. *Weikert*, F., Zur Ableitung von grundlegenden Anforderungen an Gebäude und ihre Teile aus der psychischen Struktur des Menschen - Ein Beitrag zur Architekturtheorie und Architekturästhetik, Diss., Stuttgart 1982, S. 98

[183] Vgl. *Lenz*, S. 53

[184] Vgl. *Herzberg*, F./*Mausner*, B./*Snyderman*, B., The Motivation to Work, 2nd ed., New York, London, Sydney 1967, S. 113 ff.; Herzberg, F., Work and the Nature of Man, New York 1966, S. 71 ff.

III. Personalwirtschaftliche Anforderungen   273

beitsplatzes gerechnet werden muß, zumal es eindeutig die Funktion erfüllt, arbeitsgerechte Raumbedingungen herzustellen, wodurch physiologische Bedürfnisse des Menschen befriedigt werden sollen. Aus der Zugehörigkeit der Industriebauten zu der Gruppe der Hygienefaktoren kann man schließen, daß schlecht gestaltete, häßliche oder unzweckmäßige Gebäude die Unzufriedenheit der Beschäftigten mit der Arbeit schüren, ihr Wohlbefinden beeinträchtigen, wohingegen ansprechende und zweckmäßige Bauwerke einen Zustand der "Nicht-Unzufriedenheit" entstehen lassen, also keineswegs zur Arbeitszufriedenheit beitragen, weil sie für selbstverständlich erachtet werden. Mit der Zweifaktorentheorie läßt sich folglich die These untermauern, daß Industriebauten zwar nur zur Befriedigung extrinsischer, d.h. außerhalb der eigentlichen Arbeit liegender Bedürfnisse beitragen, deren Erfüllung aber Voraussetzung für die Entstehung von Arbeitszufriedenheit und Auslöser für auf deren Erzielung gerichtetes Handeln und Wohlbefinden ist, weshalb auch aus rein ökonomischer Sicht eine menschen- oder arbeitsgerechte Gebäudegestaltung befürwortet werden muß.

Auf verschiedene Weise konnte somit theoretisch erklärt werden, warum durch die Attraktivität des Gebäudes sich beispielsweise die Fluktuation verringert, die Absentismusquote sinkt und die Personalrekrutierungschancen der Unternehmungen steigen,[185] wie im übrigen auch Beispiele in der Praxis belegen. So wird im Schrifttum berichtet, daß Angestellte einer chemischen Fabrik eine derartige Aversion gegen das Industriegebäude entwickelten, daß bei ihnen körperliche und seelische Störungen auftraten und sie erheblich in der Arbeitsleistung nachließen. Eine Verbesserung der Situation konnte durch spätere Fassadenverkleidung und Proportionenänderungen erreicht werden.[186] In einem anderen Fall erfreut sich eine österreichische Textildruckerei unter anderem aufgrund einer gelungenen Architektur großer Beliebtheit bei potentiellen Arbeitnehmern, wie man der Resonanz auf einen Tag der offenen Tür entnehmen kann, so daß Facharbeitermangel dieser Unternehmung keine Sorgen bereitet.[187] Angesichts solcher Ergebnisse von arbeitnehmergerechten Bauweisen lohnen sich die vergleichsweise höheren Investitionsausgaben.

Nicht angemessene Industriebaracken hingegen können bei den Arbeitnehmern Unlustgefühle erzeugen, weil ihr Bedürfnis nach Wohlbefinden nicht gestillt wird; sie führen auf diese Weise zu häufigem Arbeitsplatzwechsel, zu Abwesenheit und zu Schwierigkeiten, Personal einzustellen. Untersuchungen im Verwaltungsbereich haben gezeigt, daß die vom Bauwerk verur-

---

[185] Vgl. z.B. *Seidlein, von*, S. 17; *Zech, U.*, Arbeitsstätten in München - Probleme des Standorts und der Gestalt, in: Industriebau, hrsg. von K. Ackermann, Stuttgart 1984, S. 264 f.
[186] Vgl. *Görsdorf*, S. 96
[187] Vgl. *o.V.*, Kreativität, S. 19 f.

sachte unlustige, üble Stimmung und die damit einhergehende "innere" Kündigung der Arbeitnehmer eine Senkung des Leistungsniveaus um bis zu 60 % hervorriefen.[188]

Wohlbefinden drückt sich auch als Gefühl der Identifikation der Arbeitnehmer mit ihrer Unternehmung aus. Diese Identifikation entsteht vor allem, wenn eine über das Normalmaß hinausgehende ablesbare Besonderheit der Unternehmung zum Aufbau von Sozialprestige bei den Beschäftigten führt.[189] Eine solche Besonderheit sind beispielsweise technisch anspruchsvolle Produkte, auf die die Arbeitnehmer stolz sein können, oder auch schöne, dem Menschen angemessene Industriebauten.[190]

Verschiedentlich wird von Architekten und anderen Bauverantwortlichen gefordert, die Arbeitnehmer in den Prozeß der Bauplanung einzubeziehen, um ihre Anforderungen an die Arbeitsumgebung richtig erfassen und hernach erfüllen zu können.[191] Die Beteiligung der Mitarbeiter an der Bauplanung oder wenigstens das bewußte Nachvollziehen der Planungsergebnisse fördere die Identifikation der Beschäftigten mit dem Industriebauwerk und trage zur Verminderung von Reibungsverlusten bei.[192]

Die Befürworter halten die eigenbestimmte Arbeitsumwelt somit für einen wesentlichen Motivationsfaktor. Es finden sich auch Beispiele in der betrieblichen Praxis, die belegen, daß die Forderung nach Beteiligung der Mitarbeiter an der Bauplanung mit gutem Erfolg umgesetzt werden konnte.[193] Trotz solcher Erfolge ist es fraglich, ob diese Forderung bei jeder Baumaßnahme verwirklicht werden kann und soll. Abgesehen von der Verlängerung des Planungsprozesses[194] und der höheren Kosten macht nur eine Befragung und Beteiligung der *betroffenen* Arbeitnehmer einen Sinn. Voraussetzung ist also, daß ein Mitarbeiterstamm zur Zeit der Planung bereits vorhanden ist, der auch später in dem betreffenden Gebäude tätig werden soll. Bei Neubauten anläßlich von Betriebserweiterungen ist dies sicher sel-

---

[188] Vgl. *Schmidt*, E., Der Mensch soll sich im Büro wohl fühlen, in: VDI-Nachrichten, Nr. 23 vom 09.06.1989, S. 28

[189] Vgl. *Severain*, S. *jr.*, Erscheinungsbild von Industriebauten, Diss., Stuttgart 1980, S. 154

[190] Vgl. *Severain, jr.*, S. 154; *Jehle*, M., Arbeiten in der Fabrik - Der Arbeitsplatz in der Industriegesellschaft, in: Industriebau, hrsg. von K. Ackermann, Stuttgart 1984, S. 231

[191] Vgl. *Sommer*, D., zitiert nach *o.V.*, Industrieplanung, Technik und Bau unter extremen Bedingungen, in: Zentralblatt für Industriebau, Nr. 6, 32. Jg., 1986, S. 440

[192] Vgl. *Guggenbühl*, S. 261

[193] Vgl. *Laage/Michaelis/Renk*, S. 57 ff.

[194] Zur Art und Weise der Einbeziehung von Mitarbietern in die Bauplanung vgl. *Lappat*, A./*Gottschalk*, O. (Hrsg.), Organisatorische Bürohausplanung und Bauwettbewerb am Beispiel des Verwaltungsgebäudes der BP Benzin und Petroleum Aktiengesellschaft Hamburg, Quickborn, Berlin 1965, S. 48 ff.; *Guggenbühl*, S. 261

ten der Fall. Die Ansichten jetziger und möglicher künftiger Mitarbeiter werden vermutlich divergieren, weil diese z.b. ganz andere Vorerfahrungen mitbringen oder ihre Ziele sich in Abhängigkeit des Wertewandels in der Gesellschaft geändert haben, so daß die Befragung eines begrenzten Mitarbeiterkreises nur subjektive, auf diesen zutreffende Ergebnisse erwarten läßt.[195] Wie dem auch sei, sollten alternativ oder ergänzend zu dieser Methode die notwendigen Informationen für die Baugestaltung auch aus der Ableitung wissenschaftlicher Erkenntnisse gewonnen werden, die unabhängig von konkreten Personen Gültigkeit haben.

Eine empirische Untersuchung über die Anforderungen an Verwaltungsbauten zeigt, daß es unter den Nutzern der Gebäude keine homogenen Zielvorstellungen gibt.[196] Man muß deshalb von verschiedenen Anforderungshierarchien ausgehen. So wird von Mitarbeitern ohne Führungsfunktion der individuelle Freiheitsspielraum als besonders wichtig erachtet. Dazu zählen unter anderem eine ausreichende Fläche für den Arbeitsplatz, individuell regulierbare Lüftung und Beleuchtung sowie die Sicherung möglichst natürlicher Umweltbedingungen wie Tageslicht und Ausblick. Deutlich nachgeordnet werden bestimmte Gebäudeteile und Infrastruktureinrichtungen, wie z.B. die Kantine, eingestuft. Fast bedeutungslos sind Aspekte, die das Gebäude als Ganzes beschreiben (beispielsweise die Grundrißform). Die Führungskräfte zeigen gemäß dieser Untersuchung eine ganz andere Einstellung. Bei ihnen stehen die Funktionalität des Bauwerkes und der "Bauaufwand" im Vordergrund. Die Bedeutung der architektonischen Wirkung wird gering eingestuft.

Im folgenden sollen einige ausgewählte Möglichkeiten besprochen werden, wie die daraus und aus anderen wissenschaftlichen Erkenntnissen gewonnenen personalwirtschaftlichen Anforderungen realisiert werden können.

2. Aspekte der Farbgestaltung

"Farbe ist für den Betriebsplaner ein Mittel unter anderen ..., um günstige Vorbedingungen für optimale und konstante Arbeitsleistungen zu schaffen."[197] Beispielsweise verringert die farbige Kennzeichnung von Gefahrenstellen den Leistungsausfall durch Unfälle; die Annehmlichkeit und Zweck-

---

[195] Vgl. *Gottschalk*, O., Wertungshierarchien für die Gebäude- und Arbeitsraumgestaltung, in: Wertung von Industriebauten - Maßstäbe für die Beurteilung von Planungsalternativen, hrsg. von der Österreichischen Studiengemeinschaft für Industriebau, 2.Auflage, Wien 1990, S. 8.13
[196] Vgl. *Gottschalk*, S. 8.1 - 8.9
[197] *Bieling*, M., Farbe im Betrieb, Köln, Frankfurt/M. 1965, S. 9

mäßigkeit von Arbeitsräumen und Werkshallen können durch geeignete farbliche Gestaltung betont werden; Maßnahmen zur Lüftung, Heizung und Beleuchtung der Räume werden dadurch als vergleichsweise wirksamer empfunden, und arbeitshemmende Fehler der Gebäude sind weniger spürbar. Durch bewußte oder unbewußte Ablehnung des Raumes hervorgerufene Arbeitsunlust und Neigung zum Arbeitsplatzwechsel gehen zurück, und die Aussichten der Personalbeschaffung steigen.[198] Mit diesen und ähnlichen Argumenten wird die farbliche Gestaltung von Betriebs*räumen* und mehr noch von ganzen Industrie*bauten* gefordert.[199] Im folgenden wird zu zeigen sein, auf welche Erkenntnisse sich diese Argumente stützen und wie die Farbgestaltung von Bauwerken der Industrie zur Erreichung personalwirtschaftlicher Ziele eingesetzt werden kann.

An erster Stelle steht hierbei die Funktion der Farbe als Träger von Informationen. Nach DIN 4844 Teil 1 und DIN 5381 dienen Rot, Gelb, Grün und Blau als Sicherheitsfarben zur Vermeidung der Gefahr, daß Gegenstände oder Situationen übersehen oder nur durch erhöhte Anstrengung erkannt werden.[200] Jeder Sicherheitsfarbe ist aus Gründen der besseren Wahrnehmbarkeit eine Kontrastfarbe zugeordnet. Abbildung 53 gibt hierüber einen Überblick.

Sicherheitsfarbe	Bedeutung	Kontrastfarbe	Anwendungsbeispiel
Rot	unmittelbare Gefahr Verbot	Weiß	Notausschalteinrichtungen Notbremsen
Gelb	Vorsicht! Mögliche Gefahr	Schwarz	Transportbänder Verkehrswege Treppenstufen
Grün	Gefahrlosigkeit Erste Hilfe	Weiß	Türen der Notausgänge; Räume und Geräte zur Ersten Hilfe
Blau	Gebot	Weiß	Hinweiszeichen mit sicherheitstechnischer Anweisung (z.B. Lärmbereich)

Abb. 53. Sicherheitsfarben und ihre Bedeutung
Quelle: *REFA*, Teil 3, S. 156

---

[198] Vgl. *Bieling,* S. 9 f.
[199] Vgl. *Heene,* G., Farbkonzept oder Schminke? Architektur und farbliche Gestaltung in Industrie- und Gewerbebauten, in: Zentralblatt für Industriebau, Nr. 5, 32. Jg., 1986, S. 334 ff.
[200] Vgl. *REFA Verband für Arbeitsstudien und Betriebsorganisation e.V.,* Methodenlehre des Arbeitsstudiums, Teil 3, Kostenrechnung, Arbeitsgestaltung, 7. Auflage, München 1985, S. 155

Eine entsprechende Farbgestaltung kann wesentlich zur Unfallvermeidung am Arbeitsplatz beitragen. Unabhängig von der Beschränkung auf nur vier Sicherheitsfarben in den genannten Normen sollten in keinem Fall mehr als fünf Farben als Mittel zur Informationsweitergabe dienen.[201]

Neben der Funktion der Farbe als reiner Informationsträger ist ihr Einfluß auf die Psyche des Menschen für die Gestaltung von Arbeitsstätten und ihren Bauwerken bedeutsam. Es hat sich gezeigt, daß Farben von entsprechender Ausdehnung im Gesichtskreis in der Lage sind, unterschiedliche vegetative Reaktionen auszulösen,[202] wobei jede Farbe diesbezüglich über feste Eigenschaften verfügt.[203] Diese Attribute kann man sich bei der Gestaltung von Industriebauten zunutze machen, um gewünschte Eindrücke beim Menschen zu erzeugen oder zu verstärken und unerwünschte Wahrnehmungen abzuschwächen. Hinlänglich bekannt ist die Tatsache, daß Farben nicht nur den Gesichtssinn ansprechen, sondern auch Synästhesien auslösen, also weitere Sinnesorgane reizen und Einfluß auf die Sinnesqualität nehmen. So wird Rot als warme, Blau als kalte Farbe empfunden. Versuchsreihen haben gezeigt, daß der Anblick warmer Farben eine meßbare Steigerung der Körpertemperatur und des Blutdrucks, der Anblick kalter Farben entgegengesetzte Wirkungen hervorruft.[204] Je nach Bestimmung des Arbeitsraumes muß die Farbgebung folglich differenziert werden. So ist es selbstverständlich, daß in Schmieden, Härtereien, Gießereien etc., wo Hitze und Blendung die Arbeitsbedingungen festlegen, kalte Farben wie Eisblau, Grünblau oder Türkis, in Arbeitsstätten, in denen ein kaltes Klima vorherrscht, warme Farben als Entlastungsmittel eingesetzt werden.[205]

Warme Farbtöne lösen beim Menschen darüber hinaus Assoziationen des Luftmangels und der Enge aus; kalte Farben erwecken demgegenüber den Eindruck frischer Luft und Weite. Sie werden auch als drängende, beengende bzw. als fliehende Farben bezeichnet. So lassen sich aufgrund ihrer Größe oder Proportionen unangenehm wirkende Räume farblich entspannen.[206] Lange Räume scheinen durch die Verwendung warmer Farben an den Stirnwänden kürzer zu sein, kurze Räume werden optisch durch den

---

[201] Vgl. hierzu *Wieser*, G., Menschengerechte Arbeitsplatzgestaltung im Betrieb; Körperhaltung - Beleuchtung - Lärm - Hitze, München, Wien 1974, S. 33
[202] Vgl. *Hauser*, J., Industriebauten - Synthese von Formen und Farbigkeit, in: Zentralblatt für Industriebau, Nr. 5, 32. Jg., 1986, S. 342
[203] Vgl. *Bieling*, S. 54
[204] Vgl. *Bieling*, S. 54 f. und S. 65
[205] Vgl. *Görsdorf*, S. 136; *Frieling*, H., Einsatz der Farbe als Mittel zur Verbesserung der Arbeitsbedingungen im Betrieb, in: Werksärztliches, Nr. 3, o. Jg., 1973, S. 18 f.
[206] Vgl. *Frieling*, Einsatz der Farbe, S. 19. Zu weiteren farbbezogenen Empfindungsqualitäten, vgl. die Übersicht bei *Alsleben*, K., Farbenpsychologie, in: Management Enzyklopädie, Dritter Band, 2. Auflage, Landsberg 1982, S. 470

Einsatz kalter Farben verlängert. Ein hoher Raum wirkt durch die Wahl warmer Farbtöne als Deckenanstrich entsprechend niedriger und vice versa.

Eine optische Kompensation der Geräuschbelastung der Arbeitnehmer ist durch dumpfe und stumpfe Farben zu erzielen, da sie eine Verhüllung der Lautstärke bewirken. Vor allem grünen Farbtönen wird dieser Effekt zugeschrieben. Eine bestmögliche Verminderung des subjektiv wahrgenommenen Geräuschpegels setzt die Abstimmung der Farbe auf die Geräuschart voraus. Ein dumpfes Olivgrün wirkt am besten gegen spitze und grelle, ein helleres Lindgrün gegen dumpfe und grollende Töne. Orangerote Farben hingegen erhöhen vermeintlich den Geräuschpegel.[207]

Selbst der Geruchs- und der Geschmackssinn werden durch bestimmte Farben angesprochen. Beispielsweise bewirken Rosa eine süßliche und Gelbgrün eine saure Assoziation,[208] weshalb derartige Farbgebungen in Betrieben (z.B. Konditoreien, Großküchen), in denen für die Leistungserstellung der Geschmackssinn gefordert wird, vermieden werden sollten. Schließlich ist die kompensatorische Wirkung einer richtigen Farbgestaltung auf die Belastungen zu nennen, die aus der Art der Arbeit resultieren. Frieling unterscheidet als Grundtypen die mechanisch-automatisierte, die konzentrativ-gebundene, die rhythmisch-beschwingte und die körperlich-schwere Arbeit.[209] Luftige, ruhige Farben, die nicht ablenken, sind beispielsweise bei konzentrativen Forschungsarbeiten ratsam; rhythmisch-beschwingte Tätigkeiten erfordern am besten beruhigende, automatisierte und monotone Arbeiten anregende Farben. Einen zusammenfassenden Überblick über wichtige psychologische Farbwirkungen gibt Abbildung 54.

Mit dem Wissen um verschiedene Farbwirkungen kann ein Gebäude ausgedeutet, d.h. entsprechend seiner Gestalt und Bestimmung innen und außen mit einem Farbanstrich versehen werden.[210] Zugleich müssen aber noch zahlreiche weitere Faktoren in die Überlegungen zur Farbgestaltung einbezogen werden. So sind Art, Zustand und Lage der Bauten wesentliche Grundlagen der Farbenwahl. Die Art des Lichteinfalls und die Gesetzmäßigkeiten der Beleuchtung sowie die Struktur und Eigenarten des jeweiligen Farbenträgers stellen eigene Anforderungen an den Farbenplan. Ferner stehen Licht und Farbe in Wechselwirkung zueinander, weil die Farbwiedergabe von der Lichtfarbe beeinflußt wird,[211] so daß die Farbgestaltung auch von den Einflüssen der im folgenden Abschnitt zu behandelnden Beleuch-

---

[207] Vgl. *Frieling*, H., Licht und Farbe am Arbeitsplatz, Bad Wörishofen 1982, S. 63
[208] Vgl. *Bieling*, S. 65
[209] Vgl. *Frieling*, Einsatz der Farbe, S. 18
[210] Vgl. *Bieling*, S. 76
[211] Vgl. *Gericke*, L./*Richter*, O./*Schöne*, K., Farbgestaltung in der Arbeitsumwelt, Berlin (Ost) 1981, S. 110 f.

Farbe	Distanzwirkung	Temperaturwirkung	psychische Stimmung
Blau	Entfernung	kalt	beruhigend
Grün	Entfernung	sehr kalt	sehr beruhigend
Rot	Nähe	warm	sehr aufreizend und beruhigend
Orange	sehr nahe	sehr warm	anregend
Gelb	Nähe	sehr warm	anregend
Braun	sehr nahe, einengend	neutral	anregend
Violett	sehr nahe	kalt	aggressiv, beunruhigend,

Abb 54. Psychologische Farbwirkungen

Quelle: *REFA*, Teil 3, S. 157

tung abhängt. Konkrete Hinweise zur Farbgebung von Produktionsstätten verschiedener Industriezweige sind bei Frieling nachzulesen.[212]

3. Beleuchtungstechnische Aspekte

Über den Gesichtssinn werden vom Menschen im Normalfall bei weitem die meisten Informationen aufgenommen.[213] Mangelnde Beleuchtung führt zu Störungen der Wahrnehmungen und schränkt die Informationsaufnahme und -verarbeitung ein. Die natürliche und künstliche Beleuchtung dient in der Industrie der Orientierung des Menschen in seiner Umgebung, der Lösung der durch die Arbeitsvorgänge gestellten Sehaufgaben und der Vermeidung von Unfällen. Während im Freien die Orientierung und die Verrichtung gröberer Arbeiten überwiegen, sind in Gebäuden alle Sehaufgaben bis zur feinsten Arbeit zu erledigen.[214] Deshalb kommt der richtigen Beleuchtung in Industriebauten eine erstrangige Bedeutung zu. Im folgenden sollen die Wirkung der Beleuchtung auf den Menschen und die daraus resultierenden Anforderungen dargestellt werden. Auf die bautechnische Realisierung wird im Rahmen des V. Kapitels eingegangen.

---

[212] Vgl. *Frieling*, Licht und Farbe, S. 99-137
[213] Vgl. *Munker*, H., Umgebungseinflüsse am Büroarbeitsplatz, Beleuchtung, Klima, Akustik im Bürobereich, Köln 1979, S. 45
[214] Vgl. *Leuch*, H., Beleuchtung in der Industrie, in: Industrielle Organisation, Nr. 6, 37. Jg., 1968, S. 323

Neben der Gewährleistung guter Sehbedingungen für die Erfüllung der Arbeit und für die Verhinderung von Unfällen ist durch beleuchtungstechnische Maßnahmen vor allem dem physischen und psychischen Wohlbefinden des Menschen Rechnung zu tragen. Es ist erwiesen, daß schlechte Lichtverhältnisse sich negativ auf die Entfaltung von Denk- und Körperfunktionen auswirken, die Ermüdung erhöhen und die Konzentrationsfähigkeit mindern. Visuelle Störreize können körperliche Leiden, z.B. Kopfschmerzen, Augenreizungen und Senkung der Sehfähigkeit, auslösen und somit einen merklichen Rückgang der Leistungsfähigkeit des Menschen verursachen.[215] Die Anordnung der Lichtquellen hat außerdem einen bestimmenden Einfluß auf den Raumeindruck - man spricht von der Lichtstimmung eines Raumes und kann mit weiteren Faktoren wie dem Farbton der Raumbegrenzungsflächen das Behaglichkeitsempfinden der Mitarbeiter beeinflussen.[216]

Um die negativen Auswirkungen einer fehlerhaften Beleuchtung zu vermeiden, muß sie bestimmte Gütemerkmale erfüllen. So ist bei der Errichtung von Industriebauten im wesentlichen auf ein ausreichendes Beleuchtungsniveau im Gebäudeinneren, auf minimale Blendwirkungen, auf eine zweckadäquate Lichtfarbe und richtige Farbwiedergabe sowie auf die Gleichmäßigkeit der Beleuchtung zu achten.[217]

Das *Beleuchtungsniveau* oder die Beleuchtungsstärke muß gemäß § 7 Absatz 3 ArbStättV mindestens 15 Lux, in Räumen mit ständig besetzten Arbeitsplätzen laut Arbeitsstättenrichtlinie 7/3 mindestens 200 Lux betragen. Die dort aus DIN 5035 Teil 2 übernommenen Nennbeleuchtungsstärken[218] variieren je nach Art des Raumes und der Tätigkeit zwischen 20 und 2000 Lux. Die in der einschlägigen Literatur geforderten Beleuchtungsstärken reichen von 800 bis zu 2000 Lux.[219] In verschiedenen Untersuchungen konn-

---

[215] Vgl. *Wieser*, S. 33. Das Flimmern von Leuchtstoffröhren soll sogar einer der Verursacher der Alzheimerschen Krankheit sein; vgl. *Huber*, E., Zeitgemäße Beleuchtung im Industriebetrieb, 1. Teil, in: io Management-Zeitschrift, Nr. 4, 55. Jg., 1986, S. 206

[216] Vgl. *Leuch*, S. 326

[217] Vgl. *Compes*, P./*Kretzschmer*, E./*Elias*, B., Innenraumbeleuchtung mit künstlichem Licht, Bremerhaven 1979, S. 134

[218] Gem. DIN 5035 Teil 2 "Innenraumbeleuchtung mit künstlichem Licht; Richtwerte für Arbeitsstätten", zitiert nach ASR 7/3 "Künstliche Beleuchtung", ist die Nennbeleuchtungsstärke diejenige Beleuchtungsstärke, die - bezogen auf eine horizontale Fläche in 0,85 m Höhe über dem Fußboden - durchschnittlich im Raum herrschen muß. Wegen drohender Abnutzung und Abschwächung der Lichtquelle sollte man in der Planung eine 1,25fach stärkere Nennbeleuchtungsstärke als in der Norm angegeben ansetzen.

[219] Vgl. z.B. *Compes*/*Kretzschmer*/*Elias*, S. 134; *Scholz*, H., Arbeitsphysiologie, Neubearbeitung durch H. Krieger, in: Management Enzyklopädie, Erster Band, 2. Auflage, Landsberg 1982, S. 314 f.

te eine positive Korrelation zwischen der Entfaltung menschlicher Arbeitsleistungen und der Beleuchtungsstärke nachgewiesen werden. Bemerkenswert ist hierbei, daß die Rate der Leistungssteigerung insbesondere vom Schwierigkeitsgrad der Arbeit abhängt. Es zeigt sich, daß die Leistungssteigerung mit zunehmendem Beleuchtungsniveau um so höher ist, je schwierigere Anforderungen die Arbeit stellt.[220] Über die Verwirklichung des geeigneten Beleuchtungsniveaus hinaus muß sichergestellt werden, daß keine großen Differenzen in der Beleuchtungsstärke benachbarter Räume und schnell aufeinanderfolgende Schwankungen der Beleuchtungsstärke in einem Raum auftreten, um Adaptationsprobleme des Auges zu vermeiden.[221]

In engem Zusammenhang mit dem Beleuchtungsniveau steht die *Blendwirkung* von Lichtquellen. Sie entsteht durch zu hohe oder wechselnde Beleuchtungsstärken, reflektierende Flächen und Lichtquellen, die sich im Blickfeld befinden.[222] Um Sehbeschwerden der Arbeitnehmer zu vermeiden, ist die Quelle der Blendung aus dem Gesichtsfeld zu entfernen oder gegen direkten Einblick abzuschirmen. Freistrahlende Lichtquellen müssen parallel zur Blickrichtung angebracht werden. Vorteilhaft ist es, großflächige oder eine Vielzahl kleinerer Lichtquellen mit jeweils nicht zu hoher Leuchtdichte zu verwenden.

Die *Lichtfarbe* ist insbesondere in denjenigen Industriebetrieben von Bedeutung, in denen es auf eine exakte Farbwiedergabe ankommt (z.B. Lack- und Farbenfabriken, Teile der Druckindustrie), da die physiologische Farbwahrnehmung davon abhängt. Ferner erzeugt sie in Verbindung mit der Körperfarbe beim Menschen psychologische Effekte und beeinflußt damit das Wohlbefinden. Zu unterscheiden sind die Lichtfarben Tageslicht-, Neutral- und Warmweiß. Tageslichtweiß wirkt fahl und kalt und wird deshalb als unangenehm empfunden. Neutralweiß fördert Aktivitäten bereits bei mittleren Lichtstärken. Warmweiß erzeugt beim Menschen Behaglichkeit. Gemäß DIN 5035 Blatt 2 soll Tageslichtweiß in Arbeitsräumen deshalb nur dann verwendet werden, wenn gutes Farbenerkennen und hohe Sehschärfe notwendig sind. Warmweiß ist in der Regel nur für Aufenthaltsräume angebracht, während Neutralweiß für fast alle Arbeitsräume geeignet ist.

Gute Sehbedingungen erfordern eine harmonische *Leuchtdichteverteilung*, die in der Gleichmäßigkeit der Beleuchtung zum Ausdruck kommt. Zur

---

[220] Vgl. *Elias*, H.J., Menschengerechte Arbeitsplätze sind wirtschaftlich!, Das GIT-Verfahren zur Humanvermögensrechnung, RKW-Schriftenreihe Wirtschaftlichkeitsrechnung, Bonn 1985, S. 20; *Munker*, S. 57 f.
[221] Vgl. z.B. *Schmidt*, W., Arbeitswissenschaftliche Arbeitsgestaltung, Heidelberg 1987, S. 83
[222] Vgl. hierzu *Hahn*, P., Arbeitssicherheit, Ludwigshafen/Rh. 1986, S. 125

Aufrechterhaltung der visuellen und geistigen Aufmerksamkeit und zur Vermeidung einer vorzeitigen Ermüdung wegen ständiger Adaptation des Auges werden aufgrund praktischer Erfahrungen Verhältnisse von Leuchtdichten zwischen Sehaufgabe und ihrer unmittelbaren Umgebung von maximal 3 : 1 und zwischen Sehaufgabe und weiterer Umgebung von höchstens 10 : 1 empfohlen.[223] Eine solche als harmonisch empfundene Leuchtdichteverteilung kann durch Variation der Beleuchtungsstärke im Raum und des Reflexionsgrades der den Raum umschließenden Flächen erreicht werden. Wenn im Arbeitsraum das Beleuchtungsniveau vorgegeben ist, sind die Reflexionsgrade der Wände, Decken und Böden die entscheidenden Parameter einer zweckdienlichen Leuchtdichteverteilung. Decken und Wände sollten möglichst hell (Reflexionsgrad zwischen 0,5 und 0,7) und Böden nicht zu dunkel (Reflexionsgrad nicht unter 0,2) gestrichen werden.[224]

4. Aspekte der Raumklimagestaltung

"Das Wohlbefinden des Menschen, seine Leistungsfähigkeit und seine Lebensmöglichkeiten werden durch eine Reihe von Umgebungsgrößen entscheidend bestimmt, unter denen das Klima einen wesentlichen Platz einnimmt."[225] Das dem Menschen zuträgliche Klima in Arbeitsräumen ist abhängig von der Art der Tätigkeit (z.B. Hitzearbeit oder leichte Handarbeit im Sitzen), von der natürlichen Wetterlage und von individuumspezifischen Faktoren wie Konstitution, Gesundheit oder Alter.

Die Folgen ungünstiger raumklimatischer Bedingungen[226] reichen von subjektiv unbehaglichen Empfindungen über menschliches Fehlverhalten bis zur Gefährdung der Gesundheit. Bezüglich der Arbeitsleistung kann man feststellen, daß eine um so größere Leistungsabnahme zu erwarten ist, je weiter das Raumklima vom subjektiven Behaglichkeitsbereich entfernt ist. Oberhalb bestimmter Temperaturen kann die im Körper entstehende Wärme nicht mehr an die Umwelt abgegeben werden; der Wärmeausgleich muß deshalb durch größere und häufigere Pausen und somit geringere Leistung vorgenommen werden. Die Reaktionsgeschwindigkeit des Menschen läßt nach, wodurch die Anzahl der Fehlleistungen steigt. Der Umfang der Leistungsminderung hängt ab vom Ausmaß der Abweichung vom behaglichen

---

[223] Vgl. *Leuch*, S. 323 f.
[224] Bei einem Reflexionsgrad von 0,7 beispielsweise werden 70 % des auf ein Objekt treffenden Lichtes zurückgeworfen, 30 % werden absorbiert.
[225] *Wenzel*, H.G., zitiert nach *Frieling/Sonntag*, S. 118
[226] Vgl. hierzu auch *Schmidt*, W., S. 87 f. und S. 90 ff.

III. Personalwirtschaftliche Anforderungen

Klima, der Motivation und der Zeit, die der Mensch den ungünstigen Klimaverhältnissen ausgesetzt ist.

Industriebauten haben unter anderem die Funktion, arbeits-, d.h. menschengerechte Raumbedingungen zu erzeugen, zu denen auch das Raumklima gehört. Deshalb wird im folgenden nach diesem kurzen Abriß über die Auswirkungen des Klimas auf den Menschen erläutert, welche *bau*technischen Vorkehrungen für eine entsprechende Klimaregulierung getroffen werden müssen. Auf *haus*technische Einrichtungen, wie z.B. Klima-, Lüftungs- und Heizungsanlagen, wird nur am Rande und so weit eingegangen, wie es für die Darstellung des Gesamtzusammenhanges erforderlich ist.

Die wichtigsten Klimaelemente sind die Wärmestrahlung, die Lufttemperatur, die Luftfeuchtigkeit und die Luftbewegung. Der Mensch kann diese Faktoren nicht einzeln wahrnehmen, sondern empfindet sie als integrierten Wert. Man definiert deshalb Klimasummenmaße, z.B. die Normal-Effektivtemperatur, um bestimmte Klimaverhältnisse zu quantifizieren, die ein und demselben Empfinden am nächsten kommen.[227] Die Abbildung 55 zeigt verschiedene Kombinationen von Klimaelementen, die einer Netto-Effektivtemperatur von 25° C entsprechen.

Raum- temperatur ° C	relative Feuchtigkeit %	Wind- geschwindigkeit m/sec	Effektiv- temperatur NET ° C
25	100	0,1	
26	100	0,5	
28	100	2,0	
30	100	5,5	
27	75	0,1	25
29	50	0,1	
32	25	0,1	
28	80	1,0	
32	45	2,0	
37	10	3,0	

Abb. 55. Kombination von Klimaelementen zu einer
Netto-Effektivtemperatur

Quelle: *Frieling/Sonntag*, S. 118

Die Kenntnis dieser Klimasummenwerte eröffnet in bautechnischer Hinsicht mehrere Möglichkeiten, für geeignete Klimabedingungen Sorge zu tra-

---

[227] Vgl. *Frieling/Sonntag*, S. 118

gen. So muß eine bestimmte, als unangenehm empfundene Temperatur nicht unbedingt gesenkt werden, sondern es reicht, den Luftstrom im Raum zu erhöhen oder die Luftfeuchtigkeit zu senken, um die hohe Lufttemperatur besser ertragen zu können, wie aus obiger Abbildung ersichtlich ist. Statt teure Klimaanlagen einzubauen, genügen so unter Umständen einfachere Lüftungsanlagen oder sogar die natürliche Belüftung des Raumes durch geeignete Luftein- und Luftaustrittsöffnungen am Gebäude.

Die zweite wichtige Erkenntnis ist, daß als behaglich empfundene Klimabereiche in bestimmten Grenzen individuell verschieden sind. Daher sollten bei Industriebauten möglichst persönliche Spielräume für die Beschäftigten geschaffen werden, das Raumklima zu gestalten. Beispielsweise sollten sie die Gelegenheit haben, Fenster selbst öffnen und schließen zu können.

Die gesetzlichen Vorschriften zur Raumklimagestaltung sind - wohl auch wegen der Subjektivität der Klimaempfindungen - sehr vage formuliert und nennen keine exakten Zahlenangaben.[228] Die Fachliteratur hingegen empfiehlt in Arbeitsräumen, je nach Tätigkeit, beispielsweise eine Luftfeuchtigkeit zwischen 20 % und 70 %, eine Luftgeschwindigkeit von 0,1 bis 0,5 m/sec und eine drei- bis sechsfache Luftwechselrate pro Stunde in allgemeinen Werkstätten sowie bis zu einem 100fachen Luftwechsel in Härtereien.[229]

Je nach Anforderung an die Klimaregulierung stehen neben Heizungen die folgenden beispielhaft genannten raumlufttechnischen Einrichtungen zur Verfügung. *Abluftanlagen* dienen zum Transport verbrauchter Luft aus den Räumen ins Freie. *Zuluftanlagen*, an die zumeist ein Luftfilter, ein Lufterhitzer und ein Ventilator angeschlossen sind, versorgen das Gebäude mit erwärmter und gereinigter Frischluft.[230] *Luftumwälzungsanlagen* führen keine Außenluft zu, sondern tauschen die Raumluft gegen vorhandene, aber zuvor behandelte (z.B. erwärmte, gefilterte) Raumluft aus. Sie können nur dort eingesetzt werden, wo keine besondere Sauerstoffzufuhr notwendig ist.[231] In *Klimaanlagen* werden die Luftmassen eines Raumes aufbereitet, d.h. gereinigt und erwärmt oder gekühlt. Diese Einrichtungen müssen zwar bei der Gebäudeplanung berücksichtigt werden und tangieren insofern die Gestal-

---

[228] Vgl. z.B. § 6 Abs. 1 ArbStättV und § 5 ArbStättV; vgl. auch ASR 6/1,3

[229] Vgl. z.B. *Skiba*, R., Taschenbuch Arbeitssicherheit, Bielefeld 1979, S. 248; *Schnauber*, H., Arbeitswissenschaft, Braunschweig, Wiesbaden 1979, S. 129; *Büttner*, B./*Fuchs*, B./*Völkner*, H., Orientierungshilfen für die Arbeitsplatzgestaltung, Berlin, Köln, Frankfurt/M. 1974, S. 78; *Reinders*, H., Mensch und Klima, Düsseldorf 1969, S. 204 f.

[230] Vgl. *Quenzel*, K.-H., Dicke Luft im Büro, Konfliktlösungen am klimatisierten Arbeitsplatz: Mensch - Raum - Klimaanlage, Wiesbaden, Berlin 1986, S. 61

[231] Vgl. *Beck*, E., Industrielüftung heute - Aufgaben, Anforderungen, Lösungen, in: Industriebau, Nr. 4, 34. Jg., 1988, S. 332

tung des Bauwerkes, sie gehören aber nicht zu dem Gebäude als solchem, dessen Einfluß auf Raumtemperatur, Wärmestrahlung und Luftbewegung aus wirtschaftlichen Gründen keineswegs vernachlässigt werden darf, weil bei günstiger Raumgestaltung Maßnahmen zur künstlichen Klimaregulierung reduziert oder eingespart werden können. Ergänzend sind daher folgende wichtige baulichen Vorkehrungen in Erwägung zu ziehen, die zu einem günstigen Raumklima verhelfen, wobei bei der Aufzählung kein Anspruch auf Vollständigkeit gelegt werden kann.

Für die Erwärmung der Räume durch Sonneneinstrahlung sind vor allem die Größe, das Absorptionsvermögen und die Isolation der bestrahlten Dach- und Wandflächen sowie das Raumvolumen verantwortlich.[232] Ein heller Anstrich der Gebäudeoberflächen oder die Verwendung von Schutzblechen (Aluminiumfolien) verringern die Wärmeabsorptionsfähigkeit des Bauwerkes aufgrund des hohen Reflexionsgrades und reduzieren dadurch die Aufheizung der Räume. Gute Wärmedämmung der Außenwände und des Daches ergänzt diesen Effekt und sorgt zugleich für geringe Wärmeverluste im Winter. Ein wesentlicher Teil der Sonnenenergie erreicht geschlossene Räume über die Fenster, so daß deren Abschirmung eine besondere Bedeutung zukommt.[233] Kurzwellige Sonnenstrahlung durchdringt mühelos die Glasscheiben der Fenster, erwärmt Wände, Böden und Mobiliar. Die dabei entstehende langwellige Wärmestrahlung kann den Raum durch die Scheibe nicht mehr verlassen. Auf diese Weise entsteht bei großen Fensterflächen ein im Industriebau unerwünschter Treibhauseffekt,[234] dem durch die Verwendung von Sonnenschutzgläsern und durch äußere oder innere Verschattung der Fenster begegnet werden kann. Der äußere Sonnenschutz ist hierbei dem inneren vorzuziehen, weil Sekundärstrahlung - die Abgabe der absorbierten Wärme an die Raumluft - vermieden wird.[235] Beispielsweise läßt sich durch Dachauskragungen der unmittelbare Einfall der Sonnenstrahlen verhindern. Solche Dachüberstände sind in tropischen Ländern verbreitet, werden aber in gemäßigten Zonen seltener angetroffen. Den gleichen Effekt erzielen Außenjalousien (sogenannte Raffstore), Rolläden und Markisen, wobei diese Einrichtungen den Vorteil haben, bedarfsweise bei Sonnenschein eingesetzt werden zu können. Innere Sonnenschutzeinrichtungen sind Rollos, Jalousien, Vertikal- und Faltstore.[236] Ebenfalls zur Vermeidung des direkten Einfalls von Sonnenstrahlen sind Dachoberlichter nach Norden auszurichten. Aber nicht nur die Wärmezufuhr, auch der Entzug

---

[232] Vgl. *Munker*, S. 99
[233] Vgl. *Wenzel*, H.G./*Piekarski*, C., Klima und Arbeit, München 1980, S. 150
[234] Vgl. *Mittmann*, W., Schutz vor Sonnenlicht, in: Industriebau, Nr. 3, 35. Jg., 1989, S. 194
[235] Vgl. *Mittmann*, S. 194; *Wenzel/Piekarski*, C., S. 150 f.
[236] Zu äußeren und inneren Verschattungseinrichtungen vgl. *Mittmann*, S. 194 ff.

der Wärme, z.B. über einen kalten Fußboden, ist mitentscheidend für das Wohlbefinden des Menschen. In diesem Sinne schlecht ist der in Industriebauten häufig verwendete bloße Zementestrich. Textile Beläge oder Holzpflasterböden verringern hingegen die Ableitung der Wärme über die Füße.[237]

Ist die Raumtemperatur bereits unangenehm hoch - z.B. aufgrund *im* Gebäude befindlicher Wärmequellen, wie z.B. von Brennöfen und Maschinen -, nützen die oben aufgeführten baulichen Vorkehrungen nichts. Eine ausreichende Lüftung mit kälterer Luft sorgt dann für eine Reduzierung der Wärmegrade und senkt darüber hinaus die Konzentration der Luftverunreinigung im Gebäude. Während die bereits angesprochenen Lüftungs*anlagen* nur mittelbar mit der Gebäudegestaltung in Verbindung zu bringen sind, beruht die Wirksamkeit der natürlichen Lüftung direkt auf einer hierfür brauchbaren Bauweise. Die natürliche Lüftung macht sich die Temperaturdifferenzen zwischen den Räumen im Gebäude und der äußeren Umgebung sowie die natürlichen Luftbewegungen zunutze, die zu einem Luftaustausch führen. Der Luftwechsel erfolgt in eingeschossigen Bauten vorwiegend über Dachöffnungen und in Geschoßbauten über Fenster und Lüftungsschächte.[238] Insbesondere Lage und Größe der Lüftungsöffnungen, Windstärke, Höhe der Temperaturunterschiede, Form und Anordnung des Gebäudes auf dem Grundstück entscheiden über die Wirksamkeit der natürlichen Lüftung, aber auch über die Entstehung gefährlicher und deshalb zu vermeidender Zugluft.

Die Größe der Lüftungsöffnungen bemißt sich nach dem Luftvolumen und der Wärmemenge, die in einem bestimmten Zeitraum auszutauschen bzw. nach außen abzuführen sind.[239] Der Luftwechsel ist in Hallen und anderen eingeschossigen Bauten am effektivsten, wenn die Lufteintrittsöffnungen möglichst in Fußbodennähe angebracht sind und der Luftaustritt über Dachoberlichter erfolgt, weil der Luftstrom auf diese Weise die gesamte Luftmenge erfaßt. Die Dachaufsätze müssen dazu entsprechend den Wärme- und Verunreinigungsquellen über die gesamte Bauwerkslänge angeordnet werden. In mehrgeschossigen Bauten kann sich Frischluft am besten mit Raumluft mischen, wenn sie über viele kleinere statt wenige große Fenster

---

[237] Vgl. *Becker-Biskaborn*, G.-U., Ergonomische Erkenntnissammlung für den Arbeitsschutz mit Informationssystemen, Band II, Bremerhaven 1975, S. 275; *Quenzel*, S. 58. Zu den Anforderungen an Fußböden sowie zum Aufbau und zu den Belägen von Fußböden vgl. *Henn*, W., Fußböden, München 1964, insbesondere S. 11 ff., S. 27 ff. und S. 31 ff.

[238] Zu Lüftungsöffnungen in Oberlichtern sowie zur Lüftungstechnik in verschiedenen Bautypen vgl. *Henn*, W.,Industriebau, Band 2, Entwurfs- und Konstruktionsatlas, München 1961, S. 345 und S. 381 f. mit den dort enthaltenen Abbildungen.

[239] Vgl. *Ordinanz*, W., Hitzearbeit und Hitzeschutz, Düsseldorf 1968, S. 47 ff.

ins Gebäude gelangen kann. Einseitig angeordnete Fensterreihen genügen für eine Lüftung von Räumen bis maximal sieben Meter Tiefe; zweiseitige Fensterreihen ermöglichen in dieser Hinsicht eine Verdoppelung der Raumtiefe.[240] Lüftungsschächte können entweder separat für jedes einzelne Stockwerk angelegt werden oder zentral jedes Stockwerk miteinander verbinden und mit Frischluft versorgen.[241] Der Nachteil des Zentralschachtes ist, daß sich im Brandfalle dadurch Feuer leichter auf andere Stockwerke ausbreiten kann.

Mit der Windstärke und der Windrichtung wechselt auch die Wirksamkeit der natürlichen Belüftung. Nach Möglichkeit sollten wegen der unterschiedlichen Winddruckverhältnisse die Lufteintrittsöffnungen an der der Hauptwindrichtung zugekehrten Seite des Bauwerkes - hier herrscht gegenüber dem Gebäudeinneren ein Überdruck - und Luftaustrittsöffnungen an der Windschattenseite liegen. Könnten nur einseitige Lüftungsöffnungen angebracht werden, sind solche vorzuziehen, die sich an der dem Wind abgekehrten Seite befinden, da die dort gegenüber dem Gebäudeinneren herrschenden Unterdruckverhältnisse die verbrauchte Luft aus dem Bauwerk herausziehen.[242] Luftverunreinigungs- und Wärmequellen dürfen nicht an der dem Wind zugekehrten Seite des Gebäudes stehen, da sonst die erwärmte und verunreinigte Luft zuerst durch das gesamte Bauwerk geführt, bevor sie ins Freie abgeleitet wird.[243]

5. Aspekte der Lärmbekämpfung

Lärm ist unerwünschter, störender oder schädigender Schall. Je nachdem, ob er sich in der Luft oder in festen Körpern ausbreitet, spricht man von Luft- oder Körperschall.[244] Die Interpretation eines wahrgenommenen Schalles als Lärm hängt nicht nur von der Intensität, der Frequenz und der Einwirkungsdauer, sondern auch von der körperlichen und geistigen Verfassung sowie der inneren Einstellung des Betroffenen zu der Schallquelle ab. Objektiv gleich starke Schallreize können daher subjektiv unterschiedlich laut empfunden werden. Deswegen ist es nicht möglich, im

---

[240] Vgl. Reuter, F., Luft- und Lichttechnik - energiesparende Konzepte für Industrie- und Verwaltungsbauten, in: Zentralblatt für Industriebau, Nr. 4, 26. Jg., 1980, S. 239
[241] Vgl. *Koch*, H., Lüftung des Arbeitsraumes, Köln, Frankfurt/M. 1963, S. 36 f.
[242] Vgl. hierzu *Koch*, S. 25 f.
[243] Vgl. *Koch*, S. 35 f.
[244] Vgl. *Dall*, O.F., Lärm und Arbeit, in: Die Arbeitslehre, Nr. 4, 6. Jg., 1975, S. 168

Einzelfall aus einer bestimmten Belastungskonstellation generell auf die zu erwartenden Auswirkungen zu schließen.[245]

Die potentiellen Auswirkungen können vielfältiger Natur sein. Gesichert ist der Zusammenhang zwischen Lärm und Schädigungen des Gehörs. Lärmbedingtes Mißachten von akustischen Warnsignalen erhöht die Unfallgefahren im Betrieb. Psychische und physische Schäden, wie z.B. Schmerzempfinden, mechanische Zerstörung der Nervenzellen, Magengeschwüre und Schlaflosigkeit, werden mit Lärm in Verbindung gebracht.[246] Daneben nimmt sich die durch Lärm verursachte Leistungsabnahme der Beschäftigten eher harmlos aus.[247] Durch bauliche Maßnahmen kann zwar nicht die Entstehung des Lärms, aber doch dessen Ausbreitung mehr oder minder verhindert werden, indem die Lärmquelle durch geeignete Bauwerksteile isoliert wird. Denn die auf ein Hindernis (z.B. Decke oder Wand) auftreffenden Schallwellen werden, wie Abbildung 56 zeigt, nur zum Teil durchgelassen, zu anderen Teilen reflektiert und absorbiert. Aufgabe der Bauplaner "muß es also sein, Gebäude so auszubilden, daß Geräuschbelästigungen im Raum (durch dort aufgestellte Maschinen) und durch Decken, Dächer und Wände hindurch so gering wie möglich gehalten werden."[248]

Als sekundäre Schallschutzvorkehrungen geeignete Bauteile müssen demzufolge so beschaffen sein, daß die Schallwellen Wände und Decken möglichst nicht durchdringen oder in Körperschall umgewandelt, sondern reflektiert (Schalldämmung) oder absorbiert (Schalldämpfung) werden. Die Schalldämmung soll den Schallübergang von einem Raum zum anderen, die Schalldämpfung die Übereinanderlagerung reflektierter Schallwellen in einem Raum unterbinden.

---

[245] Vgl. *Nemecek*, J., Lärm am Arbeitsplatz, Ludwigshafen/Rh. 1983, S. 35 ff.; *Strasser*, H./*Hesse*, J., Lärmbekämpfung im Betrieb, in: Personal, Nr. 10, 40. Jg., 1988, S. 403

[246] Vgl. z.B. *Lehmann*, G., Praktische Arbeitsphysiologie, 2. Auflage, Stuttgart 1962, S. 337 ff.

[247] Vgl. hierzu *Nemecek*, S. 43 ff.

[248] *Schmiedel*, K., Schallabsorbierendes einschaliges gedämmtes Dach an der neuen Pressenhalle, Opelwerk Kaiserslautern, in: Zentralblatt für Industriebau, Nr.6, 26. Jg., 1980, S. 370

III. Personalwirtschaftliche Anforderungen 289

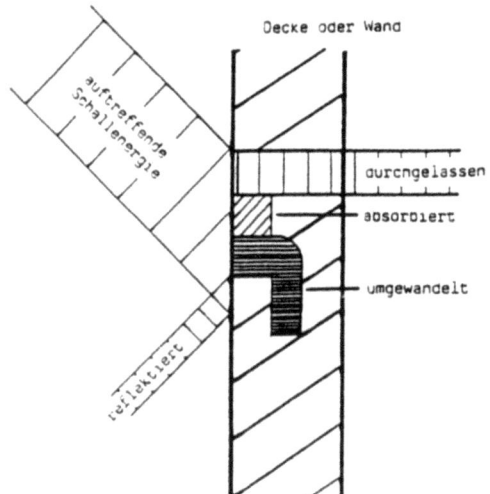

Abb. 56. Aufteilung der auf ein Hindernis auftreffenden Schallenergie

Quelle: In Anlehnung an *Dall*, S. 174

Das Ausmaß der Schalldämmung hängt wesentlich von der Masse der verwendeten Bauteile ab. Je schwerer ein Bauteil ist, desto mehr Schallenergie wird benötigt, um es in Schwingungen zu versetzen. Ein Bauteil mit einer Masse von 100 kg/m² dämmt eine Lautstärke von ca. 40 dB; eine Verdoppelung der Masse erhöht den Dämmwert um ungefähr 6 dB. Um größere Lautstärken, wie sie in Arbeitsräumen der Schwerindustrie vorkommen, wirksam dämmen zu können, müßten besonders massive Wände, Decken etc. errichtet werden, die ihrerseits hohe Anforderungen an die Tragkonstruktion des Gebäudes stellten sowie dessen Flexibilität beeinträchtigten und daher aus wirtschaftlicher Sicht nicht mehr vertretbar wären. Deshalb werden in Industriebauten mehrschalige Leichtkonstruktionen verwendet, die den mehrfachen Übergang der Schallwellen von einem Schalenelement über die Luft zu einem anderen Element desselben Bauteiles und den damit verbundenen Energieverlust zur Schalldämmung nutzen. Ferner wird das Schalldämmaß vom Material des Bauteiles bestimmt. Schallharte Stoffe erhöhen die Reflexion des Schalles gegenüber schallweichen Materialien.[249] Die Abbildung 57 gibt eine Übersicht über die Schalldämmwerte verschiedener Bauteile.

---

[249] Vgl. hierzu *Schmidtke*, H. u.a., Lärmschutz im Betrieb, München 1981, S. 60

Material	Mittleres Schall-Dämm-Maß in dB
6-mm-Sperrholzplatte	20
8-mm-Hartfaserplatte	27
Gipsplatte, 8 cm dick	29
Holzwolle-Leichtbauplatte, 7,5 cm dick beiderseits verputzt	32
Mauerziegel, 12 cm dick, beiderseits Kalkputz je 1,5 cm	43
Vollziegelmauer, 34 cm dick, verputzt	50
Vollziegelwand, ca. 40 cm dick, beiderseits verputzt	55 - 59
Konstruktion oder Element	
Normale Einfachtüren	21 - 29
Normale Doppeltüren	30 - 39
Fenster, Einfachverglasung	20 - 24
Fenster, Doppelverglasung	24 - 28

Abb. 57. Mittlere Schalldämmwerte verschiedener Bauteile

Quelle: *REFA Verband für Arbeitsstudien und Betriebsorganisation e.V.*, Methodenlehre des Arbeitsstudiums, Teil 1, Grundlagen, 7. Auflage, München 1984, S. 242

Bei der Schalldämpfung wird der größte Teil der Schallenergie in der Decke oder in der Wand in Wärmeenergie umgewandelt und somit absorbiert. Der Absorptionsgrad ist vom Anteil der zur Verfügung stehenden Schallschluckfläche an den raumabschließenden Bauelementen und von den verwendeten Baumaterialien abhängig.[250] Insbesondere faserige Materialien, wie z.B. Mineralwolle, eignen sich gut für die Schalldämpfung. Hohe Töne werden grundsätzlich besser absorbiert als tiefe. Die Schallschluckgrade verschiedener Baumaterialien bei unterschiedlichen Frequenzen zeigt die Abbildung 58.

---

[250] Vgl. *REFA*, Teil 1, S. 243

III. Personalwirtschaftliche Anforderungen

Material	Schallschluckgrade bei einer Frequenz von		
	125 Hz	500 Hz	2000 Hz
Beton	0,01	0,01	0,02
Glasscheibe (Fenster)	0,04	0,03	0,02
Holzfaser-Dämmplatte, 1,5 cm dick, in 5 cm Wandabstand (Mittelwert)	0,20	0,30	0,35
Holzwolle-Leichtbauplatte, 2,5 cm dick, direkt auf Massivwand	0,13	0,22	0,85
Gesteppte Glasfasermatte, 3 cm dick	0,10	0,70	0,70
Sperrholz, 3 mm dick, Wandabstand 5 cm	0,25	0,18	0,10
Mineralwolleplatten, 20 mm dick, = 2,5 kg pro m², ohne Wandabstand	0,05	0,65	1,00

Abb. 58. Schallschluckgrade verschiedener Materialien bezogen auf einen Quadratmeter

Quelle: *REFA*, Teil 1, S. 243

Die schallabsorbierende Auskleidung von Decken- und Wandflächen wird in Abbildung 59 schematisch dargestellt.

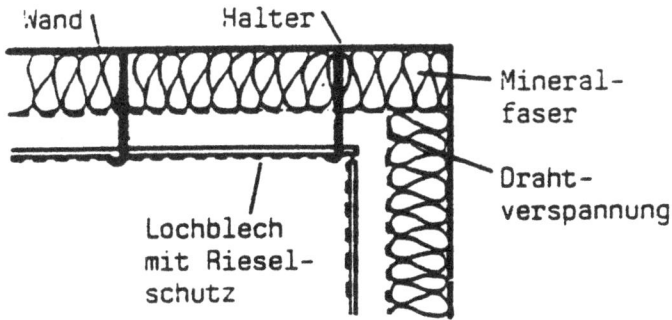

Abb. 59. Schallabsorbierende Auskleidung von Decken und Wänden

Quelle: In Anlehnung an *Schmidtke*, u.a., S. 69

Kombinierte Dämmungs- und Dämpfungsmaßnahmen zur Verhinderung der Ausbreitung von *Körper*schall, der z.B. durch Maschinenvibrationen entsteht, sind am wirksamsten, wenn es gelingt, die Schallenergie auf ein begrenztes Gebiet, d.h. auf einen bestimmten Gebäudeteil, zu konzentrieren und dort in Wärme umzuwandeln.[251] Hilfreich ist es beispielsweise, Maschinen auf eigene Fundamente zu stellen, die gegen die Körperschallübertragung auf das Gebäude schwingungsisoliert sind.[252] Die Verlegung sogenannter schwimmender Estriche unterstützt die Maßnahmen zur Körperschallabwehr. Als Besonderheit wird hier zwischen Betonboden und Estrich eine Körperschalldämmatte -z.B. aus federnden Mineralfaserplatten - eingeschoben, die die Schwingungen dämmt.

Bei allen Maßnahmen zur Dämmung und Dämpfung von Luft- und Körperschall ist zu beachten, daß ihre Wirksamkeit von Art und Anzahl der Schallbrücken - das sind nicht schallisolierte Bauteile, wie z.B. einfache Türen - abhängt.

6. Aspekte der Formgebung

In der Reihe baugestaltender Maßnahmen, die der Erfüllung personalwirtschaftlicher Anforderungen dienen, soll abschließend die Bedeutung der Raumform nicht unerwähnt bleiben, die letztlich durch den Industriebautyp festgelegt wird.[253] Die Raumform kann durch die Proportionen der drei Raumdimensionen Höhe, Tiefe, Breite beschrieben werden. Sie vermittelt dem Menschen einen Raumeindruck - man spricht in diesem Zusammenhang von der Raumphysiognomie als der Kombination zwischen Raumform und Maßverhältnissen -, der im Betrachter Empfindungen erzeugt, bei denen es sich um Einbildungen, aber auch um psycho-physiologische Auswirkungen handeln kann.[254] Häßliche Raumeindrücke führen zu einer Mobilisierung des vegetativen Nervensystems, das beim Menschen eine Widerstandshaltung gegen den Aufenthalt in solchen Räumen generiert. Diese kann sich in psychischer und physischer Erschlaffung und in Gesundheitsstörungen äußern. Görsdorf berichtet von einem keramischen Betrieb, der in einer alten Kaserne untergebracht war. Aus betriebstechnischen Gründen wurde das vorhandene Gebäude zu einer großen Halle umgebaut. Dabei entstand ein völlig undimensioniertes Raumbild, das einen unangenehmen,

---

[251] Vgl. *Heckl, M./Nutsch, J.*, Körperschalldämmung und -dämpfung, in: Taschenbuch der technischen Akustik, hrsg. von M. Heckl und H.A. Müller, Berlin, Heidelberg, New York 1975, S. 479

[252] Vgl. hierzu die Abbildungen bei *Henn*, Band 2, S. 238

[253] Ebenerdige Hallen verfügen z.B. über einen großen Hauptarbeitsraum, Mehrgeschoßbauten sind meist in viele kleinere Räume unterteilt.

[254] Vgl. *Görsdorf*, S. 98

häßlichen Eindruck erweckte. Als Folge traten bei den in diesem Bauwerk beschäftigten Arbeiterinnen Sehstörungen, Schwindelgefühle, Magenkrämpfe und andere Gesundheitsstörungen auf, wie Untersuchungen später ergaben.[255]

Um solche Auswirkungen zu vermeiden und die Bedeutung der Raumform für das menschliche Wohlbefinden bei der Baugestaltung berücksichtigen zu können, katalogisiert Görsdorf die Raumwirkungen nach psychologischen Gesichtspunkten und kommt durch unterschiedliche Kombination der drei Raumdimensionen zu sieben Raumausdrucksgestalten.[256] Ausgehend von der jeweils zu verrichtenden Tätigkeit lassen sich daraus nach Ansicht Görsdorfs Raumformen ableiten, die einen die Arbeit unterstützenden psychologischen Effekt erzeugen. So sollen Konzentration erfordernde geistige Tätigkeiten, wie z.B. Forschungsarbeiten, in kleinen, kabinettartigen Räumen verrichtet werden, weil sie die Gemütskräfte im positiven Sinne anregen. Arbeiten unter Einsatz von Körper- und Willenskraft entspricht am ehesten die Ausdrucksstimmung der weiten Halle, die die Tatkraft unterstützt. Gebäude mit gewölbeartigem Charakter - Görsdorf spricht hier von Rundshedhallen - vermitteln den Eindruck eines räumlichen Halts. Sie eignen sich als Bauwerke für Arbeiten an schnellaufenden Maschinen oder für sonstige hektisch erscheinende Tätigkeiten.[257]

Nach den Erfahrungen des Verfassers ist die ausdrückliche Berücksichtigung der psychologischen Wirkungen, die von der Raum*form* ausgehen, anders als die vorangehenden Aspekte bislang von überwiegend theoretischer Natur.

Auch von der Fachliteratur wurde die Formgebung aus personalwirtschaftlicher Sicht nur vereinzelt und am Rande aufgenommen;[258] zu sehr dominieren in diesem Bereich die produktionswirtschaftlichen Anforderungen. So ist eine - sicher unbewußte - bauliche Umsetzung der psychologischen Erkenntnisse nur anzutreffen, wenn zugleich auch der Materialfluß und die Maschinen dies erfordern.

---

[255] Vgl. *Görsdorf,* S. 100 f.
[256] Er unterscheidet z.B. Räume mit cholerischer, energetischer Wirkung (große, weite Dimensionen), ernste, stimmungslose, neutrale Räume (rechtwinklig, klein) und ruhige, friedliche Stimmung verbreitende Räume (Rundshedhallen). Vgl. *Görsdorf,* S. 98 f.; *Nagel/Linke,* Industriebauten, 1969, S. 25
[257] Vgl. *Görsdorf,* S. 101
[258] Vgl. z.B. *Aggteleky,* Band 2, S. 637

E. Die Industriebautypen als Ergebnis einer gedanklichen Ordnung realer Bauformen

Nachdem in den vorangegangenen Kapiteln unter anderem Zweckmäßigkeitskriterien erörtert und allgemeine Restriktionen sowie spezielle bauwirtschaftliche und ökonomisch-funktionale Anforderungen an die Gestaltung von Industriebauten diskutiert wurden, sollen Gegenstand dieses Kapitels die realen Erscheinungsformen industrieller Bauwerke sein, die gleichsam den Fluchtpunkt sämtlicher Gestaltungsüberlegungen und Planungen bilden. Nicht zuletzt wegen der vielen Rahmenbedingungen und Anforderungen, die - und das ist sicher nicht übertrieben - bei jedem Bauprojekt unterschiedlich sind, ist die Vielfalt der Industriebauten unüberschaubar. So wird jedes Fabrikgebäude durch eine Menge verschiedener Merkmale geprägt, die von Bauwerk zu Bauwerk unterschiedliche Ausprägungen annehmen können und in Kombination miteinander die große Anzahl realer Bauformen ergeben. Der empirische Gehalt einer Untersuchung, die von einzelnen realisierten Industriebauten ausgeht, muß demzufolge eng begrenzt sein und ist für die Zwecke der vorliegenden Arbeit zwar eine notwendige, aber keine hinreichende Grundlage, weil aus den wenigen Einzelbeobachtungen nicht auf allgemeine Gesetzmäßigkeiten geschlossen werden kann.[1]

Um dieses Ziel dennoch zu erreichen, wird sich im folgenden einer wissenschaftlichen Methode bedient, mit der die vielen realen Erscheinungsformen von Industriebauten durch Abstraktion zu wenigen wesentlichen Bauformen verdichtet werden, woraus sich jedoch jederzeit Rückschlüsse auf beliebige reale Industriebauten ziehen lassen. Diese Methode, mit deren

---

[1] Diese Erkenntnis gewinnt man z.B. beim Studium der Fachliteratur, in der spezielle Industriebauten ausführlich vorgestellt werden. Man erhält zwar wichtige Hinweise auf in Einzelfällen zweckmäßige Bauweisen, ohne jedoch die Gewähr einer vollständigen Enumeration der in allgemeiner Hinsicht wesentlichen Kriterien zu haben. Vgl. hierzu z.B. die folgenden Quellen: *Gerstner*, K.-H./*Klamann*, Th., Industriebauten der Deutschen Demokratischen Republik, Berlin (Ost) 1962; *Henn*, W., Band 3, a.a.O.; *Hoffmann*, K./*Pagenstecher*, A., Büro- und Verwaltungsgebäude, Stuttgart 1956; *Nagel*, S./*Linke*, S., Industriebauten, Gütersloh 1963; *Grube*, O.W., Industriebauten - international, Stuttgart 1971

Hilfe vor allem der Fertigungsbereich von Industriebetrieben untersucht wurde, wird als Typologie bezeichnet.[2]

Ausgangspunkt sind wesentliche Merkmale, die einem jeden Industriebau immanent sind. Von jedem Merkmal werden mögliche Ausprägungen festgelegt, die ihrerseits einen Industriebautyp definieren. Alle Typen, die durch je eine Ausprägung des Merkmals gekennzeichnet werden,[3] ergeben eine Typenreihe. Beispielsweise bilden die Industriebautypen "Eingeschoß- und Mehrgeschoßbauten" die Typenreihe des Merkmals "Anzahl der Stockwerke." Weitere im folgenden behandelten typenbildenden Merkmale sind die Art des Baumaterials für die Tragkonstruktion, die Art der Bauweise des Tragwerks, der Grad der Vorfertigung des Bauwerks, der Grad der Nutzungsgebundenheit des Bauwerks, die Zusammenfassung der betrieblichen Teilbereiche, die Art der Beleuchtung sowie sonstige, weniger bedeutende Merkmale. Anhand der daraus abgeleiteten Industriebautypen wird das Problem gelöst, generelle Aussagen für alle realen Erscheinungsformen von Industriebauten zu treffen.[4]

I. Die Einteilung der Industriebauten nach der Anzahl der Stockwerke

Nach der Anzahl der Stockwerke kann man die Industriebauten in Eingeschoß- und Mehrgeschoßbauten einteilen. Für eine systematische Untersuchung erweist es sich als zweckmäßig, unter den Eingeschoßbauten nochmals zwischen Flach- und Hallenbauten zu differenzieren.[5] In der Praxis findet man diese Typen nicht nur in ihrer reinen Form, sondern vielfach auch Kombinationen zwischen Flach- oder Hallen- und Mehrgeschoßbauten durch ununterbrochene Aneinanderreihung der verschiedenen Bauformen. Diese Kombinationen stellen keinen eigenen Gebäudetyp dar, da sie alle Eigenschaften obengenannter Bautypen gleichsam summarisch in sich vereinigen, ohne neue, anderen Bauwerken fehlende Merkmale aufzuweisen. Kombinierte Ein- und Mehrgeschoßbauten werden daher im Zusammenhang mit dem jeweils dominierenden Bautyp besprochen.

---

[2] Vgl. *Große-Oetringhaus*, W., Fertigungstypologie unter dem Gesichtspunkt der Fertigungsablaufplanung, Berlin 1974, S. 20 f.; *Kurrle*, S., Integration von Informations- und Produktionstechnologien im Industriebetrieb, Diss., Mannheim 1988, zugleich Pfaffenweiler 1988, S. 100 f. und die dort angegebene Literatur.
[3] In der Literatur wird diese Sorte von Typen als eindimensionaler Elementartyp bezeichnet, vgl. *Große-Oetringhaus*, W., a.a.O., S. 31
[4] Zum empirischen Gehalt der Typen vgl. *Große-Oetringhaus*, S. 35 sowie zur typologischen Methode an sich S. 26-49 und die dort angegebene Literatur.
[5] Vgl. *Schmalor*, R., Industriebauplanung, Düsseldorf 1971, S. 171 ff.; *Lahnert*, S. 97

Neben der hier gewählten Einteilung der eingeschossigen Industriebauten in Flach- und in Hallenbauten existieren in der Fachliteratur auch die Bezeichnungen Saal- und Hallenbauten zur Charakterisierung derselben Sachverhalte. In diesen Fällen ist Flachbau die Sammelbezeichnung für eingeschossige Industriebauwerke.[6] Ferner werden Mehrgeschoßbauten teilweise auch als Hochbauten bezeichnet;[7] dieser Ausdruck ist jedoch inhaltlich bereits durch DIN 276 Teil 1 festgelegt, so daß er zur Kennzeichnung eines bestimmten Bautyps vermieden werden muß.[8]

Abbildung 60 gibt einen Überblick über die Einteilung der Industriebauten nach der Anzahl der Geschosse und die hierbei bestehenden sprachlichen Gepflogenheiten, wobei die in dieser Arbeit nicht oder anders verwendeten Bezeichnungen in Klammern gesetzt sind.

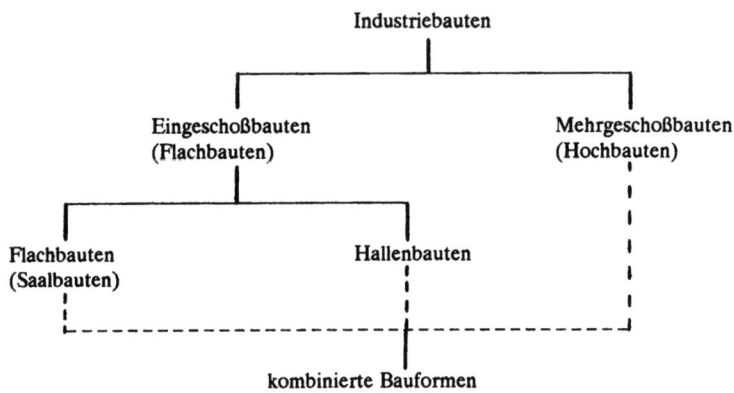

Abb. 60. Einteilung der Industriebauten nach der Anzahl der Geschosse

---

[6] Vgl. z. B. *Beste*, Fertigungswirtschaft, S. 158 f.; *Buff*, S. 166 ff. Zu diesem uneinheitlichen Sprachgebrauch mag beitragen, daß Flachbauten oft einen räumlichen Eindruck vermitteln, der dem bestimmter Hallen sehr ähnlich ist; vgl. *Lahnert*, S. 99

[7] Vgl. z.B. *Harms*, S. 30

[8] DIN 276 Teil 1 versteht unter Hochbauten "aus Baustoffen und Bauteilen hergestellte und fest mit dem Baugrund verbundene bauliche Anlagen" (DIN 276 Teil 1, S. 11).

1. Die Eingeschoßbauten

a) Die Flachbauten

Flachbauten weisen große zusammenhängende, ebenerdige Grundflächen auf. Ihre lichte Höhe ist gegenüber anderen Industriebautypen verhältnismäßig klein. Sie beträgt im Durchschnitt vier bis sechs, in manchen Fällen bis zu acht Meter. Deswegen können sie nur mit leichten flurbedienten Kranen entsprechender Hakenhöhe und Nutzlasten zwischen 30.000 und 50.000 N ausgerüstet werden.[9] Wegen der auf Erdniveau liegenden Nutzfläche werden die Lasten direkt an den Baugrund abgegeben. Nur bei ungünstigen Baugrundverhältnissen - z.B. im Falle nichttragender Bodenschichten - sind deshalb besondere Gründungsmaßnahmen (Pfahlgründungen) erforderlich. Üblicherweise sind Flachbauten nur zu einem kleinen Teil unterkellert, weshalb sie auch schwere Bodenlasten aufnehmen können. Der verhältnismäßig kleine Keller dient in der Regel der Aufnahme der Haustechnik (z.B. der Heizungsanlage) oder von Nebenräumen und ist unterhalb von Gebäudebereichen (z.B. von Pausen- oder Büroräumen) angeordnet, von denen nur unerhebliche Anforderungen an das Tragwerk ausgehen.

Die Räume größerer Flachbauten werden durch Stützenreihen unterteilt, die die Lasten der Dachkonstruktion aufnehmen. Um den Materialfluß nicht zu behindern, ist es wichtig, die Stützen planvoll anzuordnen. Stützweiten in Längsrichtung des Gebäudes von 10 m bis 30 m und in Querrichtung von 5 m bis 7,50 m gelten als wirtschaftlich,[10] wobei sich in der Praxis insbesondere Feldweiten von 7,50 m und im Vergleich hierzu doppelte Spannweiten von 15 m auch unter Flexibilitätsgesichtspunkten bewährt haben. Ein quadratisches Stützenraster wird dann bevorzugt, wenn kein eindeutig gerichteter Materialfluß gegeben ist, so daß er in Längs- und Querrichtung gleichermaßen von der Stützkonstruktion unbehindert verlaufen kann. Im allgemeinen erweist sich für ein quadratisches Stützenraster das Maß von 15 m x 15 m als geeignet. Jedoch spielen im einzelnen vor allem die Anzahl und Breite der Fertigungsstraßen sowie die Breite der Verkehrswege eine wichtige Rolle bei der Berechnung zweckmäßiger Stützenabstände in Flachbauten.[11] Das optimale Stützenraster kann deshalb nur nach den Bedingungen des konkreten Einzelfalles ermittelt werden. Schwierigkeiten bestehen hierbei, die durch größere Stützenabstände entstehenden Vorteile zu bewer-

---

[9] Vgl. *Aggteleky*, Band 2, S. 639 bis 643; *Henn*, Bauten, S. 119; *Kettner/Schmidt/Greim*, S. 140 ff.
[10] Vgl. *Neufert*, Bauentwurfslehre, S. 341
[11] Vgl. *Schäfer*, G., Typung von Hallen, Diss., Braunschweig 1964, S. 21 f.

ten,[12] wohingegen die Nachteile in Form höherer Baukosten leicht ermittelt werden können.

Das Erscheinungsbild von Flachbauten wird vor allem durch die Dachkonstruktion geprägt, so daß man die verschiedenen Grundformen dieses Bauwerktyps nach der jeweiligen Dachausbildung kennzeichnet. Dabei hat es sich seit langem im allgemeinen Sprachgebrauch eingebürgert, die Bezeichnung Shedbau für den besonders in der ersten Hälfte des 20. Jahrhunderts am meisten verbreiteten Flachbau mit sägezahnartiger Dachform synonym für den Flachbau schlechthin zu verwenden.[13]

Die Dächer von Flachbauten sind in der Regel mit Oberlichtern versehen, durch die Tageslicht eindringen und den Innenraum beleuchten kann, da das durch Fenster einfallende Seitenlicht wegen der großen Tiefe dieser Gebäude nicht ausreichend für Helligkeit sorgen würde. Aus diesem Grunde wird bei Flachbauten häufig auf die Anbringung von Fenstern verzichtet und nur ein schmales Fensterband im oberen Drittel der Außenwände eingebaut, das den psychologisch wichtigen Kontakt der Beschäftigten zur Außenwelt gewährleisten soll. Typische Dachformen sind das Satteldach, das Horizontaldach, das Sheddach, das Schalensheddach und das Wölbdach. Die Abbildung 61 zeigt den schematischen Querschnitt von Flachbauten mit verschiedenen Dachformen (siehe S. 299).

Die Beurteilung der Zweckmäßigkeit der verschiedenen Dachkonstruktionen muß bei der eigentlichen Dachform *und* den - davon zum Teil unabhängigen, zum Teil aber auch damit einhergehenden Oberlichtern - ansetzen.[14] Die Verwendung bestimmter Dachformen hat ferner bautechnische Gründe - z.B. steht die Dachkonstruktion in engem Zusammenhang zum Tragsystem (Stützen) des Flachbaues -, auf die hier nicht eingegangen werden soll.

Das Satteldach als solches bietet die Vorteile einer einfachen Konstruktion, der Verwendbarkeit vieler unterschiedlicher Baustoffe und der guten Ableitung von Niederschlägen, die auf die Neigung der Dachflächen zurückgeht. Auf Horizontal- oder Flachdächern sammeln sich die Niederschläge bis zur Verdunstung. Daraus ergibt sich das Problem der Abdichtung gegen Feuchtigkeit, die aufgrund von Staunässe leicht durch die Dachhaut dringen kann. Wölb- oder Schalendächer finden sich häufig in Verbindung mit Flachbauten, die in Leichtbauweise errichtet werden. Wenn nicht auf eine gute Isolation des Daches geachtet wird, ist diese Dachform - ähnlich wie

---

[12] Vgl. hierzu Abb. 51; *Schmidt*, S. 102

[13] Vgl. *Franz, W.*, Fabrikbauten, in: Handbuch der Architektur, Vierter Teil, 2. Halbband, 5. Heft, Leipzig 1923, S. 26

[14] Vgl. zur Beurteilung *Harms*, S. 31 f.

I. Die Einteilung nach der Anzahl der Stockwerke

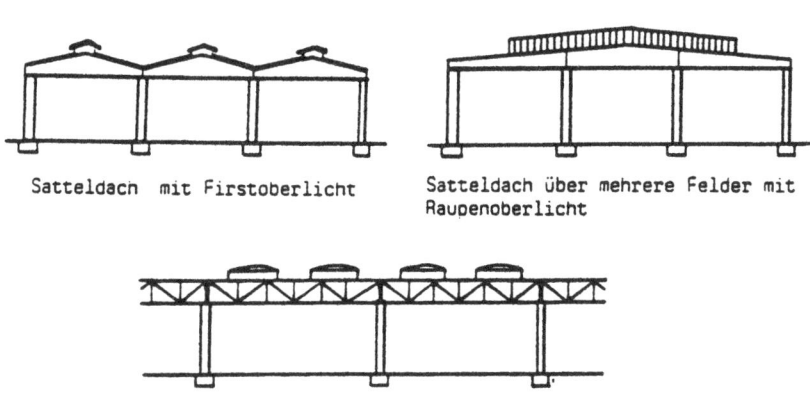

Satteldach mit Firstoberlicht

Satteldach über mehrere Felder mit Raupenoberlicht

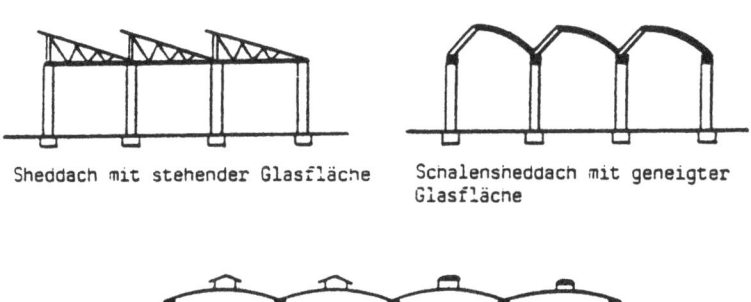

Horizontaldach mit Lichtkuppeln

Sheddach mit stehender Glasfläche

Schalensheddach mit geneigter Glasfläche

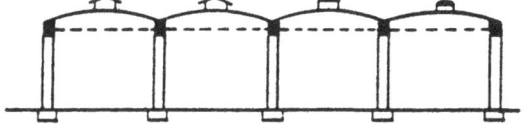

Tonnenschalen mit Firstoberlicht und mit Lichtkuppeln

Abb. 61. Schematische Darstellung von Flachbauten mit verschiedenen Dachformen

Quelle: In Anlehnung an *Lahnert*, S. 104

das Flachdach - anfällig gegen Transmissionswärme im Sommer und für Wärmeverluste im Winter, so daß erhöhte Raumklimakosten entstehen.

Sheddächer werden stets aus Gründen der besseren Qualität der natürlichen Beleuchtung gewählt. Denn die Lichtstärke im Flachbau schwankt mit der Anordnung der Oberlichter. Bei Sheddächern sind die durchgehenden Glasflächen sehr groß, und ihr gegenseitiger Abstand kann sehr klein gewählt werden, so daß sich z.B. gegenüber den am Dachgiebel verlaufenden

Firstoberlichtern bessere Lichtverhältnisse ergeben. Die Abbildung 62 zeigt schematisch den Verlauf der Beleuchtungsstärkekurven - ausgedrückt durch den Tageslichtquotienten[15] - in Abhängigkeit von der Art und der Lage der Oberlichter. Man erkennt, daß die Räume durch Shedoberlichter gleichmäßiger als durch Firstoberlichter ausgeleuchtet werden.

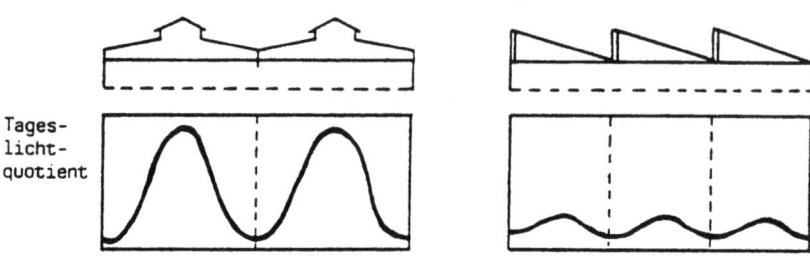

Abb. 62. Beleuchtungsstärkekurven in Abhängigkeit von der Art und der Anordnung der Dachoberlichter

- Satteldach mit Firstoberlicht (links)
- Sheddach (rechts)

Quelle: In Anlehnung an *Rockstroh*, Band 3, S. 136 f.

Ist die Lage der Shedverglasung so ausgerichtet, daß keine direkten Sonnenstrahlen eindringen können - d.h. auf der Nordhalbkugel der Erde eine Ausrichtung gegen Norden -, erhält man zudem im Innenraum des Gebäudes ein blendungsfreies natürliches Licht. Geneigte Glasflächen haben gegenüber senkrecht stehenden Fensterbändern den Vorteil einer besseren Lichtausbeute. Bei einer Neigung von 60° beträgt der Tageslichtquotient ca. 22 %, bei einer senkrechten Verglasung nur etwa 11 %. Senkrecht stehende Glasflächen erweisen sich demgegenüber als vorteilhaft, wenn auf die Gleichmäßigkeit des Lichteinfalls besonderer Wert gelegt wird. Denn eine Abweichung von der exakten Nordausrichtung der Glasflächen führt zu geringeren Blendwirkungen als im Falle geneigter Fensterbänder. Weitere Nachteile schräger Shedverglasungen sind die höhere Schmutzanfälligkeit der Scheiben, die höhere Reinigungskosten mit sich bringt, die technisch aufwendigere Abdichtung gegen Regen und Schnee sowie die aus Sicherheitsgründen erforderliche Verwendung bruchsicheren oder mit Draht unterlegten Glases. Auch die Behinderung des Lichteinfalls durch darauflie-

---

[15] Der Tageslichtquotient ist das Verhältnis von der Lichtstärke an einer bestimmten Stelle im Inneren eines Gebäudes und der gleichzeitigen Lichtstärke im Freien. Vgl. *Neufert*, Bauentwurfslehre, S. 137

genden Schnee kann die Wahl gegen geneigte Glasflächen beeinflussen. Daß dennoch die meisten Sheddächer mit schräger Verglasung ausgeführt werden, ist mit der damit verbundenen Einsparung an Dachfläche zu begründen, die insbesondere bei Stahlbetonsheds den wirtschaftlichen Ausschlag zugunsten dieser Dachform gibt. Schlußendlich können die Shedrinnen bei geneigter Glasfläche leicht begangen werden. Dieser Umstand erweist sich als günstig für die Reinigung und die Instandsetzung, so daß auch die entsprechenden Gebäudekosten niedriger als bei vertikaler Glasfläche sind.[16]

Raupenoberlichter erstrecken sich, wie aus der Abbildung 61 ersichtlich ist, quer über den Dachfirst und somit großflächig über fast die gesamte Tiefe des Flachbaues. Diese Art der Anordnung ist immer dann erforderlich, wenn zu große Stützenweiten eine Ausrichtung der Lichtbänder entlang des Dachfirstes (Firstoberlichter) aus statischen Gründen nicht erlauben. Sind mehrere parallele Raupenoberlichtbänder in geringen Abständen über die gesamte Länge des Bauwerkes hinweg in das Dach eingebaut, ergeben sie eine gute Lichtausbeute. Eine derartige Anordnung von Raupenoberlichtern findet man vor allem bei Flachbauten großer Tiefe. Demgegenüber müssen Firstoberlichter stets dann vorgesehen werden, wenn das Dach aus Stahlbetonschalen besteht, die aus statischen Gründen eine größere Flächenöffnung quer zum First nicht zulassen. Zusammen mit parallel hierzu eingebauten weiteren Lichtbändern, die eine Ebene mit der Dachfläche bilden, ergeben sie ebenfalls eine gute, wenn auch nicht gleichwertige Lichtausbeute wie im Falle mehrerer paralleler Raupenoberlichter. Denn Raupen- und Firstoberlichtbänder sind in Form eines Aufsatzes auf dem Dach angebracht. Da sie rundum verglast sind, können zwar Blendwirkungen aufgrund direkter Sonneneinstrahlung nicht vermieden werden, ihre Schmutzanfälligkeit ist aber gegenüber in der Dachfläche versenkten Lichtbändern geringer und ihre Lichtausbeute unter realen Bedingungen somit größer. Analoges gilt für den Vergleich von auf *Flach*dächern aufgesetzten und in der Dachfläche versenkten Oberlichtern, die man in diesem Fall wegen des fehlenden Firstes nicht als Raupen- und Firstoberlichter bezeichnet. Laternen- oder kuppelförmige *Einzel*oberlichter sind punktuell in die Dachfläche eingelassen und ermöglichen daher keine gleichmäßige Ausleuchtung des Raumes, wenn ihr gegenseitiger Abstand nicht sehr gering ist. Ebenso wie im Falle von Raupen- oder Firstoberlichtbändern können Blendungen durch Sonneneinstrahlung entstehen.[17] Die vielfältigen Möglichkeiten der natürli-

---

[16] Vgl. *Henn*, Bauten, S. 122 f.
[17] Eine Systemübersicht über Oberlichter findet sich bei *Henn*, Industriebau, Band 2, S. 344

chen Beleuchtung von Flachbauten sind die Voraussetzung für die Erfüllung auch hoher Anforderungen an Lichtstärke und -qualität.

Im Endausbau sollten Flachbauten möglichst einen quadratischen Grundriß haben, weil er gegenüber jeder rechteckigen Grundfläche zu einer kleineren Außenwandfläche führt und auf diese Weise Investitionsfolge-, aber auch Gebäudebetriebs- (z.B. Heizungskosten) und Bauunterhaltungskosten einsparen hilft. Aus diesem Grunde sind schmale Bauten zu vermeiden.[18] Nebenräume, die, wie z.B. Toiletten, Wasch- und Pausenräume oder Meisterstuben, den Werkstätten zugeordnet sind, werden bei Flachbauten gerne entlang einer Außenwand, seltener in einem Untergeschoß, aber auch in speziellen Anbauten untergebracht, um die Vorteile zusammenhängender Nutzflächen nicht einzuschränken. Die Anbauten sind häufig zwei- oder mehrstöckig, so daß sich kombinierte Bautypen ergeben.[19]

Grundsätzlich ist denjenigen Autoren zuzustimmen, die die Wahl der zweckmäßigsten Gebäudeform von den gestaltungsbestimmenden Faktoren des Einzelfalles abhängig machen und dafür keine allgemeinen Regeln aufstellen wollen.[20] Dennoch gibt es eine Reihe von Bedingungen und Eigenschaften, die für sich alleine betrachtet jeweils den Ausschlag für den Flachbau ergeben und diesen einer betriebswirtschaftlichen Bewertung zugänglich machen.

Da Flachbauten über eine große Flächenausdehnung verfügen, ist erste Voraussetzung für die Wahl dieses Bautyps die Existenz entsprechend großflächiger Grundstücke. Dies führt insbesondere in städtischen Industriegebieten mit eng begrenzten Arealen zu Schwierigkeiten. Zudem tragen der große Flächenbedarf und hohe Grundstückspreise einen nicht unerheblichen Teil zu den Investitionsausgaben bei.

Flachbauten sind für solche Industriezweige prädestiniert, in deren Fertigungsprozessen große, schwere Maschinen eingesetzt und ebensolche Erzeugnisse hergestellt werden, da bei geeignetem Baugrund keine besonderen Fundamentierungsmaßnahmen erforderlich sind und die Lasten, ohne außergewöhnliche Anforderungen an die Tragkonstruktion des Gebäudes zu stellen, direkt an den Boden abgegeben werden können. Vom Produktionsprozeß ausgehende Erschütterungen (z.B. beim Pressen und Stanzen von Blechen) können leicht durch separate Maschinenfundamente eingedämmt werden. Die Gefahr der Beeinträchtigung darüber- oder darunterliegender Stockwerke besteht naturgemäß nicht.

---

[18] Vgl. auch *Engel/Luy*, S. 1039 f.
[19] Vgl. *Lahnert*, S. 102
[20] Vgl. *Kastl*, S. 38; *Kraemer*, S. 397

Flachbauten haben nur eine Produktionsebene und bedingen daher einen ebenerdigen Materialfluß. Dieser Umstand führt zu langen Transportwegen, weil die Produktionseinrichtungen weitflächiger angeordnet werden müssen,[21] verhindert aber zugleich Wartezeiten vor Vertikalförderern (Aufzügen etc.), die im Falle der Ausnutzung der dritten Dimension entstehen können. Aufgrund der geringen Höhe dieses Bautyps sind Hilfsgeschoßeinbauten ungewöhnlich, so daß Flachbauten für Produktionsprozesse mit überwiegend vertikalem Materialfluß (Mühlen, Zuckerfabriken etc.) ungeeignet sind. Eine vorteilhafte Eigenschaft des Flachbaues ist seine niveaugleiche Anschlußmöglichkeit an das Straßen- und Schienennetz. Lastkraftwagen, Gabelstapler und vereinzelt auch Eisenbahnwaggons können direkt in das Gebäude fahren, um dort be- und entladen zu werden.

In Flachbauten sind die ohnehin großen zusammenhängenden Nutzflächen durch Stützen mit verhältnismäßig großer Spannweite unterteilt, da die Tragkonstruktion im wesentlichen nur die Dachlasten aufzunehmen hat und große Stützenabstände deshalb wirtschaftlich vertretbar sind. Flachbauten sind aus diesem Grunde besonders flexibel. Wenn das Produktionssortiment eines Betriebes häufig wechselt, ist die Entscheidung für diesen Bautyp somit vorteilhaft, da die Betriebsmittel entsprechend der Produktionsänderung leicht umgeordnet werden können.[22] Auch aufgrund ihrer allseitigen Erweiterbarkeit sind Flachbauten, soweit es das Grundstück zuläßt, an veränderte Gegebenheiten anpassungsfähig.

Schließlich eignen sich Flachbauten für feuer- und explosionsgefährdete Betriebe, da die Fluchtwege kurz sind. Ohne erst vertikale Fluchtwege benutzen zu müssen, können die im Gebäude befindlichen Personen im Notfall durch die in kurzen Abständen anzubringenden Notausgänge das Bauwerk ohne weiteres und an fast beliebiger Stelle verlassen und Rettungsmannschaften in das Gebäude vordringen. Die Bauwerksschäden bleiben auf eine Ebene begrenzt. Statische Probleme mit über dem Brandherd liegenden Stockwerken können sich nicht ergeben. Deshalb müssen Flachbauten gegenüber mehrgeschossigen Gebäuden andere Brandschutzauflagen erfüllen. Die Umsetzung der Forderung nach einer Unterteilung der Fertigungsfläche in Brandabschnitte mittels Brandmauern würde den Vorteil großer zusammenhängender Nutzflächen zunichte machen. Bei Flachbauten kann daher darauf verzichtet werden, wobei um so mehr alle anderen Schutzvorkehrungen beachtet werden müssen, die die Ausweitung eines Brandherdes zu einem Flächenbrand verhindern sollen.[23] Aufgrund ihrer zuvor genannten Eigenschaften sind Flachbauten besonders häufig in Be-

---

[21] Vgl. *Kastl*, S. 38
[22] Vgl. hierzu *Schmidt*, S. 99
[23] Vgl. hierzu *Henn*, Bauten, S. 121; *Zeh*, Planungsgrundlagen, S. 439 f.

trieben der leichten oder halbschweren Metallindustrie zu finden, wie z.B. in Kabelwerken, Maschinenfabriken und im Automobilbau, ferner in Betrieben der elektrotechnischen Industrie, der Textil- und Papierindustrie und des Druckereigewerbes.[24]

Die betriebswirtschaftliche Bewertung der Gebäudetypen umfaßt neben der Einschätzung produktions- und personalwirtschaftlicher Vor- und Nachteile stets auch die Beurteilung der durch den jeweiligen Gebäudetyp verursachten Kosten. Die Investitionsausgaben und die daraus resultierenden Investitionsfolgekosten sind bei Flachbauten vergleichsweise niedrig.[25] Diese Feststellung basiert auf folgenden Sachverhalten:

Die Tragkonstruktion muß nur die Dach- und nicht darüber hinaus mehrere Stockwerkslasten aufnehmen. Sie kann deswegen in bautechnischer Hinsicht einfacher und damit billiger ausgeführt werden. Analoges gilt für die Fundamentierung, auf die wegen der Ebenerdigkeit des Flachbaues nur geringe Bauwerkslasten abgeleitet werden. Ganz entscheidend trägt zur Kosteneinsparung gegenüber anderen Bautypen die vollkommene Entbehrlichkeit vertikaler Transportwege wie Treppenhäuser und Aufzüge[26] sowie stockwerkabschließender Konstruktionsglieder (Zwischendecken) und dazugehöriger Installationen bei.

Uneinheitlich verhalten sich Teile der Gebäudebetriebskosten. Aufgrund der guten Möglichkeiten der natürlichen Beleuchtung durch Dachoberlichter können ceteris paribus gegenüber anderen Bauformen Kosten der elektrischen Energie für die Beleuchtung eingespart werden. Nachteilig wirken sich dagegen die großen Dachflächen aus, wenn man die Raumklimakosten betrachtet.[27] Denn die Dachfläche führt zu einem starken Wärmeaustausch mit der Außenluft, so daß im Winter höhere Heizkosten zu verzeichnen sind, um eine bestimmte konstante Innentemperatur zu halten. Im Sommer steigen die Kosten für die Klimatisierung des Gebäudes, wenn das Dach starker Sonnenstrahlung ausgesetzt ist. Eine wärmedämmende Verkleidung der Dachhaut hilft, diese Betriebskosten zu senken. Im Gegenzug steigen dafür die Investitionsfolgekosten.

Die Bauunterhaltungskosten werden im Falle von Flachbauten am meisten von der Dachkonstruktion beeinflußt. Die großen Dachflächen und die Oberlichter verursachen mitunter hohe Kosten, um die Dichtigkeit gegen

---

[24] Vgl. hierzu auch *Henn*, Bauten, S. 39; *Dolezalek/Warnecke*, S. 72; *Kettner/Schmidt/Greim*, S. 145
[25] Vgl. *Beste*, Fertigungswirtschaft, S.159; *Gottschalk*, Flexible Verwaltungsbauten, S. 200
[26] Diese Aussage trifft nur eingeschränkt bei unterkellerten Gebäuden zu.
[27] Vgl. *Henn*, Bauten, S. 39; *Lahnert*, S. 101

I. Die Einteilung nach der Anzahl der Stockwerke

Regen und Schmelzwasser zu gewährleisten und Schnee sowie Schmutz von Dach und Oberlichtern zu entfernen.[28]

Schließlich ist aus betriebswirtschaftlicher Sicht die kurze Bauzeit, die für die Errichtung von Flachbauten erforderlich ist, als vorteilhaft zu bewerten. Denn je schneller die Produktion aufgenommen werden kann, desto schneller werden Leerkosten, die durch in halbfertigen Gebäuden gebundenes Kapital entstehen, in Nutzkosten umgewandelt.

b) Die Hallenbauten

Der Übergang zwischen Flach- und Hallenbauten ist fließend. Hallen sind gleichfalls ebenerdig, haben aber im Unterschied zu Flachbauten größere Höhen-, Tiefen- und Längenabmessungen. Die lichte Raumhöhe liegt zwischen 6 m und 15 m, sie kann in speziellen Fällen 25 m übersteigen. Die übliche Spannweite beträgt 15 m bis 30 m, Weiten bis zu 60 m sind möglich. Der Hallenbau verfügt damit über noch größere zusammenhängende Produktionsflächen, die nicht durch störende Stützen unterteilt werden, als der Flachbau.[29] Das Tragwerk einer Halle setzt sich in Längsrichtung aus einer beliebigen Anzahl von Abschnitten zusammen, die durch die in gleichen Abständen hintereinandergereihten Binder (Träger der Dachkonstruktion) gebildet werden und sich gleichsam wie die Glieder einer Kette zur Industriehalle zusammenfügen. Dieser Umstand ermöglicht aus bautechnischer Sicht eine beliebige Größenvariabilität in Längsrichtung. Abbildung 63 verdeutlicht dieses Prinzip.

---

[28] Vgl. *Lahnert*, S. 101 f.
[29] Vgl. z.B. *Kettner/Schmidt/Greim*, S. 140 f. und 145

20 Brittinger

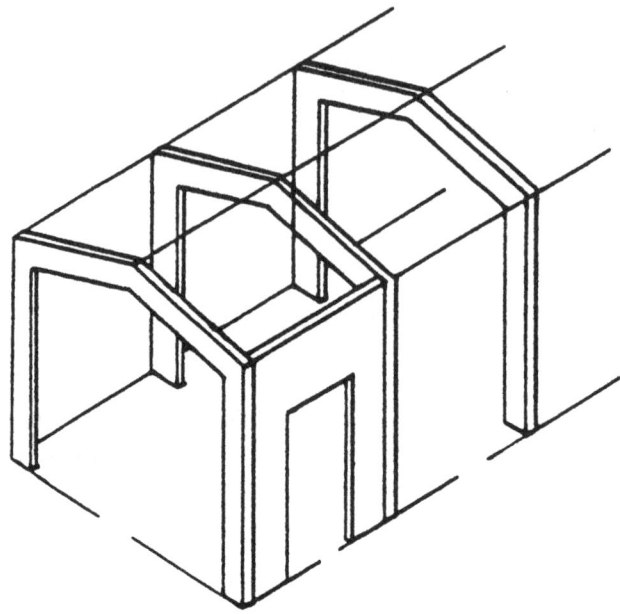

Abb. 63. Aufbau der Tragkonstruktion von Industriehallen

Quelle: In Anlehnung an *Henn*, Bauten, S. 165

Hierauf sowie auf der weitgehend stützenfreien Überspannung beruht die gute Anpassungsfähigkeit der Halle an veränderte Produktionsgegebenheiten.

Häufig findet man Hallenbauten, die in mehrere parallele Hallenschiffe gleicher oder auch unterschiedlicher Höhe eingeteilt sind. Vorteil dieses Hallentyps ist, daß bei sehr breiten Bauwerken die Ausgaben und Kosten für die Dachkonstruktion wegen der geringen Anforderungen an das Tragwerk nicht übermäßig ansteigen.[30] Die Abbildung 64 zeigt ein- und mehrschiffige Hallensysteme.

---

[30] Vgl. *Schmidt*, F., S. 99

I. Die Einteilung nach der Anzahl der Stockwerke 307

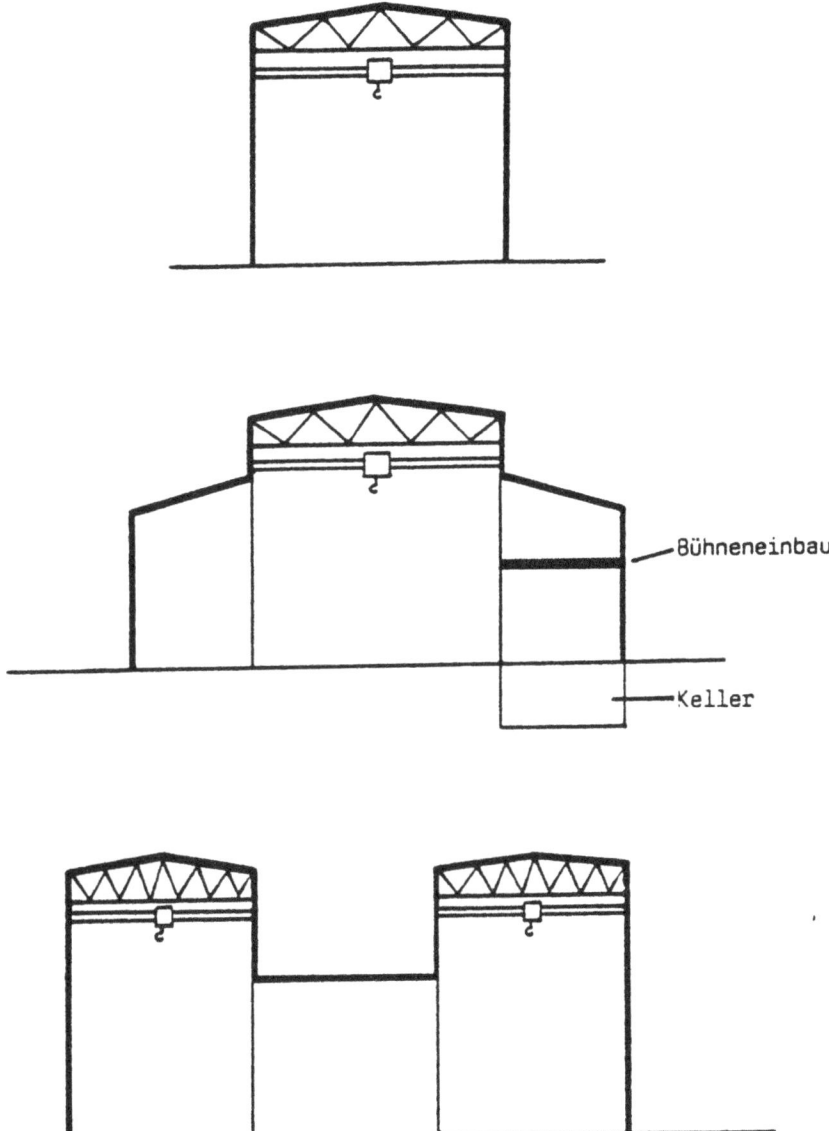

Abb. 64. Ein- und mehrschiffige Hallensysteme

In den Seitenschiffen werden meist Nebenräume untergebracht, wie z.B. Meisterstuben, Umkleideräume, Wasch- und Toilettenanlagen und Lager.[31] Durch den Einbau von Arbeitsbühnen in den Seiten- oder auch in den Hauptschiffen wird aufgrund der besseren Raumnutzung zusätzliche Nutzfläche gewonnen. Solche geschoßartigen Einbauten, die auch Galerien oder Fertigungspaletten genannt werden, finden für die Fertigung kleiner und leichter Einzelteile Verwendung. Die Arbeitsbühnen bestehen z.B. aus festen Deckenelementen oder Gitterrosten. Sie erlauben in einem eingeschossigen Bauwerk auch einen vertikalen Materialfluß, wodurch Produktionseinrichtungen räumlich enger zusammengefaßt werden können und Transportwege und -zeiten sich verkürzen. Beispielsweise läßt sich auf den Arbeitsbühnen die Montagestraße für kleinere Einzel- oder Zwischenprodukte installieren, während sich unterhalb der Fertigungspalette Lagerflächen für die hierzu notwendigen Untergruppen und Fremdbezugsteile befinden.[32] Der Einbau dieser Galerien ist nur in den Hallenbereichen sinnvoll, in denen die volle Raumhöhe ansonsten nicht genutzt werden könnte.

Unterkellerungen sind bei Hallenbauten wegen der damit verbundenen Verringerung der Bodentragfähigkeit zu vermeiden und höchstens in Seitenschiffen angebracht, wo aufgrund der dort untergebrachten Lager, Sozialräume, Büros etc. geringere Anforderungen gestellt werden. Industriehallen sind bis auf wenige Ausnahmen regelmäßig mit festen Krananlagen ausgestattet.[33] Die Hub- und Konstruktionshöhe der Krane und das Raumprofil über der Krananlage bestimmen die lichte Raumhöhe der Halle, die - auf diese Weise ermittelt - zugleich die technisch notwendige Mindesthöhe und die betriebswirtschaftliche Obergrenze darstellt, weil anderenfalls mit zunehmendem, aber unbrauchbarem Raumvolumen die Gebäudekosten nicht nutzbringend ansteigen. Die Krannutzlast kann bis zu 1.000.000 N betragen.[34] Es empfiehlt sich, bei diesen hohen Nutzlasten die Tragkonstruktionen des Gebäudes und der Krananlage baulich voneinander zu trennen, um die Gebäudekosten gering zu halten, die Übertragung von Schwingungen der Krananlage auf das Gebäude zu vermeiden und die Flexibilität bei Produktionsumstellungen zu erhöhen. Die Stützen für die Kranbahnträger werden in diesem Falle neben die Gebäudestützen gestellt.[35] Die ebenerdige Anlage der Hallenbauten eröffnet dieselben Vorteile, die von den Flachbauten bekannt sind: Schwerste Bodenlasten und Erschütterungen können direkt in den Grund abgeleitet werden. Aufwendige Gründungsmaßnahmen

---

[31] Vgl. *Major*, A./*Zeidler*, H., Industriehallen - Entwurf und Ausführung, Berlin (Ost) 1962, S. 17
[32] Vgl. *Engel/Luy*, S. 1036 ff.; *Mellerowicz*, Industrie, Band I, S. 371
[33] Vgl. *Major/Zeidler*, S. 17
[34] Vgl. *Aggteleky*, Band 2, S. 639
[35] Vgl. *Lahnert*, S. 107; siehe auch Abb. 49

sind bei guten Bodenverhältnissen nicht erforderlich. Der niveaugleiche Anschluß ermöglicht das Einfahren von Transportmitteln. Häufig führen Eisenbahngleise direkt in die Halle hinein. Das größere Raumvolumen der Hallenbauten erlaubt zudem die Produktion sperrigster Güter. Dieser Bautyp kommt somit als Gebäude für die Produktionsstätten von Betrieben des Waggon-, der Lokomotiven-, der Großmotoren-, der Großmaschinen-, des Turbinenbaues etc. in Frage.[36]

Typisch für Hallenbauten ist der rechteckige Grundriß. Die Dachfläche wird nur leicht zu Zwecken der Entwässerung geneigt, um sie so klein wie möglich zu halten.[37] Die wirtschaftliche Bedeutung dieser Gestaltungsweise wird klar, wenn man weiß, daß das Verhältnis Dachfläche zu Wandfläche bereits bei kleinen Hallen 1 : 1 beträgt. Je größer die Grundfläche und je schräger das Dach ist, desto mehr überwiegt der Anteil der Dachfläche. Größere Dachflächen erhöhen aber die Ausgaben und die Investitionsfolgekosten, da zusätzliche Dachlasten von der Tragkonstruktion aufgenommen werden müssen, diese also stabiler zu konstruieren ist. Ein weiterer Vorteil einer kleineren Dachfläche besteht in der Verringerung produktionstechnisch nicht nutzbaren umbauten Raumes, die sich günstig auf die Entwicklung der Heizkosten auswirkt. Besondere Maßnahmen am Dach gegen Sonneneinstrahlung sind in hohen Hallen weitgehend überflüssig, weil sich die unangenehm warmen Luftschichten direkt unter dem Dach sammeln und aufgrund des großen Raumvolumens nicht bis in Bodennähe vordringen, wo sich Menschen aufhalten.[38]

Aufgrund der großen Raumtiefe ist eine natürliche Beleuchtung der Halle nur durch Seitenfenster nicht ausreichend. Wenn daher überhaupt seitliche Lichteintrittsöffnungen angelegt werden, sollten Fensterbänder bis unter die Dachhaut gezogen werden, um eine möglichst tiefe Ausleuchtung zu erreichen. Diese Lösung kommt vor allem bei mehrschiffigen Hallen ungleicher Höhe zum Tragen, wie sie in Abbildung 64 gezeigt werden. Vielfach sind solche breiten Glasflächen aus betrieblichen, architektonischen und bautechnischen Gründen unerwünscht.[39] Eine große Bedeutung kommt daher den Oberlichtern zu. Da die Dachfläche möglichst klein sein soll, sind First- oder Raupenoberlichtbänder sowie in die Dachfläche versenkte Oberlichter von Vorteil, wie sie auch bei Flachbauten zum Einsatz kommen. Aus dem gleichen Grund sollten Shedverglasungen bei Hallenbauten keine An-

---

[36] Vgl. z.B. *Henn*, Bauten, S. 39
[37] Eine Ausnahme bilden Betriebe mit großer Wärmeentwicklung, bei denen ein möglichst großes Raumvolumen anzustreben ist.
[38] Vgl. hierzu *Henn*, Bauten, S. 113
[39] Gründe hierfür sind z.B. die Verhinderung von Einblicken und die technische Notwendigkeit von Mauerwänden zur Verlegung von Installationen.

wendung finden. Die Vor- und Nachteile der einzelnen Oberlichtarten entsprechen denjenigen, die bereits im vorangegangenen Abschnitt diskutiert wurden. Die natürliche Beleuchtung von Hallen ist insgesamt problematischer als diejenige von Flachbauten, da größere Räume auszuleuchten sind und die Lichtstärke quadratisch mit zunehmendem Abstand zur Lichtquelle abnimmt. Hier wie auch bei den Flachbauten sollte nicht übersehen werden, daß Fenster und Oberlichter sich nicht nur für die natürliche Beleuchtung, sondern auch als Lüftungsöffnungen eignen.

Bei hohen Grundstückspreisen wirkt sich der große Grundstücksbedarf der Hallenbauten ungünstig auf die Höhe der Investitionsausgaben aus. Des weiteren bewirken die großen Außenwand- und Dachflächen eine schnelle Abkühlung des Gebäudes und erfordern daher einen gegenüber anderen Bautypen absolut höheren Wärmebedarf mit der Folge hoher Heizkosten. Wichtigste Bestimmungsgröße der Unterhaltungskosten ist wie bei den Flachbauten die Dach- und Oberlichtkonstruktion.

2. Die Mehrgeschoßbauten

Der wichtigste Unterschied zwischen den Mehrgeschoßbauten und den zuvor besprochenen eingeschossigen Industriegebäuden ist die Verteilung der Nutzfläche auf mehrere übereinanderliegende Ebenen. Daraus resultiert ceteris paribus ein geringerer Grundflächenbedarf. Dies ist von Vorteil bei hohen Grundstückspreisen und bei Platzmangel, wie er häufig in städtischen Industriegebieten und an Altstandorten auftritt. Die prozentual benötigte Grundfläche verhält sich jedoch nicht reziprok zur Anzahl der Geschosse, d.h. ein vierstöckiges Gebäude benötigt unter sonst gleichen Bedingungen nicht nur ein Viertel der Grundfläche eines Flachbaues.[40] Dieser Umstand ist darauf zurückzuführen, daß mit zunehmender Geschoßzahl der Anteil der Kernflächen (Konstruktionsflächen, Flächen für Aufzüge und Treppenhäuser etc.) an der Gesamtgeschoßfläche wächst. Die Abbildungen 65 und 66 zeigen als Ergebnis von Untersuchungen[41] an Verwaltungsbauten den Anteil der Konstruktionsfläche an der Gesamtgeschoßfläche und den Konstruktionsflächenbedarf in Abhängigkeit von der Anzahl der Geschosse.

---

[40] Formal ausgedrückt folgt die Grundflächeneinsparung nicht der Funktion $1 - \frac{1}{x}$ wobei x die Anzahl der Stockwerke sei.

[41] Vgl. hierzu *Podolsky*, Flächenkennzahlen, S. 119 f.

I. Die Einteilung nach der Anzahl der Stockwerke

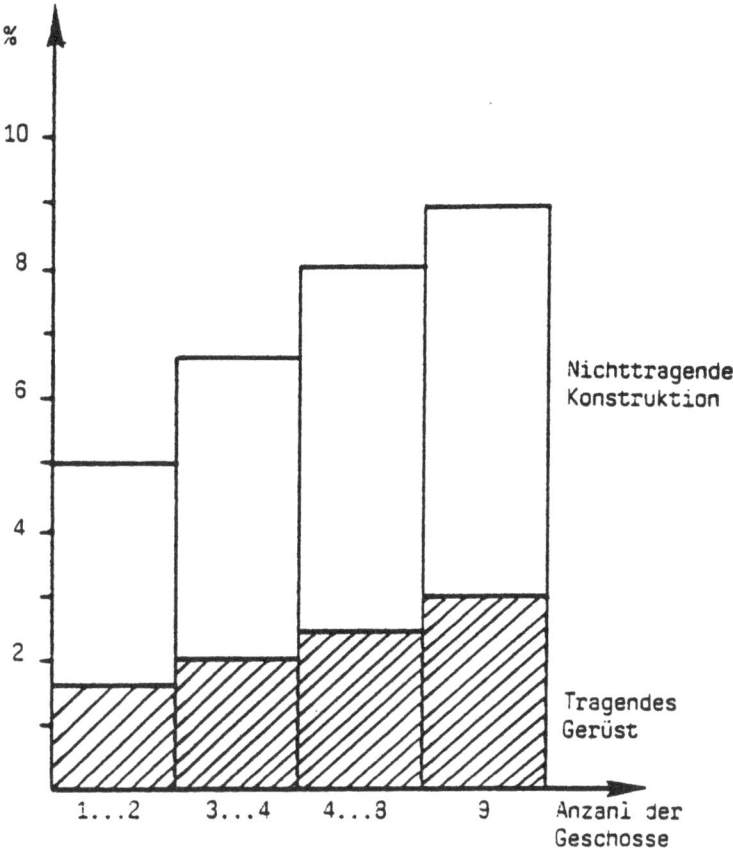

Abb. 65. Anteil der Konstruktionsfläche an der Gesamtgeschoßfläche

Quelle: *Podolsky*, Flächenkennzahlen, S. 119

Diesen Untersuchungen ist zu entnehmen, daß in Mehrgeschoßbauten allein wegen der Baukonstruktion (Flächen für Stützen, vertikale Verkehrs- und Transportwege) 5 - 9 % an Nutzfläche verlorengehen gegenüber nur ca. 5 % bei Flach- und Hallenbauten, d.h. nur 91 - 95 % der Gesamtgeschoßfläche von Mehrgeschoßbauten stehen für die betriebliche Nutzung zur Verfügung, während eingeschossige Bauten durchschnittlich 95 % Nutzflächenanteil haben. Um die gleiche Nutzfläche zu erzielen, muß ein Mehrgeschoßbau folglich sowohl eine vergleichsweise größere Gebäudegrundfläche als der dem Kehrwert seiner Anzahl an Stockwerken entsprechende Anteil an der Grundfläche eines vergleichbaren einstöckigen Gebäudes als auch eine größere Gebäudegesamtfläche (Summe der bebauten Einzelflächen) aufweisen. Beispielsweise benötigt ein zweistöckiges Gebäude mehr als die Hälfte der Grundfläche eines vergleichbaren ebenerdigen Bauwerkes.

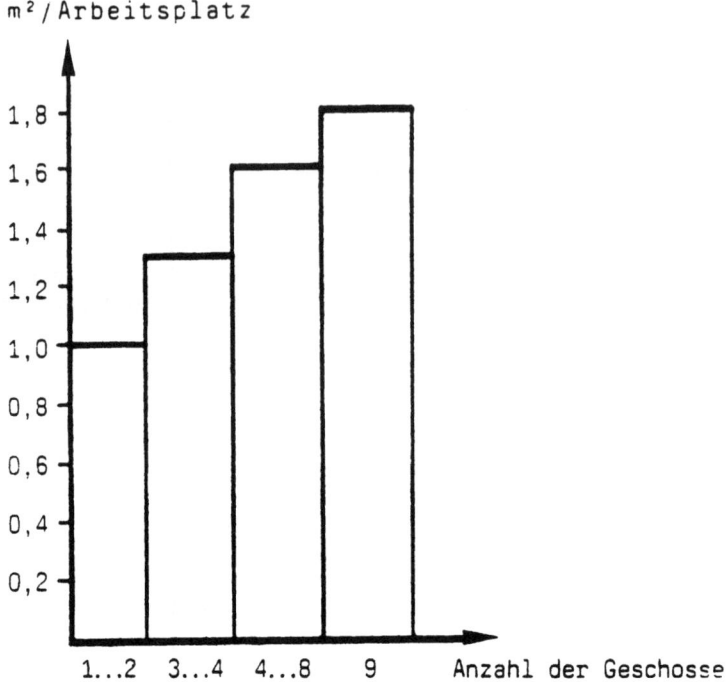

Abb. 66. Konstruktionsflächenbedarf in Abhängigkeit
von der Anzahl der Geschosse

Quelle: *Podolsky*, Flächenkennzahlen, S. 120

Ferner wird die Grundstückseinsparung dadurch reduziert, daß aufgrund der Bauordnungen der Länder[42] die Abstände der Gebäude zu den Grundstücksgrenzen mit zunehmender Gebäudehöhe erhöht werden müssen, wodurch sich auch der Grundstücksbedarf vergrößert. Geht man davon aus, daß Mehrgeschoßbauten im Normalfalle auch höher sind als Hallen, wird die eingesparte Grundfläche nochmals geringer. Nach einer weiteren Untersuchung ist die Grundstückseinsparung beim Übergang vom Flachbau zum zweigeschossigen Industriegebäude mit nahezu 50 % am größten. Von die-

---

[42] Vgl. z.B. § 6 Abs. 4 und 5 LBO für Baden-Württemberg. Danach muß die Abstandsfläche in Industriegebieten mindestens einem Viertel der Wandhöhe entsprechen.

I. Die Einteilung nach der Anzahl der Stockwerke

sem Punkt an nimmt sie ständig ab.[43] Im Schrifttum existieren unterschiedliche Angaben zum Höhenoptimum industrieller Mehrgeschoßbauten. Neufert bezeichnet 20 Stockwerke als das Optimum;[44] hierbei dürfte es sich um eine rein theoretische Zahl handeln, bei der der zusätzliche Raumgewinn durch ein weiteres Geschoß gerade durch den baurechtlich und konstruktiv bedingten Bedarf an zusätzlichen Nebenflächen aufgewogen wird. Allenfalls für Verwaltungsgebäude dürfte diese Angabe zutreffen. Realistisch scheinen dagegen drei bis sieben Vollgeschosse zu sein,[45] wie sie tatsächlich auch angetroffen werden.

Schließlich ist die günstigere Nutzung von unebenem Gelände in hügeligen und bergigen Gegenden als Vorteil des Mehrgeschoßbaues zu bewerten, der sich aus der Übereinanderlagerung der Nutzflächen ergibt,[46] weil auf diese Weise gegenüber Flachbauten oder Hallen mit großen Grundflächen weniger Erdbewegungen zur Einebnung des Grundstückes durchgeführt werden müssen.

Sofern nicht die gesamte Fertigung eines Erzeugnisses oder wenigstens ein in sich abgeschlossener Teilprozeß auf einer einzigen Ebene eines mehrstöckigen Gebäudes untergebracht werden kann, sind Unterbrechungen der eigentlichen Fertigung erforderlich, um das bis dahin erstellte Zwischenerzeugnis zur weiteren Be- oder Verarbeitung in ein anderes Stockwerk zu transportieren. Voraussetzung für die Verwendung eines Mehrgeschoßbaues ist daher die Möglichkeit der Zerlegung der Fabrikation, um die Herstellung auf mehrere Stockwerke verteilen zu können, ohne daß die Wirtschaftlichkeit und die Qualität der Leistungserstellung Schaden nehmen.

Dieser Umstand einschließlich des Problems der erforderlichen Vertikaltransporte veranlaßt einige Autoren, dem Mehrgeschoßbau eher ablehnend gegenüberzustehen.[47] Dennoch gibt es Produktionsarten, die den Voraussetzungen des mehrstöckigen Industriebaues nahekommen. So sind Mehrgeschoßbauten grundsätzlich für die mehrfach-synthetische, diskontinuierliche Fertigung von Gütern, wie z.B. für die Fabrikation von Modelleisenbahnen, geeignet. Denn der Zusammensetzung verschiedener Bauelemente zu Bauteilen, Baugruppen und schließlich zu Fertigprodukten steht eine räumliche Trennung einzelner Tätigkeiten nicht entgegen, sie kann sogar erwünscht sein, um verschiedene Fertigungsabteilungen auseinanderzuhalten und gegenseitige Störungen zu vermeiden. Materialflußbedingt eng verknüpfte Be-

---

[43] Vgl. *Henn/Voss/Kettner*, Eignung (Teil II), S. 223
[44] Vgl. *Neufert*, Bauentwurfslehre, S. 342
[45] Vgl. *Lahnert*, S. 117
[46] Vgl. *Schmidt*, S. 174
[47] So z.B. *Mellerowicz*, Industrie, Band I, S. 371

reiche sollen hierbei auf einer Ebene untergebracht werden, um die Anzahl der Vertikaltransporte zu minimieren. Die verfahrensbedingte regelmäßige Unterbrechung von Arbeitsgängen erleichtert zudem die Zerlegung der Fabrikation in Teilabschnitte zu Zwecken des Vertikaltransports.

Geradezu geschaffen ist der Mehrgeschoßbau für die Herstellung von Gütern, die während des Leistungserstellungsprozesses Maschinen oder Behälter schräg oder vertikal unter Ausnutzung des natürlichen Gefälles durchlaufen müssen.[48] Wirtschaftlich muß es sich aber lohnen, das Gut zur ersten Bearbeitungsstufe in den obersten Stock zu transportieren, von wo es seinen Weg den einzelnen unmittelbar untereinander angeordneten Bearbeitungsstufen folgend nach unten nehmen kann (z.B. in Mühlenbetrieben und chemischen Fabriken).[49]

Die übereinanderliegenden Nutzflächen ermöglichen im Mehrgeschoßbau eine kompakte Zuordnung der Produktionseinrichtungen. Dadurch verkürzen sich die horizontalen Transport- und Verkehrswege. Abteilungen liegen räumlich gesehen enger beieinander. Dieser Sachverhalt muß nicht von generellem Vorteil sein, wie manche Autoren für den mehrstöckigen Industriebau ins Feld führen.[50] Denn einer Verkürzung der horizontalen Förder- und Verkehrswege sowie Transportzeiten steht die Notwendigkeit der Einrichtung vertikaler Verbindungen gegenüber. Abgesehen von den hiermit zusammenhängenden Kosten wächst dadurch der Anteil an Nebenflächen im Bauwerk an. Ferner drohen vor den vertikalen Verkehrs- und Förderwegen, wie z.B. Aufzügen und Schrägrampen, Wartezeiten zu entstehen, wenn deren Kapazitäten nicht auf Spitzenwerte ausgelegt sind.

Die Geschoßdecken, die das Gebäude in verschiedene Ebenen einteilen, haben nicht nur die Aufgabe, die einzelnen Stockwerke voneinander gegen Beeinträchtigungen durch Lärm, Geruch, Hitze und gegen Gefahren abzuschirmen, sondern sie müssen zugleich die Verkehrslasten, die durch Maschinen, Förderzeuge, Installationen, Lagergüter, Werkstücke und durch die im Betrieb befindlichen Menschen erzeugt werden, aufnehmen und an die Tragkonstruktion abgeben. Für die industrielle Nutzung eines Mehrgeschoßbaues ist daher die Frage der Bodentragfähigkeit von entscheidender Bedeutung.[51] Daneben spielt die Empfindlichkeit gegen die Übertragung von Schwingungen, die von Maschinen ausgehen, eine besondere Rolle bei der Beurteilung dieses Bautyps. Abbildung 67 gibt eine Übersicht über die

---

[48] Vgl. *Henn*, Bauten, S. 38
[49] Vgl. *Beste*, Fertigungswirtschaft, S. 160
[50] Vgl. z.B. *Kovarik*, E., Industriebau, Band II, Berlin (Ost) 1968, S. 30
[51] Vgl. *Henn/Voss/Kettner*, Eignung (Teil I), S. 180

I. Die Einteilung nach der Anzahl der Stockwerke

von ausgewählten Werkzeugmaschinen im Ruhezustand ausgehende Bodenbelastung.

Maschinenart	Bodenbelastung	
Zug- oder Leitspindeldrehmaschine	ca. 0,60	... 1,20 t/m^2
Zweiständerkarusselldrehmaschine	4,00	und mehr
Trommelrevolverdrehmaschine	1,00	... 1,60 t/m^2
Waagerechtfräsmaschine	0,60	... 1,00 t/m^2
Senkrechtfräsmaschine	0,70	... 1,00 t/m^2
Zweiständersenkrechtbohrmaschine	0,30	... 1,00 t/m^2
Radialbohrmaschine	1,50	... 3,00 t/m^2
Zweiständerhobelmaschine	1,60	... 1,80 t/m^2
Waagerechtstoßmaschine	1,20	... 1,50 t/m^2
Senkrechtstoßmaschine	2,00	... 2,80 t/m^2
Innenrundschleifmaschine	0,80	... 1,20 t/m^2
Einständerexzenterpressen	0,30	... 0,60 t/m^2
Doppelexzenterpressen	1,80	... 2,30 t/m^2
Zweiständerkurbelpresse	6,00	und mehr

Abb. 67. Gewicht und Raumbedarf von Werkzeugmaschinen

Quelle: *Henn/Voss/Kettner*, Eignung (Teil I), S. 181

In engem konstruktiven Zusammenhang zur Bodentragfähigkeit steht der Stützenabstand. Je geringer die Spannweite, desto größer ist die Belastbarkeit des Bodens und umgekehrt. Uneingeschränkt geeignet sind die Mehrgeschoßbauten für Betriebe, die eine Bodentragfähigkeit bis zu 1,5 t/m^2 erfordern. Bei geringerer Stützenweite kommen auch Betriebe bis zu 3 t/m^2 in Betracht. Große Stützenabstände und Belastungen über 3 t/m^2 sind zwar technisch ausführbar, erhöhen aber den bautechnischen Aufwand derart, daß sie sich aus wirtschaftlicher Sicht verbieten.[52] Fertigungsabteilungen mit höheren Verkehrslasten sind aus diesen Gründen im Erdgeschoß anzusiedeln, da von dort die Lasten wie in den Eingeschoßbauten direkt in den Baugrund abgeleitet werden können, sofern keine Kellerräume vorhanden sind.

Die Tragkonstruktion im Mehrgeschoßbau muß nicht nur die Verkehrslasten, sondern auch alle Lasten aufnehmen, die vom Gebäude selbst ausgehen. Dies sind wie im Flach- und Hallenbau die Dachlast und darüber hinaus die Lasten der Geschoßdecken. Die Fundamentierung und das Stützsy-

---

[52] Vgl. *Henn/Voss/Kettner*, Eignung (Teil I), S. 181

stem müssen daher höheren Anforderungen genügen als bei eingeschossigen Industriegebäuden. Naturgemäß erreichen aus diesem Grund die Spannweiten nicht die gleichen Ausmaße. Stützenabstände bis 7,20 m sind technisch und wirtschaftlich problemlos ausführbar, wobei Spannweiten unter 4,80 m wegen der eingeschränkten Anpassungsfähigkeit an Produktionsänderungen vermieden werden sollen. Stützenabstände bis 9 m sind bei geringen Anforderungen an die Bodentragfähigkeit wirtschaftlich noch geeignet; bei darüberliegenden Abständen ist ein Mehrgeschoßbau aus wirtschaftlicher Sicht abzulehnen.[53]

Die vergleichsweise geringe Spannweite und Bodentragfähigkeit erlauben vor allem in den Obergeschossen nur den Einsatz kleiner und leichter Maschinen, die möglichst ohne eigenes Fundament auskommen, und die Herstellung ebensolcher Erzeugnisse, die zudem möglichst geringe Materialbewegungen erfordern. Typische Industriezweige, die sich des Mehrgeschoßbaues bedienen, sind die feinmechanische und optische Industrie, die Lebens- und Genußmittelindustrie, die Elektrogeräte- und die Textilindustrie.[54]

Entsprechend den Anforderungen dieser Industrien liegen die lichten Raumhöhen in Mehrgeschoßbauten üblicherweise zwischen 3,5 und 4,5 m. Höhen bis zu 6 m sind mit einem wirtschaftlich vertretbaren Bauaufwand zu realisieren.[55] In den meisten Fällen ist die Erdgeschoßhöhe etwas größer als diejenige der oberen Geschosse, um die Aufstellung großer Maschinen zu gestatten. Weitere unterschiedliche Geschoßhöhen sind entsprechend den betrieblichen Erfordernissen möglich. Die Verwendung der einzelnen Geschosse richtet sich nach dem Materialfluß. Wie bereits angedeutet, soll darauf geachtet werden, daß die Anzahl der Vertikaltransporte möglichst gering gehalten wird. Dies erreicht man im allgemeinen, wenn die Rohstoffe und Halbfabrikate zu Beginn der Produktion in das oberste Stockwerk gebracht werden und von da aus den einzelnen Arbeitsgängen folgend in den darunterliegenden Etagen ver- und bearbeitet werden, bis im untersten Geschoß das Fertigerzeugnis entsteht. Sollen in demselben Gebäude auch Rohstoff- und Fertigfabrikatelager eingerichtet werden, ist hierfür das Erdgeschoß vorzusehen,[56] weil auf diese Weise die Lastenaufzüge für

---

[53] Vgl. *Henn/Voss/Kettner*, Eignung (Teil I), S. 181. Vereinzelt gibt es in der Literatur Hinweise auf mehrstöckige Industriebauten mit Spannweiten bis zu 36 m. Die technische Besonderheit daran ist, daß sich unter jedem Hauptgeschoß ein niedriges Hilfsgeschoß befindet, in dessen Räumen die Stützen und tragenden Binder untergebracht sind. Über die Wirtschaftlichkeit dieser Baukonstruktion wird nichts ausgesagt. Vgl. hierzu *Kovarik*, Band II, S. 30

[54] Vgl. *Henn*, Bauten, S. 38

[55] Vgl. *Henn/Voss/Kettner*, Eignung (Teil I), S. 181

[56] Vgl. *Schmalor*, S. 187

diejenigen Materialbewegungen freigehalten werden, die in unmittelbarem Zusammenhang zur Produktion stehen und unabhängig von Beschaffungs- und Absatzaktivitäten sind. Darüber hinaus ist im Erdgeschoß das Problem der Bodenbelastbarkeit geringer.

Entsprechend dem bautechnischen Grundsatz, daß die Neigung des Daches um so flacher sein soll, je höher der dazugehörige Baukörper ist, treten die Dächer von mehrstöckigen Industriebauten kaum in Erscheinung. Die Dachdecke wird nur so weit angehoben, wie es für die Ableitung des Regenwassers erforderlich ist.[57] Nur in seltenen Fällen ist sie von Oberlichtern durchbrochen, da so nur der oberste Stock mit Tageslicht versorgt werden kann. Bedeutender ist bei Mehrgeschoßbauten die seitliche Beleuchtung durch die Fenster. Je größer die Raumhöhen und damit die Fensterflächen sind, desto besser können die Stockwerke mit natürlichem Licht ausgeleuchtet werden. Bei baurechtlich festgelegter Traufhöhe sind dadurch der Geschoßanzahl Grenzen gesetzt, so daß meistens auf eine größere lichte Raumhöhe verzichtet werden muß. Um eine ausreichende natürliche Beleuchtung des Gebäudes sicherzustellen, gilt als Regel, daß bei einseitiger Fensteranordnung die Raumtiefe maximal doppelt so groß sein darf, wie die Fenster hoch sind. Rechnet man noch 1,75 bis 3 m für die Breite der Verkehrswege hinzu, ergibt sich bei 3 m Fensterhöhe eine maximale Gebäudetiefe von 7,75 m bis 9 m bei einseitiger und von 13,75 bis 15 m bei beidseitiger Befensterung.[58] Entsprechendes gilt für andere Raum- und Fensterhöhen. Durch Errichtung eines nicht mit Tageslicht versorgten Mitteltraktes, der für Verkehrswege, Werkzeug- oder Hilfsstofflager verwendet werden kann, ist es möglich, die Gebäudetiefe abweichend von obiger Regel zu vergrößern. Den Schnitt durch einen unterkellerten Mehrgeschoßbau mit wechselnden Geschoßhöhen und Mitteltrakt zeigt die Abbildung 68.

---

[57] Vgl. *Henn*, Bauten, S. 104
[58] Vgl. *Neufert*, Bauentwurfslehre, S. 342

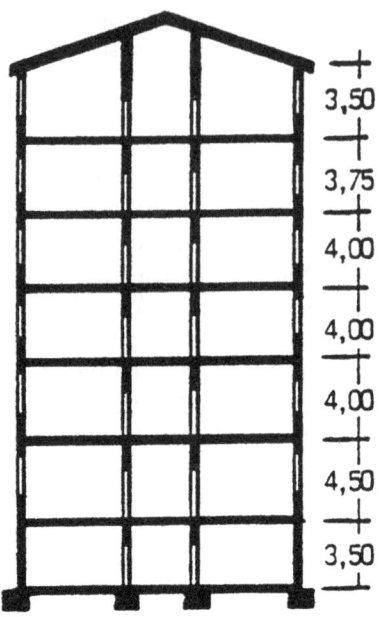

Abb. 68. Schema eines Mehrgeschoßbaues mit wechselnden Geschoßhöhen

Quelle: *Henn*, Bauten, S. 100

Die Reduzierung der Geschoßdecken im Mittelsegment zu Kragplatten, wie es aus Abbildung 69 ersichtlich ist, stellt eine Kombination des Mehrgeschoßbaues mit der Industriehalle dar. Der Mittelteil kann mit einer Krananlage ausgestattet werden, die die einzelnen Stockwerke bedient. Wenn das Dach des Mitteltraktes mit Oberlichtern versehen ist, werden die Lichtbedingungen gegenüber dem üblichen Mehrgeschoßbau verbessert.

Aus Gründen der Beleuchtung werden für Mehrgeschoßbauten der Industrie Grundrißformen bevorzugt, die eine vollständige Durchdringung des Innenraumes mit Tageslicht erlauben. Dies führt in der Regel zu I-, L-, H- oder U-förmigen Bauten, deren langgestreckter, aber schmaler Baukörper beidseitig mit Fenstern versehen ist.[59]

---

[59] Vgl. *Aggteleky*, Band 2, S. 640

I. Die Einteilung nach der Anzahl der Stockwerke   319

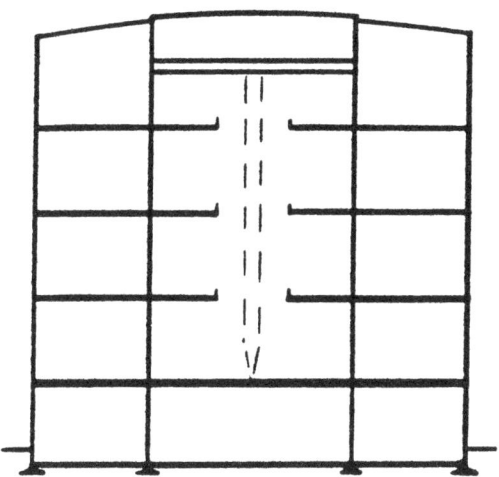

Abb. 69. Schema eines Mehrgeschoßbaues mit Kragplatten im Mittelsegment

Quelle: In Anlehnung an *Kovarik*, Band II, S. 31

Festpunkte sind Bauwerksbestandteile mit stationärem Charakter, die bei Nutzungs- oder Produktionsänderungen nur unter Schwierigkeiten verändert oder verlegt werden können. Hierzu gehören z.B. Treppenhäuser, Aufzüge, Leitungs- und Lüftungsschächte sowie Sanitärblöcke. Um die Flexibilität des Gebäudes durch die Festpunkte nicht zu sehr einzuschränken, müssen sie an den Enden oder in den Ecken des Baukörpers oder am besten außerhalb des eigentlichen Baukörpers angeordnet werden,[60] wie es beispielsweise bei außenliegenden Treppenhäusern mit sanitären Anlagen häufig der Fall ist. Solche Festpunkte müssen sich in jedem Stockwerk an der gleichen Stelle befinden. Besondere Überlegungen sind bei industriellen Mehrgeschoßbauten hinsichtlich der Anordnung von Verkehrsknotenpunkten anzustellen, die sich an den Kreuzungen horizontaler und vertikaler Verkehrswege ergeben. Hier ist in der Regel ein Kompromiß zwischen dem günstigsten horizontalen Materialfluß je Stockwerk und der günstigsten vertikalen Verkehrsanbindung anzustreben.[61]

Mehrgeschoßbauten sind nicht so anpassungsfähig an Produktionsänderungen und an Raumbedürfnisse einzelner Abteilungen wie eingeschossige

---

[60] Vgl. *Aggteleky*, Band 2, S. 640.
[61] Vgl. *Lahnert*, S. 121.

Industriegebäude. Dies liegt zum einen an der vergleichsweise geringeren zusammenhängenden Nutzfläche, die durch engere Stützenabstände und die verschiedenen Ebenen bedingt ist. Ferner ist die Grundfläche in allen Etagen identisch, während die in ihnen untergebrachten Abteilungen unterschiedliche Bedarfe haben können. Schließlich - und dies ist in diesem Zusammenhang das wichtigste Argument - betrifft eine Horizontalerweiterung des Gebäudes zumeist alle Stockwerke zugleich. Eine Aufstockung kommt aus bautechnischen und rechtlichen Gründen sowie wirtschaftlichen Überlegungen nur selten in Frage,[62] die darüber hinaus auch mehr als die Breiten- oder Längenvergrößerung die Weiterführung der Produktionsarbeiten im Gebäude während des Umbaues beeinträchtigen würde.

Bei der Errichtung von Mehrgeschoßbauten müssen mehr Auflagen der Bauaufsichtsbehörde erfüllt werden als im Falle einstöckiger Industriegebäude der gleichen Branche.[63] So unterteilen die in bestimmten Abständen vorgeschriebenen Brandmauern, die nur von feuerbeständigen Türen durchbrochen werden dürfen, zusammenhängende Flächen und können dazu führen, daß zusammengehörige Abteilungen auseinandergerissen oder - um dies zu vermeiden - einige Brandabschnitte über-, andere unterbelegt werden. Diese am Wohnungsbau orientierten Bauvorschriften verhindern in vielen Fällen einen wirtschaftlichen Materialfluß.

Besonders maßgebend für die Höhe der Investitionen und die daraus resultierenden Investitionsfolgekosten sind bei Mehrgeschoßbauten in erster Linie die Geschoßanzahl, die Spannweite und die Bodenbelastbarkeit.[64] Vergleicht man den Mehrgeschoßbau mit dem in unmittelbarer Nutzungskonkurrenz stehenden Flachbau, so ist jener in der Regel teurer, wenn man die Grundstückspreise außer Betracht läßt. Eine vom Berliner Senat im Jahre 1988 in Auftrag gegebene Untersuchung, die verschiedene erdgeschossige Bauwerke mit diesen in jeder Beziehung (Größe, Qualität) entsprechenden Stockwerksbauten verglich, ergab durchschnittliche Mehrausgaben für Mehrgeschoßbauten in Höhe von 27 %.[65] Dieser Unterschied ist im wesentlichen auf drei in diesem Abschnitt besprochene Tatbestände zurückzuführen. So sind im Mehrgeschoßbau erstens anteilig mehr kostspielige Kon-

---

[62] Vgl. hierzu *Beste*, Fertigungswirtschaft, S. 159 f.; *Engel/Luy*, S. 1038 f.; ferner S. O 102 f.
[63] Vgl. *Zeh*, Planungsgrundlagen, S. 439 f.
[64] Vgl. *Zeh*, Planungsgrundlagen, S. 456
[65] Vgl. *Baasner*, G./*Langwald*, H.R./*Möller*, G., Hallen- und Geschoßbauten, Kostenvergleich, in: Industriebau, Nr. 4, 35. Jg., 1989, S. 270. Andere Angaben, die auf Schätzungen und Erfahrungen beruhen, sprechen von Mehrausgaben in Höhe von 20 bis 50 %, was mit obengenanntem Wert in Einklang steht, wenn man an die Streubreite der einzelnen Mehrausgaben denkt. Vgl. *Fischer*, G., Erfahrungen mit dem Gewerbegeschoßbau, in: Industriebau, Nr. 2, 37. Jg., 1991, S. 82

struktionsglieder erforderlich als im Flachbau. Zu denken ist hierbei an Geschoßdecken, Fassaden, Vertikalverbindungen, um einige zu nennen. Daraus können sich nach einer Analyse aus dem Jahre 1974 Mehrausgaben von bis zu 16 % ergeben, die im wesentlichen durch die obengenannten größen- und qualitätsbestimmenden Merkmale des Mehrgeschoßbaues verursacht werden.[66] Die Tragwerke der Stockwerksbauten, die der Untersuchung von 1988 zugrunde liegen, sind sogar um 78 bis 194 % teurer. In absoluten Zahlen ausgedrückt beträgt die Investitionshöhe 244 bis 264 DM pro Quadratmeter Bruttogeschoßfläche gegenüber 100 bis 146 DM bei den Flachbauten. Der Anteil der Tragwerke an den Gesamtausgaben steigt von rund 12 % beim Erdgeschoßbau auf ca. 23 % beim Mehrgeschoßbau.[67]

Zweitens tragen die Ausgaben für die eingebauten Vertikaltransportmittel (Aufzüge) zu einer ca. ein- bis fünfprozentigen, in manchen Fällen sogar achtprozentigen Verteuerung des Mehrgeschoßbaues gegenüber dem Flachbau bei.[68] Der Anteil der vertikalen Erschließung des Gebäudes an den Gesamtausgaben für ein mehrstöckiges Bauwerk beträgt in den Fällen der Untersuchung aus dem Jahre 1988 im Mittel rund 13 %.[69] Die große Bandbreite der Verteuerungen und auch des Anteils an den Gesamtausgaben ist auf die unterschiedliche Größe der Gebäude, die unterschiedlichen Geschoßhöhen, die z.T. notwendige Anbindung von Zwischengeschossen und die Ausstattung der Aufzüge zurückzuführen. Schließlich führt die mit zunehmender Geschoßanzahl unterproportional steigende Flächennutzungszahl zu einem vergleichsweise größeren Bedarf an Bruttogeschoßflächen[70] und somit zu einer größeren Gebäudegesamtfläche im Falle von Mehrgeschoßbauten mit der Folge höherer Investitionen und Kosten.

Bei tragfähigem Baugrund ist die Gründung von Flachbauten billiger, weil geringere Bauwerkslasten aufzunehmen sind. Die Masseneinsparungen, die im Bereich der Bauwerkssohle bei Mehrgeschoß- im Vergleich zu Flachbauten bestehen, werden durch die aufwendigere Fundamentierung vollkommen kompensiert. Ist die Beschaffenheit des Baugrundes schlecht und wird deshalb eine teure, technisch aufwendige Fundamentierung erforderlich, ist es nahezu gleichgültig, ob die Gründung für größere oder geringere Bauwerkslasten auszulegen ist. In den Ausgaben und Kosten hierfür schlägt sich die Wahl des Bautyps kaum nieder. Setzt man die Ausgaben für die

---

[66] Vgl. hierzu *Henn/Voss/Kettner*, Eignung (Teil II), S. 223
[67] Vgl. *Baasner*, G./*Langwald*, H.R./*Möller*, G., Kostenvergleich, a.a.O., S. 270. Die Baupreise sind auf das Jahr 1988 bezogen.
[68] Vgl. *Henn/Voss/Kettner*,Eignung (Teil II), S. 223
[69] Vgl. *Baasner/Langwald/Möller*, Kostenvergleich, S. 270 f.
[70] Unter Bruttogeschoßfläche ist die gesamte Geschoßfläche einschließlich der Anteile für die Baukonstruktion zu verstehen.

Fundamentierung ins Verhältnis zur Nutzfläche, ergibt sich dann beim Mehrgeschoßbau mit zunehmender Geschoßanzahl ein sinkender Anteil an Gründungsausgaben.[71] Hingegen bleiben sie pro Nutzflächeneinheit konstant, wenn Flachbauten erweitert werden.

Die Ausgaben für die nichttragende Konstruktion und die daraus resultierenden Kosten verhalten sich bei Mehr- und Eingeschoßbauten different. Während z.B. die Kosten des Daches im Falle der mehrgeschossigen Bauweise geringer sind, steigen die Kosten der Außenwandflächen gegenüber Eingeschoßbauten an.[72] Unter den Gebäudebetriebskosten ist insbesondere der Teil der Raumklimakosten zu erwähnen, der auf die Kühlung der Räume zurückzuführen ist und bei der Entscheidung für Mehrgeschoßbauten eingespart werden kann. Die Ersparnisse lassen sich vor allem aufgrund der verhältnismäßig kleinen Dachfläche erzielen, die als Hauptaufheizungsfläche eines Bauwerkes anzusehen ist. Die Kosten der elektrischen Energie sowie die Bedienungs-, Wartungs- und Reinigungskosten, die mit dem Betrieb vertikaler Transporteinrichtungen verbunden sind, erhöhen ceteris paribus die Gebäudebetriebskosten.

Analoge Feststellungen können für die Bauunterhaltungskosten getroffen werden. Während die Kosten für Instandsetzungen des Daches geringer sind, weil die Dachfläche kleiner, die Dachkonstruktion einfacher und wegen fehlender Oberlichter weniger reparaturanfällig ist, fallen naturgemäß nur bei Mehrgeschoßbauten Kosten für Instandsetzungen der Aufzüge, Treppenhäuser etc. an.

Zu der Frage, ob aus betrieblicher Sicht ein Mehrgeschoß- oder ein Flachbau vorzuziehen ist, hat sich bislang noch kein einheitlicher Meinungsstand herausgebildet. So werden unter Abwägung der zuvor genannten Vor- und Nachteile der Mehrgeschoßbauten in der betrieblichen Praxis - abgesehen von den Fällen, in denen diese Bauwerke fertigungstechnisch vorteilhaft sind - Stockwerksgebäude hauptsächlich dann als Alternative zur Flachbauweise ins Auge gefaßt, wenn ein Zwang hierzu besteht (z.B. Grundstücksmangel, topographische Bedingungen einer Hanglage). Voraussetzung einer endgültigen Entscheidung für eine mehrgeschossige Bauweise sind zudem die Lösbarkeit der Anforderungen an die Deckenlasten, Stützweiten und Erweiterungsfähigkeit sowie die mögliche Erfüllung der Materialflußbedingungen und schwingungstechnischen Auflagen.[73] Demgegenüber entstand z.B. infolge des vom Berliner Senat im Jahre 1988 beschlossenen Förderprogramms für mehrgeschossige Produktionsgebäude eine Reihe industrieller

---

[71] Vgl. hierzu *Heideck/Leppin*, S. 14
[72] Vgl. *Baasner/Langwald/Möller*, Kostenvergleich, S. 270
[73] Vgl. *Fischer*, Erfahrungen, S. 82 f.

Stockwerksbauten, die belegt, daß bei angemessener Planung der Mehrgeschoßbau nicht die schlechtere Wahl sein muß. Denn in diesen Fällen konnten überzeugende Lösungen für die produktionswirtschaftlichen Probleme gefunden werden.[74]

II. Die Einteilung der Industriebauten nach den verwendeten Baumaterialien

Baumaterialien - auch Baustoffe genannt - gehen als natürliche oder künstliche Ausgangsstoffe in die baulichen Erzeugnisse ein. Übertragen in die Terminologie der betriebswirtschaftlichen Produktionstheorie bilden sie die Werkstoffe, die als Rohstoffe, selbsthergestellte oder fertig bezogene Fabrikate zum Hauptbestandteil eines Bauteiles oder eines ganzen Bauwerkes werden. Demzufolge gehören zu den Baumaterialien Grundstoffe oder Grundstoffgemische, wie z.B. Holz oder Beton, sowie auch Bauelemente (z.B. künstliche Mauersteine).

Wenn man eine Typisierung der Industriebauten nach den verwendeten Baumaterialien vornehmen will, ergibt sich zunächst das Problem, daß ein Gebäude kein homogenes oder gar monolithisches Gebilde ist. Man muß daher einschränkend solche Baustoffe zugrunde legen, die dem Gebäude das Gepräge geben oder deren Eigenschaften die jeweils betrachtete Bauweise bestimmen. Ein wichtiges Merkmal von Bauwerken ist die Tragkonstruktion. Die hierfür verwendeten Baumaterialien ermöglichen die unterschiedlichen Konstruktionsarten und legen somit wesentliche Attribute eines Gebäudes fest. Sie sind daher nach der Anzahl der Geschosse das zweite Kriterium, nach dem in der vorliegenden Arbeit die Industriebauten eingeteilt werden. Oft sind Baustoffe gleichermaßen für die Errichtung von Tragwerken und von nichttragenden Wänden geeignet. In diesen Fällen werden auch einige ergänzende Bemerkungen zu diesem weiteren Verwendungszweck getroffen.

Für die Tragwerke von Industriegebäuden kommen als Baustoffe in erster Linie Holz, Stahl und Beton in Betracht.[75] Zu Anfang des Jahrhunderts spielten noch Steine eine bedeutende Rolle im Industriebau;[76] heute ist ihre Verwendung auf noch zu nennende Ausnahmefälle beschränkt. In diesem

---

[74] Vgl. *Baasner*, G./*Langwald*, H.R./*Möller*, G., Mehrgeschossige Produktionsgebäude, in: Industriebau, Nr. 2, 37. Jg., 1991, S. 87
[75] Vgl. *Henn*, Industriebauten, Sp. 749
[76] Vgl. *Franz*, W., Baukonstruktionen, in: Taschenbuch für den Fabrikbetrieb, hrsg. von H. Dubbel, Berlin 1923, S. 635

Abschnitt werden infolgedessen als Industriebautypen Stein-, vor allem aber Holz-, Stahl- und Betonbauten unterschieden.

Da die einzelnen Baustoffe eine Fülle für die Bauaufgabe relevanter wie auch irrelevanter Eigenschaften aufweisen, ist es bei der Auswahl und Beurteilung des Baumaterials angebracht, von den Aufgaben des zu erstellenden Bauteiles auszugehen, die daran zu richtenden Anforderungen zu ermitteln und mit den vorhandenen Eigenschaften des Baustoffes abzugleichen, statt, wie es vielfach in der Baustofflehre vertreten wird, zunächst die Eigenschaften aufzuzeigen und dann nach Verwendungsmöglichkeiten zu suchen.[77] Das Tragwerk muß in der Lage sein, alle am Bau auftretenden Kräfte, wie z.B. die Eigengewichte der Bauteile, die Nutz- und Verkehrslasten, Windkräfte und Schwingungen, aufzunehmen und über die Fundamente ins Erdreich abzuleiten.[78] Als Beurteilungsmaßstäbe dienen daher aus technischer Sicht die im Gebäude entstehenden Lasten und die hierfür benötigte Tragfähigkeit. Darüber hinaus interessieren insbesondere auch unter betriebswirtschaftlichen Aspekten die Dauerhaftigkeit des Baumaterials,[79] die in enger Verbindung zur Höhe der Bauunterhaltungskosten steht,[80] die Beständigkeit gegen äußere Einflüsse wie Hitze, Feuchtigkeit und Chemikalien sowie die Bauzeit, die Höhe der Investitionsfolgekosten und die erzeugte Arbeitsplatzatmosphäre.

1. Die Steinbauten

Steine spielten als Baustoff für Tragwerke von Industriebauten nur so lange eine bedeutende Rolle, wie Beton und Stahl noch nicht in größerem Umfang wirtschaftlich herzustellen waren. Neben den natürlichen Bruch- und Werksteinen fanden vor allem die künstlichen Ziegelsteine im Fabrikbau Verwendung. Heute beschränkt sich ihr Einsatz in der Hauptsache auf die Ausfachung raumabschließender Bauteile ohne Tragfunktion. Als Baustoff für tragende Wände kommen sie nur noch bei untergeordneten Gebäuden wie Pförtnerhäusern und kleineren Werkstätten in Betracht.[81] Selbst Verwaltungsgebäude, die bis in die sechziger Jahre unseres Jahrhunderts

---

[77] Vgl. *Kirsch*, G./*Zimmermann*, G., Baustoffe - funktional betrachtet, in: Deutsches Architektenblatt, Nr. 9, 3. Jg., 1971, S. 376 f.

[78] Vgl. *Henn*, Industriebauten, Sp. 748 f.

[79] Vgl. z.B. *Graf*, O., Baustoffe und ihre Eigenschaften, in: Taschenbuch für Bauingenieure, Erster Band, hrsg. von F. Schleicher, Berlin, Göttingen, Heidelberg 1955, S. 391

[80] Vgl. *Grunau*, E., Die Lebenserwartung von Baustoffen bestimmt die Kosten für Bauteile und Bauwerke über die Zeit, in: Zentralblatt für Industriebau, Nr. 3, 26. Jg., 1980, S. 167 ff.

[81] Vgl. *Henn*, Industriebauten, S. 749

II. Die Einteilung nach den verwendeten Baumaterialien

häufiger als Steinbauten errichtet wurden, werden heute in Stahl- oder Betonbauweise hergestellt.

Die Bedeutungslosigkeit von Steinen für Tragwerke von Industriebauten hat ihre Ursachen in der geringen Belastbarkeit des Baustoffes, die für industrielle Zwecke nicht ausreichend ist. So sind typische Kennzeichen für ein Gebäude aus tragendem Mauerwerk die nach unten zunehmenden Wandstärken und Pfeilerabmessungen, die die Tragfähigkeit der Baukonstruktion gewährleisten.[82] Im Falle von Mehrgeschoßbauten geht aus diesem Grunde vor allem in den unteren Stockwerken viel Platz für die Konstruktionsfläche verloren. In engem Zusammenhang zu der geringen Belastbarkeit steht die Unmöglichkeit, in reinen Steinbauten die geforderten großen Spannweiten zu realisieren. Darüber hinaus sinkt im Brandfalle (ab Temperaturen über 300° C) die Tragfähigkeit von Ziegelsteinen erheblich.

Der Hauptverwendungszweck von künstlichen Steinen im Industriebau liegt in der Bildung eines vom Tragwerk losgelösten Raumabschlusses und im Schutz tragender Bauteile vor aggressiven Substanzen. Mauerziegel sind sehr widerstandsfähig gegen in Wasser gelöste Stoffe. Bauteile aus Beton werden daher gerne durch eine Ziegelverkleidung gegen schädigende Einflüsse abgeschirmt.[83] Schließlich fällt die Verschmutzung eines Ziegelsteinbaues aufgrund seiner Farbe nicht so auf, weshalb er früher besonders für Betriebe mit starker Rauch- und Staubentwicklung empfohlen wurde.[84]

Neben den Ziegelsteinen sind im Industriebau Steine aus Leichtbeton (Gasbeton) für die Errichtung nichttragender Wände verbreitet.[85] Sie zeichnen sich durch ein geringes Gewicht aus, das die Verwendung leichter Hebezeuge auf der Baustelle gestattet und geringere Anforderungen an die Tragkonstruktion stellt. Die hohe Wärmedämmung und Wärmespeicherfähigkeit dieses Baustoffes machen zusätzliche Dämmungsmaßnahmen überflüssig und führt gegenüber anderen Baumaterialien zu Raumklimakostenersparnissen. Gasbeton ist widerstandsfähig gegen Feuer und bietet daher besonderen Schutz für Menschen und Inventar, der von den Brandversicherungsgesellschaften durch günstige Tarife honoriert wird. Nicht zuletzt tragen Bauteile aus Gasbeton zu einer Lärmminderung am Arbeitsplatz bei,

---

[82] Vgl. *Joedicke*, J., Geschichte der modernen Architektur, Stuttgart 1958, S. 22; *Buff*, C.Th., a.a.O., S. 120
[83] Vgl. *Graf*, S. 411
[84] Vgl. *Erberich/Scheeben*, Ziegelsteinmauerwerk und -verblendung im Industriebau, in: Der Industriebau, Nr. 12, 20. Jg., 1929, S. 354
[85] Zur technischen Kennzeichnung von Leichtbetonsteinen vgl. *Wendehorst*, R., Baustoffkunde, neu bearbeitet von H. Spruck, 22. Auflage, Hannover 1986, S. 178 ff.

weil die poröse Oberflächenstruktur des Baustoffes die Schallreflexionen verringert.[86]

Zunehmender Beliebtheit erfreuen sich im Industriebau großformatige Blöcke aus Kalksandsteinen. Sie zeichnen sich durch hohe Belastbarkeit aus und erfüllen hohe Anforderungen des Brand- und Schallschutzes. Wände aus Kalksandstein können wegen der großen Druckfestigkeit des Mauerwerkes schwere Lasten aus Dübeln aufnehmen. Nachträgliche Bohrungen und Schlitze sind leicht zu erstellen. Die vorteilhaften raumklimatischen Eigenschaften des Kalksandsteins begünstigen die Aufstellung empfindlicher Anlagen der Textilindustrie, von Druckereibetrieben und die Herstellung von EDV-Anlagen und sorgen unter anderem für ein Raumklima, das dem Menschen zuträglich ist. Wände aus diesen Blocksteinen können innerhalb kurzer Zeit errichtet werden.[87]

2. Die Holzbauten

Holz ist ein bewährter Baustoff, der seit altersher in der Landwirtschaft, im Wohnhaus- und im Sakralbau Anwendung findet. Die Abmessungen und Formen der Bauteile wurden in der Vergangenheit durch Größe und Form der Bäume bestimmt. Weitgespannte Tragwerke von Kirchen und Hallen mußten aus vielen Einzelteilen unter schwierigen Umständen aneinandergefügt werden. Seit der Entwicklung des Kunstharzleims in der Zeit kurz vor dem Zweiten Weltkrieg lassen sich durch flächenhafte Verbindung einzelner Bretter massive Bauteile aus sogenanntem Brettschichtholz fast jeder beliebigen Größe und auch Form herstellen, da während des Verleimens die Bretter gekrümmt werden können.[88] Der Anteil von Holzgebäuden unter den Industriebauten ist zwar äußerst gering - er lag 1965 zwischen 1 und 5 %[89] -, dennoch hat das Holz aufgrund seiner Eigenschaften in bestimmten Industriezweigen als Baustoff seine Berechtigung nicht verloren. In jüngerer

---

[86] Vgl. *Nagel*, S., Gasbeton: Auf dem Weg zur besser strukturierten Hülle, in: Handelsblatt Nr. 124 vom 03.07.1985, S. 15; *Schramm*, R., Gasbeton: Wärmeschutz bei massiver Bauweise, in: Handelsblatt Nr. 13 vom 20.01.1988, S. 17

[87] Vgl. *o.V.*, Kalksandsteine, in: Industriebau, Nr. 2, 37. Jg., 1991, S. 117

[88] Vgl. *Maisel*, E., Holzleimbau: Weite Hallen für Industrie und Gewerbe, Bretter bilden starke Binder, in: Handelsblatt, Nr. 117 vom 22.06.1988, S. 20

[89] Vgl. *Neufert*, E., Welche Hallen für die Industrie?, 10. Spezialheft Querschnitt-Schriftenreihe der Rationalisierungs-Gemeinschaft Bauwesen im RKW, 2. Auflage, o.O. 1965, S. 27 und 32. Aktuelle Vergleichszahlen liegen nicht vor, aber die derzeitige europaweite Jahresproduktion von rund 620.000 m³ Brettschichtholz scheint weiterhin auf einen geringen Anteil von Holzgebäuden unter den Industriebauten zu deuten. Vgl. *Ruske*, W., Industriebau: Holzleimbaupreis für Gewerbebauten, in: Handelsblatt, Nr. 89 vom 09.05.1990, Technische Linie, S. B 1

Zeit findet angesichts der Besinnung auf eine ansprechende Industriearchitektur und auf die humane Arbeitsplatzgestaltung sowie angesichts der Stärkung des ökologischen Bewußtseins das Baumaterial Holz auch im Industriebau wieder eine stärkere Beachtung.[90]

Konstruktionsholz für Tragwerke wird vorwiegend von Fichten gewonnen,[91] aber auch andere Nadelbäume (Tanne, Kiefer, Lärche) sind hierfür geeignet.[92] Zu den Vorzügen des Holzes als Baustoff zählen seine leichte Bearbeitbarkeit und die damit verbundene kurze Zeit für die Errichtung, nachträgliche Änderungen und den Abriß von Bauten. Sein geringes Eigengewicht erlaubt die Aufstellung von Holzbauten auch auf wenig tragfähigem Baugrund.[93] Wegen seines porigen Aufbaues besitzt Holz nur eine geringe Wärmeleitfähigkeit und somit gute wärmeschutztechnische Eigenschaften. Die häufig als Nachteil angesehene Brennbarkeit des Holzes kann durch Flammschutzmittel reduziert werden, so daß der Baustoff als schwerentflammbar eingestuft werden kann.[94] Aufgrund der niedrigen Wärmeleitfähigkeit können im Brandfalle die Balkenaußenschichten das Balkeninnere zudem gegen hohe Temperaturen abschirmen, wobei die außen verkohlende Schicht eine zusätzliche Wärmedämmung bewirkt. Träger und Stützen verformen sich bei einer Temperaturerhöhung wegen der geringen Wärmeausdehnung des Holzes kaum und verlieren ihre Festigkeit nur langsam. Aus diesen Gründen verhalten sich großdimensionierte Holzbauteile im Brandfalle häufig günstiger als nichtbrennbare Materialien.[95] Teure Brandschutzmaßnahmen sind deshalb bei Holzbauten weitgehend überflüssig.[96]

Der Hauptvorteil liegt aber in der absoluten Beständigkeit des Holzes gegen nahezu alle aggressiven chemischen Medien wie Säuren, Rauchgase und gegen Salze, die Holzbauten für einige Industriezweige (z.B. chemische und lederverarbeitende Industrie) fast unentbehrlich macht.[97]

---

[90] Vgl. *Maisel*, S. 20; *Wallerang*, E., Wer am Bau überleben will, muß rationeller arbeiten, in: VDI-Nachrichten, Nr. 4 vom 29.01.1988, S. 4; *Engel/Luy*, S. 1042
[91] Vgl. *Wendehorst*, S. 64
[92] Vgl. *Graf*, S. 391
[93] Vgl. z.B. *Aggteleky*, Band 2, S. 644; *Henn*, Bauten, S. 168
[94] Vgl. *Wendehorst*, S. 61 f. und 97 f.; zu den Eigenschaften schwerentflammbarer Baustoffe vgl. *Busch*, K., Brandschutzanforderungen an Baustoffe, in: Deutsche Bauzeitschrift, Nr. 3, o.Jg., 1986, S. 791; vgl. auch DIN 4102 Teil 1 und Teil 2 "Brandverhalten von Baustoffen und Bauteilen", in: *DIN Deutsches Institut für Normung e.V.* (Hrsg.), Brandschutzmaßnahmen, 5. Auflage, Berlin, Köln 1988, S. 11 ff.
[95] Vgl. *Wendehorst*, S. 61
[96] Vgl. *Maisel*, S. 20; zur Wirtschaftlichkeit von Brandschutzmaßnahmen vgl. *Gretener*, M., Wirtschaftlicher Brandschutz im Industriebau, in: Industrielle Organisation, Nr. 6, 37. Jg., 1968, S. 333 ff.
[97] Vgl. *Maisel*, S. 20; *Henn*, Bauten, S. 168

Nachteilig auf die Verwendung im Industriebau wirkt sich das sogenannte Arbeiten des Holzes aus, das sich durch Quellen, Schwinden und Werfen des Materials ausdrückt. Das Arbeiten entsteht durch Aufnahme von Feuchtigkeit, die in den Zellwänden eingelagert wird und zu Volumenvergrößerungen (Quellen) des Baustoffes führt, und durch Feuchtigkeitsabgabe bei geringer Luftfeuchtigkeit, die mit einer Volumenverringerung (Schwinden) einhergeht.

Die Elastizität des Holzes läßt ein Holzbauteil auch nach hoher Belastung zwar seine ursprüngliche Form wieder einnehmen, bedingt damit aber zugleich, daß Formänderungen leicht herbeizuführen sind.[98] Deshalb erlauben Holzhallen höchstens den Einsatz leichter Hängekräne. Für Betriebe, in denen starke dynamische Belastungen (Schwingungen) auftreten, ist Holz als Baustoff für das Tragwerk wegen seiner hohen Elastizität nicht geeignet. Der gravierendste Nachteil ist die Anfälligkeit von Holzbauten gegen Fäulnis und Insektenfraß, die die Lebensdauer gegenüber anderen Bauten erheblich mindert. Durch chemische und bauliche Holzschutzmaßnahmen (z.B. große Dachüberstände) lassen sich diese Risiken jedoch verringern.[99] Bei Beachtung der genannten Schutzvorkehrungen können Tragwerke aus Holz eine Lebensdauer von bis zu 100 Jahren erreichen.[100]

Außer in Industrien, die Holzbauten wegen ihrer vorteilhaften Eigenschaften gegenüber aggressiven Substanzen bevorzugen, sind sie ferner in naturnahen Industrien, wie z.B. in Sägewerken und in der Möbelindustrie, verbreitet. Aus betriebswirtschaftlicher Sicht empfehlen sich Holzbauten vor allem wegen der kurzen Bauzeit, der guten baulichen Anpassungsfähigkeit an veränderte Produktionsverhältnisse und der günstigen Investitionsfolgekosten, denen allerdings erhöhte Kosten für Instandhaltung und -setzung gegenüberstehen können. Bestehen auch die Wandausfachungen aus Holz, erzeugt das Gebäude eine behaglichere Ausstrahlung als beispielsweise herkömmliche Betonbauten.

3. Die Stahlbauten

Stahl ist als Baustoff für die Tragkonstruktion von Ein- und Mehrgeschoßbauten gleichermaßen geeignet. Neben dem Beton ist er der wichtigste Baustoff der statischen Konstruktion von Industriegebäuden. Bei der Errichtung von Wänden findet er hingegen keine Verwendung.

---

[98] Vgl. *Wendehorst*, S. 57 und S. 59 f.
[99] Vgl. *Wendehorst*, S. 84 ff.
[100] Vgl. *Weller*, K., Industrielles Bauen 1, 2. Auflage, Stuttgart 1986, S. 123

II. Die Einteilung nach den verwendeten Baumaterialien

Schwerbelastbare, großflächige und weitgespannte Industriebauten können nur hergestellt werden, weil es Stahl gibt. Dieses Material läßt sich durch Walzen, Pressen und Schmieden in beliebige Formen überführen.[101] Der Gestaltung von Stahlbauteilen sind somit keine Grenzen gesetzt. Die außerordentliche Festigkeit und Zähigkeit des Stahls sowie seine Widerstandsfähigkeit gegen Zug-, Druck- und Schubbeanspruchungen erlauben die stützenlose, wirtschaftliche Überbrückung sehr großer Weiten. Die hohe Belastbarkeit durch statische und dynamische Beanspruchungen macht den Stahl zum geeigneten Baustoff für Tragwerke großer Hallen mit fest installierten Krananlagen. Aufgrund der guten Formbarkeit des Baustoffes können die tragenden Querschnitte der Stützen und Binder genau auf die statischen Erfordernisse abgestimmt werden, so daß man in der Lage ist, das Eigengewicht der Tragkonstruktion exakt auf eine bestimmte Belastbarkeit auszulegen, wodurch ceteris paribus geringere Anforderungen an die Fundamentierung gestellt sowie Ausgaben und Kosten eingespart werden.[102]

Stahlbauten zeichnen sich wegen der Vorfertigung der Bauteile durch eine sehr kurze Bauzeit aus. Hervorzuheben ist ferner die hohe Flexibilität dieser Gebäude gegenüber Produktionsveränderungen. Umbauten, Erweiterungen, aber auch Verstärkungen des Stahlbauwerkes können ohne Schwierigkeiten durchgeführt werden. Bauwerke aus Stahl werden im Falle des Abrisses einfach demontiert. Die hierbei anfallenden Stahlteile sind wiederverwertbar, wobei die Schrottverwertung nur eine Alternative darstellt. Ein Entsorgungsproblem stellt sich nicht.[103] Dieser Vorzug des Stahlbaues muß aus betriebswirtschaftlicher Sicht vor allem deswegen betont werden, weil selbst bei einer fehlenden weiteren Verwendungsmöglichkeit für das Gebäude ein Nutzen in Form von Erlösen aus den Stahlteilen erzielt werden kann.

Stahlbauten sind korrosionsanfällig. Ursachen hierfür sind chemische oder elektrochemische Vorgänge in Verbindung mit Sauerstoff, Wasser und aggressiven Medien wie Schwefeldioxyd. Der entstehende Rost bewirkt eine Verringerung der Bauteilstärke und kann zur Beeinträchtigung der Funktion und letztlich zur Zerstörung des Bauteiles führen. Stahlbauten finden sich daher vor allem in solchen Betrieben, in denen der Stahl den obengenannten Substanzen nicht in besonderem Maße ausgesetzt wird. Um die Nutzungsdauer von Stahlbauten zu erhöhen, müssen Korrosionsschutzmaßnahmen ergriffen werden. Von den zahlreichen möglichen Verfahren

---

[101] Vgl. *Wendehorst*, S. 507 und S. 510
[102] Vgl. *Wisnikow*, R.J., Stahlhallen: Große Werkhallen stützenfrei überspannt, in: Handelsblatt, Nr. 117 vom 22.06.1988, S. 19
[103] Vgl. *Henn*, Industriebauten, Sp. 749; *Oeteren*, K.-A. van, Korrosionsverhütung: Langzeitschutz hilft Schäden verhüten und Kosten sparen, in: Handelsblatt, Nr. 124 vom 03.07.1985, S. 16

zum Schutz von Stahlbauten finden vor allem die Beschichtung gemäß DIN 55928 Teil 5 und die Feuerverzinkung gemäß DIN 50976 in der Praxis Anwendung.[104] Gegebenenfalls sind die Schutzmaßnahmen in periodischen Abständen zu wiederholen. Die Lebensdauer eines Stahlbauwerkes hängt von der Qualität des verwendeten Stahls, aber auch von der Güte und der Häufigkeit der Korrosionsschutzmaßnahmen ab, die je nach Umgebungsbedingungen das Tragwerk 15 bis 50 Jahre und bei mehrfacher Wiederholung auch länger vor Rost bewahren.[105] Für die wiederholte Durchführung der Schutzmaßnahmen ist es wichtig, daß die Stahltragwerke leicht zugänglich sind. Diese Vorkehrungen verteuern die Herstellung und den Unterhalt der Stahlbauten. Die Mehrkosten für den Schutz der Bauwerke müssen in Relation zum Nutzen gesehen werden, der durch die Verlängerung der Nutzungsdauer und die Vermeidung von Betriebsstillständen entsteht. Im allgemeinen dürfen die jährlichen Kosten solcher Maßnahmen nicht höher sein als die Kosten für Instandsetzungsarbeiten und Ersatzteile, die ohne besondere Schutzvorkehrungen anfallen würden.[106]

Stahl ist zwar nicht brennbar, verliert aber unter Hitzeeinwirkung seine Festigkeit, so daß Bauwerke bei Bränden schnell einzustürzen drohen. Aus diesem Grunde werden Stahlteile häufig mit Beton feuersicher ummantelt. Sie treten dann nach außen nicht sichtbar hervor, so daß ein Stahlbau als solcher nicht immer zu erkennen ist.

4. Die Betonbauten

Beton ist ein künstlicher Baustoff, der durch Erhärten eines Gemisches aus Zement, Zuschlägen (Sand, Kies oder Splitt) und Wasser entsteht.[107] Als Baumaterial für die Tragkonstruktion findet sogenannter armierter Beton (Stahl- und Spannbeton) Verwendung, in dem sich Stahlstäbe befinden. Diese Stäbe haben die Aufgabe, die Belastbarkeit der Bauteile durch Zugbeanspruchungen zu erhöhen, während die umhüllende Betonschicht

---

[104] Vgl. hierzu DIN 55928 Teil 5 "Korrosionsschutz von Stahlbauten durch Beschichtungen und Überzüge - Beschichtungsstoffe und Schutzsysteme", zitiert nach: Oeteren, K.-A. van, Langzeitschutz hilft Schäden verhüten und Kosten sparen, in: Handelsblatt, Nr. 124 vom 03.07.1985, S. 16; DIN 50975 "Korrosionsschutz, Feuerverzinken von Einzelteilen (Stückverzinken) - Anforderungen und Prüfung", zitiert nach: *Oeteren, van*, S. 16

[105] Vgl. *Weller*, S. 122

[106] Vgl. *Oeteren, van*, S. 16. Zu den Korrosionsschutzverfahren im besonderen vgl. *Wendehorst*, S. 521-534

[107] Zu den technischen Einzelheiten der Zusammensetzung und Eigenschaften von Beton vgl. *Wendehorst*, S. 227 ff.; *Readymix Transportbeton GmbH* (Hrsg.), Betontechnische Daten, 9. Auflage, Ratingen 1988

II. Die Einteilung nach den verwendeten Baumaterialien

Druckspannungen aufnimmt und das Ausknicken der Stahlstäbe verhindert. Unbewehrter Beton und Leichtbeton kommen als Material für nichttragende raumabschließende Bauelemente in Betracht.

Armierter Beton ist als Baustoff für die Tragwerke von Mehrgeschoß-, Flach- und Hallenbauten geeignet.[108] Seine Bildsamkeit im flüssigen Zustand ermöglicht die Herstellung beliebig geformter Bauteile und Bauwerke. Hinsichtlich der Aufnahme großer Lasten sind Betonbauten anderen Bautypen überlegen. Denn abgesehen von der Möglichkeit, Betontragwerke für sehr hohe Lasten auszulegen, weisen Bauten aus armiertem Beton unter den Nutzlasten nur geringe Formänderungen (Durchbiegungen) auf und sind daher unempfindlich gegen Schwingungen. Um einer Materialermüdung aufgrund von Schwingungen entgegenzuwirken, denen Fabrikgebäude oft zwangsläufig ausgesetzt sind, werden die Bauteile zudem in der Praxis für höhere Belastungen bemessen, als sie tatsächlich zu tragen haben. Beton ist vollkommen feuerbeständig und kann deswegen ohne zusätzliche Maßnahmen für höchste Feuerwiderstandsdauern ausgelegt werden. Aus diesem Grund werden Betonbauten von Feuerversicherungsgesellschaften in niedrige Risiko- und Prämienklassen eingestuft.

Da Tragkonstruktionen aus Beton wartungsfrei und Träger betonschädlicher Substanzen Wasser und bestimmte im Boden vorkommende Gesteinsarten sind,[109] mit denen die Wände und die Tragwerke bis auf die Fundamente nicht in Berührung kommen, fallen hierfür keine Unterhaltungskosten an. Bei Verwendung speziellen Sichtbetons entfallen ferner sämtliche Kosten für den Putz, die Verblendung und den Anstrich der Bauteile. Kapitalisiert man die Ausgaben für den Unterhalt von Stahlbauwerken, dürfen einer Untersuchung zufolge Betonbauten rund 10 % teurer sein als Stahlbauten. Erst bei Überschreitung dieses Prozentsatzes ist ein Betongebäude ceteris paribus unwirtschaftlicher.[110] Bei der Verwirklichung extrem großer Spannweiten ist der Betonbau dem Stahlbau unterlegen, im Rahmen üblicher Stützenabstände aber auch in wirtschaftlicher Hinsicht gleichwertig.

Als Nachteil der Betonbauten erweist sich in erster Linie die Starrheit gegenüber baulichen Veränderungen. Es ist nahezu unmöglich, Umbauten am Baukörper vorzunehmen. Selbst der nachträgliche Einbau von Leitungen und Transporteinrichtungen kann nur unter umfangreichen und kostspieligen Stemmarbeiten vorgenommen werden. Die bei Abriß eines Betongebäudes entstehenden Bruchstücke können nur eingeschränkt verwertet wer-

---

[108] Zur Beurteilung der Eigenschaften von Betonbauten vgl. z.B. *Aggteleky*, Band 2, S. 644; *Henn*, Industriebauten, Sp. 749; *Henn*, Bauten, S. 40 f.
[109] Vgl. *Readymix Transportbeton GmbH*, S. 37 f.; vgl. hierzu ferner Abb. 16
[110] Vgl. *Schulz*, S. 5

den (z.B. als Füllmasse im Straßenbau) und stellen daher ein Entsorgungsproblem dar. Des weiteren schlagen die lange Bauzeit und die Witterungsabhängigkeit des Baufortschrittes negativ zu Buche, wenn die Bauwerke vor Ort gegossen werden. Aus wirtschaftlicher Sicht ist die Verwendung genormter Betonbauteile dringend anzuraten, um die hohen Kosten für die Schalungen zu verringern. Denn die Normung ist Voraussetzung für die kostensparende Mehrfachverwendung der Schalungsformen.[111] Die Vorfertigung der Bauteile verkürzt zudem die Bauzeit vor Ort und verringert dadurch die Witterungsabhängigkeit des Baufortschrittes. Das hohe Eigengewicht von Betonbauten erfordert eine entsprechend ausgelegte und damit vergleichsweise kostspielige Fundamentierung. Tragwerke aus Stahlbeton haben eine Lebensdauer von mehr als 100 Jahren.[112]

III. Die Einteilung der Industriebauten nach der Bauweise des Tragwerkes

1. Die Massivbauten

Nach der Bauweise des Tragwerkes unterscheidet man die Massiv- und die Skelettbauten. Für die in Massivbauweise erstellten Gebäude ist auch die Bezeichnung Wandbau gebräuchlich.[113] Sie zeichnen sich durch tragende Außen- und Innenwände aus, die in Längs-, teilweise auch in Querrichtung des Gebäudes verlaufen. Im Massivbau haben die Wände folglich nicht nur den Raumabschluß zu bilden, der nach außen gegen Klimaeinwirkungen, unbefugtes Eindringen etc. schützen soll, sondern müssen darüber hinaus sämtliche Eigen- und Verkehrslasten des Bauwerkes aufnehmen und in das Fundament ableiten. Die Schutz- und die Tragfunktion werden so im wesentlichen von einer Bauteilart wahrgenommen.

Als Baumaterial für tragende Wände kommen grundsätzlich Mauersteine und Stahlbeton in Betracht. Die Errichtung tragender Wände aus Mauerwerk ist jedoch wegen der beschriebenen Nachteile von Steinbauten (geringe Belastbarkeit, kleine Spannweiten, hoher Konstruktionsflächenbedarf) für Industriegebäude unüblich. Deshalb wird für Bauwerke der Industrie, die in Massivbauweise errichtet werden sollen, nur noch Beton verwendet, der wesentlich belastbarer ist.

---

[111] Vgl. *Henn*, Bauten, S. 41
[112] Vgl. *Weller*, S. 123
[113] Zu den Eigenschaften der Massivbauten, vgl. *Papke*, Bauprojektierung, S. 56 ff.; *Papke*, Gebäudekonstruktionen, S. 395

Aber auch Betonmassivbauten besitzen gravierende Nachteile, weswegen sie nur noch als bauliche Hülle für kleinere Nebenanlagen von untergeordneter Bedeutung in Frage kommen. Insbesondere wenn unterschiedliche Raumgrößen, große Spannweiten und eine veränderbare Raumaufteilung gefordert werden, muß von Massivbauten abgesehen werden. Denn tragende Wände stellen eine unmittelbare bauliche Restriktion dar. Um einen geradlinigen Kräftefluß der Bauwerkslasten zu gewährleisten, müssen in Stockwerksgebäuden tragende Wände unbedingt exakt übereinanderliegen, so daß gerade auch unter dem Aspekt der baulichen Anpassungsfähigkeit an veränderte Gegebenheiten industriell zu nutzende Massivbauten abzulehnen sind.

Teilweise werden in der Literatur die dem Massivbau eigenen großen Konstruktionsmassen als vorteilhaft für die Schalldämmung und die Temperaturstabilität angesehen.[114] Durch die Verwendung geeigneter Baustoffe können jedoch zumindest die gleichen Werte bei geringer dimensionierten Wänden erzielt werden,[115] so daß sich Massivbauten auch in dieser Hinsicht erübrigen.

2. Die Skelettbauten

Im Skelettbau werden die *tragenden* Wände zu Stützenreihen reduziert, die die Eigen- und Verkehrslasten punktartig aufnehmen und an die Fundamente weiterleiten. Das Tragwerk ist losgelöst vom Raumabschluß, die Außen- und Innenwände übernehmen nur noch die Schutzfunktion. Voraussetzung für die Skelettbauweise ist die Verwendung von Baustoffen, die über ein ausreichendes Vermögen zur Aufnahme von Zugkräften verfügen.[116] Diese Eigenschaft besitzen Stahl und stahlarmierter Beton, aus denen die Tragwerke von Skelettbauten stets gefertigt sind. Man spricht deshalb auch von Stahl- und Stahlbetonskelettbauten.

Die hohe Belastbarkeit dieser Baustoffe führt ceteris paribus zu einem geringeren Querschnitt der tragenden Bauteile und somit zu einem geringeren Verlust an Nutzfläche im Vergleich zu den Flächentragwerken massiver Bauwerke. Besonders hervorzuheben ist die Möglichkeit, die zur Verfügung stehende Fläche frei von den Restriktionen tragender Wände aufteilen und diese Aufteilung jederzeit nachträglich verändern zu können. Insofern sind

---

[114] Vgl. *Papke*, Bauprojektierung, S. 58
[115] Vgl. z.B. *Nagel*, S. 15; *Schramm*, S. 17
[116] Vgl. *Kraemer*, S. 318

Skelettbauten besonders anpassungsfähig an Produktionsänderungen.[117] Die konsequente Trennung von Raumabschluß und Tragkonstruktion ermöglicht schließlich auch die großflächige Verwendung von Glasbauteilen in den Außenwänden, wodurch die natürliche Beleuchtung des Gebäudes gegenüber der Massivbauweise, die aus statischen Gründen nur vergleichsweise kleine Fensteröffnungen gestattet, erheblich verbessert wird.

IV. Die Einteilung der Industriebauten nach dem Grad der Vorfertigung

1. Die in Ortsbauweise errichteten Bauten

Die in Ortsbauweise erstellten Gebäude werden vor Ort auf der Baustelle durch Aneinanderfügen kleinster Bauelemente (z.B. Bausteine) oder durch Herstellung größerer Bauteile (z.B. Gießen von Betonwänden und -stützen) errichtet. Es handelt sich hierbei um den typischen Fall der externen Baustellenfertigung und um die im Industriebau lange Zeit dominierende Bauweise. Zu beachten ist, daß durchaus nicht das komplette Bauwerk vor Ort errichtet werden muß, um von Ortsbauweise zu sprechen, sondern, daß stets bestimmte Teile des Gebäudes - z.B. die erwähnten Bausteine oder Fenster und Türen - vorgefertigt werden.

Der Baufortschritt wird bei einer derartigen Bauweise durch schlechte Witterungsverhältnisse gehemmt. Beispielsweise kann bei Frost Beton nicht gegossen werden; Bauarbeitnehmer, die im Freien beschäftigt sind, werden bei schlechtem Wetter von der Arbeit freigestellt. Ferner ist die zeitlich parallele Fertigung aufeinander aufbauender Gebäudeteile, wie z.B. die Wände verschiedener Geschosse, nicht möglich, so daß in der Regel erst die Fertigstellung eines bestimmten Bauabschnittes abgewartet werden muß, bevor mit der Errichtung des nachfolgenden begonnen werden kann. Aus diesen Gründen ist die Zeit bis zur Vollendung des Bauwerkes gegenüber der noch zu besprechenden Fertigbauweise um ein Vielfaches länger.

2. Die in Fertigbauweise errichteten Bauten

In Fertigbauweise errichtete Gebäude werden auch als Fertig- oder Montagebauten bezeichnet. Charakteristisch für diese Bauweise ist, daß ganze Gebäudeteile (z.B. Stützen, Wand-, Boden-, Deckenplatten) in einem Werk

---

[117] Vgl. *Papke*, Gebäudekonstruktionen, S. 395; *Schwerm*, D., Industriehallen: Mit Elementbauweise terminsicher bleiben, in: Handelsblatt, Nr. 124 vom 03.07.1985, S. 16

IV. Die Einteilung nach dem Grad der Vorfertigung

vorfabriziert und auf der Baustelle zu einem Bauwerk zusammengefügt werden. Die eigentliche Fertigung des Gebäudes ist also räumlich vom Ort der Errichtung und späteren Nutzung des Bauwerkes getrennt, hier erfolgt nur noch die Montage der einzelnen Bestandteile.

Durch die Fertigbauweise werden Merkmale der industriellen Fabrikation auf die Verrichtung von Bauaufgaben übertragen, da auf diese Weise die Herstellung von Gebäuden in größerem Maße mechanisiert werden kann und sich die Prinzipien der Arbeitsteilung und der Wiederholung der Arbeitsaufgabe mit dem Ziel der Serienfertigung auch im Baugewerbe verwirklichen lassen.[118] Voraussetzung einer Serienfertigung ist die Standardisierung von Bauteilen, die zu einem größeren Bedarf gleicher Bauteile führt und so eine Mehrfachfertigung ermöglicht und in wirtschaftlicher Hinsicht zugleich erfordert.[119] Grundsätzlich müssen zwei Varianten der seriellen Fertigbauweise gegeneinander abgegrenzt werden, die sich darin unterscheiden, wie gut einzelne Bauteile an geänderte Bedingungen (z.B. an Kundenwünsche) angepaßt werden können.

Man spricht von einem geschlossenen Bausystem, wenn Bauteile nur für eine bestimmte Bauaufgabe konzipiert und auch standardisiert werden, weil sie dort mehrfach Verwendung finden. Bekanntes Beispiel hierfür ist der Londoner Kristallpalast, für den bereits im letzten Jahrhundert standardisierte Tragwerke hergestellt wurden. In derartigen Fällen bestehen Schwierigkeiten, die Bauteile für andere Bauaufgaben heranzuziehen, da es sich um eine bauprojektspezifische Normung handelt. Deshalb kommt eine Vorfertigung von Gebäudeteilen, die auf dieser Art von Standardisierung beruht, nur für große Bauprojekte in Betracht, bei denen ein genügender Bedarf spezifisch genormter Bauteile besteht.

Wird hingegen das Bauwerk aus in Serie hergestellten Komponenten zusammengesetzt, die für unterschiedliche Bauaufgaben verwendet werden können, spricht man von einem offenen Bausystem, das dem aus der industriellen Fertigung bekannten Baukastensystem gleicht.[120] Auf diese Weise ist es möglich, aus wenigen standardisierten Bauteilen viele verschiedene Bauten zu errichten.

Als Baustoff für die Vorfertigung von Industriebauten ist Stahl besonders geeignet. Denn bereits die Verfahren der Stahlerzeugung und -bearbeitung

---

[118] Vgl. *Lachenmann*, G., Industrialisiertes Bauen, in: Industriebau, hrsg. von K. Ackermann, Stuttgart 1984, S. 123

[119] Vgl. *Rettig/Heinicke/Hempel*, S. 123. Untersuchungen ergaben, daß die Wirtschaftlichkeit von Stahlbauten hauptsächlich auf die Verwendung gleicher und in der Fabrik herstellbarer Baukomponenten zurückzuführen ist. Vgl. hierzu *Grube*, S. 29

[120] Vgl. hierzu *Lachenmann*, S. 124

erzwingen die fabrikmäßige Herstellung von Trägern, Bindern und sonstigen Stahlprofilen. Die Umformung des Rohstahls zu den gewünschten Bauteilen auf der Baustelle ist nicht möglich, weshalb dieser Baustoff das natürliche Material für die Vorfertigung industrieller Bauwerke ist. Stahlprofile sind international genormt und überall abrufbar.[121] Deshalb ist Stahl für vorgefertigte Bauwerke der noch dominierende Baustoff. Seit man in der Lage ist, ursprünglich monolithische Bauteile aus Stahlbeton in industriell vorgefertigte Teile zu zerlegen, diese vor Ort zusammenzusetzen und mit einer dünnen Ortsbetonschicht zu einer Einheit zu vergießen, stellt dieses Baumaterial diesbezüglich eine Alternative zum Stahl dar.[122]

Vorteile der Fertig- gegenüber der Ortsbauweise bestehen vor allem in der hohen Terminsicherheit und in der kurzen Bauzeit sowie in der sich hieraus ergebenden kurzfristigen Nutzbarkeit des Gebäudes.[123] Die vergleichsweise kurze Bauzeit beruht zum einen auf der Witterungsunabhängigkeit der fabrikmäßigen Herstellung von Bauteilen und im Falle der Errichtung typisierter Gebäude auf der Verringerung des Planungsvorlaufes. Beachtlich sind auch die Zeitersparnisse bis zur Fertigstellung eines Gebäudes aufgrund der Erfahrungen der Produktionsplaner und der ausführenden Arbeitnehmer, die auf durchorganisierten, sich mehrfach wiederholenden Produktionsprozessen beruhen. Werden die standardisierten Fertigteile ab Lager geliefert, entfällt zusätzlich die gesamte Zeit der Vorproduktion, so daß direkt mit der Montage auf der Baustelle begonnen werden kann. Stillstand am Bau, der aufgrund mangelnder Koordination der an der Bauausführung beteiligten Unternehmungen auf Baustellen oft zu beobachten ist, kann dadurch reduziert werden, daß möglichst viele Tätigkeiten nicht vor Ort, sondern in der Fabrik vorgenommen werden und so auf der Baustelle nur die Endmontage erfolgen muß. Die schnelle Errichtung von Fertigbauten verringert zudem unproduktive Zeiten, in denen die Gebäude bereits finanziert werden müssen und Kosten entstehen, sie aber noch nicht betrieblich genutzt werden können. Schließlich spricht die Möglichkeit der werksseitigen Qualitätssicherung für die Vorfertigung von Industriebauten - Baufehler wie falsche Betonmischungen können so schon *vor* Errichtung des Gebäudes festgestellt werden -, so daß die Fertigbauweise nicht nur zu Zeiten hoher Lohnkosten zu präferieren ist, wie manche Autoren ihre Befürwortung von Fertigbauten begründen.[124] Dieses Argument ist ohnehin fragwürdig, da Arbeiten nur von der Baustelle in die Fabrik verlagert werden,

---

[121] Vgl. *Grube*, S. 17
[122] Vgl. *Lachenmann*, S. 128
[123] Vgl. *Schwerm*, S. 16
[124] Vgl. *Menge, J.*, Bauplanung, in: agplan - Handbuch zur Unternehmensplanung, hrsg. von J. Fuchs und K. Schwantag, Abschnitt 2395, Berlin 1970, 5. Erg.-Lfg. 10/1972, S. 11

aber dort nicht in wesentlichem Umfange und höchstens aufgrund der besseren organisatorischen Voraussetzungen entfallen.

Unbeschadet der Standardisierung - der Normung von Bauteilen und der Typung von Gebäuden - besitzen industrielle Fertigbauten im Regelfalle genügend Flexibilität, um sie individuellen Anforderungen anpassen zu können.[125]

V. Die Einteilung der Industriebauten nach dem Grad ihrer Nutzungsgebundenheit

1. Die Einzweckbauten

Nach dem Grad der Nutzungsgebundenheit können Einzweck- und Mehrzweckbauten unterschieden werden. Einzweckbauwerke bezeichnet man auch als gebundene Industriebauten.[126] Sie erfüllen die Anforderungen eines einzigen Verwendungszwecks; ihre Gestaltung wird folglich durch eine nahezu unveränderliche Produktionsaufgabe bestimmt. Das Aussehen, der Aufbau und die Abmessungen des Bauwerkes sind der Produktionseinrichtung eng angepaßt, so daß nach außen die Art der in der Fabrik ablaufenden Fertigung sichtbar wird. Besonders in der Schwerindustrie und in der chemischen Industrie haben die Einzweckbauten eher ein apparatehaftes Gefüge als die Erscheinung eines Gebäudes.[127] Beispiele hierfür sind Destillationskolonnen, Hochöfen, Kühltürme, Raffinerien, Silos oder Karbidanlagen. Um derartige Industriebauten zu kennzeichnen, deren Aussehen durch den Fertigungsprozeß festgelegt wird, spricht man von Sonder- oder Prozeßbauten. Typisch für sie ist ihre funktionsbedingte markante Silhouettenbildung. Einzweckbauwerke, deren Anlagencharakter zwar in den Hintergrund tritt, deren Gestaltung aber auf die Produktion eines einzigen Erzeugnisses ausgerichtet ist (z.B. Bauten von Karosseriewerken, Zuckerfabriken, Energiezentralen), heißen produktspezifische Bauten.[128]

Einzweckbauten können wegen ihrer strikten Ausrichtung auf eine Produktionsaufgabe nur in der gleichbleibenden Massen- und in der Sortenfertigung eingesetzt werden. Ihre Verwendung für einen anderen als den ursprünglich vorgesehenen Zweck ist unmöglich. Sie sind daher für den Be-

---

[125] Vgl. hierzu auch *Schwerm*, S. 16; *Jong, de/Karsten*, S. B 8
[126] Vgl. *Papke*, Bauprojektierung, S. 53
[127] Vgl. *Kraemer*, S. 394 f.
[128] Vgl. *Fischer, G.*, Geistige Urheberschaft - Die Rolle des Architekten bei Industriebauprojekten, in: Zentralblatt für Industriebau, Nr. 1, 32. Jg., 1986, S. 9

trieb wertlos, wenn die Produktion des darin gefertigten Erzeugnisses zum Erliegen kommt.[129]

2. Die Mehrzweckbauten

Der Unterschied zwischen Einzweck- und Mehrzweckbauten kann vergröbert auf folgende Art dargestellt werden: "Bei der Einzweckfabrik wird zunächst die Produktionsmaschinerie aufgebaut und anschließend mit der 'auf Maß geschneiderten' Witterungshülle umkleidet; bei der Mehrzweckfabrik sind zuerst die Gebäude vorhanden, in denen dann die Maschinerie aufgestellt wird."[130]

Mehrzweckbauten sind in der Lage, gleichzeitig oder zeitlich nacheinander verschiedene Industriebetriebe aufzunehmen.[131] Häufige Wechsel der Produktionsaufgabe und Umstellungen der Produktionseinrichtungen können in gewissen Grenzen durchgeführt werden. Geschoßhöhen, Stützenabstände, Bodentragfähigkeit, Beleuchtungsverhältnisse, Grundrißformen etc. sind auf mögliche Veränderungen des Materialflusses, der Bodenbelastung, des Betriebsmittelbestandes und der Produkteigenschaften ausgelegt. In der Literatur findet man für Mehrzweckgebäude wegen ihrer weitgehenden Unabhängigkeit vom betrieblichen Produktionsvorgang und vom Erzeugnis auch die Bezeichnung flexible Industriebauten oder neutrale Bauwerke.[132]

Sie sind baulich durch gleichmäßige, aber weitgespannte Stützenstellungen und große zusammenhängende Nutzflächen gekennzeichnet. Rechteckige Grundrisse und Baukörper bedingen die typische Quaderform der Mehrzweckbauten. Massive Einbauten, wie z.B. tragende Wände, müssen vermieden werden. Die Skelettbauweise ist infolgedessen ein Merkmal der Mehrzweckbauten. Kernbereiche, wie Toilettenanlagen, Treppenhäuser und Aufzugsschächte, werden zweckmäßig außerhalb der Nutzflächen angeordnet.[133]

---

[129] Vgl. *Kraemer*, S. 395
[130] *Kraemer*, S. 395
[131] Vgl. *Lahnert*, S. 124
[132] Vgl. *Papke*, Bauprojektierung, S. 53; *Fischer*, Urheberschaft, S. 9. Hinsichtlich der universellen Nutzbarkeit von industriellen Mehrzweckgebäuden ist ein Vergleich mit Mietwohnungen zulässig: So wie das stets gleiche Raumschema von Wohnungen (Wohn-, Schlafzimmer, Küche, Bad etc.) den Ansprüchen von Mietern mit individuell verschiedenen Lebensformen und Einrichtungen genügt, vermögen industrielle Mehrzweckgebäude die Anforderungen vieler Produktionen zu erfüllen. Vgl. *Kraemer*, S. 395
[133] Vgl. *Papke*, Betriebsprojektierung, S. 53 f.; *Kraemer*, S. 395 f.

VI. Die Einteilung nach der Zusammenfassung von Teilbereichen   339

Da Mehrzweckbauten nicht nur auf *einen* Produktionsprozeß abgestimmt sind, bilden sie den Bautyp für die Aufnahme von Betrieben der Einzel- und Serienfertigung und sind darüber hinaus generell das Modell für industrielle Mietgebäude. Die vielseitige Verwendbarkeit ist eine Eigenschaft, die die Mehrzweckbauten mit standardisierten, auf dem Baukastensystem basierenden Bauwerken gemeinsam haben. Allgemein kann man daraus schließen, daß jedes vereinheitlichte Gebäude zugleich ein Mehrzweckgebäude ist.[134] Im Unterschied zu den apparatehaften Einzweckbauten, die lediglich die äußere Hülle einer Produktionsanlage darstellen und deswegen als Bau im strengen Sinne der Definition[135] zu betrachten sind, handelt es sich bei Mehrzweckbauwerken der Industrie um Gebäude, die für einen längeren Aufenthalt von arbeitenden Menschen geeignet sein müssen. Deshalb spielen bei der Gestaltung von Mehrzweckgebäuden die personalwirtschaftlichen Anforderungen eine größere Rolle als im Falle der Sonderbauten, deren Aufbau allein vom zugrundeliegenden Produktionsprozeß bestimmt wird.

VI. Die Einteilung der Industriebauten nach der Zusammenfassung betrieblicher Teilbereiche

1. Die Verbundbauten

In Verbund- oder Kompaktbauten sind mehrere betriebliche Teilbereiche, wie z.B. die Fertigung, die Montage, die Lager, die Instandhaltung, die Verwaltung und der Sozialbereich, unter einem Dach zusammengefaßt. Unerheblich für die Kennzeichnung eines Gebäudes als Verbundbauwerk ist hierbei, ob es sich um verschiedene Teilbereiche eines Betriebes oder um gleichartige Bereiche *verschiedener* Betriebe handelt. Wichtig ist lediglich die Zentralisierung unterschiedlicher Funktionseinheiten in *einem Gebäude*.[136] So zählen beispielsweise Mehrgeschoßbauten, deren einzelne Etagen zu Produktionszwecken an Unternehmungen vermietet werden, ebenso zu den Kompaktbauten wie jene, die die Verwaltung, Produktion und die Lager einer Unternehmung beherbergen. Flach- und Hallenbauten, deren Nutzfläche mehreren betrieblichen Funktionen zur Verfügung steht, gehören gleichfalls zu den Verbundbauwerken. Schlußendlich wird die Zusammenfassung mehrerer konstruktiv unabhängiger Bauten zu einem Gebäudekomplex zu den Verbundbauten gerechnet.

---

[134] Der Umkehrschluß ist unzulässig. Denn Mehrzweckgebäude müssen nicht standardisiert sein.
[135] Zum Unterschied zwischen Bau und Gebäude vgl. die Definition auf S. 28 f. dieser Arbeit.
[136] Vgl. *Schmidt*, K., Band I, S. 90 ff.

Die Varianten der Verbundbauweise sind sehr vielfältig. Die Gebäudegrundrisse können die Form eines Rechteckes haben oder aneinandergeschlossen sein und die Form eines Kammes oder eines Doppelkammes, eines U, eines H und eines L bilden, um nur die wichtigsten zu nennen.[137] Welche Form die zweckmäßigste ist, muß im Einzelfall entschieden werden. Im allgemeinen ist die Rechteckform aus Gründen der Anpassungsfähigkeit an veränderte Produktionsbedingungen vorzuziehen. Die Kamm- und die Doppelkammanordnung hingegen entsprechen dem beschriebenen Spine-Konzept, das vorsieht, daß in dem quasi als Rückgrat fungierenden Längsbau der Material-, Personen- und Informationsfluß abgewickelt und in den Querbauten (Kammzähnen) die Materialbe- und Materialverarbeitung vorgenommen werden. Die Erweiterungsmöglichkeiten der Kamm- und Doppelkammanordnung sind günstig, da Längs- und Querbauten verlängert oder zusätzliche Querbauten im Bedarfsfalle eingefügt werden können. Die U-förmige Anordnung ist sinnvoll, wenn der Materialfluß in die Nähe seines Ausgangspunktes zurückgeleitet werden muß, um beispielsweise den gleichen Bahnanschluß oder die gleiche Straße benutzen zu können. Die L-förmige Bauweise paßt sich gut den Gegebenheiten dreieckiger Grundstücke an.

Verbundbauten erhalten in der Literatur häufig das Attribut einer modernen Bauweise.[138] Ihr Vorteil gegenüber den im Anschluß zu besprechenden Bauwerken in Trennbauweise liegt in der kompakten Zuordnung betrieblicher Teilbereiche sowie der damit verbundenen Verkürzung der Transportwege und Einsparung an Grundstücksfläche. Wie in Kapitel C dieser Arbeit erläutert wurde, ist bei einer dimensionierenden Baugrößenvariation zumindest dann mit einem degressiven Ausgaben- und Investitionsfolgekostenanstieg zu rechnen, wenn das Bauwerk unter Konstanthaltung der Gebäudehöhe erweitert wird. Dieses Ergebnis ließ sich auf die unterproportionale mengenmäßige Zunahme bestimmter Bauwerksteile zurückführen. Eine multiplikative Baugrößenvariation ergibt hingegen keine merklichen Degressionseffekte. Ceteris paribus ist es folglich günstiger, ein großes statt vieler kleiner Gebäude zu errichten und zu unterhalten, die insgesamt mehr Baumasse aufweisen als vergleichbare Verbundbauten, bei denen die Größendegression der Ausgaben und Kosten zum Tragen kommt.

Auf diese Weise lassen sich Aussagen begründen, daß die Verbundbauten vergleichsweise geringe Investitionsausgaben, Investitionsfolge- und Bauunterhaltungskosten verursachen.[139] Im Ergebnis wird diese Argumentation vom ehedem größten Architektur- und Ingenieurbüro für Industrie-

---

[137] Vgl. *Beste*, Fertigungswirtschaft, S. 151
[138] Vgl. *Dolezalek/Warnecke*, S. 71
[139] Vgl. z. B. *Lahnert*, S. 133; *Dolezalek/Warnecke*, S. 71

bauten in den USA belegt: "Das Büro Kahn bemüht sich jedoch darum, die gesamte Anlage, wo immer es möglich ist, in einem einzigen Bau unterzubringen. Bei mehreren Gebäuden steigen wegen der größeren Außenwandflächen die Baukosten, der von den dazwischenliegenden Höfen eingenommene Raum könnte zudem besser genutzt werden, und ihre Instandhaltung ist teuer."[140] Die relativ kleine Außenwandfläche der Verbundbauten, die sich durch die kompakte Zuordnung der Abteilungen ergibt, führt schließlich zu einer Ersparnis an Raumklimakosten, da weniger Flächen vorhanden sind, die die Wärmeab- sowie die Wärme- und Kälteeinstrahlung begünstigen, so daß Klima- und Heizungsanlagen kleiner ausgelegt oder entlastet werden können. Schließlich ermöglichen Verbundbauten einen witterungsunabhängigen Produktionsablauf, da Material und unfertige Erzeugnisse beim Transport durch die Werkstätten das Gebäude nicht verlassen müssen.

Manche Autoren stellen die Flexibilität von Kompaktbauten als besonderen Vorteil heraus.[141] Diese Behauptung ist nicht einsichtig und kann nur auf der Tatsache basieren, daß das Kompaktgebäude in der Lage sein muß, unterschiedliche Betriebsbereiche zu beherbergen. Darin kommt aber die Fähigkeit, sich ändernden Anforderungen Rechnung zu tragen, nicht zum Ausdruck. Vielmehr muß nach Ansicht des Verfassers gerade die geringe Anpassungsfähigkeit derartiger Bauwerke an neue Technologien, höhere Raumbedarfe, geänderte Abläufe, Produktionsumstellungen und dergleichen mehr als schwerwiegender Nachteil angesehen werden.[142] Denn die unmittelbare und lückenlose räumliche Nachbarschaft der einzelnen Betriebsbereiche, durch die Verbundbauten gekennzeichnet sind, läßt keinen Platz zur Erweiterung oder zum Umbau von Räumlichkeiten einzelner Abteilungen, ohne daß andere Teilbereiche davon betroffen werden.

Aus dem gleichen Grunde ist die Gefahr der gegenseitigen Beeinträchtigung der im Kompaktbau angesiedelten unterschiedlichen Betriebsbereiche durch Lärm, Staub, Erschütterungen etc. sehr groß. Deshalb ist die Verwendung von Verbundbauwerken für die Unterbringung störender Betriebsbereiche ungeeignet. Darüber hinaus verbietet sich die kompakte Bauweise vollkommen im Falle explosions- und brandgefährdeter Betriebe, da das Schadensrisiko ungleich höher ist als bei der Trennbauweise, die die Schädigung unbeteiligter Betriebe oder Betriebsbereiche aufgrund ihrer räumlichen Trennung unwahrscheinlicher macht.

---

[140] *Kahn*, A., Architektur- und Ingenieurbüro, Detroit, zitiert nach: *Grube*, S. 13
[141] Vgl. z.B. *Lahnert*, S. 133; *Schmidt*, K., Band I, S. 103
[142] So auch *Dolezalek/Warnecke*, S. 71

2. Die Bauten in Trennbauweise

Stellen Verbundbauten bauliche Lösungen dar, die dem Prinzip der Zentralisation entsprechen, so herrscht bei der Trennbauweise der Grundsatz der Dezentralisation vor. Die Trennbauweise ist folglich durch eine Streuung mehrerer Gebäudeeinheiten gekennzeichnet. Hierbei muß die horizontale von der vertikalen Aufteilung der betrieblichen Teilbereiche auf die einzelnen Gebäude unterschieden werden. Von einer horizontalen Trennbauweise spricht man, wenn mehrere Baueinheiten *gleichen* Inhalts vorkommen, wie es beispielsweise die Herstellung brand- oder explosionsgefährdeter Güter erfordert. Bei der vertikalen Trennbauweise handelt es sich um Gebäude, die jeweils eine Werkstätte verschiedener Fertigungsstufen beherbergen.[143]

Die Vorteile der Trennbauweise entsprechen den Nachteilen der Kompaktbauweise und umgekehrt, so daß sich eine eingehende Erörterung an dieser Stelle erübrigt und auf den vorangegangenen Abschnitt verwiesen werden darf. Außer in den dort genannten Fällen der gegenseitigen Schädigung oder der Beeinträchtigung durch Lärm, Staub und Erschütterungen findet die Trennbauweise Verwendung für Abteilungen, die in einer bestimmten Himmelsrichtung liegen müssen, um z.B. der Sonneneinstrahlung nicht ausgesetzt zu sein, oder die die Hauptwindrichtung zu beachten haben, um Gerüche oder Geräusche von anderen Anlagen oder angrenzenden bewohnten Gebieten fernzuhalten. Ferner werden getrennte Bauten stets für Hilfsbetriebe errichtet, die aufgrund örtlicher Gegebenheiten oder besonderer Verfahrensmerkmale eigene Baulichkeiten erfordern. Beispiele hierfür sind das Wasserwerk und die Energiezentrale. Schließlich kann die Grundstücksform die Trennbauweise erfordern, wenn dadurch die Fläche besser ausgenutzt wird.[144]

Wenn eine Fabrikanlage nicht historisch gewachsen ist und die Lage der einzelnen Gebäude zueinander nicht bereits dadurch festgelegt wird, müssen bei der gegenseitigen Anordnung der Baulichkeiten neben den Restriktionen der Grundstücksform und -größe technische, wirtschaftliche und ästhetische Überlegungen eine Rolle spielen. Im Schrifttum wird der für die räumliche Anordnung von Maschinen geläufige Begriff des Layouts auf diese Problematik übertragen und von Gebäude-Layout gesprochen.[145] Die

---

[143] Vgl. *Schäfer*, Der Industriebetrieb, S.132
[144] Vgl. *Beste*, Fertigungswirtschaft, S. 160
[145] Vgl. *Schäfer*, Der Industriebetrieb, S.132

wirtschaftlichen Grundsätze für die Anordnung verschiedener Gebäude sind in der innerbetrieblichen Standortlehre niedergelegt.[146]

VII. Die Einteilung der Industriebauten nach der Art der Beleuchtung

Die Bedeutung der richtigen Beleuchtung für die Sicherheit und das Wohlbefinden der arbeitenden Menschen und für die ordnungsgemäße Erfüllung der Arbeitsaufgabe wurde bereits an anderer Stelle geschildert.[147] Die geeignete Lichtstärke sowie die Lichtfarbe und die Leuchtdichteverteilung als die wesentlichen qualitätsbestimmenden Beleuchtungsfaktoren hängen im Einzelfall von der jeweiligen Arbeitsaufgabe ab[148] und können daher nicht generell festgelegt werden.

Grundsätzlich stehen für die Realisierung der gewünschten Beleuchtung zwei Möglichkeiten zur Verfügung: die Nutzung des Tageslichtes und das Kunstlicht. Man spricht in diesem Zusammenhang von natürlicher und künstlicher Beleuchtung. Während letztere fast ausschließlich in Industriebauten der USA vorgefunden wird, ist eine bloße natürliche Beleuchtung industrieller Bauwerke unvorstellbar, da hiermit ein vollkommener Verzicht auf jegliche Tätigkeit in den Nacht- und jahreszeitabhängig in den Morgen- und Abendstunden verbunden wäre. Es ist folglich naheliegend, nicht pauschal von natürlicher, sondern je nach Bedeutsamkeit des natürlichen Lichts von Beleuchtung unter Aus-nutzung des Tageslichts oder von Tageslicht als Zusatzbeleuchtung zu reden.[149] Aufgrund des Erfordernisses der typologi-

---

[146] Beispielsweise ist im Falle der Fließfertigung aus wirtschaftlicher Sicht die Längsreihen- oder, um eine übermäßige Ausdehnung des Grundstückes in eine Richtung zu vermeiden, die Querreihenanordnung angebracht, welche sich durch die seitliche Aneinanderreihung der Gebäude auszeichnet. Der Vorteil der Längsreihenanordnung besteht darin, daß bei Fließfertigung der kürzeste Transportweg realisiert wird und die Halbfabrikate ohne lange Wege über den Fabrikhof sich schnell vom Endpunkt des einen Gebäudes zum Anfangspunkt des anderen bringen lassen. Bei Werkstattfertigung ist aus den gleichen Gründen eine mehrreihige oder sternförmige Anordnung vorzuziehen. Vgl. zu dieser Problematik die Ausführungen auf den Seiten 129 ff. dieser Arbeit sowie die dort angeführte Literatur; vgl. auch *Beste*, Fertigungswirtschaft, S. 160 f.

[147] Vgl. S. 279 f. dieser Arbeit.

[148] Vgl. *Kunze*, W., Beleuchtung, in: Handbuch Industrieprojektierung, hrsg. von H.-J. Papke, 2. Auflage, Berlin (Ost) 1983, S. 538

[149] Unter Ausnutzung des Tageslichts kann ein Industriegebäude je nach Jahreszeit und Anzahl der Schichten ca. zwischen 33 % und 75 % der Arbeitsstunden beleuchtet werden. Tageslicht als Zusatzbeleuchtung wird nur *neben* der ständig betriebenen künstlichen Beleuchtung verwendet und dient lediglich der besseren Raumwirkung. Vgl. hierzu *Papke*, H.-J., Zur Bewertung von Beleuchtungssystemen in Industriegebäuden, in: Wissenschaftliche Zeitschrift der TU Dresden, Nr. 5, 17. Jg., 1968, S. 1211

schen Methode, elementare, d.h. durch *ein* Merkmal gekennzeichnete Typen zu bilden, wird in dieser Arbeit davon abgesehen, vom allgemeinen Sprachgebrauch abzuweichen und die graduellen Unterschiede der natürlichen Beleuchtung in einer entsprechenden Bezeichnung der Beleuchtungsarten zum Ausdruck zu bringen. Im folgenden wird daher von natürlich und künstlich beleuchteten Industriebauten gesprochen.

Die Ansichten über die Vor- und Nachteile der beiden Beleuchtungsarten gehen im Schrifttum weit auseinander.[150] Dieser Meinungsstreit zeichnet sich ebenfalls - wenn auch in anderer Weise - in der betrieblichen Praxis ab. Während - wie bereits angedeutet - in den USA fast ausschließlich die sogenannten fensterlosen Industriebauten errichtet werden, präferiert man in Europa die natürliche Beleuchtung. Im folgenden soll versucht werden, die baulichen und wirtschaftlichen Konsequenzen sowie die Auswirkungen beider Beleuchtungsmöglichkeiten auf Lichtausbeute und -qualität und auf das Raumklima zu erläutern.

1. Die natürlich beleuchteten Industriebauten

Industrielle Bauwerke können von oben durch Dachoberlichter oder von der Seite durch Fenster mit Tageslicht beleuchtet werden. Beide Arten von Lichteinlaßöffnungen sind zugleich typische Merkmale der Eingeschoß- bzw. der Mehrgeschoßbauten, weshalb die hiermit verbundene bautechnische und wirtschaftliche Problematik bereits im Rahmen dieser Gebäudetypen angesprochen wurde und an dieser Stelle ein kurzer systematischer Überblick über die baulichen Zusammenhänge mit teilweise ergänzenden Bemerkungen genügt.

Stärke und Qualität der natürlichen Beleuchtung sind nicht konstant. Sie verändern sich mit dem Stand der Sonne - also mit der Tages- und der Jahreszeit - sowie mit den Witterungsverhältnissen (Bewölkungsdichte). Die Helligkeit in den Räumen hängt außerdem von der Größe der Lichtöffnungen ab. Die Mindestgröße von Fenstern richtet sich nach der Grundfläche und der Form des Raumes sowie nach der Art der zu verrichtenden Arbeit; Einfluß haben darauf weiterhin die Art der Verglasung, die Fensterform und die Verteilung der Fenster in der Wand. Als Mindestwerte für die Fensteröffnungen muß man im Falle von Werkstätten mit Grobarbeit 1/8 und im Falle von Werkstätten mit Feinarbeit 1/5 der Raumgrundfläche ansetzen. In wirtschaftlicher Hinsicht ist zu beachten, daß die Helligkeit in den

---

[150] Zu diesem wissenschaftlichen Meinungsstreit vgl. z.B. *Sommer*, J./*Loef*, C., Fensterlose Industriebauten aus menschlicher, technischer und wirtschaftlicher Sicht, München 1972, S. 10 ff.

Räumen bei Fenstergrößen bis zu ca. 1/8 der Bodenfläche proportional zu der Fensterfläche zunimmt. Darüber hinaus verläuft der Helligkeitszuwachs unterproportional. Bei einer 100 %igen Fenstervergrößerung von 1/6 auf 1/3 der Bodenfläche beträgt die Zunahme der Lichtstärke in den Räumen z.B. nur 60 %.[151]

Bei Beleuchtung durch Seitenfenster sinkt die Helligkeit mit zunehmender Raumtiefe. Daraus folgt als bauliche Konsequenz, daß durch die erforderliche Lichtstärke die Bauwerkstiefe begrenzt wird. Um bei gegebener Grundstücksform und -größe dennoch ein ausreichendes Raumvolumen zu erhalten, wählt man lichthofbildende Grundrißformen. Dabei ist auf einen ausreichenden Abstand zu benachbarten Bauwerksteilen und anderen Gebäuden zu achten, der mit der Höhe dieser Bauten variiert, um eine gegenseitige Verschattung zu vermeiden. Durch helle Anstriche der Innenwände werden zudem Reflexionszonen geschaffen, durch die der Verminderung der Lichtstärke in den vom Fenster abgelegenen Raumteilen entgegengewirkt werden kann. Gebäudezeilen in Ost-West-Richtung sind zu bevorzugen, weil auf diese Weise eine direkte Sonneneinstrahlung und Blendungen der im Gebäude befindlichen Menschen unterbunden werden.

Die Beleuchtung der Industriegebäude durch Oberlichter begrenzt die Raumhöhe und bestimmt vor allem die Dachform.[152] Die Verlegung von Installationsleitungen für den Anschluß von Maschinen, die Zuführung von Gasen oder Wasser etc. in der Decke bereitet bei Gebäuden mit Dachoberlichtern Schwierigkeiten, da die Durchbrechung der Dachhaut Restriktionen auferlegt, die bewirken, daß die Anschlüsse vom Boden her erfolgen müssen.[153] Bemerkenswert ist, daß ein seitliches Fenster durchschnittlich um das Fünffache größer sein muß als ein Oberlicht, um einen von Wand und Dach gleich weit entfernten Arbeitsplatz in gleichem Maße auszuleuchten, da von oben einfallendes Licht ungefähr fünfmal intensiver ist als seitliches Licht.[154]

Der Einbau von Fensterflächen und Dachoberlichtern erhöht die Anschaffungsausgaben und Investitionsfolgekosten für die Industriegebäude, da sie teurer sind als vergleichbare Wand- oder Dachflächen. Ferner stellen Lichtöffnungen im Winter Abkühlungs- und im Sommer Aufheizungsflächen dar, die die Raumklimakosten erhöhen. Da zugleich Kosten für die elektrische Beleuchtung eingespart werden, erhebt sich die Frage, ob die

---

[151] Vgl. *Henn*, Bauten, S. 74
[152] Man denke z.B. an die Sheddächer.
[153] Vgl. *Henn*, Einflüsse, S. 452
[154] Vgl. *Sagner*, R., Das Gute kommt oft doch von oben: Verzicht auf die Beleuchtung im Industrie- und Gewerbebau spart Betriebskosten, in: VDI-Nachrichten, Nr.5 vom 03.02.1989, S. 25

kompensatorische Wirkung ausreicht, die Gebäudebetriebskosten insgesamt zu senken oder ob per Saldo höhere Kosten zu verzeichnen sind. Eine konkrete Antwort auf diese Frage kann nur im Einzelfall gegeben werden. Sie richtet sich beispielsweise nach der Höhe des Glasanteils in den Dach- und Wandflächen sowie nach den Isolationseigenschaften des verwendeten Glases. Angaben im Schrifttum,[155] daß z. B. bei einer Shedhalle von 30.000 m² Grundfläche zusätzlichen Heizkosten von 70.000,- DM pro Jahr eine Beleuchtungskostenersparnis von nur 15.000,- DM gegenübersteht,[156] müssen kritisch beurteilt werden, da nicht abzusehen ist, welche Situationen diesen Zahlen zugrunde liegen. Allenfalls dienen sie als ein Indiz für die Tendenz der Kostenentwicklung.

Um die wirtschaftliche Tragweite der Entscheidung für eine natürliche Beleuchtung erkennen zu können, müssen weitere Ausgaben und Kosten, die sich direkt dieser Beleuchtungsart zuordnen lassen, in das Kalkül einbezogen werden. Dies sind neben den bereits angesprochenen höheren Investitionsausgaben und -folgekosten der natürlich beleuchteten Bauwerke, die - und das darf nicht vergessen werden - ebenfalls mit Beleuchtungsanlagen ausgestattet werden müssen, vor allem die Kosten für die Reparatur und die Reinigung der Dachoberlichter und Fenster.

Als vorteilhaft wird häufig die Möglichkeit erachtet, auf Lüftungsanlagen verzichten zu können, wenn die Licht- zugleich als Lüftungsöffnungen benutzt werden. Dies gelingt nur, wenn einige Voraussetzungen erfüllt sind. Abgesehen von der ausreichenden Menge und richtigen Anordnung der Lüftungsöffnungen basiert die vertikale Lüftung auf einer Druckdifferenz zwischen Boden und Decke (Thermik), so daß die warme verbrauchte Luft nach oben aufsteigt und durch die Oberlichter nach außen dringen kann. Die austretende Luft muß hierbei wesentlich wärmer sein als die Außenluft. Befinden sich im Gebäude keine größeren Wärmequellen (Maschinen, heiße Verarbeitungsanlagen etc.), entsteht die Gefahr eines Luftstaues. Die horizontale oder seitliche Lüftung ist auf Windbewegungen aus geeigneten Richtungen angewiesen und führt oft zu gefährlicher Zugluft.[157] Aus diesen Gründen sind auch in Gebäuden mit Licht- und Lüftungsöffnungen Belüftungsanlagen häufig unverzichtbar, so daß ein Vorteil zwar im Einzelfall, aber nicht generell erkennbar ist.

---

[155] Im Schrifttum werden Aussagen über Vorteilhaftigkeit der einen oder anderen Beleuchtungsart nur vorbehaltlich konkret vorliegender baulicher Situationen getroffen, die nicht ohne weiteres auf andere Fälle übertragbar sind. So z.B. *Sommer*, J./*Loef*, C., S. 81 ff.
[156] Vgl. *Reuter*, S. 241
[157] Vgl. *Sommer/Loef*, S. 57 ff.

VII. Die Einteilung nach der Art der Beleuchtung 347

Fenster und Oberlichter stellen den Blickkontakt der im Gebäude befindlichen Menschen zur Außenwelt her. Wenn auch der Sichtausschnitt je nach Anordnung und Größe der Fenster und Lage des Arbeitsplatzes begrenzt ist, hat sich in der europäischen Industrie die Überzeugung durchgesetzt, daß der Blick in die Umgebung unabdingbare Voraussetzung für das physisch-psychologische Wohlbefinden der Arbeitnehmer ist. Denn bei dauerndem Entzug von Tageslicht wird mit erhöhter Krankheitsanfälligkeit und Leistungsminderung gerechnet.[158]

Schließlich ist die natürliche Beleuchtung auch unter dem Gesichtspunkt der Arbeitssicherheit als vorteilhaft zu bewerten. Bei Explosionen bersten Fenster und Oberlichter und verringern dadurch die Druckwelle im Inneren des Gebäudes. Sie dienen ferner im Brandfalle als Notausstieg, als Kamin für den Rauchabzug und als Zugang für Rettungsmannschaften.

Die Arbeitsstättenverordnung schreibt eine natürliche Beleuchtung für Arbeits-, Pausen-, Bereitschaftsräume usw. unter den dort genannten Ausnahmen vor.[159]

2. Die künstlich beleuchteten Industriebauten

Es wurde bereits darauf hingewiesen, daß auf Kunstlicht in Industriegebäuden nicht verzichtet werden kann. Trotz aller Meinungsverschiedenheiten über die Notwendigkeit einer natürlichen Beleuchtung, die auf unterschiedlichen Ansichten über physiologische und psychologische Erfordernisse beruhen, kann ebenso eindeutig die Entbehrlichkeit des Tageslichts für die Ausführung von Arbeiten aus *lichttechnischer* Sicht festgestellt werden. Die Anforderungen an Lichtstärke, Lichtfarbe, Leuchtdichte und Blendungsschutz können leichter und besser durch Kunstlicht als durch Tageslicht verwirklicht werden. Denn unabhängig von Tages- und Jahreszeit ist es möglich, jeden Arbeitsplatz gleichmäßig, blendungsfrei, mit der erforderlichen Lichtstärke und -farbe und unter Vermeidung störenden Zwielichts zu beleuchten.[160] Eine gewisse Schwierigkeit ergibt sich, wenn Kunstlicht zur Unterstützung des Tageslichts herangezogen wird, da sich die spektrale Zusammensetzung des Tageslichts im Tagesverlauf ändert und Kunstlicht - selbst wenn es tageslichtähnlich ist - in dieser Hinsicht eine Konstanz aufweist. Als Lichtfarbe für die Tageslichtergänzungsbeleuchtung wird daher "Neutralweiß" und nicht, wie man meinen sollte, "Tageslichtweiß" empfoh-

---

[158] Vgl. z.B. *Kraemer*, S. 399; *Mellerowicz*, Industrie, Band I, S. 383
[159] Vgl. z.B. § 7 Abs. 1 ArbStättV vom 20.03.1975
[160] Vgl. *Munker*, S.59; *Kraemer*, S. 399; *Schmidt, K.*, Band II, S. 109

len,[161] weil jene Lichtfarbe im Tagesverlauf insgesamt betrachtet am wenigsten vom natürlichen Spektrum abweicht.

Die wichtigsten Teile einer Beleuchtungsanlage sind die Lampen und die Leuchten. Unter Lampe ist die künstliche Lichtquelle zu verstehen. Man unterscheidet die Glüh- und die Entladungslampen (Leuchtstoff-, Dampflampen).[162] Das als angenehm empfundene Licht der Glühlampen wird in Sozial- und Repräsentationsräumen sowie in Sonderfällen verwendet, wenn eine stetige Regelung der Lichtstärke erforderlich ist (z.B. in Film- und Schulungsräumen). In Produktionsräumen hingegen herrschen die Entladungslampen vor. Sie haben gegenüber den Glühlampen eine bis zu achtfach längere Lebensdauer und einen erheblich höheren Wirkungsgrad, der als das Verhältnis von erzeugtem Lichtstrom und aufgenommener Leistung (Lumen pro Watt) definiert ist. Die höchste und damit auch die wirtschaftlichste Lichtausbeute ergeben die Natriumdampf- und Halogen-Metalldampflampen, gefolgt von den Leuchtstoff- und Quecksilberdampflampen. Die größten Leistungsverluste (z.B. aufgrund von Wärmestrahlung und -leitung) weisen die Glühlampen auf.[163] Weitere Vorteile der Entladungslampen sind die Verminderung der Blendgefahr aufgrund der geringeren Leuchtdichte und die Möglichkeit der tageslichtähnlichen Zusammensetzung des Kunstlichts. Als Nachteile erweisen sich das Bewegungsflimmern und die bei einigen Entladungslampen erforderliche Abkühlungszeit bis zur Wiederzündfähigkeit.[164] Nach der Wirtschaftlichkeit sind der Farbton und die Farbwiedergabeeigenschaft wichtigste Kriterien für die Wahl einer Lampenart. Beispielsweise haben Halogenlampen einen weißen, Glühlampen einen roten und Natriumdampflampen einen gelben Farbton und ermöglichen eine gute, mäßige bzw. sehr schlechte Farbwiedergabe.[165]

Leuchten sind die Träger der Lampen und enthalten Befestigungs- und Drosseleinrichtungen, elektrische Zuleitungen und Abschirmungen zur Lenkung des Lichts, wie z.B. Blenden, Raster, Reflektoren und Prismen. Man unterscheidet nach dem Grad der Befestigung ortsveränderliche und ortsfeste Leuchten, nach dem Ort der Anbringung oder Aufstellung Stand-, Tisch-, Decken- und Wandleuchten, nach dem Verwendungszweck arbeitsplatzorientierte Leuchten, Arbeitsplatz- und Allgemeinleuchten, nach der Art der Abschirmung Reflektor- und Lamellenleuchten[166] und nach der

---

[161] Vgl. *Munker*, S. 66

[162] Vgl. hierzu *Kunze*, S. 542

[163] Eine graphische Übersicht findet sich bei *Huber*, E., Zeitgemäße Beleuchtung im Industriebetrieb, 2. Teil, in: io Management-Zeitschrift, Nr. 5, 55. Jg., 1986, S. 241

[164] Vgl. *Kettner/Schmidt/Greim*, S. 277 f.

[165] Vgl. *Huber*, 2. Teil, S. 241

[166] Vgl. *Kunze*, S. 542

VII. Die Einteilung nach der Art der Beleuchtung

Richtung der Lichtverteilung frei, indirekt, halbindirekt, halbdirekt und direkt strahlende Leuchten. Im folgenden sollen die Einteilungen der Leuchtenarten nach dem Verwendungszweck und nach der Richtung der Lichtverteilung kurz erläutert werden, weil sie im Zusammenhang mit der Gestaltung von Industriebauten Bedeutung erlangen.

Die Allgemeinbeleuchtung soll den Arbeitsraum gleichmäßig ausleuchten, ohne die besonderen Anforderungen an die Lichtstärke einzelner Raumteile oder Arbeitsplätze zu berücksichtigen. Die arbeitsplatzorientierte Beleuchtung hat die Aufgabe, einzelne Arbeitsplätze besonders auszuleuchten. Diese Aufgabe wird von fest installierten und angeordneten Leuchten wahrgenommen. Beispielsweise werden über einen bestimmten Arbeitsplatz die Deckenleuchten in einem geringeren Abstand angebracht, als es für die Allgemeinbeleuchtung notwendig ist. Arbeitsplatzleuchten zeichnen sich dadurch aus, daß sie fallweise zur Ausleuchtung eines bestimmten Arbeitsbereiches herangezogen werden können. Sie sind erforderlich, wenn es auf eine besonders ausgeprägte Schattigkeit - z.B. bei der Montage von Einzelteilen in einem bereits fertigen Gehäuse oder bei der Prüfung der Oberfläche von Werkstücken - ankommt. Arbeitsplatzleuchten sind häufig an Werkzeugmaschinen angebracht. Eine weitere Form stellen die Tischleuchten dar.[167]

Frei strahlende Leuchten strahlen das Licht gleichmäßig nach allen Richtungen aus. Wegen der hohen Leuchtdichten stellen sie häufig Blendquellen dar. Die Schattigkeit des Lichts ist verhältnismäßig gering. Diese Leuchtenart ist für Lager-, Toiletten- oder Nebenräume, jedoch nicht für Arbeitsräume geeignet. Bei einer indirekten Beleuchtung werden mindestens 90 % des Lichts an Decken und Wände geworfen und von dort reflektiert. Der Einsatz indirekt strahlender Leuchten erfordert daher helle Raumbegrenzungsflächen. Das Licht ist diffus und verursacht praktisch keine Schatten. Blendungen werden vollkommen vermieden, die Kontrastbildung ist gering. Diese Leuchten werden vor allem für Ausstellungs- und Verkaufsräume verwendet, in denen der Blick auf die Wände gelenkt werden soll. Halbdirekt strahlende Leuchten strahlen ca. 40 % des Lichts nach allen Seiten aus, während der übrige Teil direkt auf ein Objekt gerichtet ist. Halbindirekte Leuchten lenken den größeren Teil des Lichts an die Wände und Decken, und ca. 40 % werden nach allen Richtungen verteilt. Die vorwiegend indirekt strahlenden Leuchten gewährleisten eine gute Ausleuchtung des ganzen Raumes und eignen sich daher für die Allgemeinbeleuchtung. Die halbdirekt strahlenden Leuchten verursachen eine mittlere Schattigkeit und finden als Arbeitsplatzbeleuchtung für grobe bis mittelfeine Beschäftigung Verwendung. 90 % des Lichts werden von direkt strahlenden Leuchten auf das Be-

---

[167] Vgl. *Huber*, 2. Teil, S. 242 f.

leuchtungsobjekt gelenkt. Dadurch entstehen harte Schattenkontraste, die das empfohlene Leuchtdichteverhältnis von 10 : 1 leicht weit übersteigen. Sollen direkt strahlende Leuchten als Arbeitsplatzleuchten eingesetzt werden, muß deshalb eine gute Allgemeinbeleuchtung die Schatten und Kontraste reduzieren.[168]

Der Meinungsstreit über die Vor- und Nachteile künstlich beleuchteter Industriebauten entzündet sich in erster Linie an den potentiellen physiologischen und psychologischen Folgen für den Menschen, die mit dem Entzug des Tageslichts während der Arbeitszeit begründet werden. Es ist bekannt, daß Tageslicht eine sogenannte extravisuelle, d.h. eine nicht dem Sehen dienende Funktion wahrnimmt und den Organismus des Menschen nicht nur über das Auge, sondern auch über die Haut beeinflußt. Der im natürlichen Licht enthaltene UV-Anteil kann den Stoffwechsel und die Bildung von Vitamin D anregen, die Bräunung der Haut veranlassen, aber auch negative Auswirkungen wie Bindehautentzündungen und Sonnenbrand hervorrufen. Befürworter einer natürlichen Beleuchtung im Industriebetrieb begründen ihre Argumente unter anderem mit der Notwendigkeit der UV-Strahlung für das Wohlbefinden des Menschen. Sie vergessen hierbei aber, daß die UV-Strahlen von den Oberlicht- und Fenstergläsern so weit herausgefiltert werden, daß sie im Inneren der Gebäude kaum noch vorhanden sind. Ob die bei künstlicher Beleuchtung fehlenden tageszeit- und witterungsbedingten Schwankungen der Lichtintensität negative Folgen für das Wohlbefinden des Menschen haben, konnte bislang nicht geklärt werden. Arbeitsmedizinische Untersuchungen, die den Vergleich natürlich und künstlich beleuchteter Arbeitsplätze zum Gegenstand hatten, konnten jedenfalls keine gesundheitsschädigenden Auswirkungen ermitteln.[169]

Ein weiteres Argument gegen fenster- und oberlichtlose Industriebauten, das seinen Niederschlag in der Verordnung über Arbeitsstätten gefunden hat, ist die psychologisch wichtige Sichtverbindung des Arbeitnehmers nach außen. Denn viele Menschen fühlen sich in Räumen eingesperrt, die keinen Blick in die Umgebung gewähren. Dieses Gefühl kann sich zu Angstgefühlen, sogenannten klaustrophoben Zuständen, erweitern. Um dem zu begegnen, sind Sichtverbindungen nach außen gesetzlich geregelt worden.[170] Da Sichtverbindungen innerhalb eines Raumes bis zu einem gewissen Grad die gewünschten Wirkungen ebenfalls erzielen, verliert das Argument gegen

---

[168] Zu den Leuchtenarten vgl. *Schmidt*, K., Band II, S. 112 ff.; *Leuch*, S. 329; *Rockstroh*, Band 3, S. 122

[169] Vgl. hierzu *Munker*, S. 59 f.; *Sommer/Loef*, S. 10

[170] Vgl. § 7 Abs. 1 ArbStättV und die dazugehörige Arbeitsstätten-Richtlinie 7/1

fensterlose Bauten an Bedeutung, je größer die Räume sind, in denen sich die Beschäftigten aufhalten.[171]

In produktionswirtschaftlicher Hinsicht haben künstlich beleuchtete Industriebauten den Vorteil, daß die Beleuchtungsanlagen exakt dem Fabrikationsgang entsprechend angeordnet und auf diese Weise alle Arbeitsplätze unabhängig von ihrer räumlichen Gliederung und der Blickrichtung der Beschäftigten mit der erforderlichen Lichtstärke und -qualität versorgt werden können.[172] Die Unabhängigkeit der innerbetrieblichen Standorte der Maschinen und sonstiger Produktionseinrichtungen von Fenstern und Oberlichtern ermöglicht eine weitgehende Anpassungsfähigkeit des Gebäudes an veränderte Fabrikationsabläufe. Raumteilungen können losgelöst von Rastern vorgenommen werden, die die Lichtöffnungen erwirken würden.

Ob aus wirtschaftlicher Sicht die natürliche oder die künstliche Beleuchtung günstiger ist, hängt außer von den zuvor genannten, meist imponderablen Faktoren von den im Zusammenhang mit den natürlich beleuchteten Industriebauten besprochenen Investitionsfolge-, Gebäudebetriebs- und Bauunterhaltungskosten beider Gebäudetypen ab. Wie im vorangegangenen Abschnitt erläutert, sind die Investitionsfolgekosten natürlich beleuchteter Gebäude höher als die vergleichbaren Kosten fenster- und oberlichtloser Industriebauten. Für die Berechnung der Abschreibungen auf Beleuchtungsanlagen sollte man neueren Untersuchungen zufolge eine Nutzungsdauer von höchstens zehn bis fünfzehn Jahren zugrunde legen, da mit älteren Leuchten im Vergleich zu neuen Anlagen um bis zu 75 % höhere Energiekosten verbunden sind und sie nach diesem Zeitraum als technisch und wirtschaftlich veraltet gelten.[173] Innerhalb der Gebäudebetriebskosten sind bei künstlich beleuchteten Bauwerken die Kosten für den Verbrauch an elektrischer Energie der herausragende Posten, dessen Höhe von den Energiepreisen und der erforderlichen Beleuchtungsstärke und -dauer bestimmt wird. Bei Verwaltungsgebäuden betragen die Energiekosten für die Beleuchtung im Durchschnitt 40 % der gesamten Kosten für den Energieverbrauch der betriebstechnischen Anlagen;[174] im Falle von industriellen Produktionsstättenbauten liegen keine Angaben vor, der Beleuchtungskostenanteil wird aber wegen des Energieverbrauchs der maschinellen Anlagen geringer sein. Während sich die Energiekosten linear zur Beleuchtungsstärke entwickeln, erhöhen sich hierzu die Kosten der Beleuchtungsanlagen unterproportional.[175] Unter Einbeziehung aller gegenläufigen Kostentendenzen (z.B.

---

[171] Vgl. hierzu *Munker*, S. 60 f.
[172] Vgl. *Schmidt*, K., Band II, S. 109
[173] Vgl. *Huber*, 2. Teil, S. 245
[174] Vgl. *Reuter*, S. 237
[175] Vgl. *Sommer/Loef*, S. 18

Investitionsfolgekosten, Energie-, Raumklima- und Reinigungskosten) wurden für den Fall zweier Industriebauten (Shedbau und oberlichtloses Bauwerk) als Grenzbeleuchtungsstärke, ab der der Shedbau billiger wird, 200 Lux errechnet.[176] Ab dieser Beleuchtungsstärke lohnte sich das natürlich beleuchtete Gebäude. Wie dieser Wert zustande kam, wird von den Verfassern nicht erläutert. Ferner bezieht sich die zugrundeliegende Rechnung auf einen Vergleich zweier konkreter Gebäude, andere Bautypen (z.B. Bauwerke mit Lichtkuppeln) wurden nicht betrachtet, so daß der errechnete Wert nicht verallgemeinert werden kann.

VIII. Die Einteilungen der Industriebauten nach sonstigen Kriterien

Die in diesem Kapitel behandelten sonstigen Einteilungskriterien ergeben sich bei dem Versuch, die realen Erscheinungsformen von Industriebauten möglichst vollständig zu erfassen und darzustellen. Sie sind aber für eine betriebswirtschaftliche Betrachtung nur eine Quelle ergänzender Erkenntnisse oder wurden, wie beispielsweise die Lager- und Sozialbauten, bewußt als Untersuchungsobjekte dieser Arbeit ausgeschlossen, so daß sie nur am Rande erörtert werden sollen.

1. Die Einteilung der Industriebauten nach den raumphysikalischen Anforderungen an die Umhüllung

Unter raumphysikalischen Anforderungen an die Umhüllung eines Bauwerkes sind sämtliche raumklimatischen Bedingungen wie Temperatur, Luftfeuchtigkeit und Luftbewegungen sowie die Luftdruckverhältnisse in den Räumen - kurz die inneren Umweltbedingungen - zu verstehen, die die Wände, Böden, Decken und Dächer als die Gesamtheit aller Raumbegrenzungsflächen zu erzeugen und aufrechtzuerhalten in der Lage sein müssen. Je nach Umfang der Anforderungen, die in dieser Hinsicht von einem industriellen Bauwerk erfüllt werden müssen, kann man Frei-, Kalt- und Warmbauten unterscheiden.[177]

---

[176] Vgl. *Dolezalek/Warnecke*, S. 75
[177] Vgl. *Papke*, Bauprojektierung, S. 52 f.

VIII. Die Einteilung nach sonstigen Kriterien

Freibauten bestehen nur aus der Gründung, dem Boden, Wartungsbühnen und Zugangstreppen für im Freien aufgestellte Aggregate. Sie stellen nur Rumpfbauten dar, da wesentliche Merkmale eines Baues wie die raumabschließenden Bauteile (Wände, Dach) fehlen. Sie haben für die Industrie nur eine periphere Bedeutung. Typische Anwendungsgebiete für Freibauten sind Freilager, LKW-Waschplätze, betriebsinterne Tankstellenanlagen, die zwar aus ökologischen Gründen und eventuell wegen besonderer Baugrundbeschaffenheit einen künstlich errichteten Boden mit eigener Fundamentierung, aber keinen Raumabschluß benötigen. Rechnet man die Apparaturen, die auf solche Rumpfbauten gestellt werden, zu dem Bauwerk hinzu, ergeben sich die sogenannten Sonderbauten; Beispiele für die zu Sonderbauten weiterentwickelten Freibauten sind die bereits oben erwähnten Destillationskolonnen, Brecheranlagen, Silos etc. Wenn diese Apparaturen demontiert oder umgeändert werden sollen, erweist sich die Freibauweise als besonders vorteilhaft, weil sie kaum bauliche Restriktionen auferlegt und größtmögliche Flexibilität gewährleistet. Freibauten können keinerlei raumklimatische Anforderungen erfüllen und eignen sich unter den mitteleuropäischen Klimabedingungen daher nur für solche Abläufe in einem Industriebetrieb, die wenig oder überhaupt kein Personal erfordern oder die aus der Ferne gesteuert und überwacht werden.

Einen etwas besseren Witterungsschutz bieten die Kaltbauten. Sie sind als Gebäude im Sinne der Definition von Seite 28 anzusehen. Denn sie verfügen über eine Umhüllung zum Schutz gegen Wind, Niederschläge und unberechtigten Zutritt und erzeugen dadurch einen vom Menschen betretbaren, von der Umgebung abgetrennten Innenraum. Besondere raumklimatische Anforderungen können jedoch nicht erfüllt werden, da keine haustechnischen Anlagen (z.B. Heizung) für die Schaffung eines künstlichen Raumklimas vorgesehen sind. Die Raumtemperatur richtet sich nach den äußeren Witterungsbedingungen. Die Kaltbauten eignen sich besonders für industrielle Prozesse mit großer Wärmeentwicklung (z.B. Schmelzprozesse, Gießereien) und für solche Zwecke, die einen geringen Personaleinsatz erfordern (Unterstellhallen, Getreidelager). Da keine Anforderungen an das Wärmespeichervermögen des Bauwerkes gestellt werden, sind leichte Konstruktionen - sofern keine produktionstechnischen Gründe entgegenstehen - wirtschaftlich vorteilhaft.

Warmbauten sind innerhalb dieser Typenreihe der häufigste Vertreter industrieller Gebäude. Während die vorgenannten Frei- und Kaltbauten nur einige der auf den Seiten 34 ff. dieser Arbeit genannten Funktionen im industriellen Leistungserstellungsprozeß übernehmen oder einzelne Funktionen nur teilweise erfüllen (z.B. die Schutzfunktion und die Gewährleistung arbeitsgerechter Raumbedingungen), findet bei der Errichtung von Warmbauten das komplette Aufgabenspektrum eines Industriegebäudes Berücksichtigung. Insbesondere die Anforderungen der Beschäftigten, des Materials und der Produkte an entsprechende Raumklimabedingungen werden durch diese Bauweise erfüllt. Bevorzugt werden bei diesem Bautyp Konstruktionen mit gutem Wärmespeichervermögen, wie z.B. die mehrschalige Ausführung von Dach und Außenwand mit Hinterlüftung.

2. Die Einteilung der Industriebauten nach der Ortsbeweglichkeit

Bauwerke sind als Immobilien an den Ort ihrer Errichtung gebunden. Daneben existieren Bauten, die einen mobilen Charakter tragen und als ortsbewegliche oder als fliegende Bauten bezeichnet werden. Die Bauordnungen der Bundesländer verstehen darunter "... bauliche Anlagen, die geeignet und bestimmt sind, an verschiedenen Orten wiederholt aufgestellt und abgebaut zu werden."[178] In der Industrie dienen sie zumeist als kurzfristiger Witterungsschutz für zeitlich begrenzte Arbeitsprozesse und als Ersatz fester Gebäude für Produktions- und Lagerzwecke zur Abdeckung von Bedarfsspitzen. Für ortsbewegliche Bauten der Industrie finden vor allem Zeltkonstruktionen und Container Anwendung.

3. Die Einteilung der Industriebauten nach dem Verwendungszweck

Industriebauten sind Bauwerke, deren Gestaltung in erster Linie vom Betriebszweck festgelegt wird. Naheliegend ist es daher, daß die vorherrschenden Zwecke, für die Industriebauten errichtet werden, Kriterien der Typenbildung darstellen. Im großen kann man Produktions-, Verwaltungs-, Lager- und Sozialbauten unterscheiden. In den meisten Fällen der Praxis werden diese Typen nicht in ihrer elementaren Form auftreten, d.h. Produktionsbauten, deren Erörterung im Mittelpunkt dieser Arbeit steht, beherbergen nicht nur die Produktionsprozesse, sondern oft auch Teile der Verwaltung, wie z.B. das Personalbüro und die Arbeitsvorbereitung, sowie Sozialräume etc., so daß bei der Gestaltung auch andere Belange als die der Produktion im engeren Sinne berücksichtigt werden müssen.

Die Gestaltung von Lagerbauten richtet sich in der Hauptsache nach der Art und Beschaffenheit der zu lagernden Güter sowie der Transportmittel, so daß hinsichtlich der Einflüsse auf die Baugestaltung im wesentlichen auf

---

[178] § 68 Abs. 1 Satz 1 LBO für Baden-Württemberg

VIII. Die Einteilung nach sonstigen Kriterien

die Ausführungen zu den Anforderungen des Produktionssortimentes und der Fördermittel verwiesen werden kann. Generell müssen Stückgut- und Fließgutlager gegeneinander abgegrenzt werden. Bauwerke für Fließgutlager zeichnen sich dadurch aus, daß auf die Unterteilung des Gebäudes in verschiedene Ebenen und Räume[179] sowie auf Fenster und Dachoberlichter weitgehend verzichtet werden kann. Getreidespeicher oder Erdöltanks beispielsweise müssen nur zu Kontroll-, Instandhaltungs- und Wartungszwecken betreten werden. Personalwirtschaftliche Anforderungen spielen daher nur eine untergeordnete Rolle. Bei der Gestaltung von Lagergebäuden für Stückgüter sind neben den Gütern selbst auch besonders die Anforderungen der Lagerhilfsmittel, wie z.B. der Paletten und Regale, sowie die Anforderungen spezieller Transporteinrichtungen (z.B. Gabelstapler) zu beachten, die nur eine bestimmte Stapelhöhe zulassen und damit auch die wirtschaftliche Obergrenze der Geschoßhöhen festlegen.

Verwaltungsbauten erhalten ihr Gepräge in erster Linie durch die Belange der in ihnen arbeitenden Menschen, die den bedeutendsten Faktor in der Verwaltung darstellen. Daneben finden bei Verwaltungs*neu*bauten vor allem die baulichen Erfordernisse der elektronischen Daten- und Informationsverarbeitung Berücksichtigung. Hierzu zählen beispielsweise die Eigenschaften eines Gebäudes, die es als sogenanntes "intelligentes" Gebäude ausweisen. Das für den Betrachter zweifellos herausragende Merkmal von Verwaltungsbauten ist ihre auf Repräsentation gerichtete bauliche Gestaltung. Während Produktionsbauten aus architektonischer Sicht häufig vernachlässigt werden, versuchen Unternehmungen, sich durch eine architektonisch ansprechende Gestaltung der Verwaltungsgebäude darzustellen und werbewirksame Effekte zu erzielen. So erklärt sich, daß für Verwaltungsgebäude - insbesondere auch dann, wenn es sich um die Gebäude der Hauptverwaltungen handelt - wertvolle Materialien für die Innenausstattung verwendet und großzügige, mitunter unwirtschaftliche Raumdimensionen verwirklicht und verwinkelte, aber gestalterisch ansprechende Grundrißformen gewählt werden. Auf diese Weise ziehen die Verwaltungsgebäude und weniger die Bauten der Produktionsstätten die Aufmerksamkeit auf sich, obwohl es gerade die Fabriken sind, in denen die Hauptleistung der Betriebe erstellt wird und die deshalb gleichsam die Qualität der Produkte besser repräsentieren und als Werbung für die Unternehmung dienen könnten. Die architektonisch ansprechende Gestaltung von industriellen Produktionsgebäuden findet im Schrifttum eine breite Beachtung. Sie beschäftigt Autoren durchgängig seit Beginn unseres Jahrhunderts bis heute, wobei unter anderem auch wirt-

---

[179] Eine Ausnahme hiervon ist gegeben, wenn verschiedene Arten von Fließgütern in demselben Gebäude gelagert werden sollen. Dann ist eine räumliche Aufteilung notwendig, um das Vermischen zu vermeiden.

schaftliche Aspekte der Industriebauarchitektur zur Sprache kommen.[180] Gleichwohl bilden entsprechend gestaltete Produktionsstättenbauten noch immer die Ausnahme.

---

[180] Vgl. als Vertreter der älteren Literatur z.B. *Gropius*, W., Sind beim Bau von Industriegebäuden künstlerische Gesichtspunkte mit praktischen und wirtschaftlichen vereinbar?, in: Der Industriebau, Nr. 1, 3. Jg., 1912, S. 5 f.; *Mannheimer*, F., AEG-Bauten, in: Jahrbuch des deutschen Werkbundes 1913, Die Kunst in Industrie und Handel, Jena 1913, S. 34 f.; *Behrens*, P., Werbende künstlerische Werte im Fabrikbau, in: Das Plakat, Nr. 6, 11. Jg., 1920, S. 269 ff.; als Vertreter des jüngeren Schrifttums vgl. *Schwanzer*, B., Die Bedeutung der Architektur für die Coporate Identity eines Unternehmens - eine empirische Untersuchung von Geschäften und Bankfilialen, Diss., Wien 1984, zugleich Wien 1985, S. 17 ff., der auch auf Industriebauten eingeht; ferner *Escher*, G., Es gibt kein Sonderrecht auf Häßlichkeit, in: Handelsblatt, Nr. 95 vom 19./20.05.1989, S. 30; *Guratsch*, D., Eine neue Ära des Industriebaus, in: Die Welt, Nr. 44 vom 21.02.1989, S. 26; *Heymach*, J., Bausysteme für individuelle Gestaltung, in: Handelsblatt, Nr. 127 vom 05.07.1989, S. 20

Literatur

Achilles, E., Brandschutz im Industriebau, in: Zentralblatt für Industriebau, Nr. 6, 32. Jg., 1986, S. 450-452

Ackermann, K., Industriebau und Architektur, in: Industriebau, hrsg. von K. Ackermann, Stuttgart 1984, S. 63-67

Aggteleky, B., Entscheidungsfindung bei Fabrikplanungs-Projekten, in: Werkstatt und Betrieb, Nr. 3, 121. Jg., 1988, S. 174-177

Aggteleky B., Fabrikplanung - Werksentwicklung und Betriebsrationalisierung, Band 1: Grundlagen, Zielplanung, Vorarbeiten - Unternehmerische und systemtechnische Aspekte, München, Wien 1981

Aggteleky, B., Fabrikplanung - Werksentwicklung und Betriebsrationalisierung, Band 2: Betriebsanalyse und Feasibility-Studie - Technisch-wirtschaftliche Optimierung von Anlagen und Bauten, München, Wien 1982

Alsleben, K., Farbenpsychologie, in: Management-Enzyklopädie, Dritter Band, 2. Auflage, Landsberg 1982, S. 465-473

Altrogge, G., Flexibilität der Produktion, in: Handwörterbuch der Produktionswirtschaft, hrsg. von W. Kern, Stuttgart 1979, Sp. 604-618

Baasner, G./*Langwald*, H.R./*Möller*, G., Hallen- und Geschoßbauten, Kostenvergleich, in: Industriebau, Nr. 4, 35. Jg., 1989, S. 268-272

Baasner, G./*Langwald*, H.R./*Möller*, G., Mehrgeschossige Produktionsgebäude, in: Industriebau, Nr. 2, 37. Jg., 1991, S. 87-89

Bähr, P., Grundzüge des Bürgerlichen Rechts, 4. Auflage, München 1983

BASF AG, Umweltbericht 1990, Ludwigshafen/Rh. 1991

Becher, B./*Becher*, H./*Conrad*, H.G./*Neumann*, E.G., Zeche Zollern 2, München 1977

Beck, E., Industrielüftung heute - Aufgaben, Anforderungen, Lösungen, in: Industriebau, Nr. 4, 34. Jg., 1988, S. 330-339

Becker-Biskaborn, G.-U., Ergonomische Erkenntnissammlung für den Arbeitsschutz mit Informationssystemen, Band II, Bremerhaven 1975

Behrens, P., Werbende künstlerische Werte im Fabrikbau, in: Das Plakat, Nr. 6, 11. Jg., 1920, S. 269-273

Berger, F., Optimierung der Baukonzeption im Industriebau, in: Industrielle Organisation, Nr. 5, 37. Jg., 1968, S. 276-286

Berger, K.-H., Normung und Typung, in: Handwörterbuch der Produktionswirtschaft, hrsg. von W. Kern, Stuttgart 1979, Sp. 1353-1374

Bergner, H., Der Ersatz fixer Kosten durch variable Kosten, in: Schmalenbachs Zeitschrift für betriebswirtschaftliche Forschung, 19. Jg., 1967, S. 141-162

Bergner, H., Die fixen Kosten des Theaters, in: Zeitschrift für handelswissenschaftliche Forschung (neue Folge), 6. Jg., 1954, S. 509-537

Bergner, H., Versuch einer Filmwirtschaftslehre, Band 1/II, Berlin 1966

Bergner, H., Versuch einer Filmwirtschaftslehre, Band 1/III, Berlin 1966

Bergner, H., Vorbereitung der Produktion, physische, in: Handwörterbuch der Produktionswirtschaft, hrsg. von W. Kern, Stuttgart 1979, Sp. 2163-2176

Bertsch, Ch., Fabrikarchitektur, Braunschweig, Wiesbaden 1981

Beste, Th., Fertigungswirtschaft und Beschaffungswesen, in: Handbuch der Wirtschaftswissenschaften, Band 1, Betriebswirtschaft, hrsg. von K. Hax und Th. Wessels, 2. Auflage, Köln und Opladen 1966, S. 115-275

Beste, Th., Rationalisierung durch Vereinheitlichung, in: Zeitschrift für handelswissenschaftliche Forschung (neue Folge), 8. Jg., 1956, S. 301-325

Bezdeka, H., Die Materialbewegung im Industriebetrieb unter dem Gesichtspunkt ihrer kostenoptimalen Gestaltung, Diss., Frankfurt/M. 1960

Bieling, M., Farbe im Betrieb, Köln, Frankfurt/M. 1965

Bollnow, O.F., Mensch und Raum, Stuttgart 1963

Bormann, M./*Pigur*, M., Die Parfümerie- und Seifenfabrik F. Wolff & Sohn, in: Industriearchitektur in Karlsruhe, hrsg. von H. Schmitt, Karlsruhe 1987

Brockhaus Enzyklopädie, Band 10, Stichwort: Klima, 17. Auflage, Wiesbaden 1970, S. 262-264

Brunner, K., Möglichkeiten der Kostenvergleiche von Industriebauten und Aufbau eines Baukostenplanes (BKP), in: Industrielle Organisation, Nr. 12, 33. Jg., 1964, S. 519-527

Bücher, K., Das Gesetz der Massenproduktion, in: Zeitschrift für die gesamte Staatswissenschaft, 66. Jg., 1910, S. 429-444

Buff, C.Th., Werkstattbau, 2. Auflage, Berlin 1923

Busch, K., Brandschutzanforderungen an Baustoffe, in: Deutsche Bauzeitschrift, Nr. 3, o.Jg., 1986, S. 791-794

Busch, W., Automobil-Bau-Geschichte, in: Zentralblatt für Industriebau, Nr. 4, 32. Jg., 1986, S. 236-241

Busch, W., Zur Geschichte des Industriebaus (I), in: Industriebau, Nr. 6, 34. Jg., 1988, S. 464-468

Busch, W., Zur Geschichte des Industriebaus (II), in: Industriebau, Nr. 1, 35. Jg., 1989, S. 8-11

Busse v. Colbe, W./*Laßmann*, G., Betriebswirtschaftstheorie, Band 1, Berlin, Heidelberg, New York 1975

Büttner, B./*Fuchs*, B./*Völkner*, H., Orientierungshilfen für die Arbeitsplatzgestaltung, Berlin, Köln, Frankfurt/M. 1974

Büttner, O., Kostenplanung von Gebäuden - Aspekte einer umfassenden Baukostenplanung mit Entwicklung und Anwendung eines Simulationsmodells, Diss., Stuttgart 1972, zugleich Zentralarchiv für Hochschulbau, Stuttgart 1972

Campinge, J., Erkenntnistheoretische Grundlagen der Bauökonomie, in: Deutsches Architektenblatt, Nr. 6, 3. Jg., 1971, S. 205-208

Compes, P./*Kretzschmer*, E./*Elias*, B., Innenraumbeleuchtung mit künstlichem Licht, Bremerhaven 1979

Dall, O.F., Lärm und Arbeit, in: Die Arbeitslehre, Nr. 4, 6. Jg., 1975, S. 167-179

Dellmann, K., Betriebswirtschaftliche Produktions- und Kostentheorie, Wiesbaden 1980

Diederichs, C.J., Wirtschaftlichkeitsberechnungen Nutzen/Kosten-Untersuchungen - Allgemeine Grundlagen und spezielle Anwendungen im Bauwesen, Sindelfingen 1985

DIN Deutsches Institut für Normung e.V. (Hrsg.), Beton- und Stahlbetonfertigteile, 7. Auflage, Berlin, Köln 1988

DIN Deutsches Institut für Normung e.V. (Hrsg.), Brandschutzmaßnahmen, 5. Auflage, Berlin, Köln 1988

DIN Deutsches Institut für Normung e.V. (Hrsg.), Führer durch die Baunormung 1989, Berlin, Köln 1989

DIN Deutsches Institut für Normung e.V. (Hrsg.), Normen über Feuchtigkeitsschutz, 2. Auflage, Berlin, Köln 1982

DIN Deutsches Institut für Normung e.V. (Hrsg.), Stahlbau, Ingenieurbau, Berlin, Köln 1986

Dolezalek, C.M./*Warnecke,* H.-J., Planung von Fabrikanlagen, 2. Auflage, Berlin, Heidelberg, New York 1981

Doll, G., Fortschritte in der Mikroelektronik - Technische und ökonomische Implikationen, Diss., Mannheim 1989, zugleich München 1990

Drebusch, G., Industriearchitektur, München 1976

Drumm, H.J., Automatisierung und Mechanisierung, in: Handwörterbuch der Produktionswirtschaft, hrsg. von W. Kern, Stuttgart 1979, Sp. 286-291

Elias, H.J., Menschengerechte Arbeitsplätze sind wirtschaftlich!, das GIT-Verfahren zur Humanvermögensrechnung, RKW Schriftenreihe Wirtschaftlichkeitsrechnung, Bonn 1985

Ellinger, Th., Ablaufplanung, Stuttgart 1959

Emminghaus, A., Allgemeine Gewerkslehre, Berlin 1868

Engel, K.H./*Luy,* H.-J., Die Planung von Produktionsstätten, in: Handbuch der neuen Techniken des Industrial Engineering, hrsg. von K.H. Engel, München 1979, Abschnitt E 2, S. 943-1049

Erberich/Scheben,, Ziegelsteinmauerwerk und -verblendung im Industriebau, in: Der Industriebau, Nr. 12, 20. Jg., 1929, S. 354-359

Escher, G., Es gibt kein Sonderrecht auf Häßlichkeit, in: Handelsblatt, Nr. 95 vom 19./20.05.1989, S. 30

Eusemann, B., Umweltschutz verändert Industriebau: Wenn Fabriken in der Landschaft verschwinden, in: VDI-Nachrichten, Nr. 8 vom 24.02.1989, S. 35

Fackelmeyer, A., Materialfluß - Planung und Gestaltung, Düsseldorf 1966

Fäßler, K./*Reichwald,* R., Fertigungswirtschaft, in: Industriebetriebslehre, hrsg. von E. Heinen, 1. Auflage, Wiesbaden 1972, S. 245-344

Feinen, K., Das Leasinggeschäft, Frankfurt/M. 1986

Feldhaus, G./Vallendar, W., Bundesimmissionsschutzrecht, Kommentar, Bd. 1B, 2. Auflage, Wiesbaden 1988

Ferber, B., Industrieplanung, in: Deutsche Bauzeitschrift, Nr. 9, 100. Jg., 1966, S. 1637-1650

Fischer, G., Erfahrungen mit dem Gewerbegeschoßbau, in: Industriebau, Nr. 2, 37. Jg., 1991, S. 82-85

Fischer, G., Geistige Urheberschaft - Die Rolle des Architekten bei Industriebauprojekten, in: Zentralblatt für Industriebau, Nr. 1, 32. Jg., 1986, S. 8-10

Fischer, G., Industriebau und Automationstechnik, in: Industriebau, Nr. 3, 34. Jg., 1988, S. 174-176

Flume, W., Leasing - In zivilrechtlicher und steuerrechtlicher Hinsicht, Düsseldorf 1972

Fohlmeister, K.J., Immobilien-Leasing, in: Leasing-Handbuch für die betriebliche Praxis, hrsg. von K.F. Hagenmüller und G. Stoppok, 5. Auflage, Frankfurt/M. 1988, S. 127-157

Fohlmeister, K.J./*Schrödter,* D., Das Immobilien-Leasing in der Bundesrepublik Deutschland, in: Leasing-Handbuch, hrsg. von K.F. Hagenmüller, 3. Auflage, Frankfurt/M. 1973, S. 145-186

Ford, H., Mein Leben und Werk, 19. Auflage, Leipzig 1923

Franz, W., Baukonstruktionen, in: Taschenbuch für den Fabrikbetrieb, hrsg. von H. Dubbel, Berlin 1923, S. 635-692

Franz, W., Fabrikbauten, in: Handbuch der Architektur, Vierter Teil, 2. Halbband, 5. Heft, Leipzig 1923

Franz, W., Industriebauten, in: Städtebauliche Vorträge, hrsg. von J. Brix und F. Genzmer, Band VII, Heft 5, Berlin 1914

Frey, S.R., Plant Layout - Planung, Optimierung und Einrichtung von Produktions-, Lager- und Verwaltungsstätten, München, Wien 1975

Frieling, E./*Sonntag,* K., Lehrbuch Arbeitspsychologie, Bern, Stuttgart, Toronto 1987

Frieling, H., Einsatz der Farbe als Mittel zur Verbesserung der Arbeitsbedingungen im Betrieb, in: Werksärztliches, Nr. 3, o. Jg., 1973, S. 11-20

Frieling, H., Licht und Farbe am Arbeitsplatz, Bad Wörishofen 1982

Fries, H.-P., Betriebswirtschaftslehre des Industriebetriebes, 2. Auflage, München, Wien 1987

Gablers Wirtschaftslexikon, Stichwort: Qualitative Kapazität, 11. Auflage, Wiesbaden 1983, Sp. 911

Gäfgen, D., Arten und Probleme des Leasing, in: Leasing-Handbuch, hrsg. von K.F. Hagenmüller, Frankfurt/M. 1973, S. 11-62

Gaugler, E., Personalwesen, betriebliches, in: Handwörterbuch der Betriebswirtschaft, Band 2, hrsg. von E. Grochla und W. Wittmann, 4. Auflage, Stuttgart 1975, Sp. 2956-2966

Geiger, W., Qualitätslehre: Einführung, Systematik, Terminologie, Braunschweig, Wiesbaden 1986

Gericke, L./*Richler,* O./*Schöne,* K., Farbgestaltung in der Arbeitsumwelt, Berlin (Ost) 1981

Gerstner, K.-H./*Klamann,* Th., Industriebauten der Deutschen Demokratischen Republik, Berlin (Ost) 1962

Görsdorf, K., Arbeitsumweltgestaltung, Bedeutung und Gestaltung der Umwelt im industriellen Arbeitsbereich, Münster 1962

Gößl, N., Gebäudebetriebskosten, in: Deutsches Architektenblatt, Nr. 9, 3. Jg., 1971, S. 323-327

Gottschalk, O., Flexible Verwaltungsbauten, Quickborn bei Hamburg 1963

Gottschalk, O., Wertungshierarchien für die Gebäude- und Arbeitsraumgestaltung, in: Wertung von Industriebauten - Maßstäbe für die Beurteilung von Planungsalternativen, hrsg. von der Österreichischen Studiengemeinschaft für Industriebau, 2. Auflage, Wien 1990, S. 8.1 - 8.13

Götzinger, M./*Michael*, H., Kosten- und Leistungsrechnung, Heidelberg 1988

Graf, O., Baustoffe und ihre Eigenschaften, in: Taschenbuch für Bauingenieure, Erster Band, hrsg. von F. Schleicher, Berlin, Göttingen, Heidelberg, 1955, S. 381-476

Gretener, M., Wirtschaftlicher Brandschutz im Industriebau, in: Industrielle Organisation, Nr. 6, 37. Jg., 1968, S. 333-336

Gropius, W., Die Entwicklung moderner Industriebaukunst, in: Jahrbuch des deutschen Werkbundes 1913, Jena 1913, S. 17-22

Gropius, W., Sind beim Bau von Industriegebäuden künstlerische Gesichtspunkte mit praktischen und wirtschaftlichen vereinbar?, in: Der Industriebau, Nr. 1, 3. Jg., 1912, S. 5-6

Große-Oetringhaus, W., Fertigungstypologie unter dem Gesichtspunkt der Fertigungsablaufplanung, Berlin 1974

Grube, O.W., Industriebauten - international, Stuttgart 1971

Grunau, E., Die Lebenserwartung von Baustoffen bestimmt die Kosten für Bauteile und Bauwerke über die Zeit, in: Zentralblatt für Industriebau, Nr. 3, 26. Jg., 1980, S. 167-169

Guggenbühl, H., Organisatorisch-integrierte Arbeitsplatzgestaltung, Büroraum- und Bürobauplanung, Diss., St. Gallen, zugleich Bern 1976

Guhl, P., Zur weiteren Entwicklung des Ausbaus der Industriegebäude, in: Bauplanung - Bautechnik, Nr. 12, 24. Jg., 1970, S. 573-575

Günter, R., Der Fabrikbau in zwei Jahrhunderten, in: archithese, Nr. 3/4, o. Jg., 1971, S. 34-52

Günter, R., Zu einer Geschichte der technischen Architektur im Rheinland, in: Beiträge zur rheinischen Kunstgeschichte und Denkmalpflege, hrsg. von G. Borchers und A. Verbeek, Düsseldorf 1970, S. 343-372

Guratsch, D., Eine neue Ära des Industriebaus, in: Die Welt, Nr. 44 vom 21.02.1989, S. 26

Gutenberg, E., Grundlagen der Betriebswirtschaftslehre, Erster Band, Die Produktion, 23. Auflage, Berlin, Heidelberg, New York 1979

Haberstock, L./*Dellmann*, K., Kapitalwert und interner Zinsfuß als Kriterien zur Beurteilung der Vorteilhaftigkeit von Investitionsprojekten, in: Kostenrechnungs-Praxis, Nr. 5, o. Jg., 1971, S. 195-206

Hackstein, R./*Nüssgens*, K.-H./*Uphus*, P.H., Personalwesen in systemorientierter Sicht, in: Fortschrittliche Betriebsführung, Nr. 1, 20. Jg., 1971, S. 27-41

Hahn, P., Arbeitssicherheit, Ludwigshafen/Rh. 1986

Harms, H., Betriebsstättenplanung in der Bekleidungsindustrie, Berlin 1987

Hartkopf, V., Ein regelrechter Wettlauf um den fortschrittlichsten Bau, in: Handelsblatt, Nr. 73 vom 14./15.04.1989, S. 33

Hartkopf, V., Japan führt als einziges Land national wie global orientierte Untersuchungen durch, in: Handelsblatt, Nr. 68 vom 07./08.04.1989, S. 35

Harvey, B.H., Early Industrial Architecture, in: Journal of the Royal Institute of British Architects, 66. Jg., 1959, S. 316-322

Hauser, J., Industriebauten - Synthese von Formen und Farbigkeit, in: Zentralblatt für Industriebau, Nr. 5, 32. Jg., 1986, S. 340-343

Hax, H., Investitionstheorie, Würzburg, Wien 1970

Heckl, M./*Nutsch*, J., Körperschalldämmung und -dämpfung, in: Taschenbuch der technischen Akustik, hrsg. von M. Heckl und H.A. Müller, Berlin, Heidelberg, New York 1975, S. 458-485

Heene, G., Farbkonzept oder Schminke? Architektur und farbliche Gestaltung in Industrie- und Gewerbebauten, in: Zentralblatt für Industriebau, Nr. 5, 32. Jg., 1986, S. 334-338

Heene, G., Industriebau: Eine gestalterische Aufgabe für Architekten (from follows function?), in: Zentralblatt für Industriebau, Nr. 4, 31. Jg., 1985, S. 246-250

Heideck, E./*Leppin*, O., Der Industriebau, Zweiter Band, Planung und Ausführung von Fabrikanlagen, Berlin 1933

Heinen, E., Betriebswirtschaftliche Kostenlehre, 6. Auflage, Wiesbaden 1983

Heiner, H.-A., Die Rationalisierung des Förderwesens in Industriebetrieben, Berlin 1961

Heiner, H.-A., Fördereinrichtungen, in: Handwörterbuch der Produktionswirtschaft, hrsg. von W. Kern, Stuttgart 1979, Sp. 618-627

Heinrichs, H., § 243, in: Bürgerliches Gesetzbuch, Kommentar, hrsg. von O. Palandt, 48. Auflage, München 1989, S. 240

Heinrichs, H., Überblick vor § 90, in: Bürgerliches Gesetzbuch, Kommentar, hrsg. von O. Palandt, 48. Auflage, München 1989, S. 56-57

Henckel, D./*Grabow*, B./*Knopf*, Ch./*Nopper*, E./*Rauch*, N./*Regitz*, W.: Produktionstechnologien und Raumentwicklung, Schriften des deutschen Instituts für Urbanistik, Band 76, Stuttgart, Berlin, Köln, Mainz 1986

Henn, W., Bauten der Industrie - Planung, Entwurf und Konstruktion, Band 1, München 1955

Henn, W., Industriebau, Band 2, Entwurfs- und Konstruktionsatlas, München 1961

Henn, W., Industriebau, Band 3, Internationale Beispiele, München 1962

Henn, W., Industriebauten, in: Handwörterbuch der Produktionswirtschaft, hrsg. von W. Kern, Stuttgart 1979, Sp. 743-753

Henn, W., Unterschiedliche Einflüsse auf die Planung von Industriebauten in den USA und Europa, in: Zentralblatt für Industriebau, Nr. 12, 20. Jg., 1974, S. 451-456

Henn, W., Fußböden, München 1964

Henn, W./*Voss*, W./*Kettner*, H., Untersuchung über die Eignung von Industriebetrieben zur Unterbringung in Geschoßbauten unter Berücksichtigung der Wirtschaftlichkeit (Teil I), in: Zentralblatt für Industriebau, Nr. 5, 20. Jg., 1974, S. 180-188

Henn, W./*Voss*, W./*Kettner*, H., Untersuchung über die Eignung von Industriebetrieben zur Unterbringung in Geschoßbauten unter Berücksichtigung der Wirtschaftlichkeit (Teil II), in: Zentralblatt für Industriebau, Nr. 6, 20. Jg., 1974, S. 217-224

Henning, K.W., Betriebswirtschaftslehre der industriellen Erzeugung, 5. Auflage, Wiesbaden 1969

Hentschel, W., Aus den Anfängen des Fabrikbaus in Sachsen, in: Wissenschaftliche Zeitschrift der TH Dresden, Nr. 3, 3. Jg., 1953/54, S. 345-359

Hentze, J., Personalwirtschaftslehre 1, Bern, Stuttgart 1977

Henzel, F., Die Kostenrechnung, 4. Auflage, Essen 1964

Herzberg, F./Mausner, B./Snyderman, B., The Motivation to Work, 2nd ed., New York, London, Sydney 1967

Herzberg, F., Work and the Nature of Man, New York 1966

Hettler, A., Leitsätze für Fabrikbauten, in: Der Betrieb, Nr. 23, 3. Jg., 1921, S. 717-723

Heymach, J., Bausysteme für individuelle Gestaltung, in: Handelsblatt vom 05.07.1989, S. 20

Hoffmann, K./Pagenstecher, A., Büro- und Verwaltungsgebäude, Stuttgart 1956

Hofmann, M., Luftverkehrsgesetz, Kommentar, München 1971

Hölling, K., Die Berücksichtigung der Fertigungseinflüsse bei der Planung von Industriebauten, insbesondere in der Metallindustrie, Diss., Köln 1949

Huber, E., Zeitgemäße Beleuchtung im Industriebetrieb, 1. Teil, in: io Management-Zeitschrift, Nr. 4, 55. Jg., 1986, S. 204-208

Huber, E., Zeitgemäße Beleuchtung im Industriebetrieb, 2. Teil, in: io Management-Zeitschrift, Nr. 5, 55. Jg., 1986, S. 241-245

Hummel, S./Männel, W., Kostenrechnung 1 - Grundlagen, Aufbau und Anwendung, 4. Auflage, Wiesbaden 1986

Hundhausen, C., Innerbetriebliche Standortsfragen, Diss., Köln 1925

Huth, F.H., Wirtschaftlicher Fabrikbetrieb, Berlin 1938

Ifo-Institut, Leasing: Miete statt Kauf, in: Industriebau, Nr. 2, 36. Jg., 1990, S. 78

Jacob, H., Industriebetriebslehre, in: Handwörterbuch der Produktionswirtschaft, hrsg. von W. Kern, Stuttgart 1979, Sp. 753-766

Jähne, W., Unternehmerische und Betriebswirtschaftliche Überlegungen, in: VDI-Berichte, Nr. 471, Düsseldorf 1983, S. 1-4

Jehle, M., Arbeiten in der Fabrik - Der Arbeitsplatz in der Industriegesellschaft, in: Industriebau, hrsg. von K. Ackermann, Stuttgart 1984, S. 227-238

Jendges, W., Kostenplanung für Hochbauten, Wiesbaden, Berlin 1978

Joedicke, J., Geschichte der modernen Architektur, Stuttgart 1958

Jong, H. de/Karsten, G., Fabrik der Zukunft: Das hohe C ist nicht das einzige Vitamin für gesunde Entwicklung, in: Handelsblatt, Nr. 66 vom 05. 04. 1989, S. B8

Jünemann, R. (Hrsg.), Integrierte Materialflußsysteme, Köln 1988

Kaag, W., Industriebau 1900 bis 1930, Anfang des Neuen Bauens, in: Industriebau, hrsg. von K. Ackermann, Stuttgart 1984, S. 44-62

Kaag, W., Industriebau 1930 bis 1970, Konfrontationen, in: Industriebau, hrsg. von K. Ackermann, Stuttgart 1984, S. 44-62

Kaag, W., Industriebau seit 1970, Entwicklungslinien, in: Industriebau, hrsg. von K. Ackermann, Stuttgart 1984, S. 94-115

Kaluza, B., Erzeugniswechsel als unternehmenspolitische Aufgabe, Berlin 1989

Kalveram, W., Industriebetriebslehre, Wiesbaden 1972

Kanitz, D./Stemmer, G., Baukonzepte für hochautomatisierte Produktionssysteme, in: f + h - fördern und heben, Nr. 4, 36. Jg., 1986, S. 223-225

Karsten, G., Die Fabrikhalle muß als Produktionsmittel wie eine Maschine sicher "funktionieren", in: Handelsblatt, Nr. 124 vom 03.07.1985, S. 17

Karsten, G., Industriearchitektur: Phoenix aus der Asche, CIM und die Folgen für Menschen und Industriebau, in: VDI-Zeitung, Nr. 8, 131. Jg., 1989, S. 12-15

Karsten, G., Industriebau - Logistik und Automation, in: Zentralblatt für Industriebau, Nr. 6, 31. Jg., 1985, S. 446-448

Kastl, U., Materialflußgerechte Industrieplanung, in: Materialfluß im Betrieb, hrsg. von der VDI-Fachgruppe Materialfluß und Fördertechnik, Band 23, Düsseldorf 1974

Keller, M., Die Bestrebungen zur Senkung der Baukosten durch Normung der Bauteile, unveröffentlichte Diplomarbeit, angefertigt im Seminar für Allgemeine und Industrielle Betriebswirtschaftslehre an der Universität zu Köln, 1954

Kern, W., Produktionsprogramm, in: Handwörterbuch der Produktionswirtschaft, hrsg. von W. Kern, Stuttgart 1979, Sp. 1563-1572

Kettner, H., Einige Probleme des Zusammenhangs zwischen Fertigungsfluß und Fabrikanlage, in: Werkstattstechnik, Nr. 5, 55. Jg., 1965, S. 209-214

Kettner, H./*Schmidt*, J., Fabrikplanung, in: Handwörterbuch der Produktionswirtschaft, hrsg. von W. Kern, Stuttgart 1979, Sp. 529-547

Kettner, H./*Schmidt*, J./*Greim*, H.-R., Leitfaden der systematischen Fabrikplanung, München, Wien 1984

Kilger, W., Einführung in die Kostenrechnung, 3. Auflage, Wiesbaden 1987

Kilger, W., Flexible Plankostenrechnung und Deckungsbeitragsrechnung, 8. Auflage, Wiesbaden 1981

Kilger, W., Flexible Plankostenrechnung, 3. Auflage, Wiesbaden 1967

Kilger, W., Industriebetriebslehre, Band I, Wiesbaden 1986

Kilian, H.-U., Industriebau vor 1900, in: Industriebau, hrsg. von K. Ackermann, Stuttgart 1984, S. 14-39

Kirsch, G./*Zimmermann*, G., Baustoffe - funktional betrachtet, in: Deutsches Architektenblatt, Nr. 9, 3. Jg., 1971, S. 376-378

Kirst, J., Operate-Leasing, in: Expandierende Märkte, Band 6, Leasing, hrsg. vom Spiegel Verlag, Hamburg 1976, S. 114-117

Kleinbeckl, H., Finanz- und Liquiditätssteuerung, Freiburg i. Br. 1988

Klingan, F., Produktionsstätten und Automation, in: Industriebau vor Ort, hrsg. vom Kulturkreis im Bundesverband der Deutschen Industrie e.V., Symposion 13. - 15. Juli 1987, 2. Auflage, Köln 1990, S. 63-70

Klost, W., Unfallverhütung im Betrieb, München 1962

Knocke, D., Anforderungen neuer Produktionen an Flächen und Bauten, in: Zeitschrift für wirtschaftliche Fertigung und Automatisierung, Nr. 7, 81. Jg., 1986, S. 353-357

Koch, H., Lüftung des Arbeitsraumes, Köln, Frankfurt/M. 1963

Koch, H., Zur Diskussion über den Kostenbegriff, in: Zeitschrift für handelswissenschaftliche Forschung (neue Folge), 10. Jg., 1958, S. 355-399

von Kortzfleisch, G., Betriebswirtschaftliche Arbeitsvorbereitung, Berlin 1961

von Kortzfleisch, G., Systematik der Produktionsmethoden, in: Industriebetriebslehre, hrsg. von H. Jacob, 3. Auflage, Wiesbaden 1986, S. 101-175

Koschwitz, C., Die Hochbauten auf den Steinkohlenzechen des Ruhrgebiets, in: Beiträge zur Landeskunde des Ruhrgebiets, Nr. 4, Essen 1930

Kosiol, E., Die Plankostenrechnung als Mittel zur Messung der technischen Ergiebigkeit des Betriebsgeschehens (Standardkostenrechnung), in: Plankostenrechnung als Instrument moderner Unternehmungsführung, hrsg. von E. Kosiol, Berlin 1956, S. 15-48

Kovarik, E., Industriebau, Band II, Berlin (Ost) 1968

Kraemer, F.W., Bauten der Wirtschaft und Verwaltung, in: Handbuch der modernen Architektur, Berlin 1957, S. 309-419

Kufahl, L., Über die Anlage von Fabrikgebäuden, in: Zeitschrift für practische Baukunst, 4. Jg., 1844, S. 29-33

Küffner, G., Bergschäden: Der Steinkohle-Abbau zwingt Schlösser, Häuser und Industriebauten in die Knie, in: Frankfurter Allgemeine Zeitung, Nr. 36 vom 12.02.1991, S. T1-T2

Kühl, J., Der Einfluß der Gebäudeform auf den baulichen Aufwand, in: Wissenschaftliche Zeitschrift der TU Dresden, Nr. 5, 17. Jg., 1968, S. 1233-1237

Kunze, W., Beleuchtung, in: Handbuch Industrieprojektierung, hrsg. von H.-J. Papke, 2. Auflage, Berlin (Ost) 1983, S. 538-548

Kurrle, S., Integration von Informations- und Produktionstechnologien im Industriebetrieb, Diss., Mannheim 1988, zugleich Pfaffenweiler 1988

Laage, G., Weder Traum noch Trauma, Beiträge zu einer menschenfreundlichen Architektur, Stuttgart 1978

Laage, G./*Michaelis*, H./*Renk*, H., Planungstheorie für Architekten, Stuttgart 1976

Lachenmann, G., Industrialisiertes Bauen, in: Industriebau, hrsg. von K. Ackermann, Stuttgart 1984, S. 122-140

Lahnert, H., Grundlagen des Industriebaues, Berlin (Ost) 1964

Lappat, A./*Gottschalk*, O. (Hrsg.), Organisatorische Bürohausplanung und Bauwettbewerb am Beispiel des Verwaltungsgebäudes der BP Benzin und Petroleum Aktiengesellschaft Hamburg, Quickborn, Berlin 1965

Lehmann, G., Praktische Arbeitsphysiologie, 2. Auflage, Stuttgart 1962

Lenz, H.-J., Merkpunkte zur Planung und Realisierung von Baumaßnahmen, in: Rationalisierung, Nr. 3, 26. Jg., 1975, S. 53-56

Leuch, H., Beleuchtung in der Industrie, in: Industrielle Organisation, Nr. 6, 37. Jg., 1968, S. 323-332

Link, E., Betriebsdatenerfassung, Grundlegende Kennzeichnung und Gestaltungsmerkmale im Rahmen der zeitlichen und qualitativen Lenkung der industriellen Produktion, Diss., Mannheim 1989, zugleich Pfaffenweiler 1990

Lücke, W., Die kalkulatorischen Zinsen im betrieblichen Rechnungswesen, in: Zeitschrift für Betriebswirtschaft, 35. Jg., 1965, Ergänzungsheft, S. 3-28

Lücke, W., Investitionsrechnungen auf der Grundlage von Ausgaben oder Kosten?, in: Zeitschrift für handelswissenschaftliche Forschung (neue Folge), 7. Jg., 1955, S. 310-324

Ludwig, H., Die Größendegression der technischen Produktionsmittel, Köln, Opladen 1962

Maier, K., Die Flexibilität betrieblicher Leistungsprozesse, Diss. Mannheim, zugleich Thun, Frankfurt/M. 1982

Maier-Leibnitz, H., Der Industriebau, Erster Band, Die bauliche Gestaltung von Gesamtanlagen und Einzelgebäuden, Berlin 1932

Maisel, E., Holzleimbau: Weite Hallen für Industrie und Gewerbe, Bretter bilden starke Binder, in: Handelsblatt, Nr. 117 vom 22.06.1988, S. 20

Major, A./*Zeidler*, H., Industriehallen - Entwurf und Ausführung, Berlin (Ost) 1962

Mannheimer, F., AEG-Bauten, in: Jahrbuch des deutschen Werkbundes 1913, Die Kunst in Industrie und Handel, Jena 1913, S. 33-42

Mannheimer, F., Fabrikenkunst, in: Die Hilfe, Wochenschrift für Politik, Literatur und Kunst, hrsg. von F. Naumann, Nr. 18, 16. Jg., 1910, S. 289-290

Mellerowicz, K., Betriebswirtschaftslehre der Industrie, Band I, 7. Auflage, Freiburg 1981

Mellerowicz, K., Betriebswirtschaftslehre der Industrie, Band II, 7. Auflage, Freiburg 1981

Mellerowicz, K., Kosten und Kostenrechnung, Band 1, Theorie der Kosten, 4. Auflage, Berlin 1963

Menge, J., Bauplanung, in: agplan - Handbuch zur Unternehmensplanung hrsg. von J. Fuchs und K. Schwantag, Abschnitt 2395, Berlin 1970, 5. Erg.-Lfg., 10/1972, S. 1-50

Meyer-Doberenz, G., Weitgespannte Konstruktionen im Industriebau, in: Wissenschaftliche Zeitschrift der TU Dresden, Nr. 5, 17. Jg., 1968, S. 1239-1242

Meyers Enzyklopädisches Lexikon, Band 8, Stichwort: Erdbeben, 9. Auflage, Mannheim, Wien, Zürich 1973, S. 72-73

Mislin, M., Berliner Industriebaugeschichte (II), in: Industriebau, Nr. 5, 35. Jg., 1989, S. 332-336

Mittelbach, R., Gewerbliche Miet- und Pachtverträge in steuerlicher Sicht, Herne, Berlin 1979

Mittmann, W., Schutz vor Sonnenlicht, in: Industriebau, Nr. 3, 35. Jg., 1989, S. 194-198

Mostafa, S., Die industrielle Werkzeugwirtschaft, Diss., Mannheim 1990, zugleich Witzenhausen 1990

Müller, F.H./*Weiß*, H.-R., Die Baunutzungsverordnung, Kommentar, Stuttgart, München, Hannover, Boorberg 1981

Müller-Wiener, W., Die Entwicklung des Industriebaues im 19. Jhdt. in Baden, Diss., Karlsruhe 1955

Müller-Wiener, W., Fabrikbau, in: Reallexikon zur deutschen Kunstgeschichte, VI. Band, hrsg. von O. Schmitt, München 1973, Sp. 847-880

Munker, H., Umgebungseinflüsse am Büroarbeitsplatz, Beleuchtung, Klima, Akustik im Bürobereich, Köln 1979

Muser, B./*Drings*, H.-R., Baunutzungskosten, DIN 18960, Braunschweig 1977

Muther, R., Fabrikplanung, in: Handbuch des Industrial Engineering, hrsg. von H. Maynard, Teil VII, Gestaltung von Fabrikanlagen, Betriebsmitteln und Erzeugnissen, Berlin, Köln, Frankfurt/M. 1956, S. 30-91

Muthesius, H., Das Formproblem im Ingenieurbau, in: Jahrbuch des deutschen Werkbundes 1913, Die Kunst in Industrie und Handel, Jena 1913, S. 23-32

Nagel, S., Gasbeton: Auf dem Weg zur besser strukturierten Hülle, in: Handelsblatt, Nr. 124 vom 03. 07. 1985, S. 15

Nagel, S./*Linke*, S., Industriebauten, Gütersloh 1969

Nagel, S./*Linke*, S., Industriebauten, Gütersloh 1963

Nemecek, J., Lärm am Arbeitsplatz, Ludwigshafen/Rh. 1983

Neufert, E., Bauentwurfslehre, 30. Auflage, Braunschweig 1980

Neufert, E., Welche Hallen für die Industrie?, 10. Spezialheft Querschnitt-Schriftenreihe der Rationalisierungs-Gemeinschaft Bauwesen im RKW, 2. Auflage, o.O. 1965

Nuding, A., Das Rückgrat stärken - Zukunftstrends im Industriebau, in: Industriebau, Nr. 6, 36. Jg., 1990, S. 432-434

o.V., Alternative bei der Gebäudefinanzierung, in: Beschaffung aktuell, Nr. 5, o. Jg., 1991, S. 18

o.V., Begriffsbestimmungen aus dem Bereich des industrialisierten Bauens, in: Das Baugewerbe, Nr. 10, o. Jg., 1973, S. 33-34

o.V., Drahtloser Datentransport - Ende des Kabelgewirrs, in: Welt am Sonntag vom 02.12.1990, S. 40

o.V., Entwurf des Steueränderungsgesetzes 1992, in: Fachnachrichten-IDW, Nr. 8, o.Jg., 1991, S. 278-279

o.V., Druck braucht Kreativität, in: Innovatio, Nr. 1, 7. Jg., 1991, S. 18-21

o.V., Industrieplanung, Technik und Bau unter extremen Bedingungen, in: Zentrablatt für Industriebau, Nr. 6, 32. Jg., 1986, S. 440-441

o.V., Kalksandsteine, in: Industriebau, Nr. 2, 37. Jg., 1991, S. 117

van Oeteren, K.-A.: Korrosionsverhütung: Langzeitschutz hilft Schäden verhüten und Kosten sparen, in: Handelsblatt, Nr. 124 vom 03.07.1985, S. 16

Opitz, H./*Groebler*, J., Werkstattfertigung, in: Handwörterbuch der Organisation, hrsg. von E. Grochla, Stuttgart 1969, Sp. 1775-1781

Ordinanz, W., Hitzearbeit und Hitzeschutz, Düsseldorf 1968

Papke, H.-J., Bauprojektierung, in: Handbuch Industrieprojektierung, hrsg. von H.-J. Papke, 2. Auflage, Berlin (Ost) 1983, S. 43-76

Papke, H.-J., Gebäudekonstruktionen, in: Handbuch Industrieprojektierung, hrsg. von H.-J. Papke, 2. Auflage, Berlin (Ost) 1983, S. 377-435

Papke, H.-J., Zur Bewertung von Beleuchtungssystemen in Industriegebäuden, in: Wissenschaftliche Zeitschrift der TU Dresden, Nr. 5, 17. Jg., 1968, S. 1211-1217

Perridon, L./*Steiner*, M., Finanzwirtschaft der Unternehmung, 4. Auflage, München 1986

Petzold, K., Raumklimaforderungen und Belastungen, in: Handbuch Industrieprojektierung, hrsg. von H.-J. Papke, 2. Auflage, Berlin (Ost) 1983, S. 493-501

Petzold, K., Thermische Bemessung der Gebäude, in: Handbuch Industrieprojektierung, hrsg. von H.-J. Papke, 2. Auflage, Berlin (Ost) 1983, S. 501-508

Pevsner, N., A History of Building Types, London 1976

Pfeiffer, W./*Dörrie*, U./*Stoll*, E.: Menschliche Arbeit in der industriellen Produktion, Göttingen 1977

Podolsky, J.P.: Methodik der Ermittlung und Anwendung von Flächenkennzahlen für die Grobplanung von Fabrikanlagen, Diss., Hannover 1975

Podolsky, J.P.: Flächenkennzahlen für die Fabrikplanung, Berlin, Köln 1977

Polak, N., Gestaltungsoptionen des Industriebaus, in: Industriearchitektur an der Wende zum 21. Jahrhundert, hrsg. von D. Sommer, Wien 1987, S. 173-178

Potthoff, E., Betriebliches Personalwesen, Berlin, New York 1974

Praetorius, R., Intelligente Gebäude - Kästen mit Köpfchen, in: Wirtschaftswoche - Special-Supplement, Nr. 6/88 vom 21.10.1988, S. 56-61

Putzo, H.: § 548, in: Bürgerliches Gesetzbuch, Kommentar, hrsg. von O. Palandt, 48. Auflage, München 1989, S. 563-564

Quenzel, K.-H., Dicke Luft im Büro, Konfliktlösungen am klimatisierten Arbeitsplatz: Mensch - Raum - Klimaanlage, Wiesbaden, Berlin 1986

Rationalisierungs-Kuratorium der Deutschen Wirtschaft, RKW-Auslandsdienst, Heft 79, Planungsmethoden im amerikanischen Industriebau, München 1959

Readymix, Transportbeton GmbH (Hrsg.), Betontechnische Daten, 9. Auflage, Ratingen 1988

REFA Verband für Arbeitsstudien und Betriebsorganisation e.V., Methodenlehre des Arbeitsstudiums, Teil 1, Grundlagen, 7. Auflage, München 1984

REFA Verband für Arbeitsstudien und Betriebsorganisation e.V., Methodenlehre des Arbeitsstudiums, Teil 3, Kostenrechnung, Arbeitsgestaltung, 7. Auflage, München 1987

Refisch, B., Bauwirtschaft, Produktion in der, in: Handwörterbuch der Produktionswirtschaft, hrsg. von W. Kern, Stuttgart 1979, Sp. 302-310

Reichert, O., Systematische Planung von Anlagen der Verfahrenstechnik, München, Wien 1979

Reinders, H., Mensch und Klima, Düsseldorf 1969

Reisch, K., Industriebetriebslehre, Wiesbaden 1979

Rettig, H./*Heinicke*, G./*Hempel*, H., Verlauf und Grenzen der Kostensenkung bei verschiedenen Bauteilen des Roh- und Ausbaus durch Normung und Massenfertigung, in: Wissenschaftliche Zeitschrift der TH Dresden, Nr. 4/5, 2. Jg., 1952/53, S. 581-601

Reuter, F., Luft und Lichttechnik - energiesparende Konzepte für Industrie- und Verwaltungsbauten, in: Zentralblatt für Industriebau, Nr. 4, 26. Jg., 1980, S. 237-243

Richardi, R., Einführung, in: Arbeitsgesetze mit den wichtigsten Bestimmungen zum Arbeitsverhältnis, Kündigungsrecht, Arbeitsschutzrecht, Berufsbildungsrecht, Tarifrecht, Betriebsverfassungsrecht, Mitbestimmungsrecht und Verfahrensrecht, Textausgabe, Sonderausgabe unter redaktioneller Verantwortung des Verlages C.H. Beck, 41. Auflage, München 1991, S. IX-XXXVIII

Riebel, P., Industrielle Erzeugungsverfahren in betriebswirtschaftlicher Sicht, Wiesbaden 1963

Rist, H., Baunutzungsverordnung 1990, Kurzkommentierung, Stuttgart, Berlin, Köln 1990

Rockstroh, W., Die technologische Betriebsprojektierung, Band 1: Grundlagen und Methoden der Projektierung, Berlin (Ost) 1977

Rockstroh, W., Die technologische Betriebsprojektierung, Band 2: Projektierung von Fertigungswerkstätten, Berlin (Ost) 1978

Rockstroh, W., Die technologische Betriebsprojektierung, Band 3: Gestaltung von Fertigungswerkstätten, 2. Auflage, Berlin (Ost) 1983

Rockstroh, W., Die technologische Betriebsprojektierung, Band 4: Projektierung des Industriebetriebes, Berlin (Ost) 1981

Rockstroh, W., Maschinen- und Handarbeitsplätze, in: Handbuch Industrieprojektierung, hrsg. von H.-J. Papke, 2. Auflage, Berlin (Ost) 1983, S. 77-86

Rogge, H., Fabrikwelt um die Jahrhundertwende am Beispiel der AEG-Maschinenfabrik in Berlin-Wedding, Köln 1983

Ropohl, G., Baukastensysteme, in: Handwörterbuch der Produktionswirtschaft, hrsg. von W. Kern, Stuttgart 1979, Spp. 293-302

Rössler, R. /*Langner*, J., Schätzung und Ermittlung von Grundstückswerten, 3. Auflage, Neuwied, Darmstadt 1975

Rössler, R./*Troll*, M., Bewertungsgesetz und Vermögensteuergesetz, Kommentar, 15. Auflage, München 1989

Rudert, J., Baugrund, in: Handbuch Industrieprojektierung, hrsg. von H.-J. Papke, 2. Auflage, Berlin (Ost) 1983, S. 303-309

Ruppert, W., Die Fabrik - Geschichte von Arbeit und Industrialisierung in Deutschland, München 1983

Ruske, W., Industriebau: Holzleimbaupreis für Gewerbebauten, in: Handelsblatt, Nr. 89 vom 09.05.1990, Technische Linie, S. B1

Sabisch, Ch., Wiedergeburt an der Wupper, in: Handelsblatt Magazin, Nr. 1 vom 12.01.1988, S. 36-40

Sack, M., Industrie-Architektur: Arbeitsplätze, an denen es sich leben läßt, in: art - das Kunstmagazin, Erstausgabe, 1. Jg., 1979, S. 60-70

Sagner, R., Das Gute kommt oft doch von oben: Verzicht auf die Beleuchtung im Industrie- und Gewerbebau spart Betriebskosten, in: VDI-Nachrichten, Nr. 5 vom 03.02.1989, S. 25

Sauter, H./*Krohn*, H.-J., Landesbauordnung für Baden-Württemberg, Kurzkommentierung, 13. Auflage, Stuttgart, Berlin, Köln, Mainz 1988

Schäfer, E., Beschäftigung und Beschäftigungsmessung in Unternehmung und Betrieb, Nürnberg 1931

Schäfer, E., Der Industriebetrieb, 2. Auflage, Wiesbaden 1978

Schäfer, G., Typung von Hallen, Diss., Braunschweig 1964

Schäffle, Fabrikwesen und Fabrikarbeiter, in: Deutsches Staatswörterbuch, Band 3, hrsg. von J.C. Bluntschli und K. Brater, Stuttgart, Leipzig 1858, S. 476-495

Scheffler, M., Einige Beziehungen zwischen Industriebauwerk und Materialfluß, in: Wissenschaftliche Zeitschrift der TU Dresden, Nr. 5, 17. Jg., 1968, S. 1185-1190

Scheuchzer, R., Industriebau als Rationalisierungsaufgabe, in: Industrielle Organisation, Nr. 5, 37. Jg., 1968, S. 265-268

Schlez, G., Baugesetzbuch, Kommentar, 3. Auflage, Wiesbaden, Berlin 1987

Schmalenbach, E., Die Betriebswirtschaftslehre an der Schwelle der neuen Wirtschaftsverfassung, Vortrag anläßlich der Tagung des Verbandes der Betriebswirtschaftler an deutschen Hochschulen am 31.05.1928 in Wien, abgedruckt in: Zeitschrift für handelswissenschaftliche Forschung (alte Folge), Nr. 5, 22. Jg., 1928, S. 241-251

Schmalenbach, E., Kostenrechnung und Preispolitik, Köln und Opladen 1963

Schmalor, R., Industrieplanung, Düsseldorf 1971

Schmidt, D., Industrie- und Gewerbebau: Keinen häßlichen Klotz auf die "grüne Wiese" setzen, in: Handelsblatt, Nr. 127 vom 05.07.1989, S. 20

Schmidt, E., Der Mensch soll sich im Büro wohl fühlen, in: VDI-Nachrichten, Nr. 23 vom 09.06.1989, S. 38

Schmidt, F., Die Bestimmung des Produktionsmittel-Standortes in Industriebetrieben, Berlin 1965

Schmidt, K., Kompakte Industriegebäude, Band I, Berlin (Ost) 1964

Schmidt, K., Kompakte Industriegebäude, Band II, Berlin (Ost) 1965

Schmidt, S., Über Entwicklungstendenzen im Geschoßbau, in: Bauplanung - Bautechnik, Nr. 4, 25. Jg., 1971, S. 174-176

Schmidt, W., Arbeitswissenschaftliche Arbeitsgestaltung, Heidelberg 1987

Schmidtke, H./*Bubb*, H./*Rühmann*, H./*Schäfer*, P., Lärmschutz im Betrieb, München 1981

Schmiedel, K., Schallabsorbierendes einschaliges gedämmtes Dach an der neuen Pressenhalle, Opelwerk Kaiserslautern, in: Zentralblatt für Industriebau, Nr. 6, 26. Jg., 1980, S. 370-372

Schnauber, H., Arbeitswissenschaft, Braunschweig, Wiesbaden 1979

Schneider, D., Investition und Finanzierung, 5. Auflage, Wiesbaden 1980

Schneider, D., Produktionstheorie als Theorie der Produktionsplanung, in: Liiketaloudellinen Aikakauskirja (The Journal of Business Economics), Bd. 13, 1964, S. 199-229

Scholz, H., Arbeitsphysiologie, Neubearbeitung durch H. Krieger, in: Management Enzyklopädie, Erster Band, 2. Auflage, Landsberg 1982, S. 312-321

Schott, P., Industriebau: Einklang mit der natürlichen Umgebung gesucht, in: Handelsblatt, Nr. 13 vom 20.01.1988, S. 16

Schramm, R., Gasbeton: Wärmeschutz bei massiver Bauweise, in: Handelsblatt, Nr. 13 vom 20.01.1988, S. 17

Schulz, H.-J., Vergleichende Untersuchung von Stahlbeton-Geschoßbauten hinsichtlich ihrer Wirtschaftlichkeit, Diss., Braunschweig 1958

Schumacher, M., Zweckbau und Industrieschloß, in: Tradition, Nr. 1, 15. Jg., 1970, S. 1-49

Schwanzer, B., Die Bedeutung der Architektur für die corporate identity eines Unternehmens - eine empirische Untersuchung von Geschäften und Bankfilialen, Diss., Wien 1984, zugleich Wien 1985

Schwerm, D., Industriehallen: Mit Elementbauweise terminsicher bleiben, in: Handelsblatt, Nr. 124 vom 03.07.1985, S. 16

Seeler, O.F., Typologie des amerikanischen Industriebaues, Diss., Aachen 1953

von Seidlein, P.C., Architektur und/oder Ökonomie?, Anmerkungen zum Industriebau, in: Industriebau vor Ort, Neuplanung einer Niederlassung der BMW AG in Saarlouis, hrsg. vom Kulturkreis im Bundesverband der deutschen Industrie e.V., Köln 1990, S. 13-22

Seitz, U., Standortanalyse, in: Tumm, G., Die neuen Methoden der Entscheidungsfindung, München 1972, S. 317-335

Severain, S. jr., Erscheinungsbild von Industriebauten, Diss., Stuttgart 1980

Siegel, C./*Wonneberg*, R., Bau- und Betriebskosten von Büro- und Verwaltungsbauten, 2. Auflage, Wiesbaden, Berlin 1979

Silberkuhl, W.J./*Alms*, E., Die Planung von Fabrikanlagen, in: Handbücher für Führungskräfte, hrsg. von K. Agthe, H. Blohm und E. Schnaufer, Baden-Baden, Bad Homburg v.d.H. 1967, S. 425-455

Siller, E./*Schliephacke*, J., Unfallverhütungsvorschrift "Allgemeine Vorschriften" VBG 1, Köln 1982

Skiba, R., Taschenbuch Arbeitssicherheit, Bielefeld 1979

Sommer, H.-R., Kostensteuerung von Hochbauten, Wiesbaden, Berlin 1983

Sommer, J./*Loef*, C., Fensterlose Industriebauten aus menschlicher, technischer und wirtschaftlicher Sicht, München 1972

von Stackelberg, H., Grundlagen der theoretischen Volkswirtschaftslehre, Bern, Tübingen 1951

Städtler, A., Gegenwart und Zukunft des Leasingmarktes in der Bundesrepublik Deutschland, in: Leasing-Handbuch für die betriebliche Praxis, hrsg. von K.F. Hagenmüller und G. Stoppok, Frankfurt/M. 1988, S. 183-213

Statistisches Bundesamt (Hrsg.), Statistisches Jahrbuch 1990 für die Bundesrepublik Deutschland, Wiesbaden 1990

Steffen, R., Analyse industrieller Elementarfaktoren in produktionstheoretischer Sicht, Berlin 1973

Stoppok, G., Leasing von beweglichen Wirtschaftsgütern aus rechtlicher Sicht, in: Leasing-Handbuch für die betriebliche Praxis, hrsg. von K.F. Hagenmüller und G. Stoppok, Frankfurt/M. 1988, S. 11-42

Strasser, H./*Hesse*, J., Lärmbekämpfung im Betrieb, in: Personal, Nr. 10, 40. Jg., 1988, S. 402-406

Strebel, H., Industriebetriebslehre, Stuttgart, Berlin, Köln, Mainz 1984

Südemann, K., Rechtsvorschriften für die Produktion, in: Handwörterbuch der Produktionswirtschaft, hrsg. von W. Kern, Stuttgart 1979, Sp. 1776-1800

Sulzberger, M., Raum und Raumplanung bei Banken - Bankbetriebliche Anliegen an das Bankgebäude, Diss., Zürich 1979, zugleich Bern 1980

Tacke, H., Leasing, Stuttgart 1989

Textor, H., Der Beschäftigungsgrad als betriebswirtschaftliches Problem, Berlin, Wien, Zürich 1939

Theisen, P., Beschaffung und Beschaffungslehre, in: Handwörterbuch der Betriebswirtschaft, hrsg. von E. Grochla, 4. Auflage, Stuttgart 1974, Sp. 494-503

Thomas, H., Einführung vor § 631, in: Bürgerliches Gesetzbuch, Kommentar, hrsg. von O. Palandt, 48. Auflage, München 1989, S. 686-689

Tully, H./*Rossel*, A., Der Fertigungsfluß als Grundlage der Werksplanung einer Werkzeugmaschinenfabrik, in: Werkstatt und Betrieb, Nr. 1, 97. Jg., 1964, S. 5-11

Utz, L., Moderne Fabrikanlagen, Leipzig 1907

Veith, Th./*Walz*, H./*Gramlich*, D., Investitions- und Finanzplanung, Heidelberg 1990

Vitruvius Pollio, M., De architectura decem libri, übersetzt von J. Prestel, Erstes Buch, Straßburg 1912

Vormbaum, H., Die Messung von Kapazitäten und Beschäftigungsgraden industrieller Betriebe, Diss., Hamburg 1951

Wallerang, E., Wer am Bau überleben will, muß rationeller arbeiten, in: VDI-Nachrichten, Nr. 4 vom 29. 01. 1988, S. 4

Warnecke, H.-J., Entwicklungen in der Produktion - Fertigungs- und Transporttechnik, in: Industriebau vor Ort, hrsg. vom Kulturkreis im Bundesverband der Deutschen Industrie e.V., Symposion 13. - 15. Juli 1987, 2. Auflage, Köln 1990, S. 37-46

Warnecke, H.-J./*Nuding*, A., Die Fabrik der Zukunft - Automation der Produktion, in: Industriebau, hrsg. von K. Ackermann, Stuttgart 1984, S. 222-226

Wäscher, G., Innerbetriebliche Standortplanung bei einfacher und mehrfacher Zielsetzung, Wiesbaden 1982

Wasmuth, G., Stichwort Fabrik, in: Wasmuths Lexikon der Baukunst, 2. Band, Berlin 1930, S. 405-412

Weber, H.-J., Produktionstechnik und -verfahren, in: Handwörterbuch der Produktionswirtschaft, hrsg. von W. Kern, Stuttgart 1979, Sp. 1604-1619

Wedler, B., Normung als Grundlage des Bauens, in: Amtlicher Katalog der Constructa Bauausstellung 1951 Hannover, Wiesbaden 1951, S. 164-167

Weikert, F., Zur Ableitung von grundlegenden Anforderungen an Gebäude und ihre Teile aus der psychischen Struktur des Menschen - Ein Beitrag zur Architekturtheorie und Architekturästhetik, Diss., Stuttgart 1982

Weller, K., Industrielles Bauen 1, 2. Auflage, Stuttgart 1986

Wendehorst, R., Baustoffkunde, neu bearbeitet von H. Spruck, 22. Auflage, Hannover 1986

Wenzel, H.G./*Piekarski*, C., Klima und Arbeit, München 1980

Werle, K., Das betriebswirtschaftliche Beschäftigungsproblem, Diss., Mannheim 1933

Wieser, G., Menschengerechte Arbeitsplatzgestaltung im Betrieb: Körperhaltung - Beleuchtung - Lärm - Hitze, München, Wien 1974

Winkler, W., Hochbaukosten, Flächen, Rauminhalte, 7. Auflage, Braunschweig, Wiesbaden 1988

Wisnikow, R.J., Stahlhallen: Große Werkhallen stützenfrei überspannt, in: Handelsblatt, Nr. 117 vom 22. 06. 1988, S. 19

Witte, E., Finanzplanung der Unternehmung, 3. Auflage, Opladen 1983

Wöhe, G., Betriebswirtschaftliche Steuerlehre I/1, 6.Auflage, München 1988

Wöhe, G., Betriebswirtschaftliche Steuerlehre I/2, 6.Auflage, München 1986

Wöhe, G., Bilanzierung und Bilanzpolitik, 7. Auflage, München 1987

Wöhe, G., Einführung in die Allgemeine Betriebswirtschaftslehre, 17. Auflage, München 1990

Yaseen, L.C., Die Standort-Bestimmung von Betrieben, in: Handbuch des Industrial Engineering, Teil VII, Gestaltung von Fabrikanlagen, Betriebsmitteln und Erzeugnissen, hrsg. von H.B. Maynard, Berlin, Köln, Frankfurt/M. 1956, S. 3-29

Zech, U., Arbeitsstätten in München - Probleme des Standorts und der Gestalt, in: Industriebau, hrsg. von K. Ackermann, Stuttgart 1984, S. 262-265

Zeh, J., Kostenvergleich von Bürogebäuden, in: Bürotechnik + Organisation, Nr. 6, o. Jg., 1964, S. 520-522

Zeh, J., Planungsgrundlagen für Fertigungs- und Bürobauten, in: Organisationsleiter-Handbuch, hrsg. von A. Degelmann, München 1972, S. 422-492

Zerbe, W., Die Problematik von Modernisierungsmaßnahmen aus der Sicht eines Architekten, in: VDI-Berichte, Nr. 471, Düsseldorf 1983

Zinkahn, W., Einführung, in: Baugesetzbuch mit Verordnung über Grundsätze für die Ermittlung des Verkehrswertes von Grundstücken, Baunutzungsverordnung, Planzeichenverordnung und Raumordnungsgesetz, dtv Textausgabe, Sonderausgabe unter redaktioneller Verantwortung des Verlages C. H. Beck, 18. Auflage, München 1987, S. VII - XV

Rechtsquellen

Allgemeine Ausführungsverordnung des Innenministeriums zur Landesbauordnung für Baden-Württemberg vom 02.04.1984

Allgemeine Verwaltungsvorschrift über genehmigungsbedürftige Anlagen nach § 16 der Gewerbeordnung - Technische Anleitung zum Schutz gegen Lärm vom 16.07.1968

Arbeitsstätten-Richtlinie 6/1,3, Ausgabe April 1976

Arbeitsstätten-Richtlinie 7/1, Ausgabe April 1976

Arbeitsstätten-Richtlinie 7/3, Ausgabe Juni 1979

Architektengesetz für Baden-Württemberg in der Fassung vom 01.08.1990, in: Gesetzblatt für Baden-Württemberg, Nr. 18 vom 14.09.1990, S. 269-277

Baugesetzbuch in der Fassung der Bekanntmachung vom 08. 12.1987

Bauordnung für das Land Nordrhein-Westfalen - Landesbauordnung in der Fassung der Bekanntmachung vom 26. 06.1984, geändert durch Gesetz vom 18.12.1984

Bayerische Bauordnung in der Fassung der Bekanntmachung vom 02.07.1982, zuletzt geändert durch Gesetz vom 06.08.1986

Bewertungsgesetz in der Fassung der Bekanntmachung vom 01.02.1991

Bundesgerichtshof, Urteil VII ZR 302/82 vom 10.03.1983, in: Neue juristische Wochenschrift, Nr. 27, 36. Jg., 1983, S. 1489-1491

Bundesgerichtshof, Urteil VIII ZR 217/84 vom 09.10.1985, in: Der Betrieb, Nr. 49, 38. Jg., 1985, S. 2553-2554

Bundesminister für Wirtschaft und Finanzen, Immobilienleasing-Erlaß vom 21.03.1972, in: Bundessteuerblatt, Teil I, Nr. 10, 1972, S. 188-189

Bürgerliches Gesetzbuch vom 18.08.1896

Entwurf eines Gesetzes zur Entlastung der Familien und zur Verbesserung der Rahmenbedingungen für Investitionen und Arbeitsplätze (Steueränderungsgesetz 1992) in der Fassung des Rundschreibens des Bundesministers der Finanzen vom 08.07.1991

Erste Allgemeine Verwaltungsvorschrift zum Bundes-Immissionsschutzgesetz - Technische Anleitung zur Reinhaltung der Luft vom 27.02.1986

Gesetz zum Schutz vor schädlichen Umwelteinwirkungen durch Luftverunreinigungen, Geräusche, Erschütterungen und ähnliche Vorgänge, Bundes-Immissionsschutzgesetz - vom 15.03.1974

Gewerbeordnung in der Fassung der Bekanntmachung vom 01.01.1987, zuletzt geändert durch Gesetz vom 09.07.1990

Gewerbesteuergesetz in der Fassung der Bekanntmachung vom 14.05.1984, zuletzt geändert durch Kultur- und Stiftungsfördergesetz vom 13.12.1990

Grundsteuergesetz vom 07.08.1973, zuletzt geändert durch Einigungsvertrag vom 31.08.1990

Hamburgisches Architektengesetz vom 26.11.1965, in: Hamburgisches Gesetz- und Verordnungsblatt, Teil I, Nr. 56 vom 02.12.1965, S. 205-209

Handelsgesetzbuch vom 10.05.1897

Landesbauordnung für Baden-Württemberg in der Fassung der Bekanntmachung vom 28.11.1983, zuletzt geändert durch das Gesetz zur Änderung des Wassergesetzes für Baden-Württemberg vom 22.02.1988

Landesbauordnung für Rheinland-Pfalz vom 28.11.1986

Landgericht Berlin, Urteil III 133/21 vom 10.05.1921, in: RGZ, Entscheidungen des Reichsgerichts in Zivilsachen, 102. Band, Berlin, Leipzig 1921, S. 186-189

Luftverkehrsgesetz in der Fassung der Bekanntmachung vom 14.01.1981

Musterbauordnung in der Fassung vom 11.12.1981, § 6 geändert durch Beschluß der Fachkommission "Bauaufsicht" vom 23./25.06.1982

Niedersächsische Bauordnung in der Fassung der Bekanntmachung vom 06.06.1986

Richtlinien zur Bewertung des Grundvermögens vom 19.09. 1966

Vermögensteuergesetz in der Fassung der Bekanntmachung vom 14.11.1990, zuletzt geändert durch Kultur- und Stiftungsförderungsgesetz vom 13.12.1990

Verordnung über Arbeitsstätten - Arbeitsstättenverord-nung - vom 20.03.1975

Verordnung über die bauliche Nutzung der Grundstücke -Baunutzungsverordnung - in der Fassung der Bekanntmachung vom 23.01.1990

Verordnung über die bauliche Nutzung der Grundstücke -Baunutzungsverordnung - in der Fassung der Bekanntmachung vom 15.09.1977

DIN-Normen

DIN 105 "Mauerziegel", in: DIN Deutsches Institut für Normung e.V. (Hrsg.), Baustoffe 1 - Normen über Bindemittel, Zuschlagstoffe, Mauersteine, Bauplatten, Glas und Dämmstoffe, 4. Auflage, Berlin, Köln 1981, S. 11-27

DIN 276 Teil 1 "Kosten von Hochbauten - Begriffe", in: DIN Deutsches Institut für Normung e.V. (Hrsg.), Normen über Kosten von Hochbauten, Flächen, Rauminhalte, 3. Auflage, Berlin, Köln 1981, S. 11-12

DIN 276 Teil 2 "Kosten von Hochbauten - Kostengliederung", in: DIN Deutsches Institut für Normung e.V. (Hrsg.), Normen über Kosten von Hochbauten, Flächen, Rauminhalte, 3. Auflage, Berlin, Köln 1981, S. 13-36

DIN 276 Teil 3 "Kosten von Hochbauten - Kostenermittlungen", in: DIN Deutsches Institut - für Normung e.V. (Hrsg.), Normen über Kosten von Hochbauten, Flächen, Rauminhalte, 3. Auflage, Berlin, Köln 1981, S. 37-71

DIN 277 Teil 1 "Grundflächen und Rauminhalte von Bauwerken im Hochbau - Begriffe, Berechnungsgrundlagen", in: Winkler, W., Hochbaukosten, Flächen, Rauminhalte, 7. Auflage, Braunschweig, Wiesbaden 1988, S. 161-165

DIN 1045 "Beton und Stahlbeton", in: DIN Deutsches Institut für Normung e.V. (Hrsg.), Normen über Beton- und Stahlbetonbau, 5. Auflage, Berlin, Köln 1980, S. 45-105

DIN 1054 "Zulässige Belastung des Baugrundes", in: DIN Deutsches Institut für Normung e.V. (Hrsg.), Erd- und Grundbau, 5. Auflage, Berlin, Köln 1983, S. 13-28

DIN 1055 Teil 5 "Lastannahmen für Bauten - Verkehrslasten, Schneelast und Eislast", in: DIN Deutsches Institut für Normung e.V. (Hrsg.), Normen über Planung, 4. Auflage, Berlin, Köln 1981, S. 152-156a

DIN 4031 "Wasserdruckhaltende bituminöse Abdichtungen für Bauwerke, in: DIN Deutsches Institut für Normung e.V. (Hrsg.), Normen über Feuchtigkeitsschutz, 2. Auflage, Berlin, Köln 1982, S. 11-14

DIN 4102 Teil 1 und Teil 2 "Brandverhalten von Baustoffen und Bauteilen", in: DIN Deutsches Institut für Normung e.V. (Hrsg.), Brandschutzmaßnahmen, 5. Auflage, Berlin, Köln 1988, S. 11-35

DIN 4103 "Leichte Trennwände", in: DIN Deutsches Institut für Normung e.V. (Hrsg.), Normen über Mauerwerkbau, 2. Auflage, Berlin, Köln 1980, S. 168-171

DIN 4108 Teil 2 "Wärmeschutz im Hochbau", in: DIN Deutsches Institut für Normung e.V. (Hrsg.), Normen über Wärmeschutz - Planung, Berechnung, Prüfung, Berlin, Köln 1981, S. 15-25

DIN 4149 Teil 1 "Bauten in deutschen Erdbebengebieten", in: DIN Deutsches Institut für Normung e.V. (Hrsg.), Normen über Berechnungsgrundlagen für Bauten, 2. Auflage, Berlin, Köln 1982, S. 279-290

DIN 4171 "Einheitliche Achsenabstände für Werksbauten, Industrie- und Unterkunftsbauten", zitiert nach: Neufert, E., Bauentwurfslehre, 30. Auflage, Braunschweig, Wiesbaden 1980, S. 54

DIN 4172 "Maßordnung im Hochbau", in: DIN Deutsches Institut für Normung e.V. (Hrsg.), Bauplanung, 6. Auflage, Berlin, Köln 1987, S. 177

DIN 4844 Teil 1 "Sicherheitskennzeichnung - Begriffe, Grundsätze und Sicherheitszeichen", zitiert nach REFA Verband für Arbeitsstudien und Betriebsorganisation e.V., Methodenlehre des Arbeitsstudiums, Teil 3, Kostenrechnung, Arbeitsgestaltung, 7. Auflage, München 1985, S. 155

DIN 5035 Teil 2 "Innenraumbeleuchtung mit künstlichem Licht", Richtwerte für Arbeitsstätten, zitiert nach: ASR 7/3 "Künstliche Beleuchtung"

DIN 5381 "Kennfarben", zitiert nach: REFA Verband für Arbeitsstudien und Betriebsorganisation e.V., Methodenlehre des Arbeitsstudiums, Teil 3, Kostenrechnung, Arbeitsgestaltung, 7. Auflage, München 1985, S. 155

DIN 15001 "Krane - Benennungen der Bauarten", zitiert nach: Fackelmeyer, A., Materialfluß - Planung und Gestaltung, Düsseldorf 1966, S. 188

DIN 18223 "Türen und Tore im Industriebau", zitiert nach Henn, W., Bauten der Industrie - Planung, Entwurf und Konstruktion, Band I, München 1955, S. 78 und S. 220

DIN V 18230 Teil 1 "Baulicher Brandschutz im Industriebau", in: DIN Deutsches Institut für Normung e.V. (Hrsg.), Brandschutzmaßnahmen, 5. Auflage, Berlin, Köln 1988, S. 240-258

DIN 18960 Teil 1 "Baunutzungskosten von Hochbauten - Begriff, Kostengliederung", in: DIN Deutsches Institut für Normung e.V. (Hrsg.), Normen über Kosten von Hochbauten, Flächen, Rauminhalte, 3. Auflage, Berlin, Köln 1981, S. 126-128

DIN 50975 "Korrosionsschutz, Feuerverzinken von Einzelteilen (Stückverzinken) - Anforderungen und Prüfung", zitiert nach: Oeteren, K.-A. van, Langzeitschutz hilft Schäden verhüten und Kosten sparen, in: Handelsblatt, Nr. 124 vom 03.07.1985, S. 16

DIN 55350 Teil 11 "Grundbegriffe der Qualitätssicherung", zitiert nach: Link, E., Betriebsdatenerfassung - Grundlegende Kennzeichnung und Gestaltungsmerkmale im Rahmen der zeitlichen und qualitativen Lenkung der industriellen Produktion, Diss., Mannheim 1989, zugleich Pfaffenweiler 1990, S. 326

DIN 55928 Teil 5 "Korrosionsschutz von Stahlbauten durch Beschichtungen und Überzüge - Beschichtungsstoffe und Schutzsysteme", zitiert nach: Oeteren, K.-A. van, Langzeitschutz hilft Schäden verhüten und Kosten sparen, in: Handelsblatt, Nr. 124 vom 03.07.1985, S. 16

DIN 69651 "Werkzeugmaschinen für die Metallbearbeitung", zitiert nach Weck, M., Werkzeugmaschinen, Band 1, Düsseldorf 1988, S. 21

Printed by Libri Plureos GmbH
in Hamburg, Germany